中等职业学校机械类专业通用教材
技工院校机械类专业通用教材（中级技能层级）

机械制造工艺基础

（第八版）

崔兆华　主编

中国劳动社会保障出版社

简介

本书主要内容包括铸造，锻压，焊接，切削加工基础，钳加工，车削，铣削与镗削，磨削，刨削、插削和拉削，齿轮加工，数控加工与特种加工，先进制造工艺技术，机械加工工艺规程，典型零件的加工工艺，机械装配工艺等。

本书由崔兆华任主编，汤海山任副主编，果连成、夏兆纪、孙喜兵、米光明、崔人凤参加编写，邵明玲任主审。

图书在版编目（CIP）数据

机械制造工艺基础 / 崔兆华主编 . --8 版 . -- 北京 : 中国劳动社会保障出版社，2024. --（中等职业学校机械类专业通用教材）（技工院校机械类专业通用教材 : 中级技能层级）. -- ISBN 978-7-5167-6687-3

Ⅰ. TH16

中国国家版本馆 CIP 数据核字第 2024J6A999 号

中国劳动社会保障出版社出版发行

（北京市惠新东街 1 号　邮政编码：100029）

*

北京市艺辉印刷有限公司印刷装订　新华书店经销

787 毫米 ×1092 毫米　16 开本　20.75 印张　491 千字

2024 年 12 月第 8 版　2025 年 12 月第 3 次印刷

定价：49.00 元

营销中心电话：400-606-6496

出版社网址：https://www.class.com.cn

https://jg.class.com.cn

前　言

为了更好地适应全国技工院校机械类专业的教学要求，全面提升教学质量，我们组织有关学校的一线教师和行业、企业专家，在充分调研企业生产和学校教学情况、广泛听取教师对教材使用反馈意见的基础上，对技工院校机械类专业通用教材进行了修订和补充开发。本次修订（新编）的教材包括：《机械制图（第八版）》《机械基础（第七版）》《极限配合与技术测量基础（第六版）》《金属材料与热处理（第八版）》《机械制造工艺基础（第八版）》《电工学（第七版）》《工程力学（第七版）》《数控加工基础（第五版）》《计算机制图——AutoCAD 2023》《计算机制图——CAXA 电子图板 2023》《计算机制图——中望 CAD 2023》等。

本次教材修订（新编）工作的重点主要体现在以下三个方面：

第一，更新教材内容，提升表现形式。

根据机械类专业毕业生所从事岗位的实际需要和教学实际情况的变化，合理确定学生应具备的能力与知识结构，对部分教材内容及其深度、难度做了适当调整；根据相关专业领域的最新发展，在教材中充实新知识、新技术、新设备、新材料等方面的内容，体现教材的先进性；采用最新国家技术标准，使教材更加科学和规范；在教材插图的制作中全面采用立体造型技术，并采用四色印刷，提升教材的表现力。

第二，打造新形态教材，体现时代发展。

《机械制图（第八版）》《机械基础（第七版）》《机械制图（第八版）习题册》为 AR（增强现实）教材。学生在移动终端上安装 App，扫描教材中带有 AR 图标的页面，可以对呈现的立体模型进行缩放、旋转、剖切等操作，以及观察模型的运动和拆分动画，便于更直观、细致地探究机构的内部结构和工作原理，还可以浏览相关视频、图片、文本等拓展资料。其他教材为融媒体教材。针对教材中的教学重点和难点制作了动画、视频、微课等多媒体资源，学生使用移动终端扫描二维码即可在线观看相应内容。

第三，开发配套资源，提供教学服务。

本套教材配有习题册、教学参考书、多媒体电子课件和电子教案，可以通过技工教育网（https://jg.class.com.cn）下载电子课件、电子教案等教学资源。

本次教材的修订（新编）工作得到了河北、辽宁、江苏、山东、广东、广西、陕西等省、自治区人力资源社会保障厅及有关学校的大力支持，在此我们表示诚挚的谢意。

目　录

绪论 …………………………………………………………（ 1 ）

第一章　铸造 …………………………………………………（ 3 ）

§ 1-1　概述 ……………………………………………………（ 3 ）
§ 1-2　砂型铸造 ………………………………………………（ 4 ）
§ 1-3　特种铸造及铸造新技术 ………………………………（ 13 ）

第二章　锻压 …………………………………………………（ 18 ）

§ 2-1　概述 ……………………………………………………（ 18 ）
§ 2-2　锻造 ……………………………………………………（ 20 ）
§ 2-3　冲压 ……………………………………………………（ 29 ）

第三章　焊接 …………………………………………………（ 32 ）

§ 3-1　概述 ……………………………………………………（ 32 ）
§ 3-2　常用焊接方法 …………………………………………（ 34 ）
§ 3-3　其他焊接方法 …………………………………………（ 45 ）
§ 3-4　焊接机器人 ……………………………………………（ 50 ）

第四章　切削加工基础 ………………………………………（ 54 ）

§ 4-1　金属切削机床的分类与型号 …………………………（ 54 ）
§ 4-2　切削运动与切削用量 …………………………………（ 58 ）
§ 4-3　切削刀具 ………………………………………………（ 61 ）
§ 4-4　切削力与切削温度 ……………………………………（ 67 ）
§ 4-5　切削液 …………………………………………………（ 69 ）
§ 4-6　加工精度与加工表面质量 ……………………………（ 73 ）

第五章　钳加工 ………………………………………………（ 75 ）

§ 5-1　划线 ……………………………………………………（ 75 ）
§ 5-2　錾削、锯削与锉削 ……………………………………（ 83 ）
§ 5-3　孔加工 …………………………………………………（ 95 ）

§ 5–4　螺纹加工 ………………………………………………（105）
§ 5–5　刮削与研磨 ……………………………………………（109）

第六章　车削 ………………………………………………（118）

§ 6–1　车床 ……………………………………………………（118）
§ 6–2　车床的工艺装备 ………………………………………（123）
§ 6–3　车削工艺方法 …………………………………………（130）

第七章　铣削与镗削 ………………………………………（143）

§ 7–1　铣削 ……………………………………………………（143）
§ 7–2　镗削 ……………………………………………………（157）

第八章　磨削 ………………………………………………（164）

§ 8–1　磨床 ……………………………………………………（164）
§ 8–2　砂轮 ……………………………………………………（170）
§ 8–3　磨削方法 ………………………………………………（179）

第九章　刨削、插削和拉削 ………………………………（185）

§ 9–1　刨削 ……………………………………………………（185）
§ 9–2　插削 ……………………………………………………（192）
§ 9–3　拉削 ……………………………………………………（195）

第十章　齿轮加工 …………………………………………（198）

§ 10–1　齿轮加工设备 …………………………………………（198）
§ 10–2　齿形加工方法 …………………………………………（205）

第十一章　数控加工与特种加工 …………………………（213）

§ 11–1　数控机床 ………………………………………………（213）
§ 11–2　数控加工工艺 …………………………………………（219）
§ 11–3　特种加工 ………………………………………………（224）

第十二章　先进制造工艺技术 ……………………………（230）

§ 12–1　超精密加工技术 ………………………………………（230）
§ 12–2　高速切削加工技术 ……………………………………（234）
§ 12–3　增材制造技术 …………………………………………（236）

第十三章　机械加工工艺规程 ……………………………（240）

§ 13–1　基本概念 ………………………………………………（240）

§ 13-2　基准的选择 …………………………………………………………………（247）
§ 13-3　工艺路线的拟定 ……………………………………………………………（254）
§ 13-4　加工余量的确定 ……………………………………………………………（264）
§ 13-5　工序尺寸及其公差的确定 ………………………………………………（267）

第十四章　典型零件的加工工艺 ……………………………………………（274）

§ 14-1　轴类零件的加工工艺 ……………………………………………………（274）
§ 14-2　套类零件的加工工艺 ……………………………………………………（279）
§ 14-3　箱体类零件的加工二艺 …………………………………………………（283）
§ 14-4　圆柱齿轮的加工工艺 ……………………………………………………（292）

第十五章　机械装配工艺 ………………………………………………………（297）

§ 15-1　装配工艺概述 ………………………………………………………………（297）
§ 15-2　装配尺寸链计算 ……………………………………………………………（305）
§ 15-3　装配方案及其选择 …………………………………………………………（308）
§ 15-4　装配工艺规程的制定 ……………………………………………………（318）

绪　论

一、本课程的研究对象

任何一种机械产品都是由机械零件组成的，机械零件是由不同的材料经过机械制造而成。机械制造是指利用各种手段对金属材料进行加工从而得到所需产品的过程。机械制造包括从金属材料毛坯的制造到制成零件后装配到产品上的全过程，如图 0–1 所示。机械制造过程包括毛坯制造、机械加工及热处理和装配调试三个阶段。

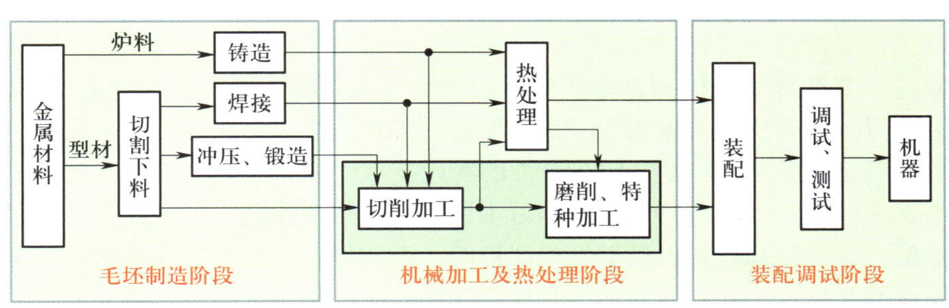

图 0–1　机械制造过程

毛坯制造过程一般分为选材和成型两个阶段。选材：根据零件的功用和技术要求选择毛坯材料；成型：根据零件的材料和技术要求加工成型。机械零件加工常用毛坯有铸件、锻件、焊接件、棒料、板材、型材等。

零件加工是机械零件生产过程的一个主要阶段，零件的形状在这一阶段中加工完成，并且要达到技术要求和使用能力。机械零件的加工以金属切削为主。金属切削加工方法一般分为车削、铣削、磨削、钻削、镗削、插削、刨削等。金属切削加工内容繁多，但各种切削加工共同涉及的问题是：工艺方法与过程、工艺装备（机床、刀具、夹具、量具）。

工艺是指使各种原材料、半成品成为产品的方法与过程。工艺过程是指改变生产对象的形状、尺寸、相对位置和性质等，使其成为产品或半成品的过程。机械制造工艺包含工艺性分析、工艺方案的确定、工艺文件的制定、工艺装备的选择等。

机械装配是机械产品制造过程中的最后一个阶段，它包括装配与调试两个内容。零件的制造质量是产品质量的基础，但如果使用了不合理的装配工艺，即使采用了高质量的零件，也会装配出质量差甚至不合格的产品。

本课程的研究对象是机械零件加工的工艺方法、工艺过程与工艺装备。它是在学完机械制图、极限配合与技术测量、机械基础、金属材料与热处理等课程的基础上，综合地研究毛坯切削加工成零件的工艺方法和工艺过程，正确地制定工艺规程，选择工艺方法、工艺装备，优质高效地生产出机械产品。

二、本课程的内容与任务

本课程主要包括毛坯制造工艺、零件切削加工工艺、机械加工工艺规程的制订和机械装配工艺四部分内容。通过本课程的学习，可以获得机械制造的常用工艺方法和零件加工工艺过程及装配的基础知识，对机械制造工艺过程形成一个完整的认识，从而增强工作的适应性。

本课程的具体任务：

1. 以机械制造工艺过程为主线，了解毛坯制造和零件切削加工中各工种的工作内容、工艺装备和工艺方法。
2. 了解各工种主要设备（包括附件、工具）的基本工作原理和使用范围。
3. 能初步选择毛坯和零件的加工方法。
4. 了解机械制造的新工艺和新方法。
5. 初步掌握常见典型零件的加工工艺过程。
6. 了解机械装配工艺的基本知识。

三、本课程的特点

机械制造工艺基础是机械制造专业的一门主要专业基础课程，它的特点是内容比较多、知识面广，学习时需要应用机械制图、机械原理、工程力学、机床、刀具、夹具、量具以及工艺方法等诸多方面的知识，是一门综合性的实用技术课程。

根据本课程性质、内容与特点，在学习本课程时要特别注意三个方面：一是必须打好前期知识的基础，掌握好基础知识是学好本课程的一个前提。二是理论联系实际，本课程理论体系的建立离不开生产实际，要真正学好这门课程，实践是一条必由之路。只有深入到生产实践中，才能真正理解这门课程的特点与内在规律。三是要逐步养成辩证的思维方式，因为机械制造工艺理论与方法应用时涉及问题多，灵活性也相当大，所以必须实事求是地根据具体情况、环境、条件做出具体分析与决策，以避免顾此失彼。

第一章　铸　造

§1-1　概　述

一、铸造的概念及分类

将熔融金属浇注、压射或吸入铸型型腔中，待其凝固后获得具有一定形状、尺寸和性能的毛坯或零件的成型方法称为铸造。铸造所得到的金属零件或毛坯称为铸件，如图 1-1 所示。

图 1-1　铸件

铸造的方法有很多，按生产方法不同可分为砂型铸造和特种铸造。特种铸造又可分为熔模铸造、金属型铸造、压力铸造和离心铸造等。其中用砂型铸造生产的铸件占铸件总产量的 80% 以上。

二、铸造的特点

绝大多数铸件用作毛坯，需要经机械加工后才能成为各种机械零件；少数铸件当达到使用的尺寸精度和表面粗糙度要求时，可以作为成品或零件直接使用。

铸造与其他零件成形工艺相比，具有以下特点：

1. 铸造可以生产出形状复杂，特别是具有复杂内腔的金属零件或零件毛坯，如各种箱体、床身、机架等。

2. 产品的适应性广，工艺灵活性大，工业上常用的金属材料均可用来进行铸造，铸件的质量可从几克到几百吨。

3. 铸件一般比锻件、焊接件尺寸精确，可以节约大量的金属材料和机械加工的时间。

4. 铸造所用的原材料来源广泛、价格低廉，还可直接利用废旧机件。

5. 铸件的内部组织疏松，晶粒粗大，易产生缩孔等缺陷，会导致铸件的力学性能特别是韧性差。此外，铸件的质量也不够稳定。

三、铸造的应用

由于具有上述特点，铸造被广泛应用于机械零件的毛坯制造。在各种机械设备中，铸件质量占有很大的比例，如在农业机械中，铸件质量所占比例可达 40% ~ 70%，在金属切削机床、内燃机中可达 70% ~ 80%，在重型机械设备中可高达 90%。但由于铸造易产生缺陷，性能不高，因此多用于制造承受力不大的零件。

§1–2 砂型铸造

用型砂紧实成型的铸造方法称为砂型铸造。砂型铸造不受合金种类、铸件形状和尺寸的限制，是应用最为广泛的一种铸造方法。

一、制造砂型的材料与设备

1. 型砂与芯砂

型砂是用来制造砂型的材料，芯砂是用来制造砂芯的材料。二者的区别是：型砂用来形成铸件的外部形状，而芯砂用来形成铸件的内腔或简化造型工艺。

在砂型铸造中，型砂和芯砂的基本原材料是铸造用砂和型砂黏结剂。常用的铸造用砂有硅砂、镁砂、锆砂、铬铁矿砂、刚玉砂等。

2. 铸型

铸型用于浇注金属液，以获得形状、尺寸和质量符合要求的铸件。最常用的两箱砂型造型如图 1–2 所示，其铸型主要由上砂箱、下砂箱、浇注系统、型腔、型芯和出气孔组成，当砂型用砂箱支撑时，砂箱也是铸型的组成部分。上、下砂箱之间的接触面称为分型面。

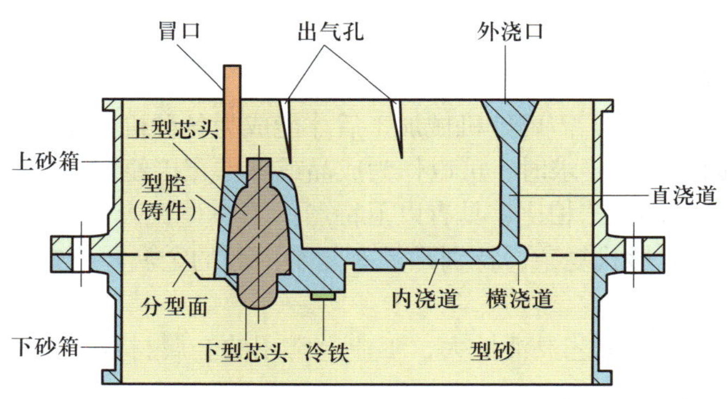

图 1–2　铸型的组成

3. 模样与芯盒

用来形成铸型型腔的工艺装备称为模样。制造砂型时，使用模样可以获得与工件外部轮廓相似的型腔。模样按其使用特点可分为消耗模样和可复用模样两大类。消耗模样只用一次，制成铸型后，按模样材料的性质，用熔解、熔化或汽化的方式将其破坏，从铸型中脱除。砂型铸造中常用的是可复用模样。

用来制造型芯的工艺装备称为芯盒。芯盒的内腔与型芯的形状和尺寸相同。通常在铸型中，型芯形成铸件内部的孔穴，但有时也形成铸件的局部外形。

模样与芯盒多用木材制造，大批量生产时，模样与芯盒则常用金属制造。

二、砂型铸造的基本概念

1. 收缩余量

收缩余量是指为了补偿铸件收缩，模样比铸件图样尺寸增大的数值。

2. 加工余量

加工余量是指为保证铸件加工面尺寸和零件精度，在铸造工艺设计时预先增加而在机械加工时切去的金属层厚度。一般小型铸件的加工余量为 2 ~ 6 mm。

3. 起模斜度

起模斜度是指为使模样容易从铸型中取出或型芯从芯盒中脱出，在模样或芯盒上平行于起模方向所设的斜度。起模斜度可用倾斜角 α 表示，也可用因起模斜度使铸件增加（或减少）的尺寸 a 表示（图 1–3）。一般 α=0.5° ~ 3°。

4. 铸造圆角

制造模样时，凡相邻两表面的交角，都应做成圆角（图 1–4），此圆角即为铸造圆角，r 为圆角半径。铸造圆角的作用是使造型方便，防止浇注时铸型尖角被冲坏而引起铸件黏砂和防止铸件尖角处因应力集中而产生裂纹。

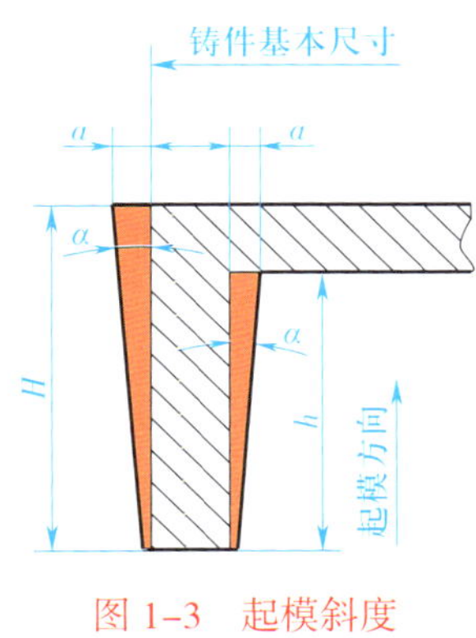

图 1–3 起模斜度

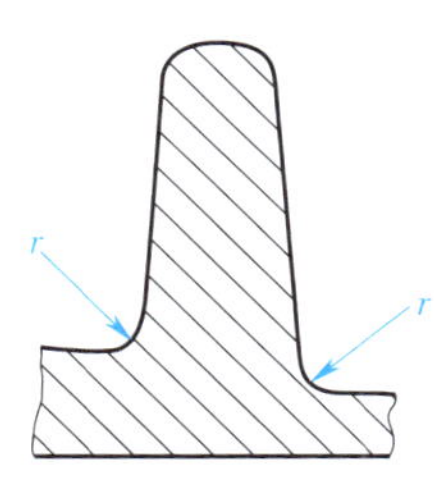

图 1–4 铸造圆角

5. 芯头

为了保证型芯在铸型中得到正确的定位和支撑，模样与型芯均应设有芯头。在模样上，芯头是模样的凸出部分，造型时在铸型内形成芯座（铸型中专为放置型芯芯头的空腔），以放置型芯的芯头；在型芯上，芯头是型芯的外伸部分，不形成铸件的轮廓，只是落入芯座内，用以定位和支撑型芯（图 1–5）。

6. 浇注系统

浇注系统是为了将金属液导入型腔，而在铸型中做出的各种通道，便于引流金属液。如

图 1–6 所示，典型的浇注系统通常由浇口杯、直浇道、横浇道、内浇道组成。浇注系统的作用是保证熔融金属平稳、均匀、连续地充满型腔；阻止熔渣、气体和砂粒随熔融金属进入型腔；控制铸件的凝固顺序；供给铸件冷凝收缩时所需补充的液体金属（补缩）。

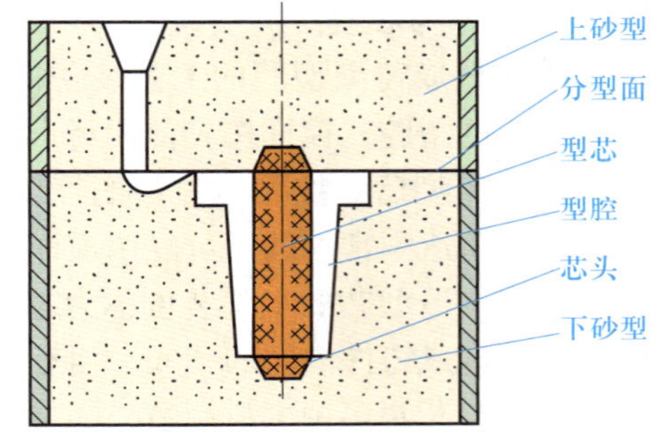

图 1–5　支架的铸型

7. 冒口

常见的缩孔、缩松等缺陷是由于铸件冷却凝固时体积收缩而产生的。为防止缩孔和缩松，可在铸件的顶部或厚实部位设置冒口，如图 1–6 所示。冒口是在铸型内存储供补缩铸件用熔融金属的空腔。冒口中的金属液可不断地补充铸件的收缩，从而使铸件避免出现缩孔、缩松。冒口是多余部分，清理时要切除。

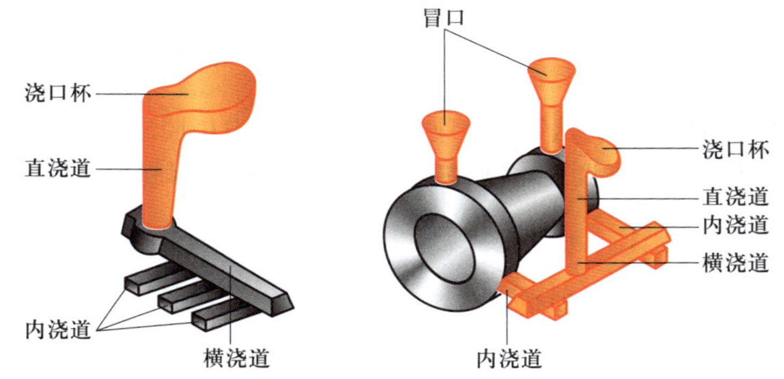

图 1–6　浇注系统和冒口

三、砂型铸造的工艺过程

砂型铸造的工艺过程一般由制造模样与芯盒、制备型（芯）砂、造型（制造砂型）、造芯（制造砂芯）、烘干（用于干砂型铸造）、合型（合箱）、浇注、落砂、清理及铸件检验等组成。图 1–7 所示为齿轮毛坯的砂型铸造工艺过程。

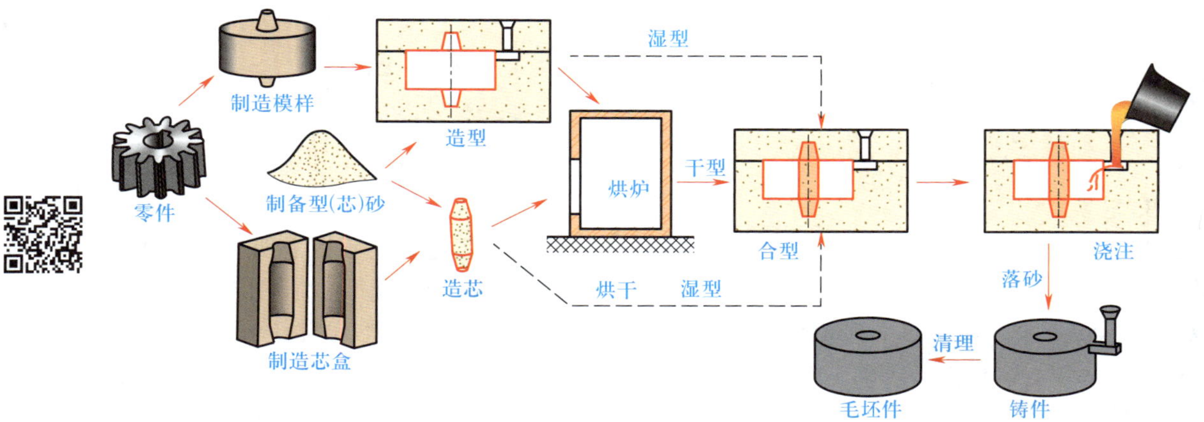

图 1–7　齿轮毛坯的砂型铸造工艺过程

1. 造型

利用制备的型砂及模样等制造铸型的过程称为造型。造型是铸造生产中最主要的工序之一，对保证铸件质量具有重要的影响。按照造型的手段，造型方法可分为手工造型和机器造型两大类。

（1）手工造型

全部用手工或手动工具完成的造型称为手工造型。手工造型方法简便，工艺装备简单，适应性广，因此在单件或小批量生产，特别是大型铸件和复杂铸件生产中应用广泛。但手工造型生产效率低，劳动强度大，铸件质量不稳定。

常见的手工造型方法有有箱造型、脱箱造型、挖砂造型、活块造型和刮板造型等。有箱造型又可分为两箱造型、三箱造型、叠箱造型和劈箱造型。下面介绍几种常用的手工造型的方法。

1）有箱造型。有箱造型是用砂箱作为铸型组成部分制造铸型的过程。砂箱是容纳和支撑砂型的刚性框，常见的砂箱结构如图 1–8 所示。有箱造型分为整模造型和分模造型。

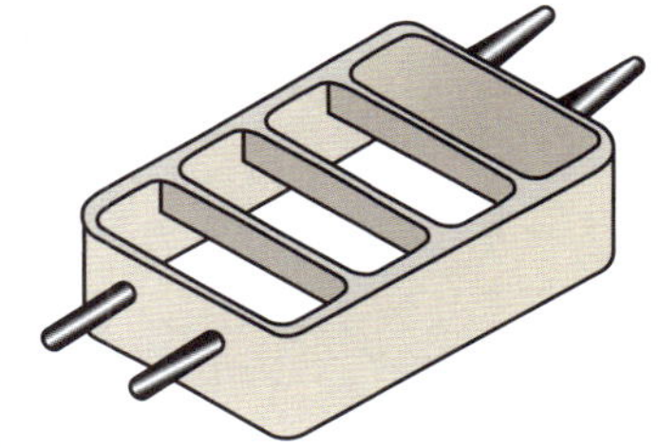

图 1–8　砂箱

整模造型方法简单，适用于形状简单的铸件。模样没有分模面，造型时，型腔全部在半个铸型（通常为下型）内，另外半个铸型为平箱，分型面为一平面。图 1–9 所示为整模两箱造型过程。

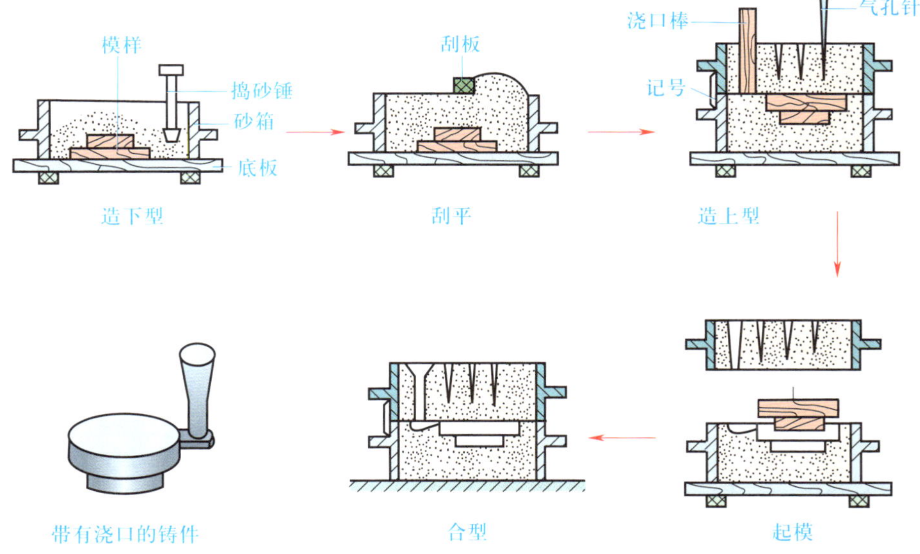

图 1–9　整模两箱造型过程

分模造型主要用于形状较复杂的铸件。有分模面的模样称为分模。模样分模面的数量通常为一个。模样被分成两部分，分别制造上型和下型，型腔则位于上型和下型之间。图 1–10 所示为法兰管铸件的分模两箱造型过程。

2）脱箱造型。脱箱造型是在可脱砂箱内造型，合型后浇注前脱去砂箱的造型方法。脱箱造型一般用于批量较大的小型铸件的铸造。图 1–11 所示为双面模板脱箱造型过程。

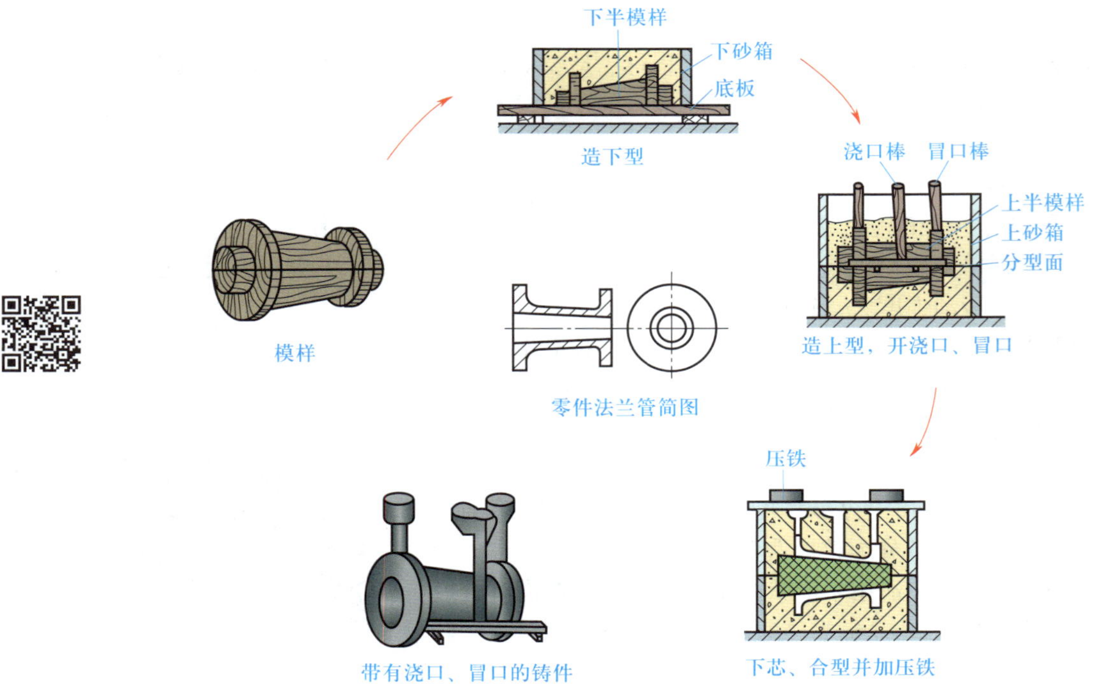

图 1–10 法兰管铸件的分模两箱造型过程

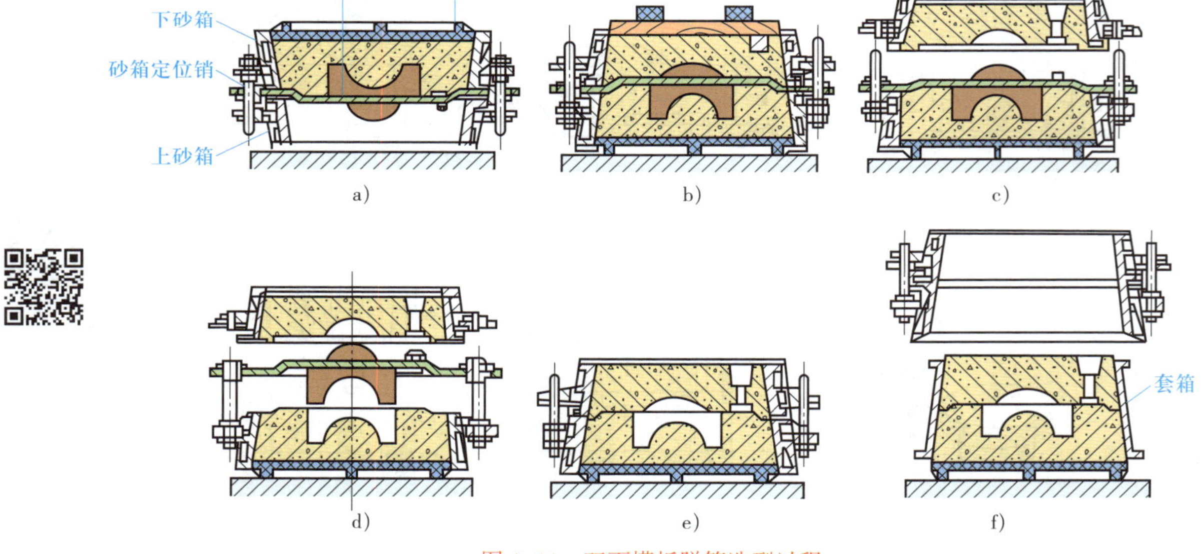

图 1–11 双面模板脱箱造型过程

a）造下型 b）造上型 c）上型起模 d）下型起模 e）合型 f）脱箱、加套箱

3）挖砂造型。根据铸件结构应采用分模造型，但由于分模面是复杂曲面且模样太薄，从而造成制模困难而只能做成整模，此时为了起模方便，下型分型面需挖成不平分型面（曲面、非平面），这种方法称为挖砂造型。手轮的挖砂造型过程如图 1–12 所示。挖砂造型的操作技术要求较高，生产效率低，适用于形状较复杂的单件生产。

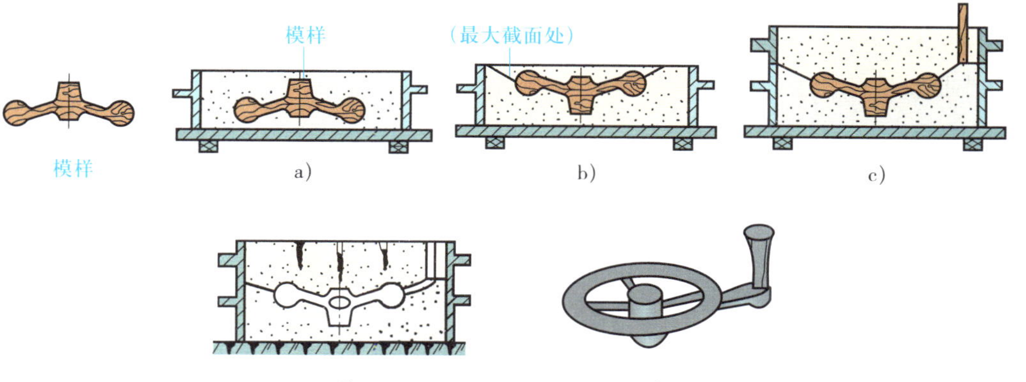

图 1-12　手轮的挖砂造型过程

a）造下砂型　b）翻下砂型，挖修分型面　c）造上砂型，敞箱、起模　d）合型　e）带浇口的铸件

4）活块造型。活块是模样上可拆卸或能活动的部分。整体模样或芯盒有侧向伸出部分时，常做成活块。所谓活块造型，即将铸件上妨碍起模的部分做成活块，起模时，先取模样主体，再用适当方法将铸型内的活块取出的造型方法，如图 1-13 所示。

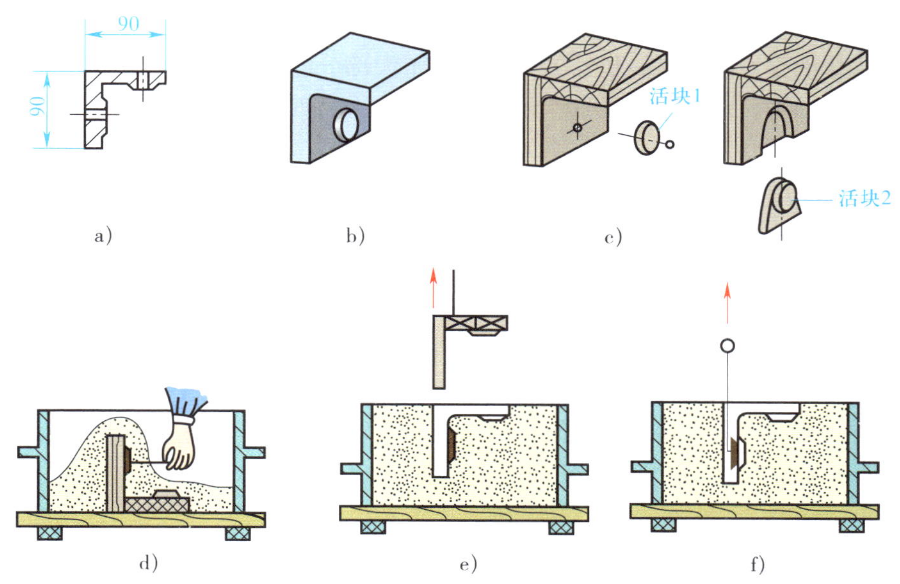

图 1-13　活块造型方法

a）零件　b）铸件　c）模样　d）造下砂型

e）取出模样主体与活块 1（活块 1 用钉子连接）　f）取出活块 2（活块 2 用燕尾连接）

活块造型技术难度较高，生产效率较低，主要用于单件、小批量生产。在成批生产或采用机器造型时，可用外型芯简化活块造型。

5）刮板造型。刮板造型是指不用模样而用刮板操作的造型和造芯方法。根据砂型型腔和砂芯的表面形状，引导刮板做旋转、直线或曲线运动。刮板是一块与铸件截面形状相适应的木板，造型时刮板绕转轴旋转，便可在砂型中刮制出所需的型腔，如图 1–14 所示。刮板造型可节省模样材料及加工，造型操作较复杂，生产效率较低，适用于大中型旋转体铸件的单件、小批量生产。

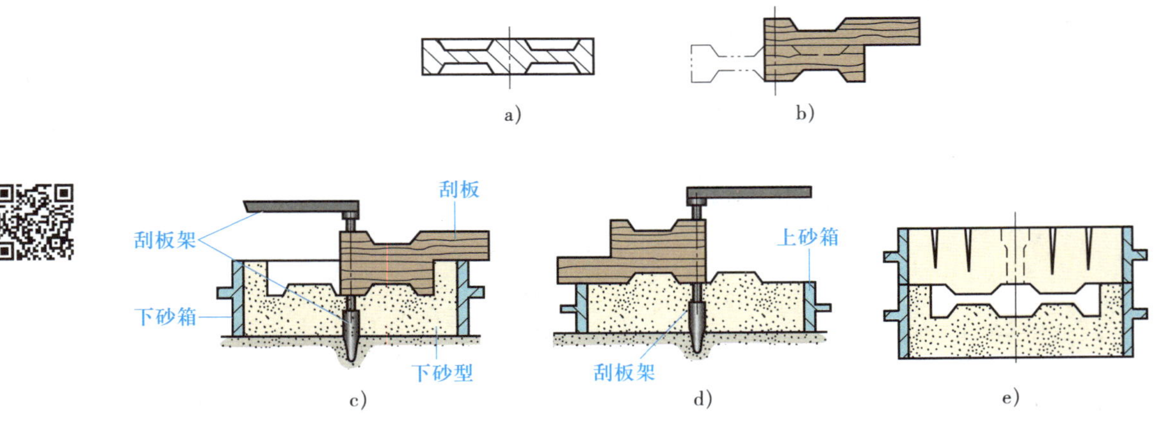

图 1–14　刮板造型过程

a）铸件　b）刮板　c）刮制下砂型　d）刮制上砂型　e）合型

（2）机器造型

随着现代化大生产的发展，机器造型已代替了大部分的手工造型。机器造型不但生产效率高，而且质量稳定，是成批大量生产铸件的主要方法。机器造型的实质是把造型过程中的主要操作——紧砂与起模实现机械化。为了提高生产效率，采用机器造型的铸件，应尽可能避免活块和砂芯，同时机器造型只适合两箱造型，因无法造出中箱，故不能进行三箱造型。

紧砂是使砂箱内的型砂和芯盒内的芯砂提高紧实度的操作，紧砂常用的方法有压实法、振实法、抛砂法等。

图 1–15 所示为气动微振压实造型机的紧砂与起模。造型时，把单面模板固定在造型机的工作台上，扣上砂箱，加型砂；当压缩空气进入振实活塞底部时，便将其上的砂箱举起一定的高度，此时排气孔接通；振实活塞连同砂箱在自重的作用下复位，完成一次振实。重复多次直到型砂紧实为止。再使压实气缸进气，压实活塞带动工作台连同砂箱一起上升，与造型机上的压板接触，将砂箱上部较松的型砂压实而完成紧砂的全过程。

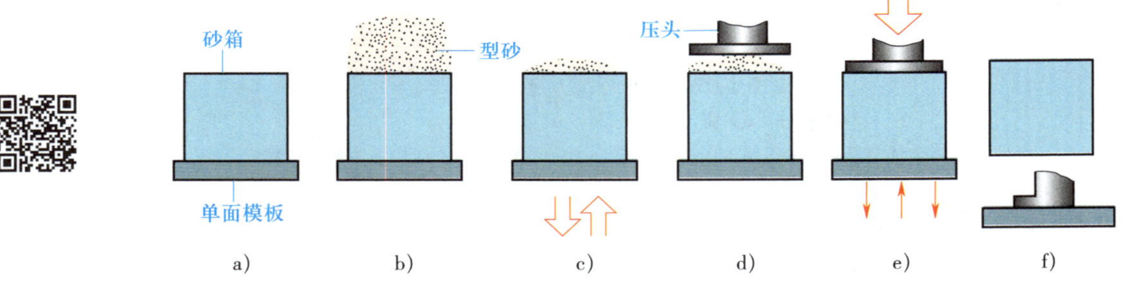

图 1–15　气动微振压实造型机的紧砂与起模

a）砂箱复位　b）加砂　c）振实　d）压头进入　e）压振　f）起模

机器造型铸件尺寸精确、表面质量好、加工余量小，但需要专用设备，投资较大，适用于大批量生产。

2. 造芯

制造型芯的过程称为造芯。型芯是为获得铸件内孔或局部外形，用芯砂或其他材料制成的安放在型腔内部的铸型组元。

造芯分为手工造芯和机器造芯。砂芯的制造方法根据砂芯尺寸、形状、生产批量及具体的生产条件进行选择。单件或小批量生产时，采用手工造芯；批量生产时，采用机器造芯。机器造芯生产效率高，紧实度均匀，砂芯质量好。

手工造芯常用的方法是芯盒造芯。芯盒通常由两部分组成，如图 1–16 所示。

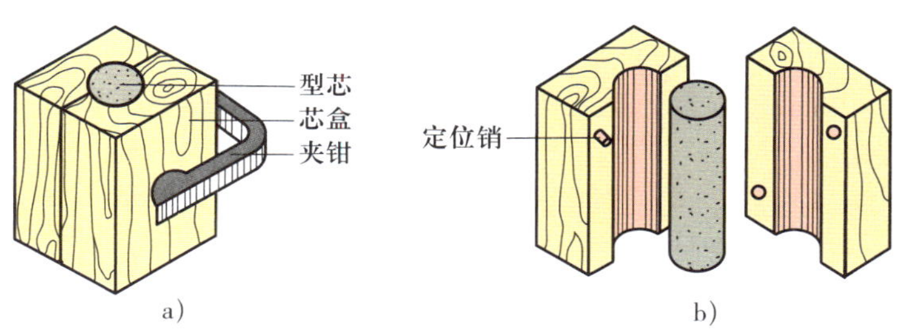

图 1–16　芯盒造芯

a）芯盒的装配　b）取芯

3. 合型

合型又称合箱，是将铸型的各个组件，如上型、下型、型芯、浇注系统等组合成一个完整铸型的操作过程。

4. 熔炼

熔炼是使金属由固态转变为熔融状态的过程。不同的金属材料采用不同的熔炼设备。铸铁件常采用冲天炉进行熔炼；合金铸铁件则采用工频炉或中频炉熔炼；铸钢件一般采用三相电弧炉进行熔炼，一些中小型工厂也采用工频炉或中频炉进行熔炼；铜、铝等有色金属件一般采用坩埚炉或中频感应炉进行熔炼。

5. 浇注

把熔融金属注入铸型的过程称为浇注，浇注后液体金属进入型腔。浇注温度的高低及浇注速度的快慢是影响铸件质量的重要因素。为了获得优质铸件，浇注时对浇注温度和浇注速度必须加以控制。

液体金属浇入铸型时所测量到的温度称为浇注温度。浇注温度是铸造过程中必须控制的质量指标之一。通常灰铸铁的浇注温度为 1 200 ~ 1 380 ℃。

单位时间内浇入铸型中的液体金属的质量称为浇注速度，单位为 kg/s。浇注速度应根据铸件的具体情况而定，可通过操纵浇包和布置不同的浇注系统进行控制。浇包是容纳、输送和浇注熔融金属用的容器，用钢板制成外壳，内衬耐火材料。

浇注前，应把熔融金属表面的熔渣除尽，以免浇入铸型而影响质量。浇注时，应使浇口杯保持充满状态，不允许浇注中断，并注意防止飞溅和满溢砂型。

6. 落砂和清理

（1）落砂

用手工或机械使铸件和型砂、砂箱分开的操作称为落砂。铸型浇注后，铸件在砂型内应有足够的冷却时间。冷却时间可根据铸件的成分、形状、大小和壁厚确定。过早进行落砂，会因铸件冷却速度太快而使其内应力增加，甚至变形、开裂。

（2）清理

清理是落砂后从铸件上清除表面黏砂、型砂、多余金属（包括浇口、冒口、飞边）和氧化皮等过程的总称。清除浇口、冒口时要避免损伤铸件。铸件表面的黏砂、细小飞边、氧化皮等可采用滚筒清理、喷丸清理、打磨清理等。

7. 检验

经落砂、清理后的铸件应进行质量检验。铸件的质量包括外观质量、内在质量和使用质量。铸件均须进行外观质量检查，重要的铸件则还须进行必要的内在质量和使用质量检查。

四、铸件的缺陷

由于铸造工艺较为复杂，铸件质量受型砂的质量、造型、熔炼、浇注等诸多因素的影响，容易产生缺陷。铸件的常见缺陷见表1–1。

表1–1　铸件的常见缺陷

缺陷	图示	特征	产生原因
气孔		表面比较光滑，呈梨形、圆形的孔洞，一般不在表面露出。大的气孔常孤立存在，小的气孔则成群出现	型砂含水过多，透气性差；起模和修型时刷水过多；砂芯烘干不良或砂芯通气孔堵塞；浇注温度过低或浇注速度太快
缩孔		形状不规则、孔壁粗糙并带有枝状晶的孔洞。缩孔多分布在铸件厚断面处或最后凝固的部位	铸件结构不合理，如壁厚相差过大，造成局部收缩过程中得不到足够熔融金属的补充；补缩不良
砂眼		在铸件内部或表面有充塞砂粒的孔眼	型砂和芯砂的强度不够；砂型和砂芯的紧实度不够；合箱时铸型局部损坏；浇注系统不合理，冲坏了铸型
黏砂	黏砂	铸件的部分或整个表面黏附着一层砂粒，以及金属的机械混合物或由金属氧化物、砂粒和黏土相互作用而生成的低熔点化合物。铸件表面粗糙不易加工	型砂和芯砂的耐火性不够；浇注温度太高；未刷涂料或涂料太薄

续表

缺陷	图示	特征	产生原因
冷隔	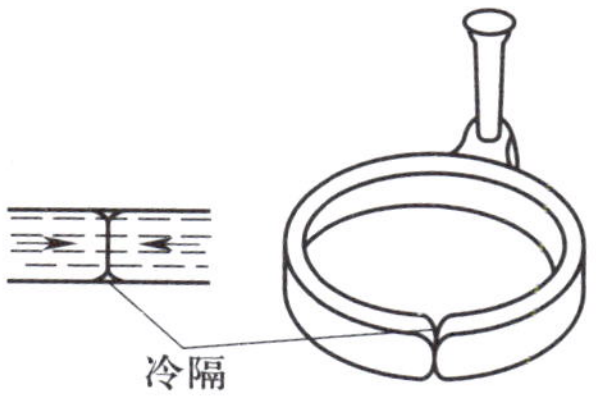 冷隔	铸件上有未完全熔合的缝隙或洼坑，其交接处是圆滑的	浇注温度太低；浇注速度太慢或浇注过程曾有中断；浇注系统位置开设不当或浇道太小
浇不足	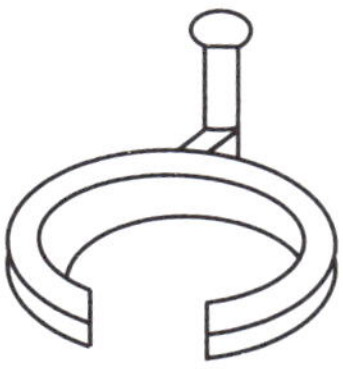	铸件不完整	浇注时金属量不够；浇注时液体金属从分型面流出；铸件太薄；浇注温度太低；浇注速度太慢
裂纹	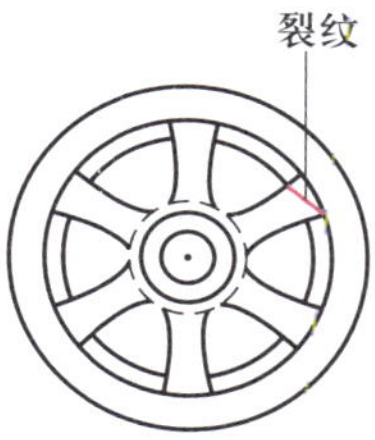 裂纹	裂纹即铸件开裂，分冷裂和热裂	铸件结构不合理，壁厚相差太大；砂型和砂芯的退让性差；落砂过早

§1-3　特种铸造及铸造新技术

特种铸造是指有别于砂型铸造方法的其他铸造工艺。目前特种铸造方法已有几十种，常用的有熔模铸造、金属型铸造、压力铸造、离心铸造、低压铸造，另外还有陶瓷型铸造、实型铸造、磁型铸造、石墨型铸造和反压铸造等。

一、特种铸造

1. 熔模铸造

熔模铸造是利用易熔材料制成模样，然后在模样上涂覆若干层耐火涂料制成型壳，经硬化后再将模样熔化，排出型外，从而获得无分型面的铸型。铸型经高温焙烧后即可进行浇注。哑铃的形状如图 1–17 所示，下面以此为例分析熔模铸造的工艺过程，见表 1–2。

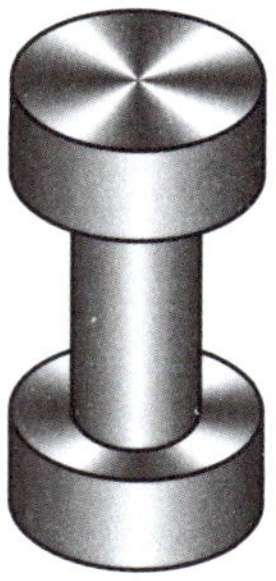

图 1–17　哑铃

表 1–2　　熔模铸造的工艺过程

工艺过程	图示	说明
1. 压型	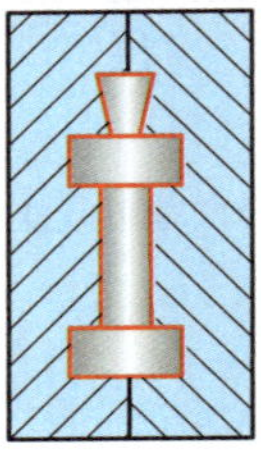	将糊状蜡料（常用的低熔点蜡基模料为50% 石蜡加 50% 硬脂酸）用压蜡机压入压型型腔
2. 制作单个蜡模		凝固后取出，得到蜡模
3. 制作蜡模组	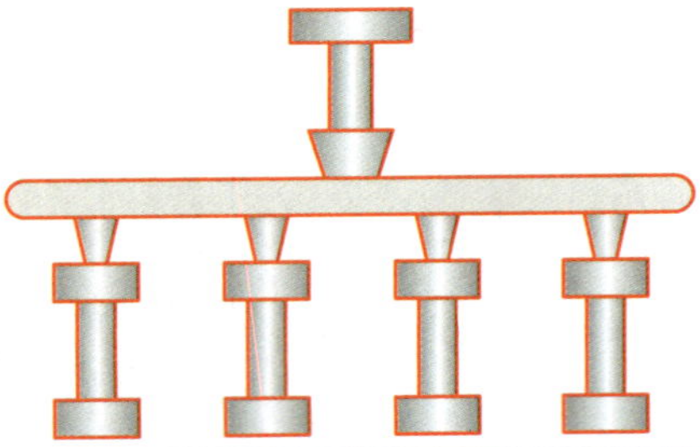	在铸造小型工件时，常将很多蜡模粘在蜡质的浇注系统上，组成蜡模组
4. 制作蜡模型壳	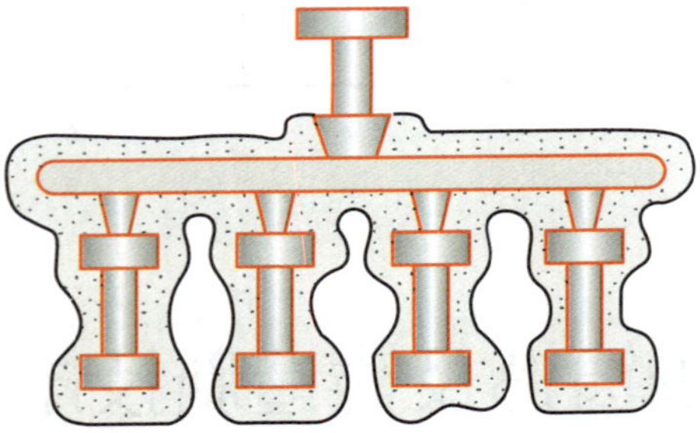	将蜡模组浸入涂料（石英粉加水玻璃黏结剂）中，取出后在上面撒一层硅砂，再放入硬化剂（如氯化铵溶液）中进行硬化。反复进行挂涂料、撒砂、硬化 4 ~ 10 次，这样就在蜡模组表面形成由多层耐火材料构成的坚硬型壳
5. 型壳脱蜡	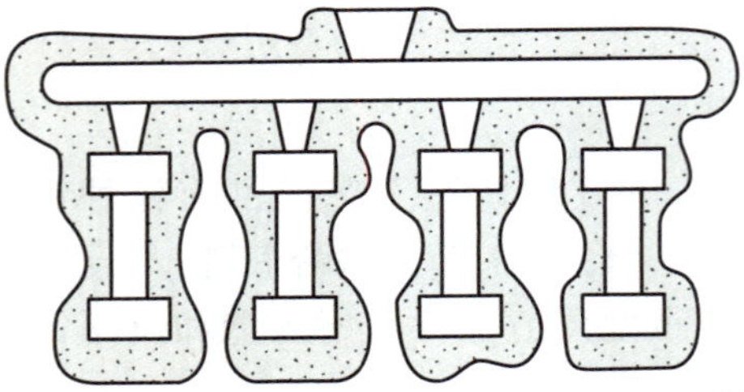	将带有蜡模组的型壳放入 80 ~ 90 ℃的热水或蒸汽中，使蜡模熔化并从浇注系统中流出，于是就得到一个没有分型面的型壳。再经过烘干、焙烧，以去除水分及残蜡并使型壳强度进一步提高
6. 填砂捣实	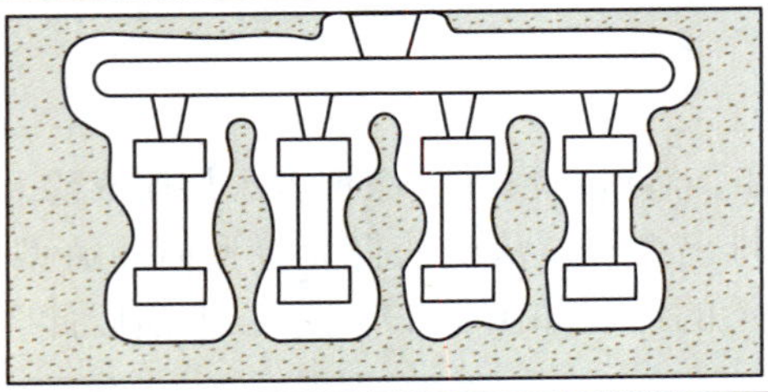	将型壳放入砂箱，四周填入干砂捣实

续表

工艺过程	图示	说明
7. 浇注		装炉焙烧（800～1 000 ℃），将型壳从炉中取出后，趁热（600～700 ℃）进行浇注
8. 得到铸件		冷却凝固后清除型壳，便得到一组带有浇注系统的铸件，再经清理、检验就可得到合格的熔模铸件

2. 金属型铸造

金属型铸造又称硬模铸造，是将液体金属浇入金属铸型，在重力作用下充填铸型以获得铸件的铸造方法。常见的垂直分型式金属型由定型和动型两个半型组成，如图 1–18 所示。分型面位于垂直位置，浇注时先使两个半型合紧，凝固后利用机构使两半型分离，取出铸件。

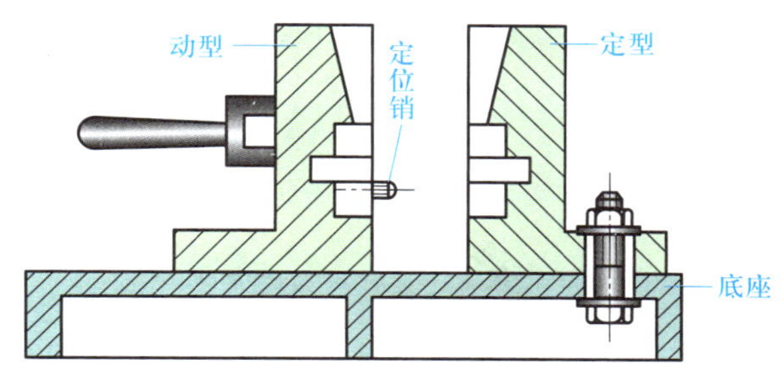

图 1–18　金属型铸造

为了保证铸型的使用寿命，制造铸型的材料应具有高的耐热性和导热性，反复受热不变形、不破坏，具有一定的强度、韧性、耐磨性，以及良好的切削加工性能。在生产中，常选用铸铁、非合金钢或低合金钢作为铸型材料。

金属铸型导热性好，液体金属冷却速度快，流动性降低快，故金属型铸造时浇注温度比砂型铸造高。在铸造前需要对金属铸型进行预热，铸造前未对金属铸型进行预热而进行浇注容易使铸件产生冷隔、浇不足、夹杂、气孔等缺陷，未预热的金属铸型在浇注时还会使铸型受到强烈的热冲击，应力倍增，极易被损坏。

3. 压力铸造

压力铸造简称压铸，是利用高压使液态或半液态金属以较高的速度充填金属型型腔，并在压力下成型和凝固而获得铸件的方法。压铸机的种类很多，工作原理基本相同，图 1–19 所示为卧式冷压室压铸机的工作示意图。

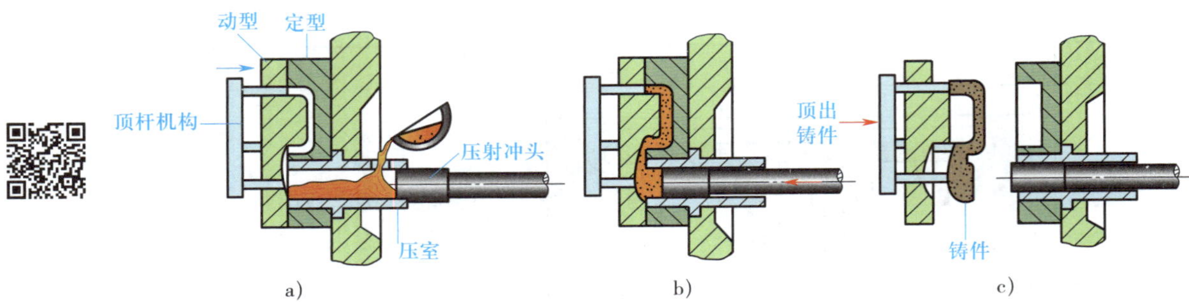

图 1-19　卧式冷压室压铸机的工作示意图

a）填充液态或半液态金属　b）压实成型　c）顶出铸件

4. 离心铸造

将熔融金属浇入绕水平轴、立轴或倾斜轴旋转的铸型内，在离心力作用下凝固成型，这种铸造方法称为离心铸造。离心铸造在离心铸造机（图 1-20）上进行，铸型可以用金属型，也可以用砂型。图 1-21 所示为离心铸造的工作原理，图 1-21a 所示为绕立轴旋转的离心铸造，铸件内表面呈抛物面，铸件壁厚上下不均匀，并随着铸件高度增大而愈加严重，因此只适用于制造高度较小的环类、盘套类铸件；图 1-21b 所示为绕水平轴旋转的离心铸造，铸件壁厚均匀，适用于制造管、筒、套（包括双金属衬套）及辊轴等铸件。

图 1-20　离心铸造机

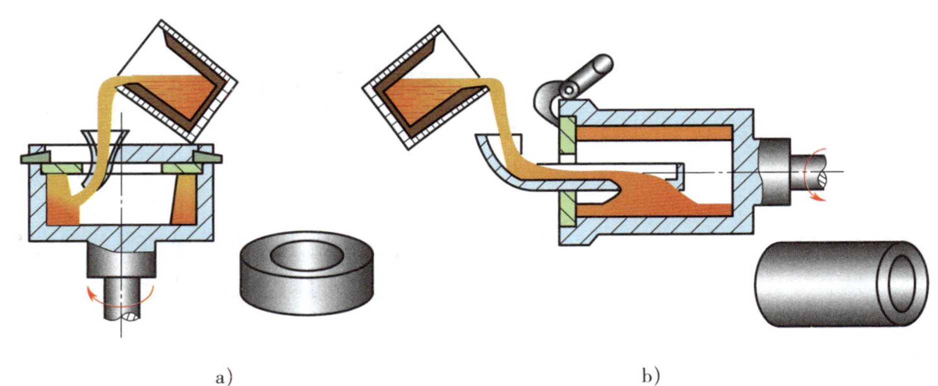

图 1-21　离心铸造的工作原理

a）绕立轴旋转的离心铸造　b）绕水平轴旋转的离心铸造

二、铸造新技术和新工艺

1. 陶瓷型铸造

用陶瓷浆料制成铸型以生产铸件的铸造方法称为陶瓷型铸造。陶瓷型的生产工艺过程如图 1-22 所示。首先将模样固定于模板上（图 1-22a），再套上砂箱（图 1-22b），然后将预先调好的陶瓷浆料倒入砂箱（图 1–22c），将上表面刮平，等待结胶硬化（图 1–22d），待浆料出现弹性即可起模（图 1–22e）。随即点火喷烧（吹压缩空气助燃）（图 1–22f），待火熄灭后，移入高温炉中喷烧即成所需的陶瓷型。

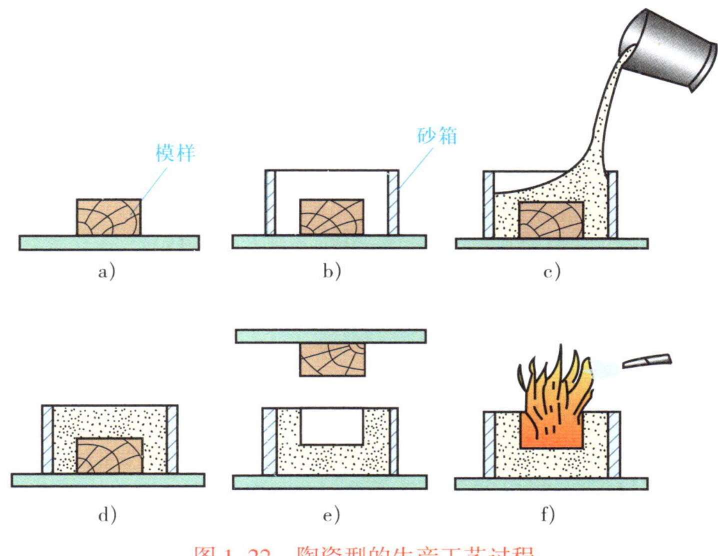

图 1–22　陶瓷型的生产工艺过程

a）固定模样　b）套砂箱　c）灌浆　d）结胶　e）起模　f）喷烧

陶瓷型铸造与熔模铸造，由于型壳材料相似，故铸件的精度和表面质量也相当。陶瓷型铸造相对于熔模铸造，工艺简单、投资少、生产周期短，铸件大小基本不受限制。陶瓷型铸造原材料价格高，有灌浆工序，因而不适合制造大批量、形状复杂的铸件，且生产工艺过程难以实现自动化和机械化。通常，陶瓷型铸造适合制造小批量、较大尺寸的精密铸件，多用于各种模具的生产。

2. 实型铸造

使用泡沫聚苯乙烯塑料制造模样（包括浇注系统），在浇注时迅速将模样燃烧汽化直到消失，金属液随即填充原来模样的位置，冷却凝固后即成铸件，这一方法称为实型铸造。实型铸造的工艺过程如图 1–23 所示。

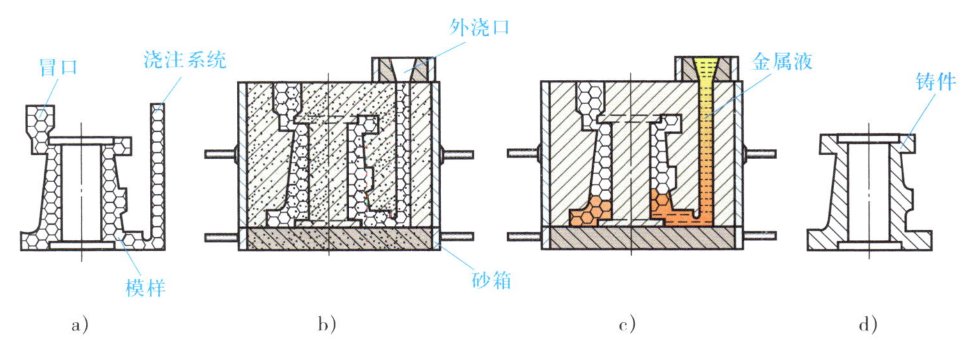

图 1–23　实型铸造的工艺过程

a）泡沫塑料模样　b）造好的铸型　c）浇注过程　d）铸件

第二章 锻 压

§2-1 概 述

对坯料施加外力，使其产生塑性变形，改变尺寸、形状及改善性能，用以制造机械零件、工件或毛坯的成形加工方法称为锻压。锻压是机械制造中重要的加工方法，主要包括锻造和冲压两部分，广泛用于仪器设备、汽车、仪表等领域。

一、锻造

锻造是在加压设备及工（模）具的作用下，使金属坯料或铸锭产生局部或全部的塑性变形，以获得一定几何形状、尺寸和质量的锻件的加工方法。按成形方式不同，锻造分为自由锻和模锻两大类，如图 2–1 所示。金属材料经过锻造变形而得到的工件或毛坯称为锻件，如图 2–2 所示。

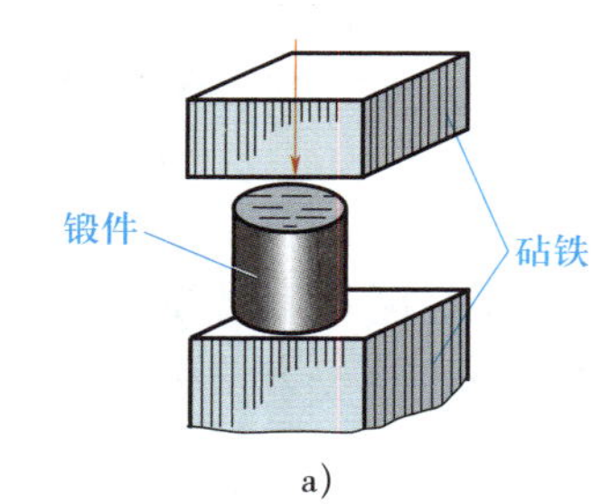

a)

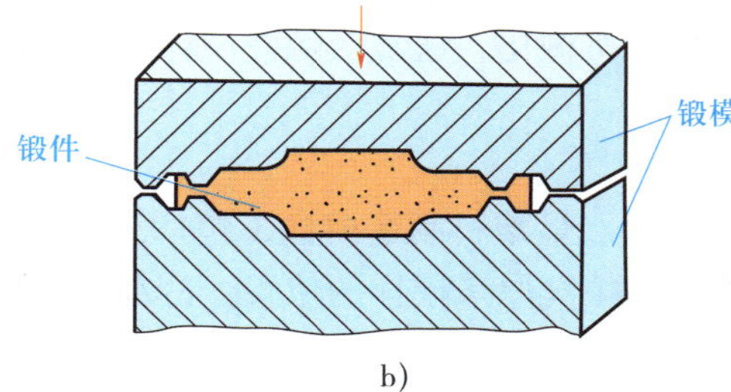

b)

图 2–1 锻造方式
a）自由锻 b）模锻

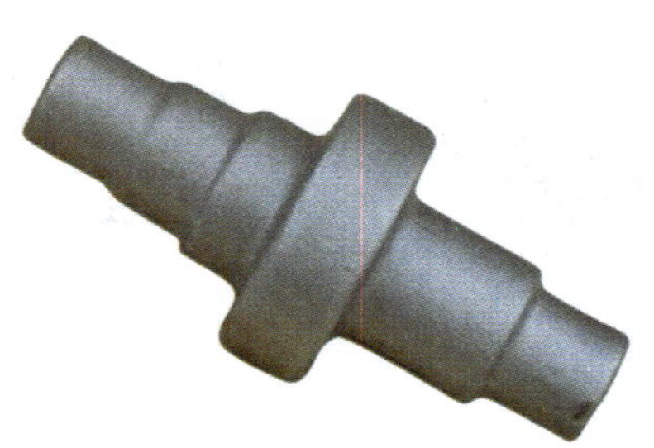

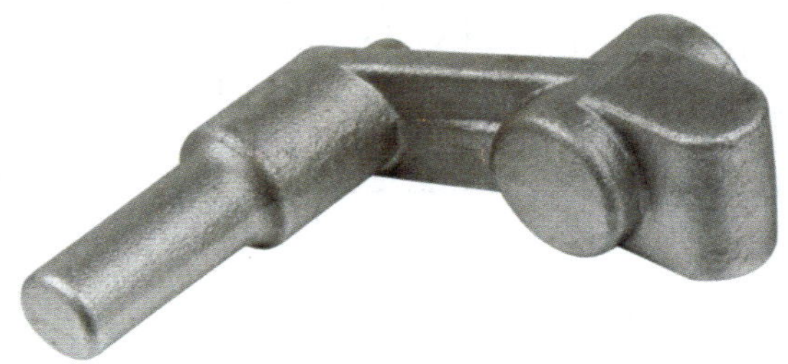

图 2–2 锻件

锻造具有以下特点：

1. 改善金属的内部组织，提高金属的力学性能（如零件的强度、塑性和韧性）。

2. 具有较高的生产效率。

3. 适用范围广。锻件的质量可小至不足 1 kg，大至数百吨；既可进行单件、小批量生产，又可进行大批量生产。

4. 采用精密模锻可使锻件尺寸、形状接近成品零件，因而可以大大地节省金属材料和减少切削加工工时。

5. 不能锻造形状复杂的锻件。

二、冲压

使板料经分离或成形而得到制件的工艺统称为冲压。用冲压的方法制成的工件或毛坯称为冲压件，如图 2–3 所示。

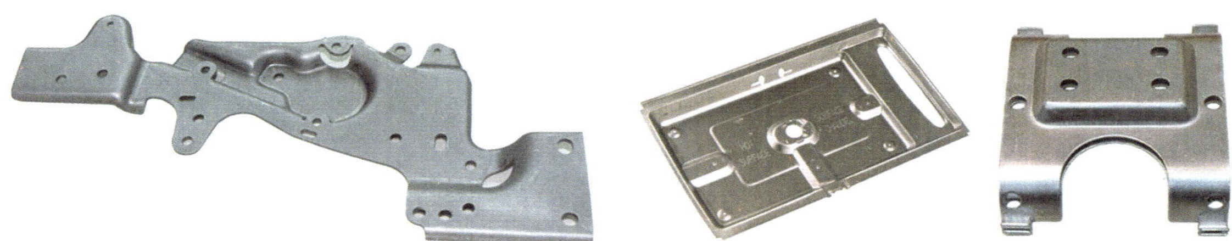

图 2–3　冲压件

冲压加工通常是在常温下进行的，所以习惯上又称为冷冲压。冲压具有以下特点：

1. 在分离或成形过程中，板料的厚度变化很小，内部组织也不产生变化。

2. 生产效率很高，易实现机械化、自动化生产。

3. 冲压制件尺寸精确，表面光洁，一般不再进行加工或仅按需要补充进行机械加工即可使用。

4. 适用范围广，从小型的仪表零件到大型的汽车横梁等均能生产，并能制出形状较复杂的冲压制件。

5. 冲压使用的模具精度高，制造复杂，成本高，所以主要适用于大批量生产。

三、其他常见压力加工方法

使毛坯材料产生塑性变形或分离而无切屑的加工方法称为压力加工。锻造和冲压是应用最为普遍的压力加工方法，除此之外，常见的压力加工方法还有轧制、拉拔、挤压等，见表 2–1。

表 2–1　其他常见的压力加工方法

类型	原理	图示
轧制	使坯料在旋转轧辊的压力作用下，产生连续塑性变形，获得要求的截面形状并改变其性能	轧辊 坯料 轧辊

续表

类型	原理	图示
拉拔	坯料在牵引力作用下通过模孔拉出，使之产生塑性变形而达到截面缩小、长度增加的目的	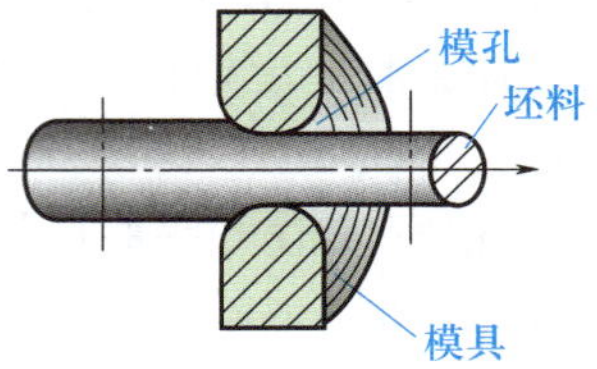 模孔 坯料 模具
挤压	坯料在压应力作用下，从模具的孔口或缝隙挤出，使其横截面积减小、长度增加，成为所需制品。按挤压温度高低分为冷挤、温挤和热挤	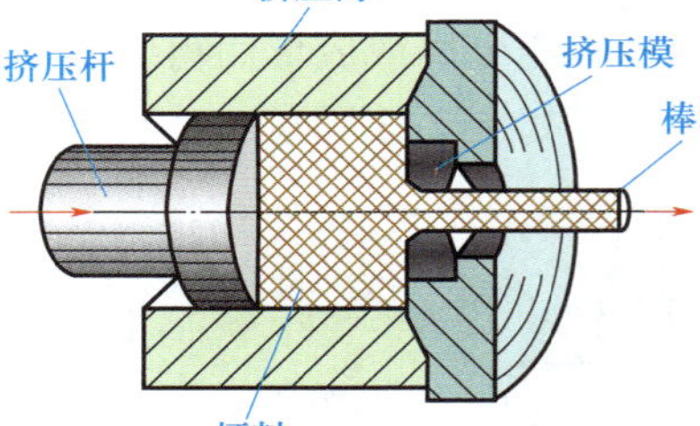 挤压筒 挤压杆 挤压模 棒材 坯料

§2-2 锻　造

一、锻造生产工艺过程

各种锻件的加工都要制定合适的生产工艺。根据零件使用性能和生产要求，工艺过程有的简单，有的复杂，但基本的工艺过程包括下料、加热、锻造、冷却、质量检验和热处理。

1. 下料

供锻造车间生产用的原材料绝大多数是各种型材和钢坯，在锻造前根据需要把它们分成若干段，这个过程称作下料。常见的下料方法有剪切法、锯削法、砂轮切割法、冷折法和气割法等，具体下料方法的选取要视材料性质、尺寸大小和对下料质量的要求而定。

2. 加热

坯料在锻造之前通常需要加热，加热的目的是提高金属的塑性和降低其变形抗力，即提高金属的可锻性。除少数具有良好塑性的金属可在常温下锻造成形外，大多数金属在常温下的可锻性较差。但将这些金属加热到一定温度后，可以大大提高可锻性，并只需要施加较小的锻打力，便可使其发生较大的塑性变形。

3. 锻造

锻造就是利用锻造设备使处于始锻温度到终锻温度之间的坯料在力的作用下发生合适的塑性变形，从而改变它的尺寸、形状，优化材料内部组织，并最终得到符合要求的锻件。

4. 冷却

锻件的冷却同加热一样，也是保证锻件质量的重要环节，锻件的冷却是指锻后从终锻温度冷却到室温。如果锻后锻件冷却不当，会使应力增加和表面过硬，影响锻件的后续加工，严重的还会产生翘曲变形、裂纹，甚至造成锻件报废。常用的冷却方法有以下 3 种：

（1）空冷

将热态锻件放在空气中冷却的方法称为空冷。空冷是冷却速度较快的一种冷却方式，适用于低碳钢、中碳钢的小型锻件。

（2）坑冷

将热态锻件放在地坑（或铁箱）中缓慢冷却的方法称为坑冷。坑冷的冷却速度适中，适用于低合金钢及截面尺寸较大的锻件。

（3）炉冷

将热态锻件放入炉中缓慢冷却的方法称为炉冷。刚放入炉内时要求炉内温度与锻件温度相近。炉冷的冷却速度慢，适用于冷却大型锻件或高合金钢锻件。

5. 质量检验

为了确定加工的锻件质量是否合格，需要对锻件进行质量检验。锻件质量的检验包括外观质量及内部质量的检验。外观质量检验主要指锻件的几何尺寸、形状、表面状况等项目的检验；内部质量的检验主要是指锻件化学成分、宏观组织、显微组织及力学性能等项目的检验。

6. 热处理

在机械加工前，锻件要进行热处理，目的是使组织均匀，细化晶粒，减少锻造残余应力，调整硬度，改善机械加工性能，为最终热处理做准备。常用的热处理方法有正火、退火、球化退火等。

二、自由锻

将加热后的金属坯料置于铁砧上或锻压机器的上、下砧铁之间直接进行的锻造，称为自由锻。置于铁砧上的锻造称为手工自由锻（简称手锻），置于锻压机上的锻造称为机器自由锻（简称机锻）。自由锻生产效率低，劳动强度大，锻件的精度低，对操作工人的技术要求较高。但是自由锻所使用的工具简单，设备的通用性强，工艺灵活性高，所以广泛用于单件、小批量及大型锻件毛坯的生产。

1. 自由锻设备

自由锻常用的设备有空气锤和水压机等。

（1）空气锤

空气锤是生产小型锻件及胎膜锻造的常用设备，它是以压缩空气为工作介质，驱动砧块击打锻件，从而获得塑性变形的锻件。空气锤由锤身（单柱式）、双缸（压缩缸和工作缸）、锤杆、砧块、砧垫、砧座、电动机、减速机构等几个部分组成，如图 2–4 所示。

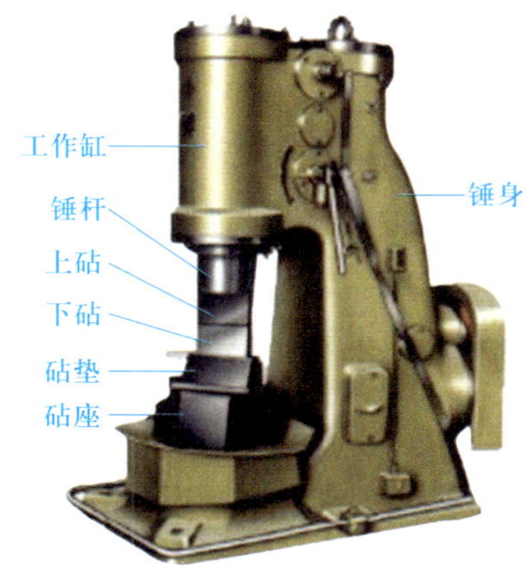

图 2–4　空气锤

空气锤的工作原理：电动机经过减速机构减速，通过曲轴连杆机构，使压缩活塞在压缩缸内做往复运动产生压缩空气，压缩空气进入工作缸使锤杆做上下运动以完成各项工作。

空气锤是将电能转化为压缩空气的压力能来产生打击力的。空气锤的规格是以落下部分的质量来表示的。例如，150 kg空气锤就是指锤的落下部分（由工作活塞、锤杆和上砧组成）的质量为150 kg。锻锤的打击力大约是落下部分质量的100倍。常用空气锤规格为65 ~ 750 kg，可以根据锻件的质量和尺寸合理选用。

（2）水压机

大型锻件需要在液压机上锻造，水压机是最常用的一种，如图2–5所示。水压机不依靠冲击力，而是靠静压力使坯料变形，工作平稳，因此工作时振动小。水压机不需要笨重的砧座，锻件变形速度低，变形均匀，易将锻件锻透，使整个截面呈细晶粒组织，从而改善和提高了锻件的力学性能，容易获得大的工作行程并能在行程的任何位置进行锻压，劳动条件较好。但由于水压机主体庞大，并需配备供水和操纵系统，故造价较高。水压机的压力大，常见规格为500 ~ 12 500 t，能锻造1 ~ 300 t的大型重型坯料。

图2–5　水压机

2. 自由锻工具

常用的自由锻工具有垫环、压棍、压铁、摔子、剁刀、钢直尺等，如图2–6所示。

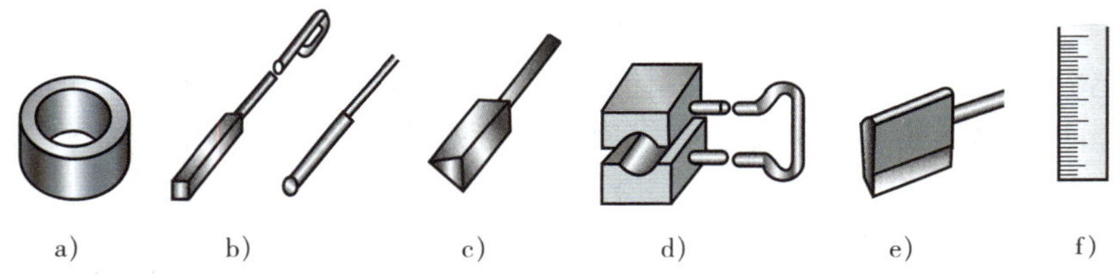

图2–6　常用的自由锻工具

a）垫环　b）压棍　c）压铁　d）摔子　e）剁刀　f）钢直尺

3. 自由锻的基本工序

锻件的成形过程是由各种变形工序组成的。根据变形的性质和程度不同，自由锻工序可分为辅助工序、基本工序和修整工序三大类。

辅助工序是指坯料在进入基本工序前预先变形的工序，如预压钳把、切肩及压痕等。

基本工序是指能够大幅改变坯料的形状和尺寸的工序，如镦粗、拔长、冲孔、扩孔、弯曲、扭转、切割、错移和锻接等，其中镦粗、拔长和冲孔3个工序应用得最多。基本工序是锻造过程中的主要变形工序。

修整工序是指用来精整锻件尺寸和形状，消除锻件表面不平、弯曲等，使锻件完全达到要求的工序，如滚圆、平整及整形等。

（1）镦粗

使毛坯高度减小、横断面积增大的锻造工序称为镦粗（图 2–7）。镦粗一般用来制造齿轮坯或盘饼类毛坯，或为拔长工序增大锻造比及为冲孔工序做准备等。

为了防止坯料在镦粗时产生轴向弯曲，坯料镦粗部分的高度应不大于坯料直径的 2.5 ~ 3 倍。

在坯料上某一部分进行的镦粗称为局部镦粗（图 2–7b）。局部镦粗时，可只对所需镦粗部分进行加热，然后放在垫环（漏盘）上锻造，以限制变形范围。

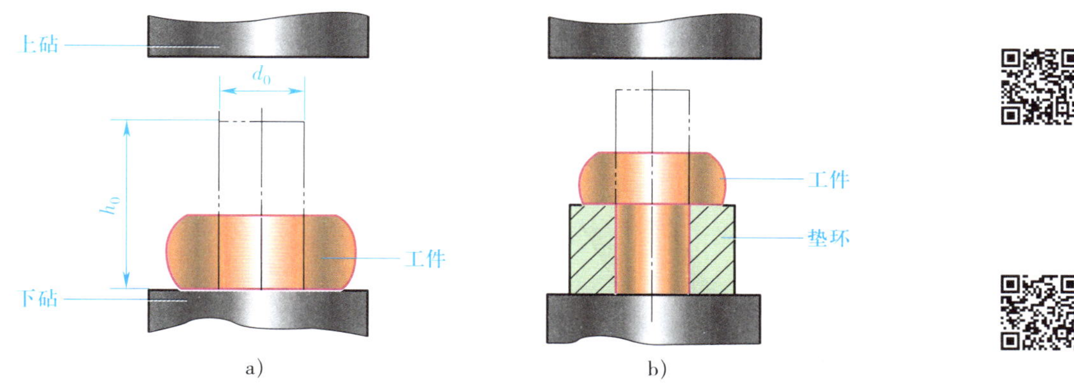

图 2–7 镦粗

a）整体镦粗 b）局部镦粗

（2）拔长

拔长是使坯料长度增加、横截面面积减小的锻造工序，通常用来生产轴类毛坯，如车床主轴、连杆等。拔长时，每次送进量 L 应为砧宽 B 的 0.3 ~ 0.7 倍。若 L 太大，则金属横向流动多，纵向流动少，拔长效率反而下降；若 L 太小，又易产生夹层，如图 2–8 所示。

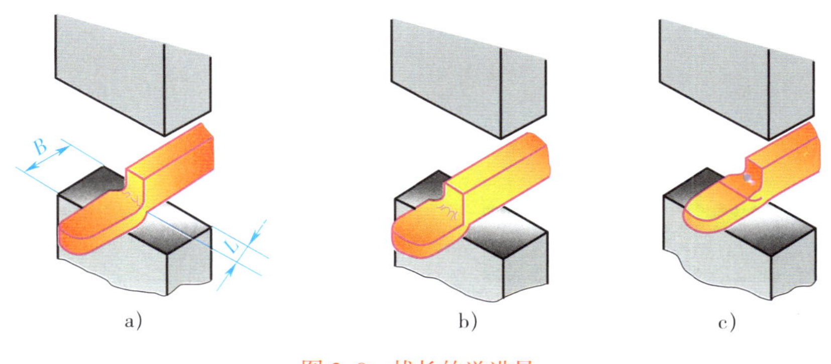

图 2–8 拔长的送进量

a）送进量合适 b）送进量太大拔长效率降低 c）送进量太小产生夹层

拔长过程中要将毛坯料反复地翻转 90°，并沿轴向送进操作，如图 2–9a 所示。螺旋式翻转拔长如图 2–9b 所示，是将毛坯沿一个方向做 90° 翻转，并沿轴向送进的操作。单面顺序拔长如图 2–9c 所示，是将毛坯沿整个长度方向锻打一遍后，再翻转 90°，同样依次沿轴向送进操作。

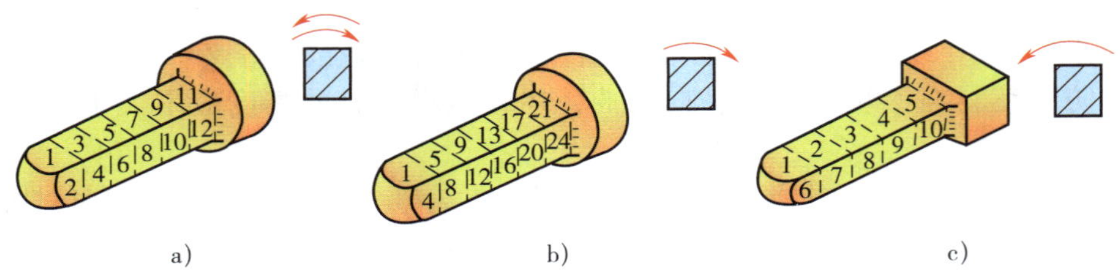
a)
b)
c)

图 2–9　拔长时锻件的翻转方法

a）反复翻转拔长　b）螺旋式翻转拔长　c）单面顺序拔长

圆形截面坯料拔长时，应先锻成方形截面，在拔长到边长接近锻件直径时，锻成八角形截面，最后倒棱滚打成圆形截面，如图 2–10 所示。这样拔长的效率高，且能避免引起中心裂纹。

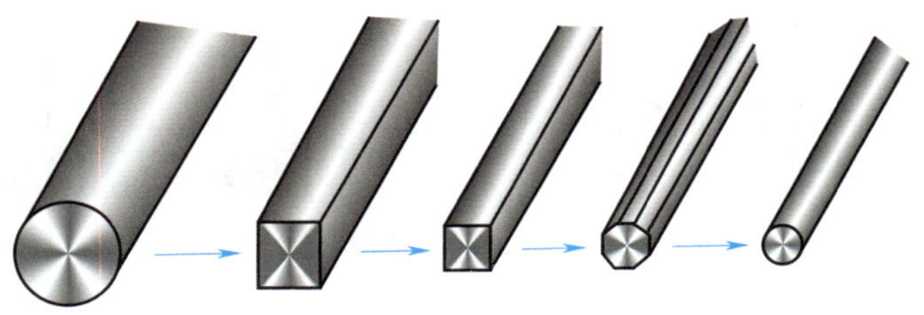

图 2–10　圆形截面坯料拔长时的过渡截面形状

（3）冲孔

冲孔是指在坯料上锻出不通孔或通孔的锻造工序。常用的冲孔方法有单面冲孔和双面冲孔。

1）单面冲孔。厚度小的坯料可采用单面冲孔法。冲孔时，坯料置于垫环上，将一略带锥度的冲头大端对准冲孔位置，用锤击方法打入坯料，直至孔穿透为止，如图 2–11 所示。

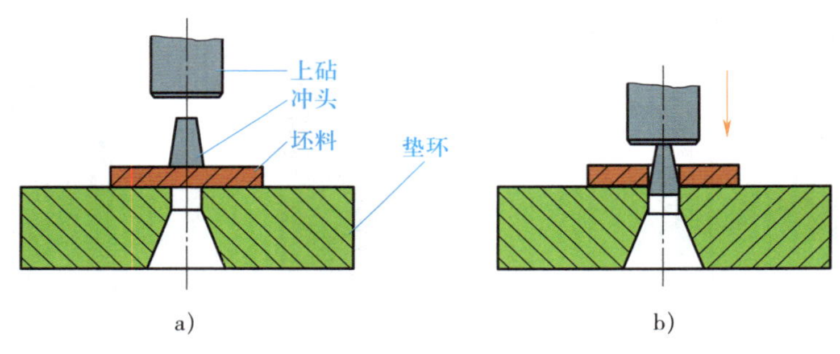

a)
b)

图 2–11　单面冲孔

a）准备冲孔　b）完成冲孔

2）双面冲孔。如图 2–12 所示，在镦粗平整的坯料表面上先预冲一个凹坑，放少许煤粉，再继续冲至约 3/4 深度时，借助煤粉燃烧的膨胀气体取出冲子，翻转坯料，从反面将孔冲透。

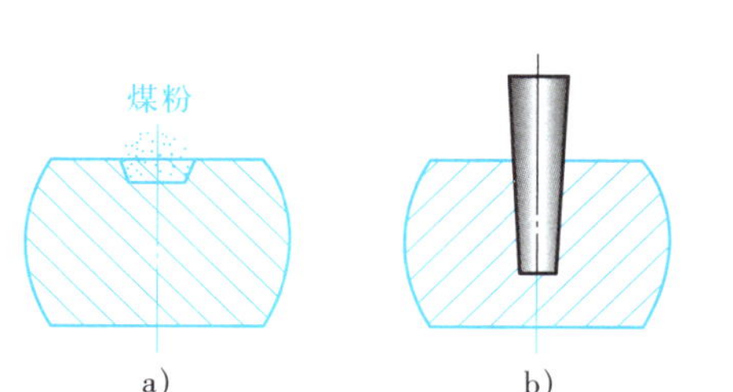

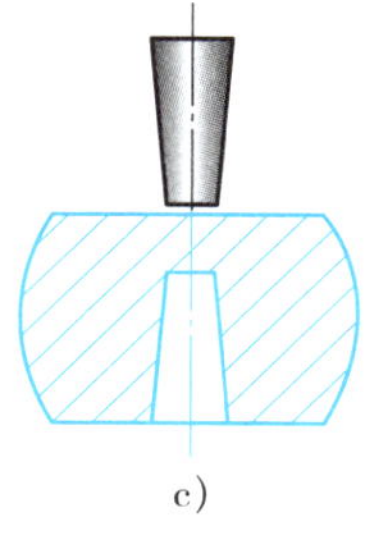

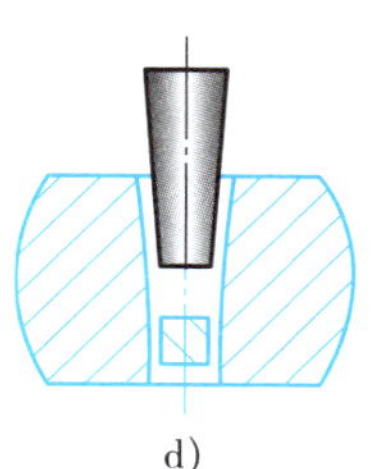

图 2-12　双面冲孔

a）预冲凹坑　b）冲至 3/4 深度　c）翻转坯料　d）冲透坯料

（4）弯曲

使坯料弯曲成一定角度或形状的锻造工序称为弯曲，如图 2-13 所示。弯曲用于制造吊钩、链环、弯板等锻件。弯曲时，锻件的加热部分最好只限于被弯曲的一段，且加热必须均匀。

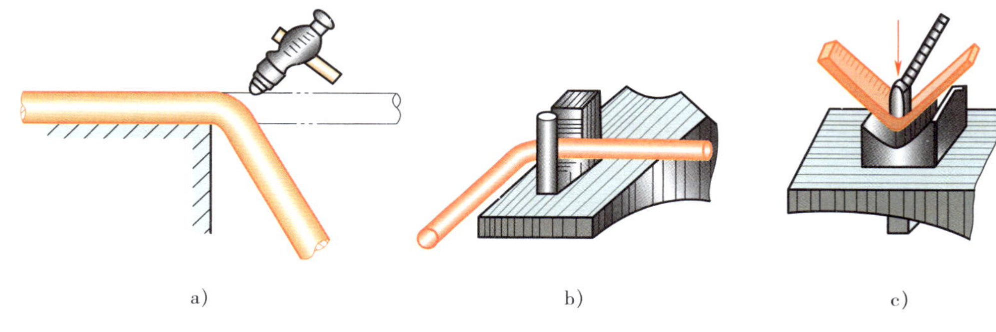

图 2-13　弯曲

a）、b）角度弯曲　c）成形弯曲

（5）扭转

扭转是使坯料的一部分相对于另一部分旋转一定角度的锻造工艺，如图 2-14 所示。锻造多拐曲轴、连杆等锻件和校直锻件时常用这种工艺。

（6）切割

把板材或型材等切成所需形状和尺寸的坯料或工件的锻造工序称为切割。切割的方法有以下几种：

1）单面切割。将剁刀垂直于坯料，锤击剁刀使其切入坯料至接近底部，然后翻转坯料，用剁刀或压棍对准切口将坯料剁断，如图 2-15 所示。这种方法常用于切断坯料和切除料头。

2）双面切割和四面切割。在坯料的两个相对面上先后切割，称为双面切割。若先切割两相对面，再切割相邻的两相对面，则称为四面切割。双面切割和四面切割一般用于切割截面较大的坯料。

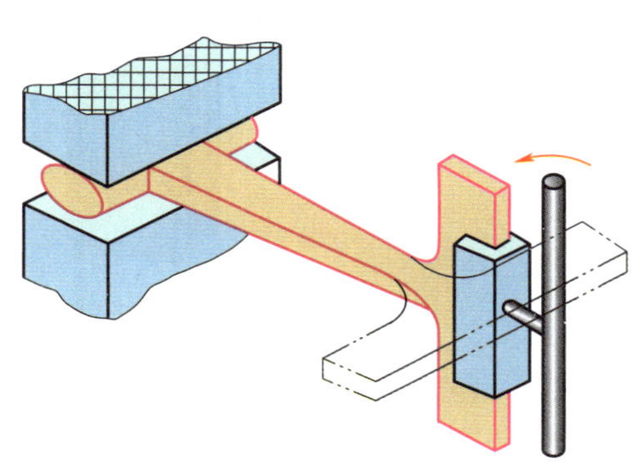

图 2-14　扭转

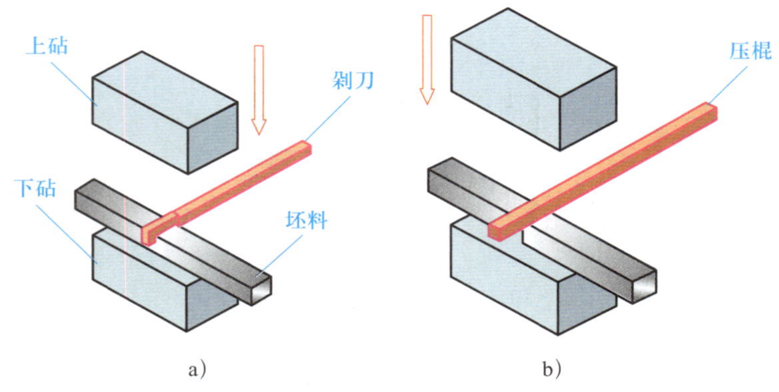

图 2–15　单面切割

a）剁刀切入　b）压棍截断

3）圆料切割。坯料置于剁料槽内，第一刀切至坯料直径的 1/3 ~ 1/2 深处，然后将坯料转动 120° ~ 150° 后切第二刀，再转动坯料切第三刀，将坯料切断，如图 2–16 所示。

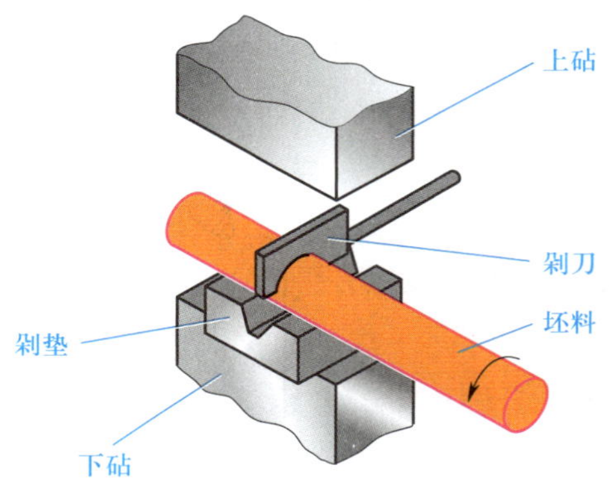

图 2–16　圆料切割

4. 自由锻常见缺陷

自由锻常见的缺陷有裂纹、末端凹陷、轴心裂纹和折叠等。

（1）产生裂纹的原因主要有坯料质量不好、加热不充分、锻造温度过低、锻件冷却不当和锻造方法有错误等。

（2）末端凹陷和轴心裂纹（图 2–17）是由于锻造时坯料内部未热透或坯料整个截面未锻透，坯料变形只产生在表面造成的。

（3）产生折叠（图 2–18）的原因主要是坯料在锻压时送进量小于单面压下量。

图 2–17　末端凹陷和轴心裂纹

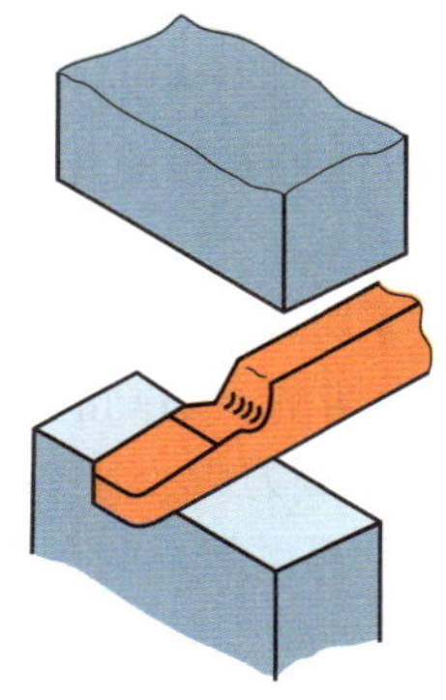

图 2–18　折叠

三、模锻

将加热后的坯料放在锻模的模腔内，经过锻造，使其在模腔所限制的空间内产生塑性变形，从而获得锻件的锻造方法称为模锻。

模锻的生产效率和锻件精度比自由锻高，可以锻造形状较复杂的锻件，如图 2–19 所示。但模锻需要专用设备（图 2–20），且模具制造成本高，只适用于大批量生产。

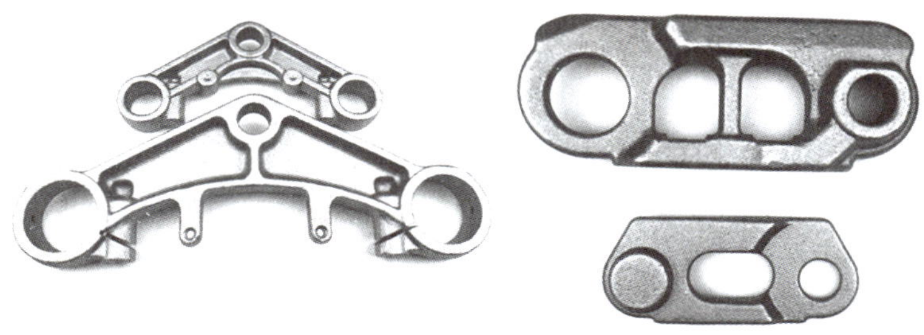

图 2–19　模锻件

图 2–20　数控全液压模锻锤

1. 模锻的工艺过程

模锻的锻模结构有单模膛和多模膛两种。单模膛锻模如图 2–21 所示，上、下模分别用楔键和楔铁紧固在锤头和模座的燕尾槽内，上模与锤头一起做上下往复运动。上下模间的分界面称为分模面，锻模内开有模膛，其形状与锻件相似或完全相同。

单模膛锻前需先经过下料、制坯工序，再经终锻模膛锤击成带飞边的锻件，最后切除飞边，如图 2–21 所示。

2. 模锻的特点及应用

与自由锻相比，模锻的特点如下：

（1）由于有模膛引导金属的流动，锻件的形状可以比较复杂。

（2）锻件内部的锻造流线按锻件轮廓分布，从而提高了零件的力学性能和使用寿命。

（3）锻件表面光洁，尺寸精度高，可节约材料和切削加工工时。

（4）生产效率较高。

（5）操作简单，易于实现机械化。

（6）锻模所需设备吨位大，设备费用高；加工工艺复杂，制造周期长，费用高。

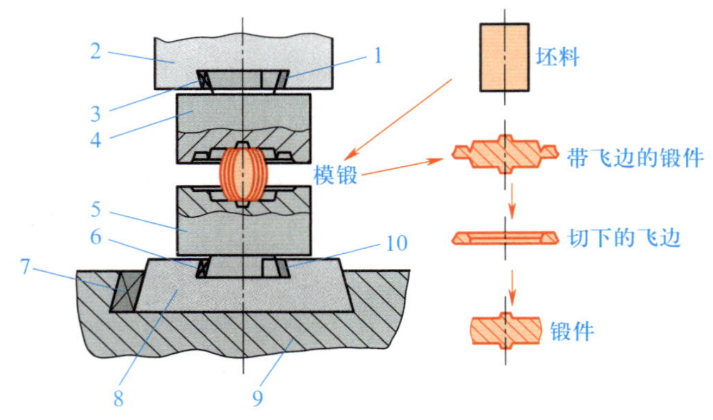

图 2-21　单模膛锻模

1、10—楔键　2—锤头　3、6、7—楔铁　4—上模　5—下模　8—模座　9—砧座

模锻只适用于中、小型锻件的成批或大量生产。

四、胎模锻

胎膜锻是自由锻与模锻相结合的加工方法，即在自由锻设备上使用可移动的模具生产锻件。

1. 胎模结构

以图 2-22b 所示锤头胎模结构为例。胎模锻时，下模置于空气锤的下砧上，但不固定。坯料放在胎模内，合上上模，用锤头锻打上模，待上、下模合拢后，便形成锻件。

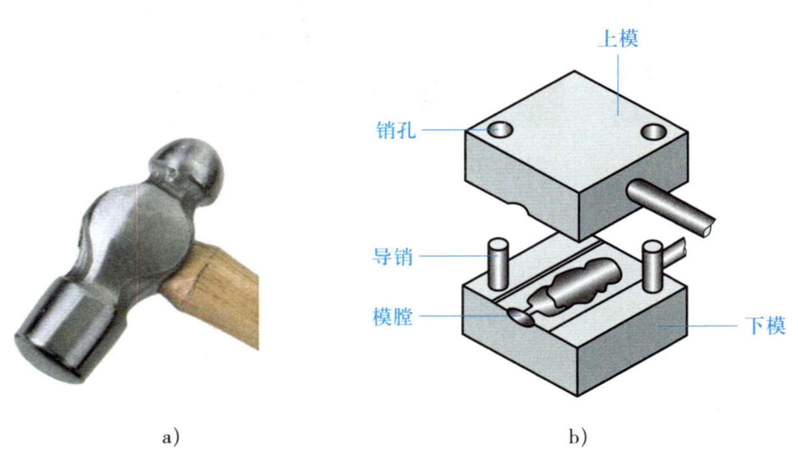

图 2-22　锤子及锤头胎模结构

a）锤子　b）锤头胎模结构

2. 胎模锻的特点及应用

胎模锻与模锻相比，具有模具结构简单、易于制造、不需要专用锻造设备等优点。但是，胎模锻件质量没有模锻锻件质量高，且工人劳动强度大，胎模寿命短，生产效率较低。

胎模锻一般适用于小型锻件的中小批量生产，在没有模锻设备的中小型企业应用普遍。

§2-3 冲　压

冲压是机械制造中重要的加工方法之一，应用十分广泛。用于冲压的材料必须具有良好的塑性，常用的有低碳钢、铝和铝合金、铜和铜合金、镁合金及奥氏体不锈钢等金属板材，以及塑性板、胶木板、皮革和云母片等非金属材料。

一、冲压设备

常用的冲压设备有冲床和剪床。

冲床是进行冲压加工的基本设备，常用的开式单柱曲轴冲床如图 2–23 所示。电动机通过 V 带减速系统带动带轮转动，踩下踏板后，离合器闭合并带动曲轴旋转，再经过连杆带动滑块沿导轨做上下往复运动，进行冲压加工。若将踏板踩下后立即抬起，滑块冲压一次后便在制动器的作用下停止在最高位置；若踏板不抬起，滑块将连续动作，进行连续冲压。

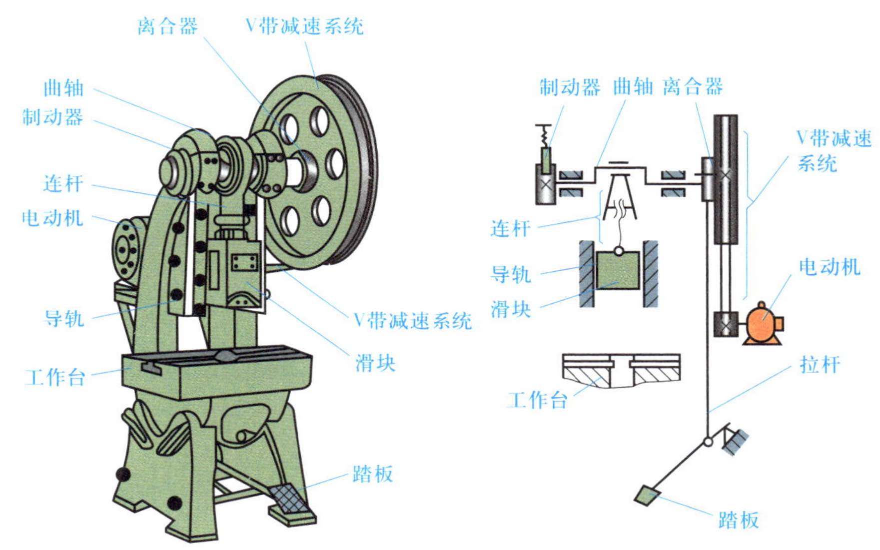

图 2–23　开式单柱曲轴冲床

剪床（图 2–24）是下料用的基本设备，主要用于切断，为冲压准备毛坯。

二、冲压的基本工序

冲压的基本工序可分为分离工序和成形工序两类。分离工序是使零件与母材沿一定的轮廓相互分离的工序，如冲裁、剪切和整修等。成形工序是在板料不被破坏的情况下产生局部或整体塑性变形的工序，如弯曲、拉深和翻边等。

1. 冲裁

冲裁是利用冲模将板料以封闭的轮廓与坯料分离的一种冲压方法，分为落料和冲孔。

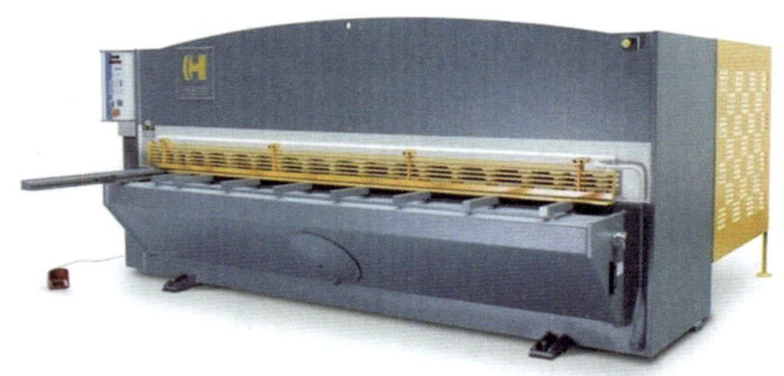

图 2–24　剪床

（1）落料

利用冲裁取得一定外形的制件或坯料的冲压方法称为落料，如图 2–25 所示。落料时封闭轮廓以内部分的板料是制件或坯料，封闭轮廓以外部分的板料是余料或废料。

（2）冲孔

将冲压坯料内的材料以封闭的轮廓分离开来，得到带孔制件的一种冲压方法称为冲孔，如图 2–26 所示。也就是说，冲孔时封闭轮廓以外部分的板料是制件或坯料，封闭轮廓以内部分（被冲落部分）的板料是余料或废料。

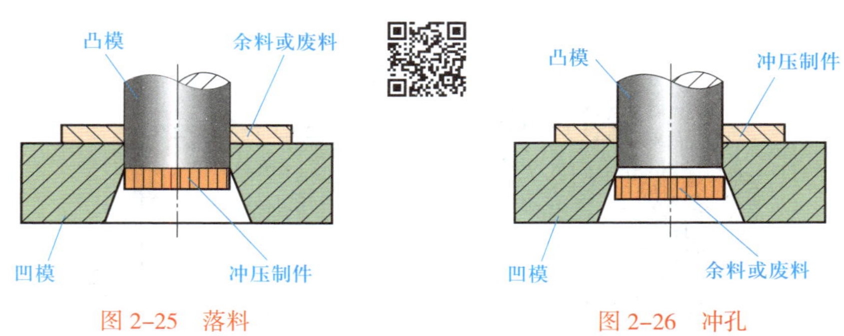

图 2–25　落料　　　图 2–26　冲孔

2. 剪切

剪切是按不封闭的轮廓线从板料中分离出零件或毛坯件的工序。生产中主要在剪床上进行，用于毛坯的下料。

3. 弯曲

弯曲是指将板料或型材利用冲模弯成一定角度的工序，弯曲时金属变形如图 2–27 所示，弯曲时，板料内侧受压，外侧受拉。当变形程度过大时，弯形件的外侧易被拉裂。为防止工件被拉裂，凸模和凹模的工作部分应有合理的圆角。弯曲主要应用于制造各种弯曲形状的冲压件。

4. 拉深

拉深又称拉延，是变形区在一拉一压的应力状态作用下，使板料（或浅的空心坯）成形为空心件（深的空心件）而厚度基本不变的加工方法，如图 2–28 所示。

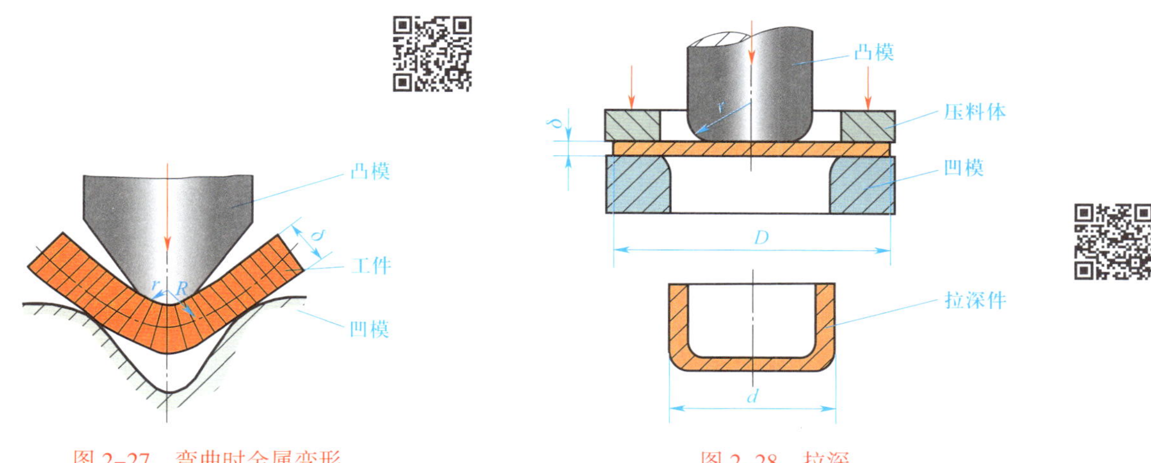

图 2-27　弯曲时金属变形

图 2-28　拉深

5. 翻边

在带孔的平坯料上用扩孔的方法使板料沿一定的曲率翻成直立边缘的冲压成形方法称为翻边，如图 2-29 所示。翻边的变形程度受到限制，对凸缘高度较大的工件，可以采用先拉深后冲孔再翻边的工艺来实现。翻边主要应用于带有凸缘或具有翻边的冲压件。

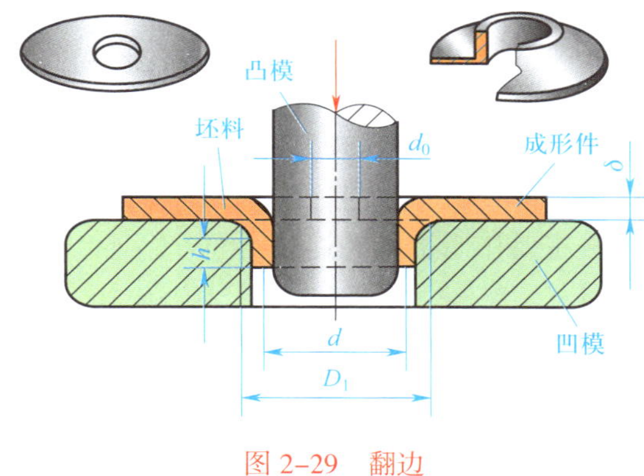

图 2-29　翻边

第三章 焊接

§3-1 概述

一、焊接的定义

焊接是一种应用很广的金属连接方法，其实质是通过加热或加压，或两者并用，并且用或不用填充材料，使工件连接在一起的方法，如图 3-1 所示。焊件经过焊接后形成的接合部分称为焊缝，被焊的焊件称为母材，两个焊件的连接处称为焊接接头。焊接最本质的特点是通过焊接使焊件达到结合，从而将原来分开的物体变成永久性连接的整体。

图 3-1 焊接

焊接不仅可以连接金属材料，还可以实现某些非金属材料的永久性连接，如玻璃焊接、陶瓷焊接、塑料焊接等。工业生产中的焊接方法主要用于金属的连接。

二、焊接的分类

按照焊接过程中金属所处的状态不同，可以把焊接分为熔焊、钎焊和压焊三类。

1. 熔焊

熔焊是在焊接过程中，将焊件接头加热至熔化状态，不施加压力而完成焊接的方法。常见的焊条电弧焊、气焊、电渣焊、二氧化碳气体保护电弧焊等都属于熔焊方法。

2. 钎焊

钎焊是采用比母材熔点低的钎料，将焊件和钎料加热到高于钎料且低于母材熔点的温度，利用液态钎料润湿母材，填充接头间隙并与母材相互扩散实现连接焊件的方法。常见的有烙铁钎焊、火焰钎焊等。

3. 压焊

压焊是在焊接的同时对焊件施加压力（加热或不加热），以完成焊接的方法。在施加压力的同时，被焊金属接触处可以加热到熔化状态，如点焊和缝焊；也可以加热到塑性状态，如电阻焊、锻焊和摩擦焊；还可以不加热，如冷压焊和爆炸焊等。

三、焊接的特点及应用

1. 焊接的特点

与其他加工方法相比，焊接具有以下几个方面的特点：

（1）节省金属材料，产品密封性好

制造同样的金属构件，焊接与铆接相比可节省 15%～20% 的材料，如图 3–2 所示。另外，采用焊接结构可保证压力容器密封性要求。

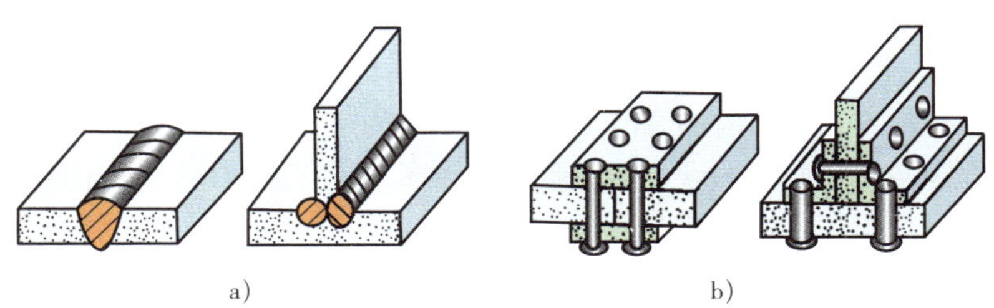

a) b)

图 3–2 焊接与铆接

a）焊接结构 b）铆接结构

（2）焊接工艺相对简单

焊接设备小巧，搬运灵活，焊接工序简单，生产周期短，工艺成本低，不像铸造、锻造那样工艺复杂，设备庞大。对于大型的结构件或铸钢件可采用拼焊的方式，这样既可保证使用性能，又能节省那些优质、昂贵的金属材料。

（3）结构强度高，产品质量好

多数情况下，焊接接头都能与母材等强度（或接近），因此，焊接结构的产品质量比铆接的要好。对于大尺寸的型材（如大型工字钢等），采用钢板组焊比采用轧制成本要低。

由于焊接是局部加热，快速熔合，故焊件的性能不够均匀，焊后会产生较大的焊接应力，容易引起结构的变形甚至开裂，需采取一定的工艺措施予以消除。

2. 焊接的应用

焊接在现代工业生产中有着广泛的应用，目前世界各国年平均生产的焊接结构用钢已占钢产量的 45% 左右。在船舶、化工容器、建筑构件、桥梁、动力锅炉、大型发电机和汽轮机等产品的制造中，都要应用焊接；在航空、航天、原子能、电子等领域也离不开焊接。

四、金属的焊接性

金属的焊接性是指金属材料对焊接加工的适应性，即在一定工艺条件下，焊接材料获得优质焊接接头的难易程度，这与焊件的化学成分、焊接方法、焊接的结构及使用要求等因素有关。

1. 钢的焊接性

化学成分是影响焊接性的主要因素，其中碳的影响最明显。钢中除碳之外还有锰、铬、钼、钒等元素，它们对钢焊接性的影响比碳要小。将这些元素的含量按其对焊接性能的影响程度折合成碳的相当含量，与碳的含量之和称之为碳当量，用 C_E 表示，即

$$C_E = w_C + \frac{w_{Mn}}{6} + \frac{w_{Cr}+w_{Mo}+w_V}{5} + \frac{w_{Ni}+w_{Cu}}{5}$$

一般地，碳当量的数值越大，钢的焊接性越差，即高碳钢的焊接性比低碳钢差。

当 C_E<0.4% 时，钢的焊接性良好，一般不需要采取任何工艺措施即可获得优质焊接接头。

当 0.4%≤C_E≤0.6% 时，钢的焊接性较差，焊接时接头处容易产生裂纹，故焊接时易采取焊前预热、焊后缓冷的工艺措施。如中碳钢焊接时，一般需要加热到 150～250 ℃。

当 C_E>0.6% 时，钢的焊接性差，焊接时易产生裂纹和硬脆倾向，故焊前应采取预热、焊后进行缓冷，并进行去应力退火处理等工艺措施。如高碳钢焊接前应预热到 250～350 ℃。

2. 铸铁的焊接性

铸铁属于脆性材料，焊接时的急冷、急热所产生的热应力很容易使接头处产生裂纹，而且由于焊接过程中熔池金属里的碳、硅元素烧损较多，很容易产生白口组织，故铸铁的焊接性很差，焊接时只是用于修补铸铁件。

3. 铝及铝合金的焊接性

铝的表面有一层高熔点的氧化铝薄膜，致密地覆盖于铝基体的表面，严重阻碍铝及铝合金的熔化，并且氧化铝密度较大，熔融状态时，很容易残存在熔池中形成夹渣。

高温下铝对氢的溶解度较大，容易吸附大量的氢，低温下这些氢又会析出而形成氢气，若铝液凝固前这些氢气没有完全释放掉，就会形成氢气孔。

因此，铝及铝合金的焊接性不好。

4. 铜及铜合金的焊接性

铜及铜合金的焊接性不好。因为铜的热导率大，热量散失快，所以焊接时焊件和填充金属熔合较困难，需采用大功率热源，并且焊前和焊接过程中需预热。

高温时铜能溶解大量的氢，氢在低温时析出后形成氢气，这些氢气若不能及时释放掉就会形成氢气孔。

一般地，纯铜、黄铜、青铜及白铜常用氩弧焊进行焊接；黄铜还可采用气焊、钎焊及等离子弧焊。

§3-2 常用焊接方法

一、焊条电弧焊

焊条电弧焊是通过焊条引发电弧，用电弧热来熔化焊件而实现焊接的一种熔焊方法，它是目前焊接生产中使用最广泛的焊接方法。

1. 焊条电弧焊的原理

焊条电弧焊的焊接回路如图 3-3 所示，由弧焊电源、电缆、焊钳、焊条、焊件和焊接电弧组成。焊接电弧是负载，弧焊电源是为其提供电能的装置，焊接电缆用于连接电源与焊钳和焊件。

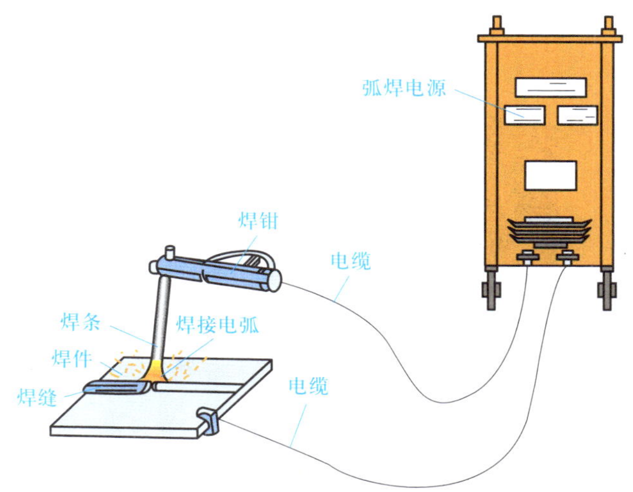

图 3-3　焊条电弧焊的焊接回路

焊条电弧焊的焊接原理如图 3-4 所示。焊接时，将焊条与焊件接触短路后立即提起焊条，引燃电弧。电弧的高温将焊条与焊件局部熔化，熔化了的焊芯以熔滴的形式过渡到局部熔化的焊件表面，熔合在一起后形成熔池。

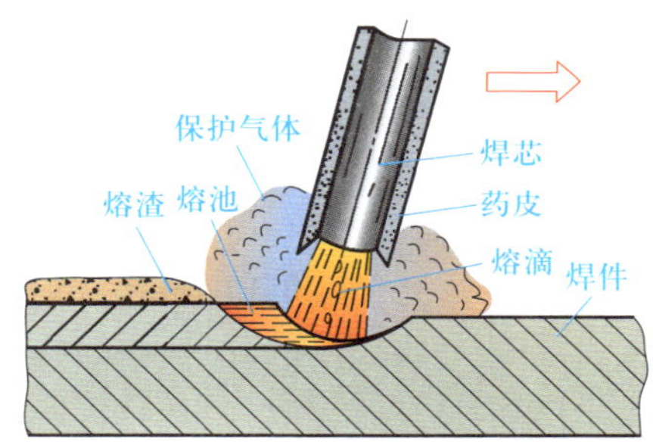

图 3-4　焊条电弧焊的焊接原理

焊条药皮在熔化过程中产生一定量的气体和液态熔渣，起到保护液态金属的作用。同时，药皮熔化产生的气体、熔渣与熔化的焊芯、焊件发生一系列冶金反应，保证了所形成焊缝的性能。随着电弧沿焊接方向不断移动，熔池内的液态金属逐步冷却结晶形成焊缝。

2. 焊接设备和工具

（1）弧焊电源

弧焊电源是焊条电弧焊的供电装置，即通常所说的电焊机。按输出的电流性质不同，分为直流弧焊电源和交流弧焊电源两大类；按结构和原理不同，分为弧焊变压器、弧焊整流器和逆变弧焊电源三类。

1）弧焊变压器。弧焊变压器（图 3-5）输出的焊接电流为交流电。它具有结构简单、制造方便、成本低廉、使用可靠和维修方便等优点，因而应用普遍，为焊接低碳钢焊件最常用的焊接设备。

2）弧焊整流器。弧焊整流器（图 3-6）用整流器将交流电整流成直流电作为焊接电源，具有噪声小、空载损耗小、成本低、制造和维修容易等优点，其应用已日趋普及。

3）逆变弧焊电源。逆变弧焊电源（图 3-7）是一种高效、节能的直流弧焊电源。它具有效率高、体积小、电弧稳定性好、操作容易、维修方便、焊接质量高等优点。

（2）焊接常用工具

焊接常用工具有焊钳、电缆、面罩及其他辅助工具。

1）焊钳。焊钳是用于夹持焊条并把焊接电流传输至焊条进行电弧焊的工具，如图 3-8 所示，规格有 300A 和 500A 两种。

图 3-5　弧焊变压器

图 3-6　弧焊整流器

图 3-7　逆变弧焊电源

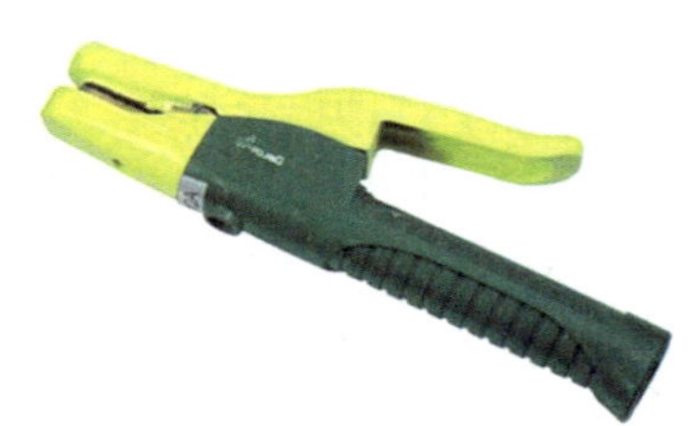

图 3-8　焊钳

2）电缆。焊接电缆是用于传输弧焊电源、焊钳及焊条之间焊接电流的导线。

3）面罩。面罩是防止焊接时的飞溅、弧光及熔池和焊件的高温对焊工面部及颈部灼伤的一种遮蔽工具，有手持式和头盔式两种，如图 3-9 所示。其正面开有长方形孔，内嵌白色玻璃和黑色滤光玻璃。

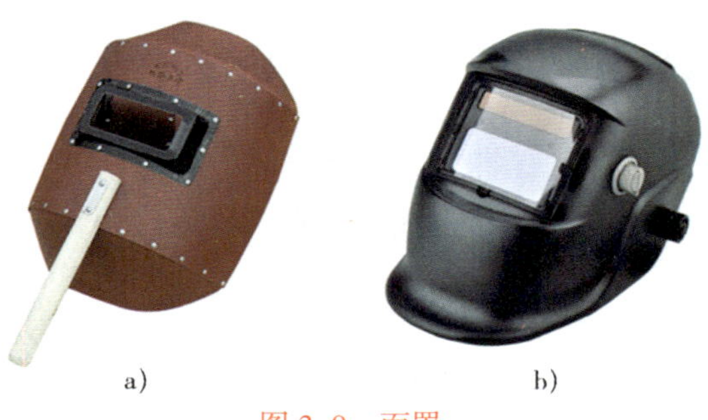

a）　　b）

图 3-9　面罩

a）手持式　b）头盔式

4）其他辅助工具。如敲渣锤、錾子、锉刀、钢丝刷、焊条烘干箱、焊条保温筒等。

3. 焊条

（1）焊条的组成及作用

涂有药皮供焊条电弧焊用的熔化电极称为焊条。如图 3-10 所示，焊条由焊芯和药皮组成。焊条夹持端没有药皮，被焊钳夹住后利于导电。焊条引弧端的药皮被磨成锥形，便于焊接时引弧。

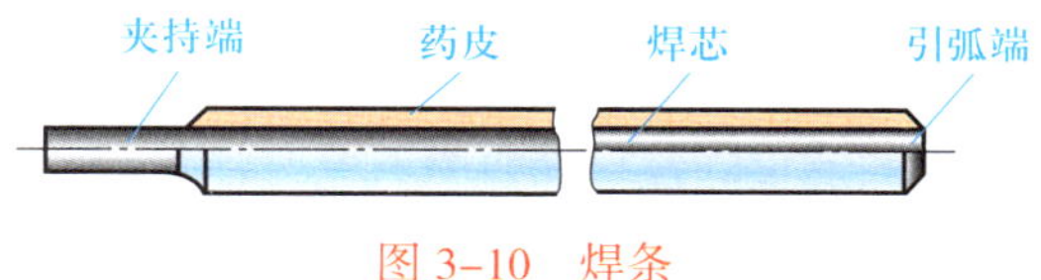

图 3–10　焊条

1）焊芯。平常所说的焊条直径实际是指焊芯的直径。焊芯的规格见表 3–1。焊芯直径、焊芯材料的不同，决定了焊条允许通过的电流密度不同。焊芯的长度也有一定的限制。在焊条上端药皮处印有该焊条的型号或牌号，以便焊工使用时识别。

表 3–1　　焊芯的规格　　mm

<table>
<tr><th colspan="2">焊芯直径</th><th colspan="2">长度</th></tr>
<tr><th>公称尺寸</th><th>极限偏差</th><th>公称尺寸</th><th>极限偏差</th></tr>
<tr><td>1.6
2.0
2.5</td><td>± 0.06</td><td>200 ~ 350</td><td rowspan="3">± 5</td></tr>
<tr><td>3.2
4.0
5.0
6.0</td><td>± 0.10</td><td rowspan="2">375 ~ 450①</td></tr>
<tr><td>8.0</td><td>± 0.1</td></tr>
</table>

①对于特殊情况，如重力焊焊条，焊条长度最大可至 1 000 mm。

焊芯的作用是在焊接时传导电流产生电弧并熔化，成为焊缝的填充金属。为了保护焊缝质量，对焊芯的质量要求很高。焊芯金属的各合金元素的含量有一定的限制，以保证在焊后焊缝各方面的性能不低于基本金属。焊芯金属的质量应符合国家标准的要求。

制造焊芯用的钢丝是由专门的优质钢经过特殊冶炼、轧制、拉拔而成。这种焊接专用钢丝，可用作制造焊芯，也可用于埋弧焊、电渣焊、气体保护焊、气焊等焊接中作为填充材料的焊丝。

2）药皮。压涂在焊芯表面上的涂料层称为药皮。涂料层由各种矿石粉末、铁合金粉、有机物和化工制品等原料，按一定比例配制后压涂在焊芯表面上。

（2）焊条的分类

焊条按用途不同，分为非合金钢焊条、低合金钢焊条、不锈钢焊条、堆焊焊条、铸铁焊条、铜及铜合金焊条、铝及铝合金焊条和镍及镍合金焊条等；按焊条药皮熔化后的熔渣特性不同，分为酸性焊条和碱性焊条两大类。

1）酸性焊条。熔渣以酸性氧化物（SiO_2、TiO_2、Fe_2O_3）为主的焊条称为酸性焊条。酸性焊条具有较强的氧化性，促使合金元素氧化，同时电弧中的氧离子容易与氢离子结合，生成氢氧根离子，可防止产生氢气孔，所以这类焊条对铁锈、水不敏感。酸性熔渣脱氧不完全，同时不能有效地清除熔池中的硫、磷等杂质，故焊缝金属的力学性能较低。酸性焊条突出的特点是焊接工艺性能好，容易引弧，电弧稳定，脱渣性好，飞溅小，对弧长不敏感，焊前准备要求低，焊缝成形好，而且价格较低，广泛用于焊接低碳钢和不太重要的钢结构。

2）碱性焊条。熔渣以碱性氧化物（CaO）和氟化钙（CaF_2）为主的焊条称为碱性焊条。碱性焊条脱氧性能好，合金元素烧损少，焊缝金属合金化效果较好。由于电弧中含氧量低，如遇到焊件或焊条存在铁锈和水分时，容易产生氢气孔。因此要求焊前清理干净焊件，同时在350～450 ℃温度下对焊条进行烘干。药皮中的氟石，在焊接过程中与氢化合生成氟化氢，具有去氢作用。但是氟石不利于电弧稳定，必须采用直流反极性方式进行焊接。若在药皮中加入稳定电弧的组成物碳酸钾等，便可使用交流电源。碱性焊条突出的特点是工艺性能差，引弧较困难，电弧稳定性差，飞溅较大，焊缝成形稍差，鱼鳞纹较粗，不易脱渣，但焊缝金属的力学性能和抗裂性能均较好，可用于合金钢和重要的非合金钢结构的焊接。

（3）焊条的选用

1）考虑焊件的力学性能、化学成分。低碳钢、中碳钢和低合金钢可按其强度等级来选用相应强度的焊条。在焊接结构刚度大、受力情况复杂时，应选用比钢材强度低一级的焊条。这样，焊后可保证焊缝既有一定的强度，又能得到满意的塑性，以避免因结构刚度过大而使焊缝撕裂。

对于合金结构钢和不锈钢的焊接，一般合金结构钢在选用焊条时仍以强度等级为依据，其余如耐热钢、不锈钢类材料，在选择焊条时，应从保证焊接接头的特殊性能出发，要求焊缝金属的主要合金成分与母材相近或相同。

在焊条的强度确定后决定使用酸性还是碱性焊条时，主要取决于焊接结构、钢材厚度（即刚度的大小）、焊件载荷的情况（静载还是动载）和钢材的抗裂性能及得到直流电源的难易等。一般来说，对于塑性、韧性和抗裂性能要求较高，低温条件下工作的焊缝都应选用碱性焊条。当受某种条件限制而无法清理低碳钢焊件坡口处的铁锈、油污和氧化皮等脏物时，应选用对铁锈、油污和氧化皮敏感性小、抗气孔性能较强的酸性焊条。

异种钢的焊接，如低碳钢与低合金钢、不同强度等级的低合金钢焊接，一般选用与较低强度等级钢材相匹配的焊条。

2）考虑焊件的工作条件及使用性能。对于工作环境有特定要求的焊件，应选用相应的焊条，如低温焊条、水下焊条等。珠光体耐热钢一般选用与钢材化学成分相似的焊条，或根据焊件的工作温度来选取。

3）考虑简化工艺，提高生产效率，降低成本。在满足焊件使用性能和焊条操作性能的前提下，应选用规格大、效率高的焊条。在使用性能基本相同时应尽量选择价格较低的焊条。

4. 焊条电弧焊工艺

焊条电弧焊工艺是根据焊接接头形式、焊接材料、板材厚度、焊缝焊接位置等具体情况制定的，包括焊条型号、焊条直径、电源种类和极性、焊接电流、电弧电压、焊接速度、焊接坡口形式和焊接层数等内容。

（1）焊条直径

焊条直径的选择与焊件厚度、焊缝空间位置和焊接层次有关。

1）工件厚度。厚度较大的焊件应选用直径较大的焊条；反之，应选用直径较小的焊条。通常可参考表3–2选择。

表 3-2　焊条直径与焊件厚度的关系　mm

焊件厚度	≤2	2～3	4～6	7～12	≥13
焊条直径	2.5	2.5～3.2	3.2～4	3.2～4	4～5

2）焊缝空间位置。按焊缝的空间位置分类，有平焊缝、立焊缝、横焊缝和仰焊缝四种形式，如图 3-11 所示。

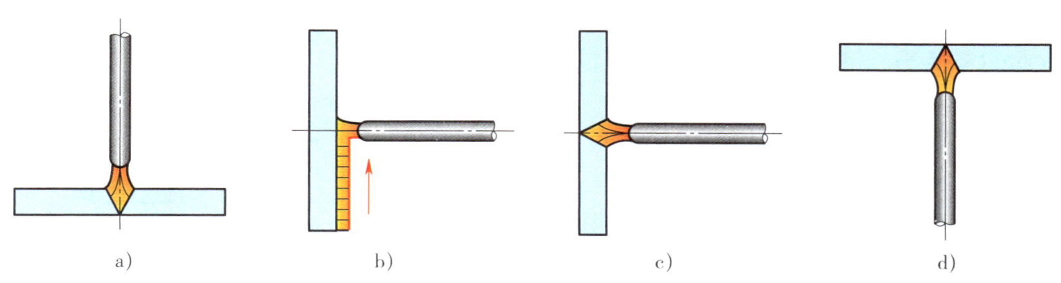

图 3-11　按焊缝的空间位置分类

a）平焊缝　b）立焊缝　c）横焊缝　d）仰焊缝

平焊操作方便，焊缝成形条件好，容易获得优质焊缝并具有高的生产效率，是最合适的位置；其他三种又称为空间位置焊，操作比平焊困难，受熔池液态金属重力的影响，需要对焊接参数进行控制并采取一定的操作方法才能保证焊缝成形。其中，仰焊位置焊接条件最差，立焊、横焊次之。

平焊位置选择的焊条直径可比其他位置大一些，而仰焊、横焊焊条直径应小些，一般不超过 4 mm；立焊焊条直径最大不超过 5 mm，否则熔池金属容易下坠，甚至形成焊瘤。

3）焊接层次。多层焊时，第一层应采用小直径焊条，一般不超过 3.2 mm，以保证良好熔合。其他各焊层选用比打底焊大一些的焊条直径。

（2）焊接电流

电流大小主要取决于焊条直径和焊缝空间位置，其次是工件厚度、接头形式、焊接层次等。

1）焊条直径。焊接较薄的焊件，选用焊条直径要细一些，则焊接电流也相应减小；反之，则应选择大的焊条直径，焊接电流也要相应增大。焊接电流可按下列经验公式选择：

$$I_h=10d^2$$

式中　I_h——焊接电流，A；

d——焊条直径，mm。

2）焊接位置。平焊位置时，运条及控制熔池中的熔化金属比较容易，可选择较大的焊接电流。横、立、仰焊位置时，为了避免熔池金属下淌，焊接电流应比平焊位置小 10%～20%。角接焊电流比平焊电流稍大些。

3）焊接层次。通常打底焊接，特别是焊接单面焊双面成形的焊道时，使用的焊接电流要小，这样才便于操作和保证背面焊道的质量；填充焊道可以选择较大的焊接电流；而盖面焊道，为防止咬边，使用的电流可稍小些。

另外，碱性焊条选用的焊接电流比酸性焊条小 10% 左右，不锈钢焊条选用的焊接电流比非合金钢焊条小 20% 左右。

（3）电弧电压

电弧电压主要由弧长决定。弧长是指从熔化的焊条端部到熔池表面的最短距离。电弧长，则电弧电压高；电弧短，则电弧电压低。焊接时应力求使用短弧。

（4）焊接速度

焊接速度是指焊接时焊条向前移动的速度。焊接速度应均匀、适当，既要保证焊透又要保证不烧穿，可根据具体情况灵活掌握。

（5）焊接接头形式和坡口形式

1）接头形式。焊接接头是指用焊接的方法连接的接头，它由焊缝、熔合区、热影响区及其邻近的母材组成（图 3–12）。在焊条电弧焊中，常用的焊接接头形式有对接接头、角接接头、T 形接头和搭接接头（图 3–13）。

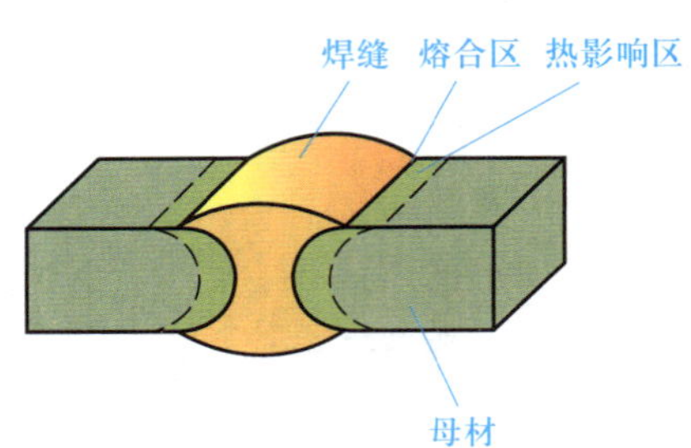

图 3–12　焊接接头的组成

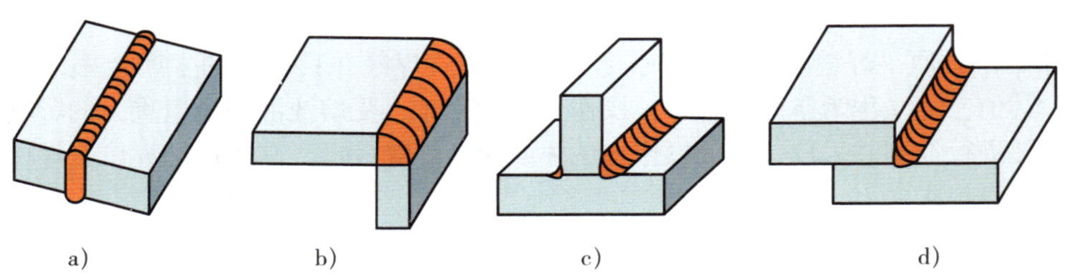

图 3–13　焊接接头形式

a）对接接头　b）角接接头　c）T 形接头　d）搭接接头

2）坡口形式。焊接较厚（厚度大于 6 mm）的钢板时，需在钢板的焊接部位开坡口。坡口是根据设计或工艺需要，在焊件的待焊部位加工并装配成一定几何形状的沟槽。坡口的作用是确保焊件焊透，从而保证焊缝质量。

常用的对接接头坡口形式有 I 形、V 形、X 形、U 形、双 U 形等（图 3–14）。选用时，应在确保焊透、熔合比合理、焊接变形小的前提下，选用加工容易、节约填充金属和便于焊接的坡口。

（6）电源种类和极性

1）电源种类。采用交流电源焊接时，电弧稳定性差；采用直流电源焊接时，电弧稳定性好，飞溅少，但电弧偏吹较严重。低氢钠型药皮焊条电弧稳定性差，通常必须采用直流电源。用小电流焊接薄板时，也常用直流电源，其引弧比较容易，电弧比较稳定。

2）电源极性。采用直流电源焊接时，弧焊电源输出端正极、负极与零件和焊枪的连接方式称为极性。当焊件接电源输出端正极，焊枪接电源输出端负极时，称为直流正接或正极性，如图 3–15a 所示；反之，焊件、焊枪分别与电源输出端负极、正极相连时，则称为直流反接或反极性，如图 3–15b 所示；交流焊接无电源极性问题，如图 3–15c 所示。

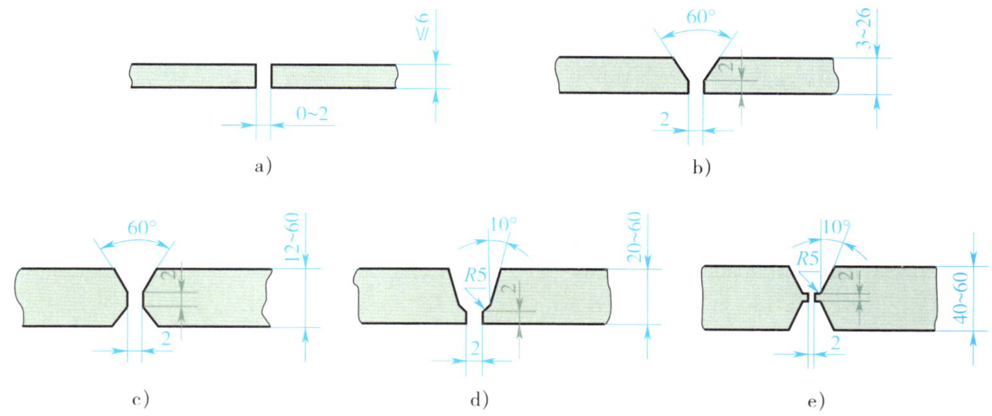

图 3-14　对接接头的坡口形式

a）I 形坡口　b）V 形坡口（带钝边）　c）X 形坡口（带钝边）

d）U 形坡口（带钝边）　e）双 U 形坡口（带钝边）

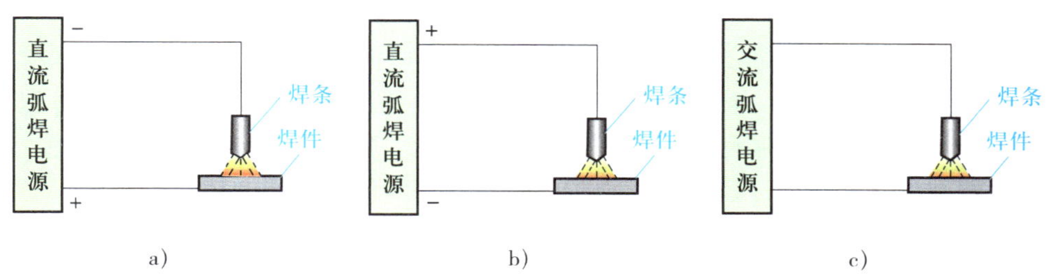

图 3-15　焊接电源极性示意图

a）直流正接　b）直流反接　c）交流

二、气体保护电弧焊

气体保护电弧焊是利用外加气体作为电弧介质并保护焊接区的电弧焊，简称气体保护焊。根据所用保护气体的不同，常用的气体保护焊有氩弧焊和二氧化碳气体保护焊。

1. 氩弧焊

氩弧焊是利用氩气作为保护气体的气体保护焊。氩气是一种惰性气体，不易与金属发生化学反应，也不溶于液态金属，焊接时能在焊接区形成一个气罩，有效地保护熔合区的金属不吸气和被氧化。

氩弧焊的特点是：电弧稳定、飞溅小，焊后无熔渣，焊缝美观、成形性好，操作灵活，适于各种位置的焊接。另外氩弧焊可焊接厚度 1 mm 以下的薄板及某些特殊金属，适应性强。但氩气成本较高，氩弧焊的焊接成本较高，设备及控制系统复杂，维修较麻烦。

氩弧焊根据电极的不同，可分为熔化极氩弧焊和不熔化极氩弧焊两种。熔化极氩弧焊的电极是焊丝，像焊条那样，在焊接过程中焊丝本身作为填充金属被不断熔化掉；不熔化极氩弧焊的电极一般由钨丝制作（钨极），焊接过程中钨丝只作为电极而不被熔化，填充熔池的金属由专用的焊丝来形成，如图 3-16 所示。

氩弧焊应用范围很广，对所有钢材、非铁金属及其合金基本上都适用，通常用于焊接低合金钢、耐热钢、不锈钢、铝合金、镁合金、钛合金等。

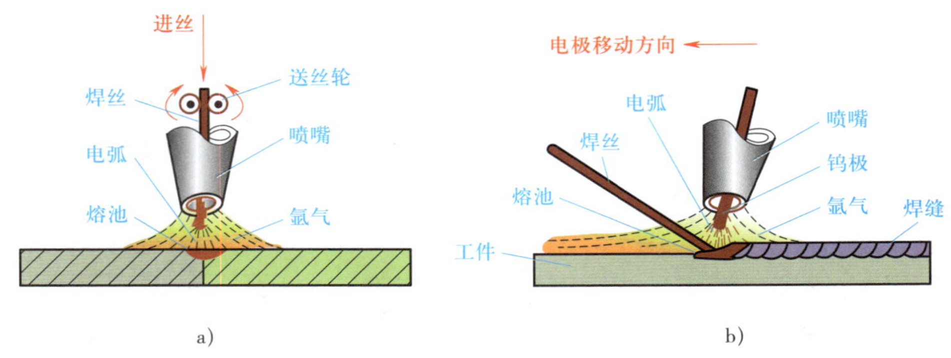

图 3-16　氩弧焊示意图

a）熔化极氩弧焊　b）不熔化极氩弧焊

2. 二氧化碳气体保护焊

二氧化碳气体保护焊是用 CO_2 作为保护气体，依靠焊丝与焊件之间产生的电弧热来熔化金属的气体保护焊方法。

二氧化碳气体保护焊的原理如图 3-17 所示。焊接电源的两输出端分别接在焊枪与焊件上。盘状焊丝由送丝机带动，经软管与导电嘴不断向电弧区域送给，同时 CO_2 气体以一定的压力和流量送入焊枪，通过喷嘴后，形成一股保护气流，使熔池和电弧与空气隔绝。随着焊枪的移动，熔池内液态金属冷却凝固形成焊缝，从而将焊件连接成一体。

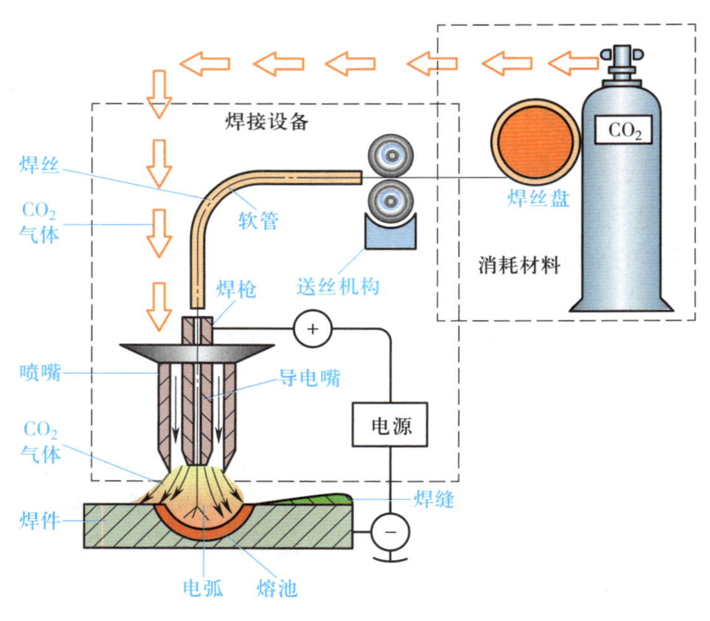

图 3-17　二氧化碳气体保护焊的原理

二氧化碳气体保护焊的优点有：焊接成本低，焊缝质量好，生产效率高，焊接变形小，适用范围广等。

二氧化碳气体保护焊的主要不足有：使用大电流焊接时，焊缝成形较粗糙，飞溅较多；

很难用交流电源焊接及在有风的地方施焊；不能焊接容易氧化的有色金属材料；劳动条件较差，电弧辐射较强；操作环境中 CO_2 的含量较大，对焊接工人的健康不利，应特别重视对操作者的劳动保护。

二氧化碳气体保护焊主要用来焊接各种厚度的低碳钢及低合金钢，广泛用于车辆、化工机械、农业机械、矿山机械等制造领域。

三、气焊与气割

1. 气焊

（1）气焊的原理

气焊是利用可燃气体与助燃气体混合燃烧所放出的热量作为热源来加热工件的接头区域及焊丝，并使其熔化，利用燃烧时所放出的气体保护焊接区的高温金属，使其冷却凝固后形成焊接接头的一种熔化焊的焊接方法，其原理如图 3-18 所示。

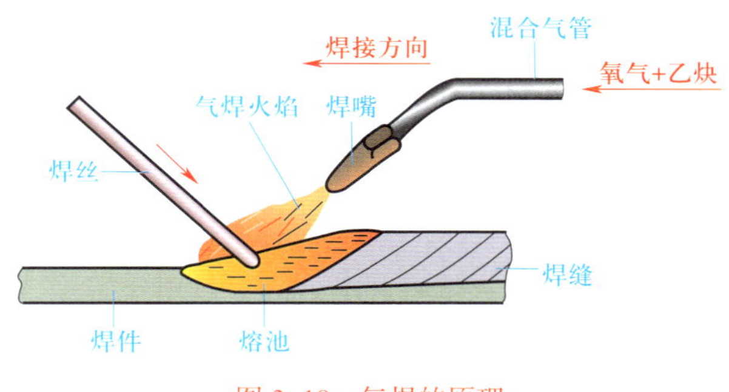

图 3-18　气焊的原理

（2）气焊的设备及工具

气焊设备及工具主要包括氧气瓶、乙炔瓶、减压器、焊炬等，辅助工具包括氧气胶管、乙炔胶管、护目镜、点火枪及钢丝刷等。工作时，气焊设备及工具的连接如图 3-19 所示。

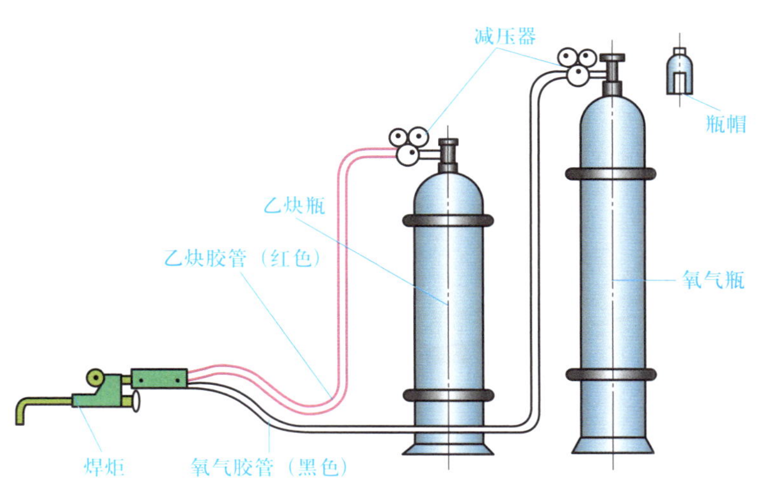

图 3-19　气焊设备及工具的连接

焊炬是气焊时用以控制气体流量、混合比及火焰并进行焊接的工具。如图 3–20 所示为低压焊炬。可燃气体靠喷射氧流的射吸作用与氧气混合，故又称为射吸式焊炬。低压焊炬又分为换嘴式和换管式两种。

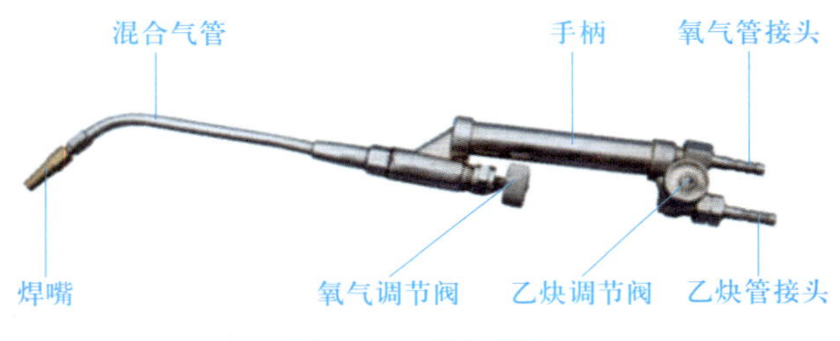

图 3–20　低压焊炬

2. 气割

（1）气割的原理

气割是利用气体火焰的热能，将工件切割处预热到一定温度后，喷出高速切割氧流，使其燃烧并放出热量，从而实现切割的一种加工方法，如图 3–21 所示。

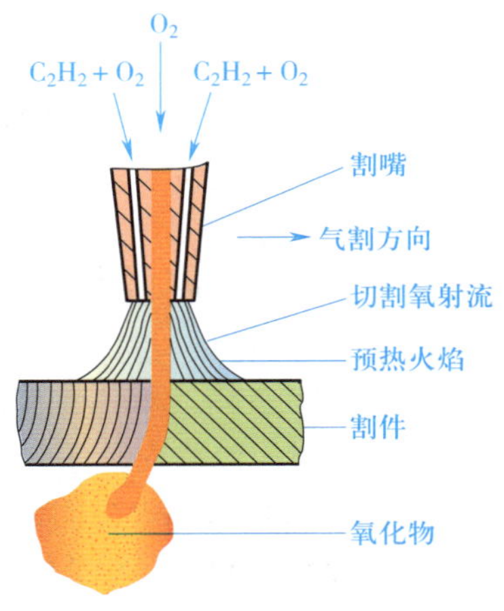

图 3–21　气割的原理

气割过程包括下列三个阶段：

第一阶段，气割开始时，用预热火焰将起割处的金属预热到燃烧温度（燃点）。

第二阶段，向被加热到燃点的金属喷射切割氧，使金属剧烈燃烧。

第三阶段，金属燃烧氧化后生成熔渣和产生反应热，熔渣被切割氧吹除，所产生的热量和预热火焰热量将下层金属加热到燃点，将金属逐渐地割穿，随着割炬的移动，即可将金属切割成所需的形状和尺寸。

不难看出，金属的气割过程实质是金属在纯氧中的燃烧过程，而不是熔化过程。

（2）气割的设备及工具

气割所用的设备及工具与气焊基本相同，只是将焊炬换成割炬。割炬是手工气割的主要工具。割炬的作用是将可燃气体与氧气以一定的比例混合后，形成具有一定热量和形状的预热火焰，并在预热火焰的中心喷射切割氧气进行气割。如图 3–22 所示为射吸式割炬。

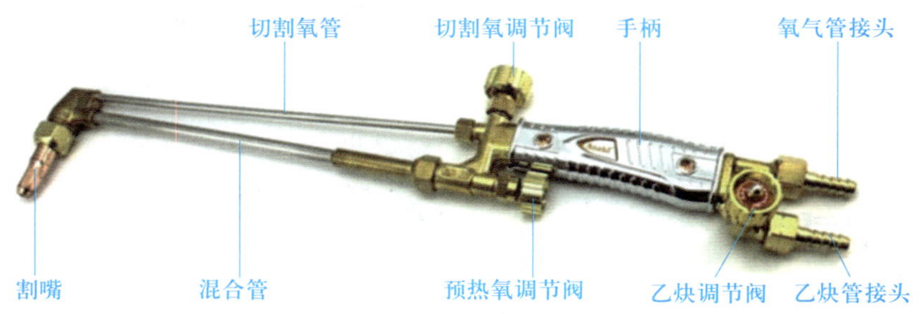

图 3–22　射吸式割炬

§3-3　其他焊接方法

一、埋弧自动焊

1. 埋弧自动焊的原理

埋弧焊是利用焊丝和焊件之间燃烧的电弧所产生的热量来熔化焊丝、焊剂和焊件而形成焊缝的电弧焊方法。埋弧焊分为自动焊和半自动焊两种，最常用的是埋弧自动焊，图 3–23 所示为埋弧自动焊设备。

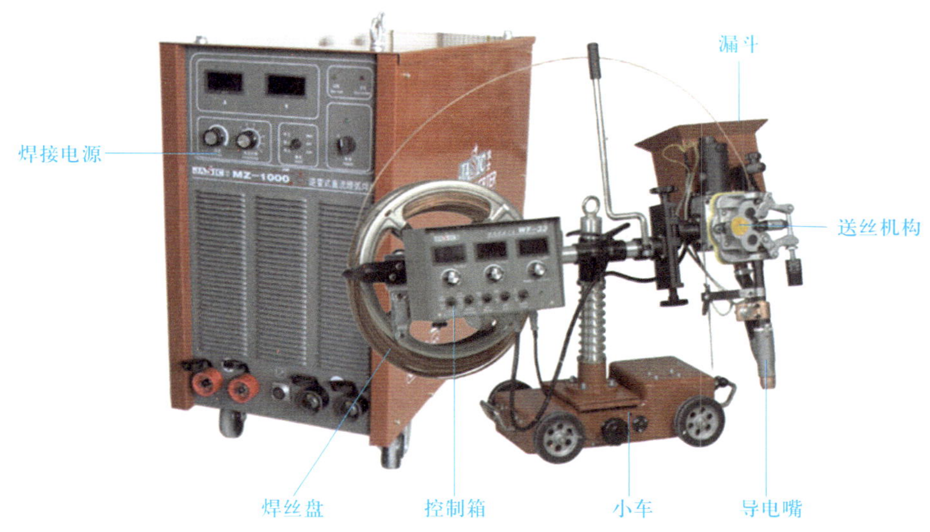

图 3–23　埋弧自动焊设备

与焊条电弧焊相比，埋弧自动焊具有以下三个显著的特征：采用连续焊丝，使用颗粒焊剂，焊接过程自动化。

埋弧自动焊的工作原理如图 3–24 所示，焊接时电源输出端分别接在导电嘴和焊件上，先将焊丝由送丝机构送进，经导电嘴与焊件轻微接触，焊剂由漏斗口经软管流出后，均匀地堆敷在待焊处。引弧后电弧将焊丝和焊件熔化形成熔池，同时将电弧区周围的焊剂熔化并有部分蒸发，形成一个封闭的电弧燃烧空间。密度较小的熔渣浮在熔池表面，将液态金属与空气隔绝开来，有利于焊接冶金反应的进行。随着电弧向前移动，熔池液态金属随之冷却凝固而形成焊缝，浮在表面上的液态熔渣也随之冷却而形成渣壳。图 3–25 所示为埋弧自动焊焊缝断面示意图。

2. 埋弧自动焊的特点

（1）焊缝质量好

电弧在焊剂层下燃烧，熔池金属不受空气的影响，焊丝的送进和沿焊缝的移动均为自动控制，因此工作稳定，焊接质量好。

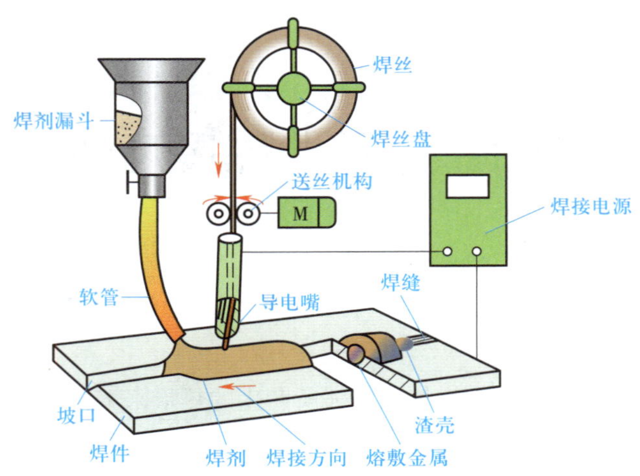

图 3–24　埋弧自动焊的工作原理

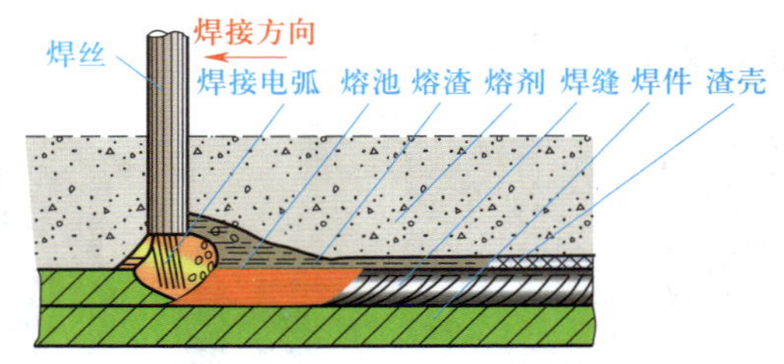

图 3–25　埋弧自动焊焊缝断面示意图

（2）生产效率高

埋弧自动焊允许使用大的焊接电流，熔深大，焊接速度快，因而生产效率高。

（3）成本低

埋弧自动焊能量损失少，使用连续焊丝余料损失少，一般厚度的焊件不需要开坡口，因此可节约大量能源、材料和工时，成本低。

（4）改善劳动条件

埋弧自动焊过程已实现机械化、自动化，焊接时无可见弧光，烟尘少，焊工劳动条件得到改善。

（5）适用性有限

埋弧自动焊只适用于水平位置焊接（允许倾斜坡度不超过 20°）和长而直或大圆弧的连续焊缝，而且对生产批量有一定要求（大批量生产），因而应用受到一定的限制。

二、等离子弧焊

1. 等离子弧焊的原理

等离子弧是一种压缩电弧，通过焊枪的特殊设计将钨极缩入焊枪喷嘴内部，在喷嘴中通以等离子气，强迫电弧通过喷嘴的孔道，借助水冷喷嘴的外部拘束条件，利用机械压缩作用、热收缩作用和电磁收缩作用，使电弧的弧柱横截面受到限制，产生温度达 24 000 ~ 50 000 K、能量密度达 10^5 ~ 10^6 W/cm^2 的高温、高能量密度的压缩电弧。利用等离子弧焊枪所产生的高温等离子弧有效地熔化焊件而实现焊接的过程称为等离子弧焊，如图 3–26 所示。

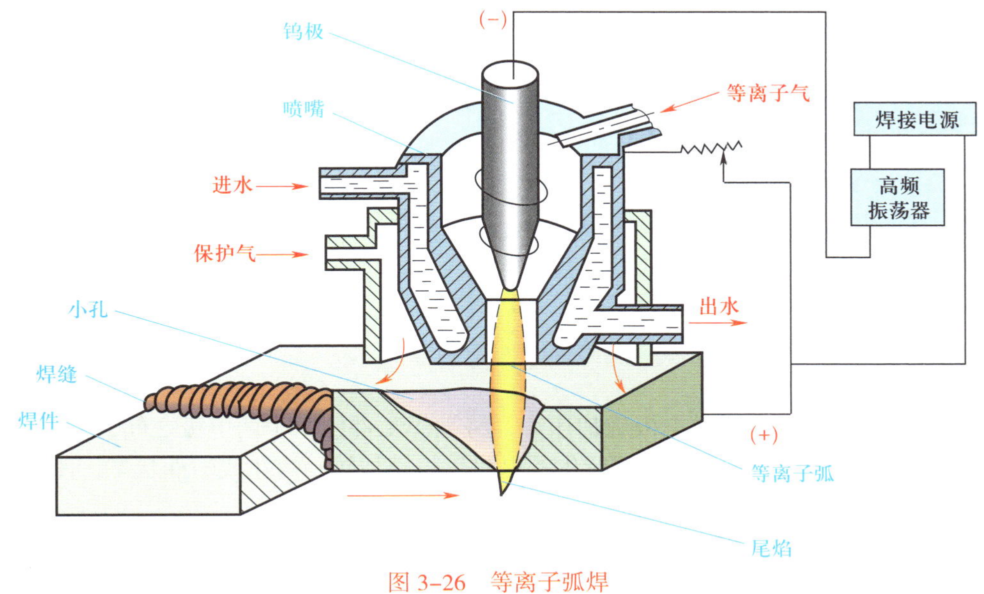

图 3-26　等离子弧焊

等离子弧按电源供电方式的不同分为三种形式，如图 3-27 所示。

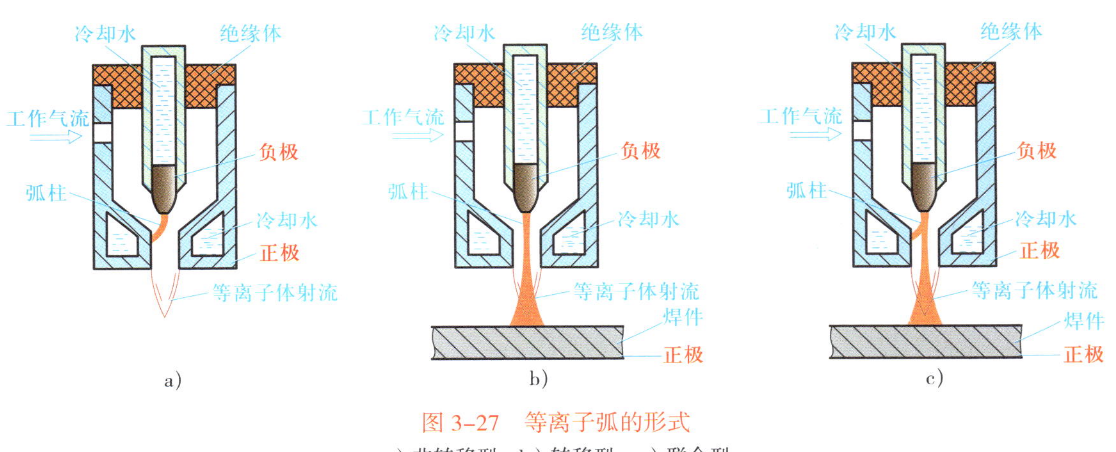

图 3-27　等离子弧的形式

a）非转移型　b）转移型　c）联合型

（1）非转移型等离子弧

电极接电源负极，喷嘴接正极，而焊件不参与导电。电弧在电极和喷嘴之间产生。

（2）转移型等离子弧

钨极接电源负极，焊件接正极，等离子弧在钨极与焊件之间产生。

（3）联合型（又称混合型）等离子弧

转移弧和非转移弧同时存在，需要两个电源独立供电。电极接两个电源的负极，喷嘴及焊件分别接两个电源的正极。

2. 等离子弧焊的特点及应用

（1）等离子弧焊的特点

1）等离子弧呈柱形，其加热区域大小与焊枪离工件的距离基本无关。

2）温度高、能量密度和等离子流力很大的等离子弧具有很强的小孔效应，适合于单面焊双面成形。

3）能量密度大、流速快的等离子弧具有很好的稳定性和刚直性，不易偏离它所指向的最近点，因此可进行高速焊接，而且对接头的对中要求不高。

（2）等离子弧焊的应用

等离子弧焊在焊接领域有多方面的应用，等离子弧焊可用于从超薄材料到中厚板材的焊接。一般离子气和保护气采用氩气、氦气等惰性气体，可用于低碳钢、低合金钢、不锈钢和铜、镍合金及活性金属的焊接。

三、电阻焊

1. 电阻焊的原理

电阻焊是焊件组合后通过电极施加压力，将被焊工件压紧于两电极之间，并通以电流，利用电流流经工件接触面及邻近区域产生的电阻热将其加热到熔化或塑性状态，使之形成金属结合的一种方法。

2. 电阻焊的分类及应用

电阻焊分为电阻对焊、电阻点焊和缝焊三种。

（1）电阻对焊

电阻对焊（图 3–28）俗称对焊，工件装配成对接形式，并使其端面紧密接触。焊接时先利用电阻热将其加热至塑性状态，然后迅速施加顶锻力，使其相互结合，形成焊缝，常用于刀具、型钢、管材的焊接。

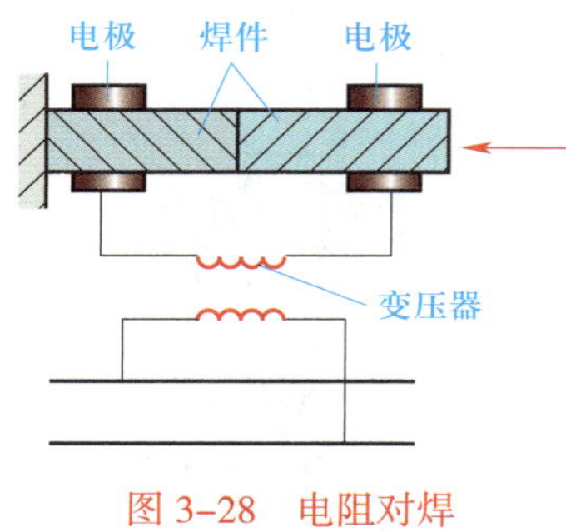

图 3–28　电阻对焊

（2）电阻点焊

电阻点焊（图 3–29）俗称点焊，工件装配成搭接形式，压紧在两电极之间，焊接时利用电阻热熔化母材金属，形成焊点，常用于薄钢板的焊接。

（3）缝焊

缝焊（图 3–30）的电极是一对滚轮，工件装配成搭接或对接形式并置于滚轮之间。滚轮在加压工件的同时转动，连续或断续送电，利用电阻热产生连续焊点，形成缝焊焊缝，常用于焊接厚度不大于 2 mm 的有密封性要求的薄壁容器或构件。

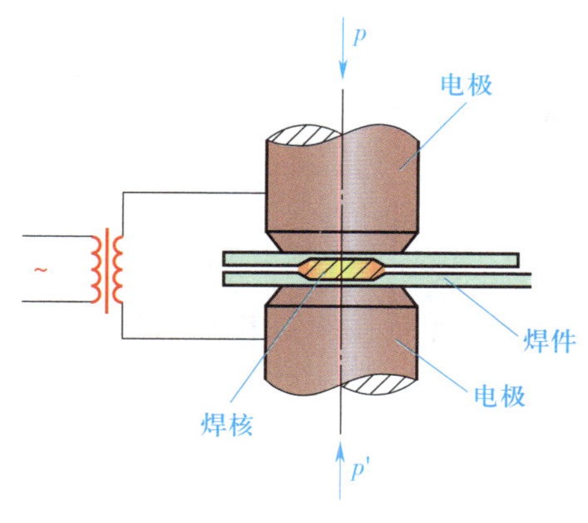

图 3–29　电阻点焊

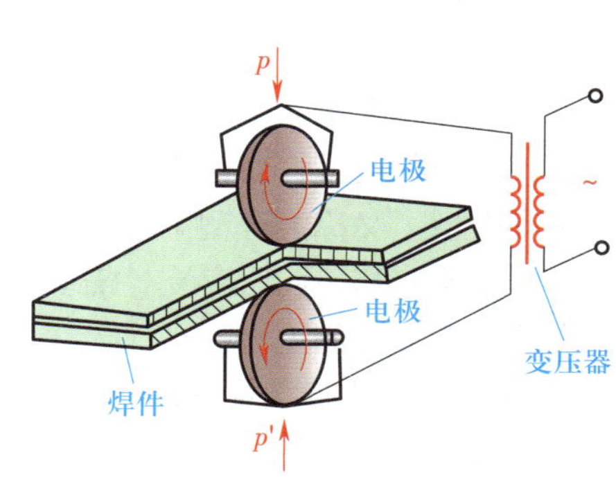

图 3–30　缝焊

3. 电阻焊的特点

（1）焊接时须对焊件加压并通电，焊件的内电阻和接触电阻发热而使焊件被焊处达到熔化或塑性状态，在压力作用下焊合在一起。

（2）焊件接头不需要开坡口，不用填充金属。

（3）热影响区小，焊件变形小。

（4）劳动条件好，生产效率高，容易实现自动化。

四、钎焊

1. 钎焊的原理及其分类

采用比母材熔点低的金属材料做钎料，将焊件和钎料加热到高于钎料熔点、低于母材熔点的温度，利用液态钎料润湿母材，填充接头间隙并与母材相互扩散实现连接焊件的方法称为钎焊。钎焊分为硬钎焊和软钎焊两种。

（1）硬钎焊

使用硬钎料进行的钎焊称为硬钎焊。硬钎焊适用于受力较大或工作温度较高的焊件。

（2）软钎焊

使用软钎料进行的钎焊称为软钎焊。软钎焊适用于受力不大或工作温度较低、要求不高的焊件。

此外，按加热方式不同，钎焊又分为烙铁钎焊、火焰钎焊（图 3–31）和浸渍钎焊等。

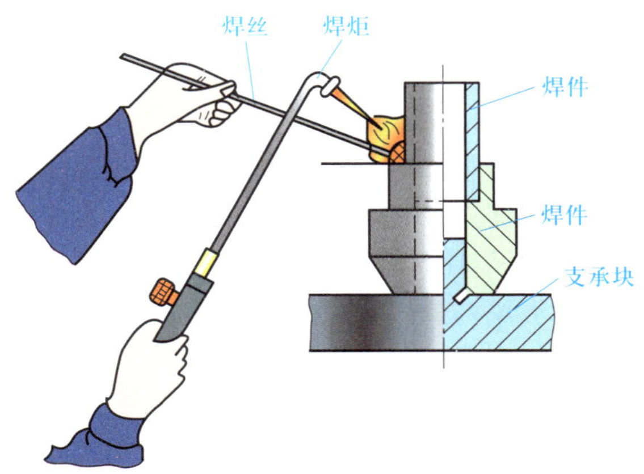

图 3–31　火焰钎焊

2. 钎焊的特点及应用

（1）焊接时，母材不熔化，只有钎料熔化。

（2）焊件加热温度低，构件变形小，焊件金属组织和性能基本不变。

（3）可焊接异种金属、难熔金属。

（4）为半永久性连接。

钎焊适用于精密零件、复杂结构件及异种金属、难熔金属甚至金属与非金属材料的连接。

§3-4 焊接机器人

一、焊接机器人的发展

焊接机器人是在焊接生产领域代替焊工从事焊接任务的工业机器人，主要应用于点焊和电弧焊中。一台机器人可以完成包括焊接在内的抓物、搬运、安装、焊接、卸料等多种任务。焊接机器人的发展经历了以下三个阶段：

第一代焊接机器人是示教再现型机器人，已在生产中得到广泛的应用。

第二代焊接机器人是具有视觉或触觉感知能力的机器人，它的视觉系统可以识别焊缝的空间位置和跟踪焊缝；触觉系统也可像人的手指一样，通过触摸焊缝识别焊缝的空间位置并跟踪焊缝。第二代焊接机器人在焊接过程中能察觉到被焊工件由于热变形而产生的焊缝位置的变化，并能及时调整焊接位置保证焊缝质量。

第三代焊接机器人是具有学习、推理和自动规划能力的智能型机器人。早期的焊接机器人缺乏“柔性”，焊接路径和焊接参数须根据实际作业条件预先设置，工作时存在明显的缺点。随着计算机控制技术、人工智能技术以及网络控制技术的发展，焊接机器人也由单一的单机示教再现型向以智能化为核心的多传感、智能化的柔性加工单元（系统）方向发展。

二、焊接机器人在焊接生产中的应用

焊接机器人在焊接领域的应用最早是从汽车装配生产线上的电阻点焊开始的。原因在于电阻点焊的过程相对比较简单，控制方便，且不需要焊缝轨迹跟踪，对机器人的精度和重复精度的控制要求比较低。点焊机器人在汽车装配生产线上的大量应用大大提高了汽车装配焊接的生产效率和焊接质量，同时又具有柔性焊接的特点，即只要改变程序，就可在同一条生产线上对不同的车型进行装配焊接。

有些焊接场合，由于工件过大或空间几何形状过于复杂，使焊接机器人的焊枪无法到达指定的焊缝位置或焊枪姿态，这时必须通过增加 1 ~ 3 个外部轴的方法增加机器人的自由度。通常有两种做法：一是把机器人装于可以移动的轨道小车或龙门架上，扩大机器人本身的作业空间；二是让工件移动或转动，使工件上的焊接部位进入机器人的作业空间。也有的同时采用上述两种方法，让工件的焊接部位和机器人都处于最佳焊接位置。

由于焊接机器人控制速度和精度的提高，尤其是电弧传感器的开发并在机器人焊接中得到应用，机器人电弧焊的焊缝轨迹跟踪和控制问题在一定程度上得到很好的解决，机器人焊接在汽车制造中的应用从原来比较单一的汽车装配点焊很快发展为汽车零部件和装配过程中的电弧焊。机器人电弧焊最大的特点是柔性，即可通过编程随时改变焊接轨迹和焊接顺序，因此最适用于被焊工件品种变化大、焊缝短而多、形状复杂的产品。这正好又符合汽车制造的特点，尤其是现代社会汽车款式的更新速度非常快，采用机器人装备的汽车生产线能够很好地适应这种变化。

另外，机器人电弧焊不仅用于汽车制造业，还可用于涉及电弧焊的其他制造业，如造船、机车车辆、锅炉、重型机械等。

三、机器人焊接的特点

1. 能适应产品多样化

在一条生产线上可以生产若干种类型产品。同时对生产量的变动和型号的更改，能迅速地改进生产线的编组更替，这是专用的自动化生产线不能比拟的。

2. 可提高产品质量

为了使焊接作业机器人化，需要改变装配方法和加工工序，所以要提高诸如供给设备的零件、夹具、搬运工具等的精度，这些因素关系到产品精度和焊接质量的提高，可得到稳定的高质量产品。

3. 可提高生产效率

机器人的作业效率不随作业者变动，可以稳定生产计划，从而提高生产效率。

四、焊接机器人的分类

焊接机器人按用途分为点焊机器人和弧焊机器人两类。

1. 点焊机器人

点焊机器人（图 3–32）在汽车工业生产中应用广泛，在装配每台汽车车体时，大约 60% 的焊点是由点焊机器人完成的。点焊机器人具有负荷大、动作快、工作点姿态要求严等特点。

最初，点焊机器人只用于增强焊作业（往已拼接好的工件上增加焊点），后来为了保证拼接精度，又让机器人完成定位焊作业。这样，点焊机器人逐渐被要求有更全面的作业性能，具体有以下几个方面：

（1）安装面积小，工作空间大。

（2）可快速完成小节距的多点定位（如每 0.3 ~ 0.4 s 移动 30 ~ 50 mm 节距）。

（3）定位精度高（ ± 0.25 mm），以确保焊接质量。

（4）持重大（50 ~ 100 kg），以便携带内装变压器的焊钳。

（5）内存容量大，示教简单，节省工时。

（6）点焊速度与生产线速度相匹配，同时安全、可靠。

（7）有足够的自由度。

2. 弧焊机器人

随着弧焊工艺在各行业的普及，弧焊机器人（图 3–33）已经在通用机械、金属结构制造等许多行业中得到广泛应用。

弧焊机器人是包括各种电弧焊附属装置在内的柔性焊接系统，而不只是一台以设计速度和姿态携带焊枪移动的单机，因而对其性能有特殊的要求，其中对运动轨迹要求较严。在弧焊作业中，焊枪应跟踪工件的焊道运动，并不断填充金属形成焊缝，其速度的稳定性和轨迹精度为 ±（0.2 ~ 0.5）mm。由于焊枪的姿态对焊缝质量也有一定影响，因此在跟踪焊道的同时，焊枪姿态的可调范围较大。

五、焊接机器人的组成

机器人要完成焊接作业，必须依赖于控制系统与辅助设备的支持和配合。完整的焊接机器人系统分为驱动系统、机械结构系统、感受系统、机器人 – 环境交互系统、人 – 机交互系统和控制系统。焊接机器人系统如图 3–34 所示。焊接机器人由机器人操作机、变位机、控制器、焊接系统（专用焊接电源、焊枪或焊钳等）、传感器、中央控制计算机和相应的安全设备等部件组成。

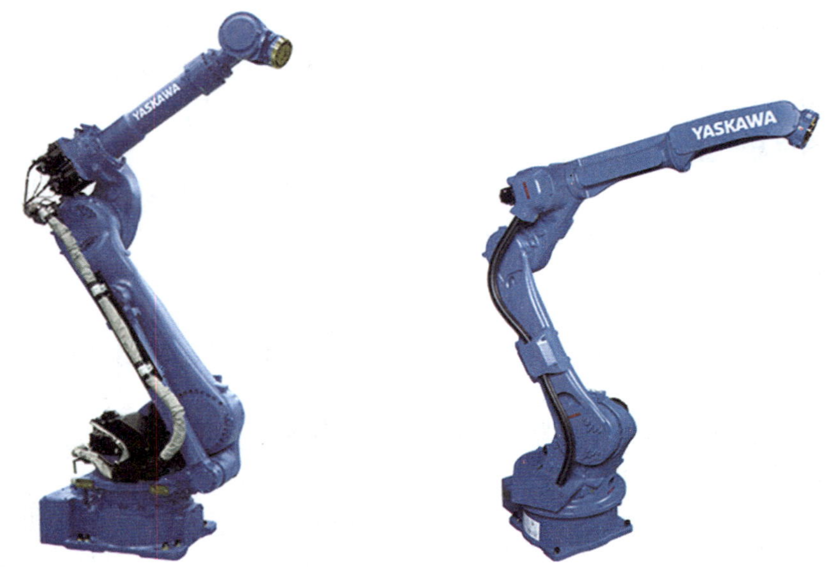

图 3-32　点焊机器人　　　　图 3-33　弧焊机器人

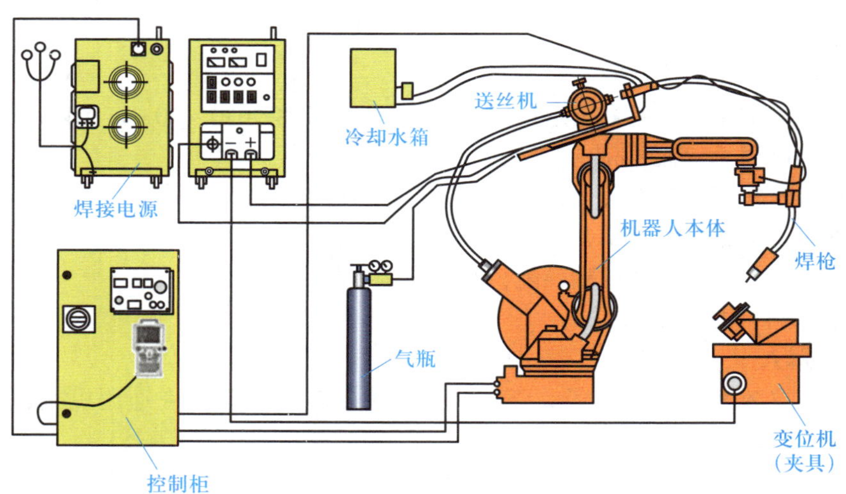

图 3-34　焊接机器人系统

1. 机器人操作机

机器人操作机是焊接机器人的执行机构，它由驱动器、传动机构、连杆、关节以及内部传感器（编码盘）等组成。

2. 变位机

变位机作为机器人焊接生产线及焊接柔性加工单元的重要组成部分，其作用是将被焊工件旋转（平移）到最佳的焊接位置。在焊接作业前和焊接过程中，变位机通过夹具来装夹和定位被焊工件，对工件的不同要求决定了变位机的负载能力及其运动方式。为了使机械手充分发挥效能，焊接机器人系统通常采用两台变位机，当其中一台进行焊接作业时，另一台则完成工件的装卸，从而提高整个系统效率。

3. 控制器

控制器是整个机器人系统的神经中枢，负责处理焊接机器人工作过程中的全部信息和控制其全部动作，如图 3-35 所示。

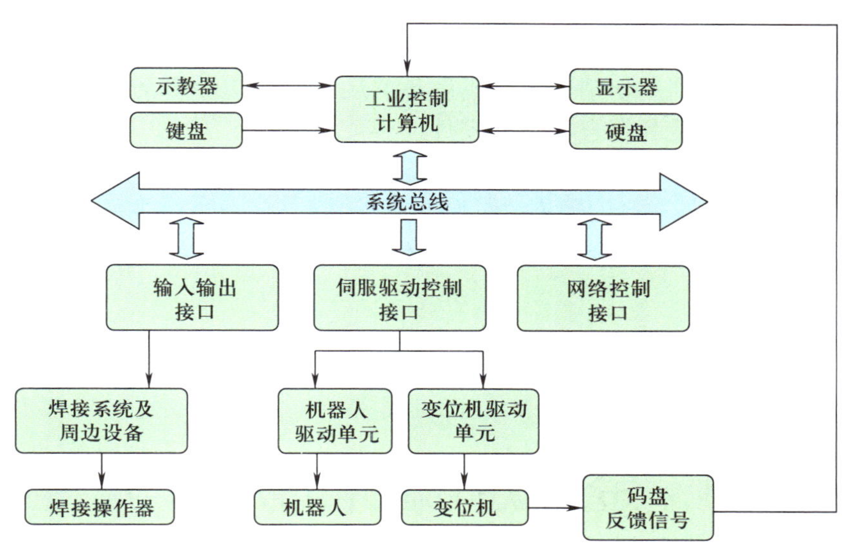

图 3-35　焊接机器人控制系统结构

4. 焊接系统

焊接系统是焊接机器人完成作业的核心装备，由焊钳（点焊机器人）、焊枪（弧焊机器人）、焊接控制器及水、电、气等辅助部分组成。焊接控制器可根据预定的焊接监控程序，完成焊接参数输入、焊接程序控制及焊接系统故障自诊断，并实现与本地计算机及手控盒的通信联系。由于参数选择的需要，用于弧焊机器人的焊接电源及送丝设备必须由机器人控制器直接控制。

5. 传感器

在焊接过程中，尽管机器人操作机、变位机等能达到很高的精度，但由于被焊工件存在几何尺寸和位置误差，以及焊接过程中产生的热量引起工件的变形，传感器仍是焊接过程中（尤其是焊接大且厚的工件时）不可缺少的设备。传感器的任务是实现工件坡口的定位、跟踪以及焊缝熔透信息的获取。

6. 安全设备

安全设备是焊接机器人系统安全运行的重要保障，主要包括驱动系统过热自断电保护、动作超限位自断电保护、超速自断电保护、机器人系统工作空间干涉自断电保护及人工急停装置等。

第四章 切削加工基础

切削加工的实质是利用切削工具（或设备）从工件上切除多余材料，以获得几何形状、尺寸精度和表面质量都符合要求的零件或半成品的加工方法。切削加工是在材料的常温状态下进行的，它包括机械加工和钳加工两种。机械加工是利用切削加工设备（机床）及相应的工具对工件进行的加工；钳加工是利用手工工具或简单的加工设备对工件进行的加工。切削加工的主要形式有车削、钻削、刨削、铣削、镗削、磨削、插削、拉削等。

§4-1 金属切削机床的分类与型号

金属切削机床是用切削、特种加工等方法加工各种金属工件，使之获得所要求的几何形状、尺寸精度和表面质量的机器（便携式除外），它是机械制造的主要加工设备。

一、金属切削机床的分类

金属切削机床的种类繁多，为了便于区别、使用和管理，有必要对机床进行分类。根据国家标准《金属切削机床　型号编制方法》(GB/T 15375—2008)，金属切削机床按其工作原理划分为车床、钻床、镗床、磨床、齿轮加工机床、螺纹加工机床、铣床、刨插床、拉床、锯床和其他机床共 11 类。

二、金属切削机床的型号

机床型号是按一定的规律赋予每种机床一个代号，以便于机床的管理和使用。我国目前使用的机床型号按《金属切削机床　型号编制方法》(GB/T 15375—2008）编制，由大写汉语拼音字母及阿拉伯数字按一定规律组合而成，适用于新设计的各类通用及专用金属切削机床及自动线（不包括组合机床、特种加工机床）。机床型号由基本部分和辅助部分组成，中间用“/”隔开，读作“之”。前者需统一管理，后者纳入型号与否由企业决定。金属切削机床型号构成如图 4-1 所示。

1. 金属切削机床的分类和代号

机床的类代号用大写的汉语拼音字母表示，如车床用“C”表示，钻床用“Z”表示。必要时，每类可分为若干分类。分类代号在类代号之前，作为型号的首位，用阿拉伯数字表

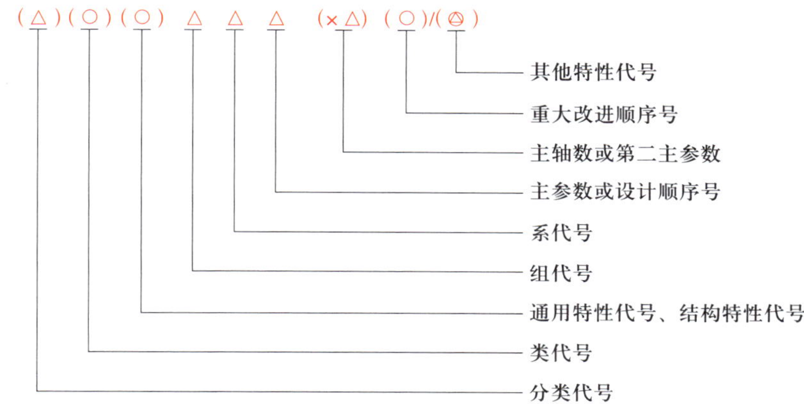

注1：有“（ ）”的代号或数字，当无内容时，则不表示，若有内容则不带括号。

注2：有“○”符号的，为大写的汉语拼音字母。

注3：有“△”符号的，为阿拉伯数字。

注4：有“⊗”符号的，为大写的汉语拼音字母，或阿拉伯数字，或两者兼有之。

图 4–1　金属切削机床型号构成

示。第一分类代号的“1”省略，第二、三分类代号的“2”“3”则应予以表示。例如，磨床类机床分为 M、2M、3M 三个分类。机床的分类和代号见表 4–1。

表 4–1　　机床的分类和代号（GB/T 15375—2008）

类别	车床	钻床	镗床	磨床			齿轮加工机床	螺纹加工机床	铣床	刨插床	拉床	锯床	其他机床
代号	C	Z	T	M	2M	3M	Y	S	X	B	L	G	Q
读音	车	钻	镗	磨	二磨	三磨	牙	丝	铣	刨	拉	割	其

对于具有两类特性的机床编制时，主要特性应放在后面，次要特性应放在前面。例如铣镗床是以镗为主、铣为辅。

2. 通用特性代号、结构特性代号

通用特性代号和结构特性代号用大写的汉语拼音字母表示，位于类代号之后。

（1）通用特性代号

通用特性代号有统一的规定含义，它在各类机床的型号中表示的意义相同。

当某类型机床，除有普通型外，还有某种通用特性时，则在类代号之后加通用特性代号予以区分。如果某类型机床仅有某种通用特性，而无普通型，则通用特性不予表示。例如，C1312 型单轴转塔自动车床，由于这类自动车床没有“非自动”的普通型，所以不必用“Z”表示其通用特性。

当在一个型号中需要同时使用两至三个普通特性代号时，一般按重要的程度排列顺序。例如，“MBG”表示半自动高精度磨床。

通用特性代号按其相应的汉字字意读音。例如，“CK”表示数控车床。机床的通用特性代号见表 4–2。

表 4-2　　机床的通用特性代号（GB/T 15375—2008）

通用特性	高精度	精密	自动	半自动	数控	加工中心（自动换刀）	仿形	轻型	加重型	柔性加工单元	数显	高速
代号	G	M	Z	B	K	H	F	Q	C	R	X	S
读音	高	密	自	半	控	换	仿	轻	重	柔	显	速

（2）结构特性代号

对主参数相同而结构、性能不同的机床，在型号中加结构特性代号予以区别。根据各类机床的具体情况，对某些结构特性代号，可以赋予一定含义。但结构特性代号与通用特性代号不同，它在型号中没有统一的含义，只在同类机床中起区分机床结构、性能的作用。当型号中有通用特性代号时，结构特性代号应排在通用特性代号之后。结构特性代号用汉语拼音字母（通用特性代号已用的字母和 I、O 两字母均不能用）A、B、C、D、E、L、N、P、T、Y 表示，当单个字母不够用时，可将两个字母组合起来使用，如 AD、AE 或 DA、EA 等。

3. 机床组、系的划分原则及其代号

（1）机床组、系的划分原则

将每类机床划分为 10 个组，每个组又划分为 10 个系（系列）。组、系划分的原则如下：

1）在同一类机床中，主要布局或使用范围基本相同的机床，即为同一组。

2）在同一组机床中，其主参数相同、主要结构及布局形式相同的机床，即为同一系。

（2）机床的组、系代号

机床的组，用一位阿拉伯数字表示，位于类代号或通用特性代号、结构特性代号之后；机床的系，用一位阿拉伯数字表示，位于组代号之后。例如，CA6140 型卧式车床型号中的“61”，表示它属于车床类 6 组、1 系列。

4. 主参数的表示方法

主参数代号用机床最大的加工尺寸或与此有关的机床部件的折算值表示，位于系代号之后。当折算值大于 1 时，则取整数，前面不加“0”；当折算值小于 1 时，则取小数点后第一位数，并在前面加“0”。

5. 通用机床的设计顺序号

某些通用机床，当无法用一个主参数表示时，则在型号中用设计顺序号表示。设计顺序号从 1 开始，当设计顺序号小于 10 时，由 01 开始编号。

6. 主轴数和第二主参数的表示方法

（1）主轴数的表示方法

对于多轴车床、多轴钻床、排式钻床等机床，其主轴数应以实际数值列入型号，置于主参数之后，用“×”分开，读作“乘”。单轴时可省略，不予表示。

（2）第二主参数的表示方法

第二主参数（多轴机床的主轴数除外）一般不予表示，如有特殊情况，需在型号中表示。在型号中表示的第二主参数，一般折算成两位数为宜，最多不超过三位数。以长度、深度值等表示的，其折算系数为 1/100；以直径、宽度值等表示的，其折算系数为 1/10；以厚度、最大模数值等表示的，其折算系数为 1。当折算值大于 1 时，则取整数；当折算值小于 1 时，则取小数点后第一位数，并在前面加“0”。

7. 机床的重大改进顺序号

当机床的结构、性能有更高的要求，并需按新产品重新设计、试制和鉴定时，要按改进的先后顺序选用 A、B、C 等汉语拼音字母（但 I、O 两个字母不得选用）表示，并加在型号基本部分的尾部，以区别原机床型号。

重大改进设计不同于完全的新设计，它是在原有机床的基础上进行改进设计，因此，重大改进后的产品与原型号的产品是一种取代关系。

凡是局部的小改进，或增减某些附件、测量装置及改变装夹工件的方法等，因对原机床的结构、性能没有做重大的改变，故不属于重大改进，其型号不变。

8. 其他特性代号及其表示方法

其他特性代号置于辅助部分之首。其中同一型号机床的变型代号，一般应放在其他特性代号之首位。

（1）其他特性代号的含义

其他特性代号主要用以反映各类机床的特性。例如，对于数控机床，可用来反映不同的数控系统；对于加工中心，可用以反映控制系统、联动轴数、自动交换主轴头、自动交换工作台等；对于柔性加工单元，可用以反映自动交换主轴箱；对于一机多能机床，可用以补充表示某些功能；对于一般机床，可用以反映同一型号机床的变型等。

（2）其他特性代号的表示方法

其他特性代号可用汉语拼音字母（I、O 两个字母除外）表示，其中 L 表示联动轴数，F 表示复合。当单个字母不够用时，可将两个字母组合起来使用，如 AB、AC、AD 等或 BA、CA、DA 等。其他特性代号也可用阿拉伯数字表示，还可以用阿拉伯数字和汉语拼音字母组合表示。

三、金属切削机床型号示例

1. MG1432A

MG1432A 表示高精度万能外圆磨床，最大磨削直径为 320 mm，经过第一次重大改进，无企业代号。

2. Z3040 × 16/S2

Z3040 × 16/S2 表示摇臂钻床，最大钻孔直径为 40 mm，最大跨距为 1 600 mm，沈阳第二机床厂生产。

3. THM6350

THM6350 表示精密镗卧式加工中心，工作台最大宽度为 500 mm。

4. MKG1340

MKG1340 表示高精度数控外圆磨床，最大磨削直径为 400 mm。

§4-2 切削运动与切削用量

一、切削运动

切削过程中工件和刀具间的相对运动称为切削运动，它是形成工件表面的基本运动。根据切削时工件与刀具相对运动所起的作用不同，切削运动可划分为主运动、进给运动、辅助运动。

1. 主运动

主运动是指由机床或人力提供的主要运动，它促使刀具和工件之间产生相对运动，从而使刀具前面接近工件。主运动是切除工件表面多余材料所需要的最基本运动，在切削运动中形成机床切削速度，消耗主要动力。主运动可以是旋转运动，也可以是直线运动。如图 4-2 所示，车削、铣削、钻削、磨削的主运动均为旋转运动，刨削的主运动为直线运动。主运动方向为切削刃选定点相对于工件的瞬时主运动方向。

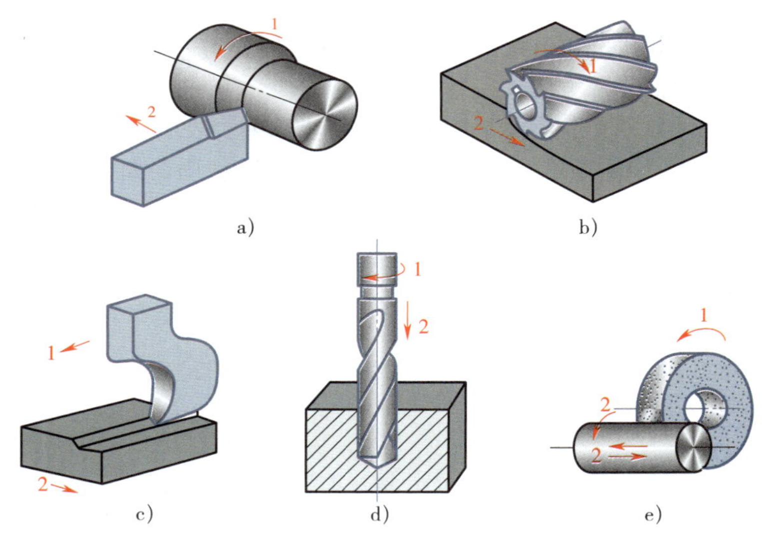

图 4-2　常见切削加工方法的切削运动

a）车外圆　b）铣平面　c）刨平面　d）钻孔　e）磨外圆

1—主运动　2—进给运动

一般来说，切削过程中有一个主运动，通常它的运动速度最高，消耗功率最大（约占功率总消耗的 90%）。主运动可以由工件完成，如车削加工时工件的旋转运动；主运动也可以由刀具完成，如铣削加工时铣刀的旋转运动、钻削加工时钻头的旋转运动。

2. 进给运动

进给运动是指由机床或人力提供的运动，它使刀具与工件之间产生附加的相对运动，加上主运动，即可不断地或连续地切除切屑，并得出具有所需几何特性的已加工表面。进给运动是使工件上多余材料不断投入切削，以保持切削连续性的运动，它可以是旋转运动，也可以是直线运动。如图 4–2 所示，在车削过程中，车刀轴向直线运动为进给运动；在外圆磨削过程中，工件的旋转运动和纵向直线运动为进给运动。进给运动方向为切削刃选定点相对于工件的瞬时进给运动的方向。

对于不同的切削加工方法而言，进给运动可以是一个、两个或多个，也可以没有进给运动（如拉削）。进给运动的速度较低，消耗的功率较小。进给运动可以由工件完成，如铣削加工、磨削加工；进给运动也可以由刀具完成，如车削加工、钻削加工。

3. 辅助运动

机床在切削加工过程中还需要一系列辅助运动，其功能是实现机床的各种辅助动作，为表面成形运动创造条件。它的种类很多，如进给运动前后的快进和快退，调整刀具和工件之间相对位置的调位运动、切入运动、分度运动，工件夹紧和松开等操纵控制运动。

二、工件表面

金属切削过程是待切除金属层不断被刀具切除而变为切屑的过程。在主运动和进给运动的作用下，多余金属不断被切除，新的表面不断形成。因此，切削过程中，在被加工的工件上有三个不断变化着的表面，分别是待加工表面、已加工表面和过渡表面（也称加工表面），如图 4–3 所示为外圆车削过程中的三个表面。

工件上有待切除的表面称为待加工表面；工件上经刀具切削后形成的表面称为已加工表面；过渡表面是工件上由切削刃形成的那部分表面，它在下一切削行程，刀具或工件的下一转里被切除，或者由下一切削刃切除。

三、切削用量及其选择原则

1. 切削用量

切削用量包括切削速度、进给量和背吃刀量，要完成切削加工三者缺一不可，故切削用量又称为切削三要素。图 4–4 所示为车外圆时的切削用量示意图。

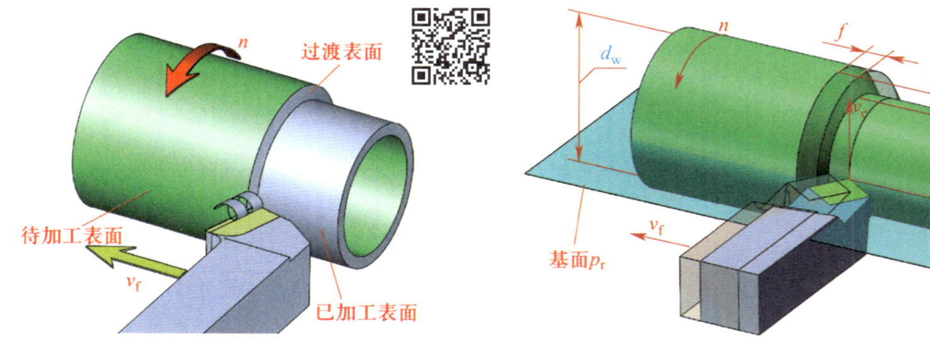

图 4–3　外圆车削过程中的三个表面

图 4–4　车外圆时的切削用量示意图

（1）切削速度 v_c

切削速度是指切削刃上选定点相对于工件主运动的瞬时速度，单位为 m/min 或 m/s。当主运动是旋转运动时，切削速度是指圆周运动的最大线速度，即

$$v_c = \frac{\pi d_w n}{1\ 000}$$

式中　v_c——切削速度，m/min；

d_w——工件待加工表面直径，mm；

n——工件转速，r/min。

当主运动为往复直线运动时，则其平均切削速度为

$$v_c=\frac{2L_m n_r}{1\ 000}$$

式中　L_m——刀具或工件往复运动的行程长度，mm；

n_r——主运动每分钟的往复次数。

（2）进给量 f

进给量是指刀具在进给运动方向上相对工件的位移量，可用刀具或工件每转或每行程的位移量来表述和度量。

车削外圆时的进给量为工件每转一周刀具沿进给运动方向所移动的距离，单位为 mm/r；刨削时的进给量为刀具（或工件）每往复一次，工件（或刀具）沿进给运动方向所移动的距离，单位为 mm/str（mm/ 往复行程）；对于多刃刀具（如铣刀）还有每齿进给量，即多齿刀具每转或每行程中每齿相对工件在进给运动方向上的位移量，单位为 mm/ 齿。

（3）背吃刀量 a_p

刀具切入工件时，工件上已加工表面与待加工表面之间的垂直距离称为背吃刀量，单位为 mm。

2. 切削用量的选择原则

所谓合理的切削用量是指充分利用刀具的切削能力和机床性能，在保证加工质量的前提下，获得高生产效率和低加工成本的切削用量。切削用量可以参照表 4–3 进行选择。

表 4–3　　切削用量的选择原则

加工性质	加工目的	选择步骤	选择原则	选择原因
粗加工	尽快地去除工件的加工余量	选择背吃刀量 ⇩	在保证机床动力和工艺系统刚度的前提下，尽可能选择较大的背吃刀量	背吃刀量对刀具使用寿命的影响最小，同时，选择较大的背吃刀量也可以提高加工效率
		选择进给量 ⇩	在保证工艺装配和技术条件允许的前提下，选择较大的进给量	进给量对刀具使用寿命的影响比背吃刀量要大，但比切削速度对刀具使用寿命的影响要小
		选择切削速度	根据刀具寿命选用合适的切削速度	切削速度对刀具使用寿命的影响最大，切削速度越快，刀具越容易磨损
精加工	保证工件最终的尺寸精度和表面质量	选择背吃刀量 ⇩	根据工件的尺寸精度选择合适的背吃刀量，通常背吃刀量为 0.5 ~ 1 mm	背吃刀量对尺寸精度的影响较大，背吃刀量大，尺寸精度难以保证；反之，尺寸精度容易保证
		选择进给量 ⇩	根据工件的表面粗糙度要求选择合适的进给量	进给量的大小直接影响工件表面粗糙度值的大小。通常，进给量越小，表面粗糙度值越小，得到的表面越光洁
		选择切削速度	根据切削刀具的刀具寿命选取合适的切削速度	切削速度对刀具使用寿命的影响最大，切削速度越快，刀具越容易磨损

§4-3 切削刀具

在切削加工过程中，刀具是保证加工质量、提高生产效率的一个重要因素。为了切除工件上多余的金属层，以获得符合要求的工件形状、尺寸精度，切削刀具必须具备一定结构、形状及几何角度。

一、切削刀具的分类

金属切削刀具有多种形式和结构，按机床加工方式和加工对象不同，可分为车刀、铣刀、刨刀、砂轮、钻头、铰刀、丝锥及板牙等；按加工表面不同，可分为外圆表面加工刀具、内孔表面加工刀具、平面加工刀具、螺纹加工刀具、齿轮加工刀具等；按刀具的切削刃数目不同，可分为单刃刀具、双刃刀具、多刃刀具；按结构形式不同，可分为整体式刀具、焊接式刀具、机械夹固式刀具；按刀片使用后是否重磨，可分为机夹重磨式刀具和机夹可转位式（不重磨）刀具；按刀具切削部分的材料不同，可分为工具钢刀具、高速钢刀具、硬质合金刀具等。

二、切削刀具的组成

1. 刀具的结构

刀具一般由切削部分、导向部分、夹持部分等组成。

（1）切削部分

刀具的切削部分是刀具最重要的部分。它直接承担切除工件上多余金属层的任务，并且直接影响工件的加工质量和生产效率。外圆车刀的结构如图 4–5 所示。

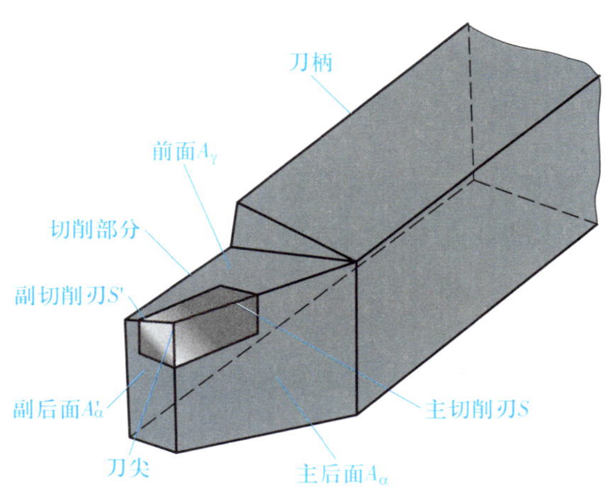

图 4–5　外圆车刀的结构

从图 4–5 可以看出，车刀的切削部分由“三面两刃一尖”（即前面 A_γ、主后面 A_α、副后面 A'_α、主切削刃 S、副切削刃 S'、刀尖）组成。

1）前面（A_{γ}）。前面是指切屑流出时所流经的面。它可为平面，也可为曲面，以使切屑顺利流出。

2）主后面（A_{α}）。主后面是指与工件上过渡表面相对的刀面。它倾斜一定角度以减小与工件的摩擦。

3）副后面（A'_{α}）。副后面是指与工件上已加工表面相对的刀面。它倾斜一定角度以免擦伤已加工表面。

4）主切削刃（S）。主切削刃是指前面与主后面相交的部位，它担负主要切削工作。

5）副切削刃（S'）。副切削刃是指前面与副后面相交的部位，它协同主切削刃完成金属的切除工作，以最终形成工件的已加工表面。

6）刀尖。刀尖是主、副切削刃连接处的那一小部分切削刃。它并非绝对尖锐，一般都呈圆弧状，以保证刀尖有足够的强度和耐磨性。

（2）导向部分

在刀具中，有的具有导向部分（如麻花钻、铰刀、立铣刀等），这些刀具一般用于内孔、沟槽和内螺纹加工。

（3）夹持部分

夹持部分用于把刀具装夹在刀架或套筒内，以便将机床的动力传递给刀具，完成切削工作。根据刀具的结构不同，刀具有以下两种装夹形式：

1）实体夹持。刀具的夹持部分做成实体，使用时直接将刀具装在刀架或锥套内，如车刀、刨刀、钻头、立铣刀等。

2）刀轴装夹夹持。刀具的夹持部分做成圆柱孔，孔内加工有键槽，切削时将刀具装在刀轴上，通过刀轴带动刀具进行切削加工。这类刀具有圆柱铣刀、三面刃铣刀等。

2. 刀具角度

为使切削运动顺利进行，刀具切削部分必须具有适宜的几何形状，即组成刀具切削部分的各表面之间都应有正确的相对位置，这些位置是靠刀具角度来保证的。

（1）参考系

参考系是用于定义和规定刀具角度的各基准坐标平面。用于定义刀具设计、制造、刃磨和测量时的几何参数的参考系称为刀具静止参考系；规定刀具进行切削加工时的几何参数的参考系称为刀具工作参考系。

刀具静止参考系的主要基准坐标平面有基面 p_r、主切削平面 p_s、正交平面 p_o、假定工作平面 p_f、副切削平面 p'_s。

1）基面（p_r）。基面是指通过切削刃上某一选定点，垂直于该点主运动方向的平面，如图 4–6 所示。

2）主切削平面（p_s）。主切削平面是指通过主切削刃上某一选定点，与主切削刃相切并垂直于基面的平面，如图 4–6 所示。

3）正交平面（p_o）。正交平面是指通过切削刃上某一选定点，并同时垂直于基面和切削平面的平面，如图 4–7 所示。

车刀的基面、切削平面、正交平面在空间互相垂直，如图 4–8 所示。

4）假定工作平面（p_f）。假定工作平面是指通过切削刃上某一选定点，垂直于基面且平行于假定的进给运动方向的平面。

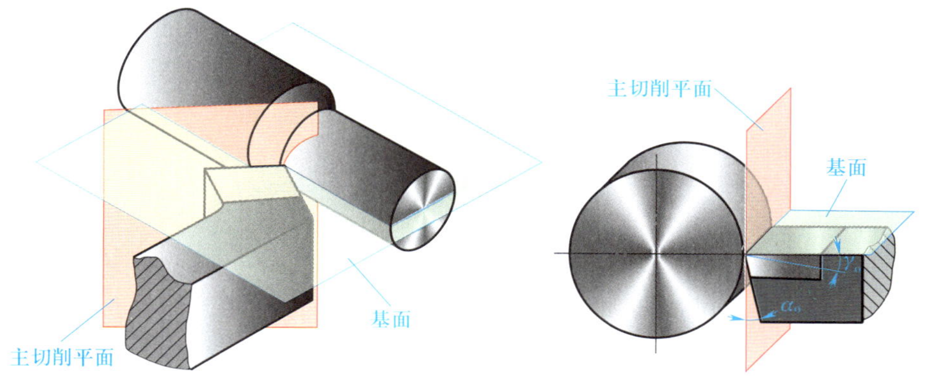

图 4-6　基面与主切削平面的空间位置

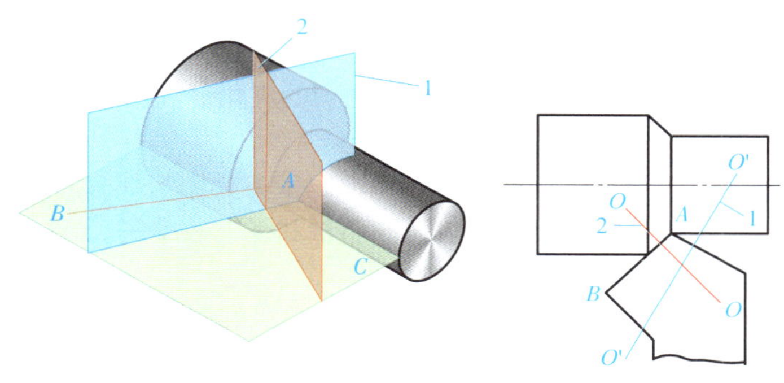

图 4-7　正交平面

1—副切削刃正交平面　2—主切削刃正交平面

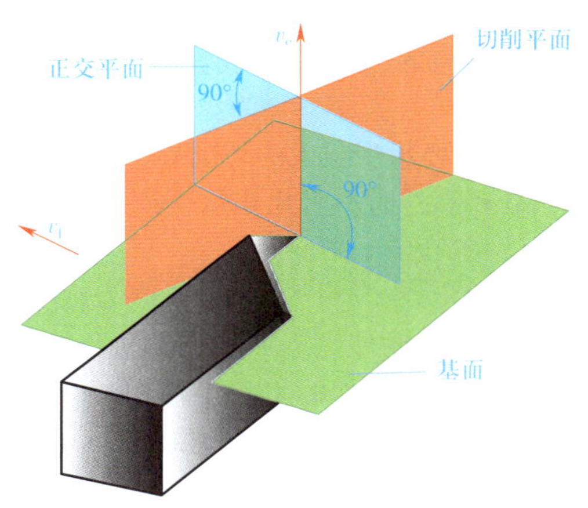

图 4-8　基面、切削平面、正交平面空间关系

5）副切削平面（p_s'）。副切削平面是指通过副切削刃上某一选定点，与副切削刃相切并垂直于基面的平面。

（2）刀具切削部分的主要角度

车刀的切削部分共有五个独立的基本角度，如图 4–9 所示。

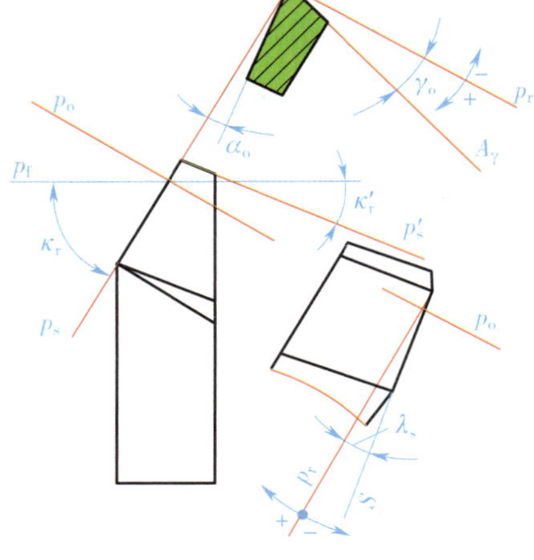

图 4–9　刀具切削部分的主要角度

1）前角（γ_o）。前角是指前面与基面的夹角，在正交平面中测量。前角表示刀具前面的倾斜程度，它可以是正值、负值或为零。前角根据工件材料、刀具切削部分材料及加工要求选择。

2）后角（α_o）。后角是指后面与切削平面的夹角，在正交平面中测量。后角表示刀具后面倾斜的程度。

3）主偏角（κ_r）。主偏角是指主切削平面与假定工作平面间的夹角，在基面中测量。

4）副偏角（κ_r'）。副偏角是指副切削平面与假定工作平面间的夹角，在基面中测量。

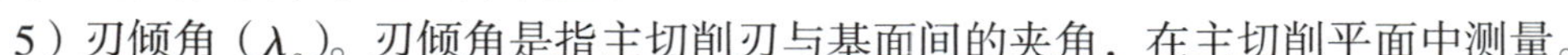

5）刃倾角（λ_s）。刃倾角是指主切削刃与基面间的夹角，在主切削平面中测量。

三、切削刀具材料及其选用

在切削加工过程中，刀具切削性能的好坏，取决于刀具切削部分的材料，它直接影响着刀具寿命、刀具消耗、加工精度、已加工表面的质量和加工效率等。

1. 刀具材料应具备的基本性能

刀具材料是指刀具切削部分的材料。切削时，刀具切削部分直接和工件及切屑相接触，承受着很大的切削压力和冲击力，并受到工件及切屑的剧烈摩擦，产生很高的切削温度，这也就是说刀具切削部分是在高温、高压及剧烈摩擦的恶劣条件下工作的。因此，刀具材料应具备以下基本性能：

（1）高硬度

刀具材料的硬度必须高于被加工工件材料的硬度，否则在高温高压下就不能保持刀具锋利的几何形状，这是刀具材料应具备的最基本的性能。

（2）足够的强度和韧性

刀具切削部分的材料在切削时要承受很大的切削力和冲击力。例如，车削 45 钢时，当背吃刀量 a_p=4 mm、进给量 f=0.5 mm/r 时，刀片要承受约 4 000 N 的切削力。因此，刀具材料必须要有足够的强度和韧性。

（3）高的耐磨性和耐热性

刀具材料的耐磨性是指抵抗磨损的能力。一般来说，刀具材料硬度越高，耐磨性也越好。刀具材料的耐磨性和耐热性也有着密切的关系。耐热性（或叫红硬性）通常用它在高温下保持较高硬度的性能来衡量，即高温硬度。高温硬度越高，表示耐热性越好，刀具材料在高温时抵抗塑性变形的能力和耐磨损的能力也就越强。耐热性差的刀具材料，由于高温下硬度显著下降而会很快磨损乃至发生塑性变形，丧失其切削能力。

（4）良好的导热性

导热性好，切削时产生的热量就容易传导出去，从而降低切削部分的温度，减轻刀具磨损。导热性好的刀具材料，其耐热冲击和抗热龟裂的性能就强，这种性能对脆性材料进行断续切削，特别是在加工导热性能差的工件时，显得非常重要。

（5）良好的工艺性

为便于制造，要求刀具材料有较好的可加工性，包括锻压、焊接、切削加工、热处理和可磨性等。

（6）较好的经济性

经济性是评价新型刀具材料的重要指标之一，也是正确选用刀具材料、降低产品成本的主要依据之一。刀具材料的选用应结合我国资源状况，以降低刀具的制造成本。

（7）抗黏结性和化学稳定性

刀具的抗黏结性指工件与刀具材料分子间在高温高压作用下，抵抗互相吸附而产生黏结的能力。刀具的化学稳定性指刀具材料在高温下，不易与周围介质发生化学反应的能力。刀具材料应具备较高的抗黏结性和化学稳定性。

2. 常用刀具材料的种类及选用

目前用于生产上的刀具材料有碳素工具钢、合金工具钢、高速钢、硬质合金、陶瓷、金刚石、立方氮化硼等。

（1）碳素工具钢

碳素工具钢淬火后有较高的硬度（59～64HRC），易磨出较锋利的刃口，价格低，但它的耐热性差，在 200～250 ℃时硬度就明显下降，所以它允许的切削速度较低（v_c<10 m/min）。碳素工具钢主要用于制造手工用刀具及低速简单刀具，如手工用铰刀、丝锥、板牙等。因其淬透性较差，热处理时变形大，不宜用来制造形状复杂的刀具。碳素工具钢常用牌号有 T10A、T12A 等。

（2）合金工具钢

合金工具钢比碳素工具钢有更高的耐热性和韧性，其耐热性温度为 300～350 ℃，故允许的切削速度比碳素工具钢高 10%～14%。合金工具钢淬透性较好，因此热处理变形小，多用来制造形状比较复杂、要求淬火后变形小、切削速度低的机用刀具，如铰刀、拉刀等。合金工具钢常用牌号有 9SiCr、CrWMn 等。

（3）高速钢

高速钢是一种含有 W（钨）、Mo（钼）、Cr（铬）、V（钒）等合金元素较多的合金工具钢。它是综合性能比较好的一种刀具材料，可以承受较大的切削力和冲击力，并且具有热处理变形小、能锻造、易磨出较锋利的刃口等优点，特别适于制造各种小型及形状复杂的刀具，如成形车刀、各种钻头等。但高速钢的耐热性较差，不能用于高速切削。

高速钢的品种繁多，品种不同其性质及应用场合也不尽相同。表 4–4 列举了高速钢的常用牌号、性质及其应用等内容。

表 4–4　高速钢的常用牌号、性质及其应用

类别	常用牌号	性质	应用
钨系	W18Cr4V	优点是性能稳定，刃磨及热处理工艺控制较方便；缺点是碳化物分布不均匀，热塑性较差，不宜制作大截面的刀具	因金属钨的价格较高，国内使用逐渐减少，国外也已很少采用

续表

类别	常用牌号	性质	应用
钨钼系	W6Mo5Cr4V2	由于用 1% 的钼可以代替 2% 的钨，钼的加入还可以使钢中的合金元素减少，从而降低了碳化物的数量及其分布的不均匀性，有利于提高热塑性、抗弯强度与韧性，其高温塑性及韧性胜过 W18Cr4V。其主要缺点是淬火温度范围窄，脱碳和过热敏感性大	主要用于制造热轧刀具，如轧扭麻花钻等
	W9Mo3Cr4V	根据我国资源研制的钢种，其抗弯强度和韧性均高于 W6Mo5Cr4V2，具有较好的硬度和热塑性。由于含钒量少，磨削加工性能也比 W6Mo5Cr4V2 好	可用于制造各种刀具（锯条、钻头、拉刀、铣刀、齿轮刀具等）

（4）硬质合金

硬质合金是用高硬度、难熔的金属化合物（WC、TiC、TaC、NbC 等）微米数量级的粉末与 Co、Mo、Ni 等金属黏结剂烧结而成的粉末冶金制品。常用的黏结剂是 Co，碳化钛基硬质合金的黏结剂则是 Mo、Ni。硬质合金高温碳化物的含量超过高速钢，具有硬度高、熔点高、化学稳定性好和热稳定性好等特点，切削效率是高速钢刀具的 5 ~ 10 倍。但硬质合金韧性差、脆性大，承受冲击和振动的能力低。硬质合金现在仍是主要的刀具材料。

切削用硬质合金按其切屑排出形式和加工对象的范围可分为三个主要类别，分别以字母 K、P、M 表示。表 4–5 列举了这三类硬质合金的成分、用途、性能等内容。

表 4–5　　K、P、M 三类硬质合金

类别	成分	用途	常用代号	相当于旧代号	性能		适用加工阶段
					耐磨性	韧性	
K 类（钨钴类）	WC+Co	主要用于加工铸铁、有色金属等脆性材料或冲击性较大的场合。但在切削难加工材料或振动较大（如断续切削塑性金属）的特殊情况时也比较适合	K01	YG3	↑	↓	精加工
			K10	YG6			半精加工
			K20	YG8			粗加工
P 类（钨钛钴类）	WC+Co+TiC	此类硬质合金硬度、耐磨性、耐热性都明显提高。但其韧性、抗冲击振动性能差，适用于加工钢或其他韧性较大的塑性金属，不适宜于加工脆性金属	P01	YT30	↑	↓	精加工
			P10	YT15			半精加工
			P30	YT5			粗加工
M 类［钨钛钽（铌）钴类］	WC+Co+TiC+TaC（NbC）	既可以加工铸铁、有色金属，又可以加工非合金钢、合金钢，故又称通用合金。主要用于加工高温合金、高锰钢、不锈钢以及可锻铸铁、球墨铸铁、合金铸铁等难加工材料	M10	YW1	↑	↓	精加工、半精加工
			M20	YW2			粗加工、半精加工

（5）陶瓷

陶瓷是在 Al_2O_3 的基础上添加一些微量添加剂（如 TiC、Ni、Mo 等），经冷压烧结而成，是一种价廉的非金属刀具材料。陶瓷有很高的高温硬度，在 1 200 ℃时硬度为 80HRA，并且具有优良的耐磨性和抗黏结能力，化学稳定性好，但它的抗弯强度低，因此，一般用于高硬度材料的精加工。

（6）人造金刚石

它的主要成分是碳，是石墨的同素异形体，由碳经高温、高压转变而成。人造金刚石的硬度极高，其维氏硬度达 10 000HV，比硬质合金高几倍，耐磨性极好。但它的耐热温度低，在 700～800 ℃时易脱碳，失去切削能力。同时，它与铁族金属亲和性作用大，切削时可能因黏附作用而损坏刀具。故人造金刚石主要用于硬质合金、陶瓷、高硅铝合金等高硬度、耐磨材料的加工和有色金属及其合金的加工。

（7）立方氮化硼

它是由氮化硼经高温、高压转变而成。它的硬度仅次于人造金刚石，耐热温度高达 1 400 ℃，耐磨性也较好，一般用于高硬度材料、难加工材料的精加工。

§4-4 切削力与切削温度

一、切削力

1. 总切削力

切削过程中，材料产生变形到变成切屑所产生的抗力和切屑与前面之间及副后面与已加工表面之间发生的摩擦，共同作用于刀具上的合力称为切削力，如图 4-10 所示。

刀具的一个切削部分在切削工件时所产生的全部切削力称为一个切削部分的总切削力。单刃刀具（如车刀、刨刀等）只有一个切削部分参与切削，这个切削部分的总切削力就是刀具总切削力。多刃刀具（如铣刀、铰刀、麻花钻等）有几个切削部分同时进行切削，所有参与切削的各切削部分所产生的总切削力的合力称为刀具总切削力。

为便于理解，下面只讨论仅有一个切削部分的总切削力，并简称为总切削力 F。

2. 总切削力的分力

总切削力是一个空间矢量，在切削过程中它的方向和大小不容易也无必要直接测试。为便于研究和分析它对加工的影响，通常将总切削力分解成三个相互垂直的切削分力。图 4-11 所示为车外圆时总切削力的分解。

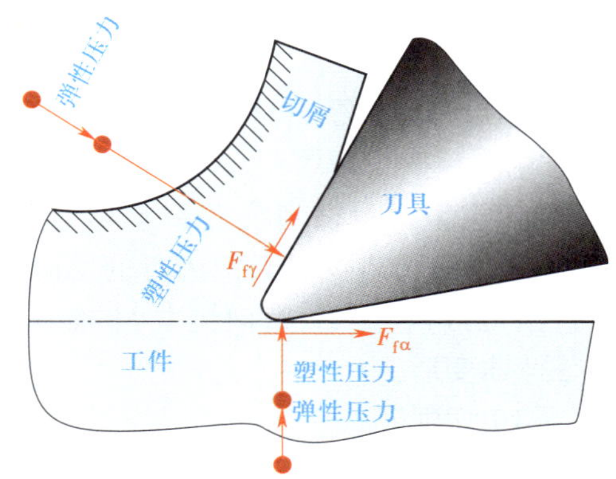

图 4-10　切削力的来源

（1）切削力 F_c

切削力 F_c 是总切削力 F 在主运动方向上的正投影，与切削速度 v_c 方向一致。它消耗功率最大，约占总消耗功率的 95%。

（2）背向力 F_p

背向力 F_p 是总切削力 F 在垂直于工作平面方向上的分力。车外圆时，刀具与工件在这个分力方向上无相对运动，所以 F_p 不做功。

（3）进给力 F_f

进给力 F_f 是总切削力 F 在进给运动方向上的正投影。它与进给速度 v_f 方向一致。由于进给力和进给速度远小于切削力和切削速度，所以它消耗的功率非常小（<5%）。

总切削力 F 与三个分力大小的关系为

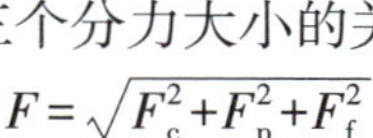

$$F=\sqrt{F_c^2+F_p^2+F_f^2}$$

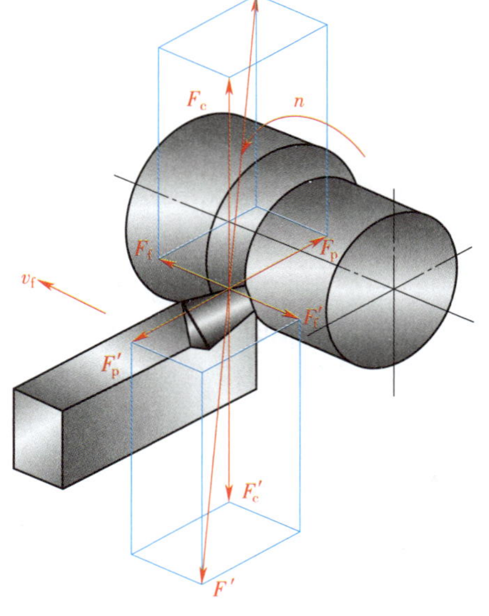

图 4–11　车外圆时总切削力的分解

3. 总切削抗力

切削加工时，工件材料抵抗刀具切削所产生的阻力称为总切削抗力 F'。

工件抵抗切削的总切削抗力 F' 与切削时刀具对工件的总切削力 F 是一对作用力与反作用力，它们大小相等、方向相反，分别作用在刀具和工件上。

总切削抗力 F' 的三个分力切削抗力 F_c'、背向抗力 F_p'、进给抗力 F_f' 分别与 F_c、F_p、F_f 大小相等，方向相反。

4. 影响总切削抗力大小的因素

（1）工件材料

工件材料的强度、硬度越高，韧性和塑性越好，越难切削，总切削抗力越大。

（2）切削用量

背吃刀量 a_p 和进给量 f 增大时，切削横截面积也增大，切屑粗壮，切下金属增多，总切削抗力增大。

（3）刀具角度

1）前角增大，能使被切层材料所受挤压变形和摩擦减小，排屑顺畅，总切削抗力减小。

2）后角增大，刀具后面与工件过渡表面和已加工表面的挤压变形和摩擦减小，总切削抗力减小。

3）主偏角对切削抗力 F_c' 影响较小，但对背向抗力 F_p' 和进给抗力 F_f' 的影响明显。如图 4–12 所示，F_D' 为工件对刀具的反推力，由于 $F_p'=F_D'\cos\kappa_r$，$F_f'=F_D'\sin\kappa_r$，增大主偏角 κ_r，会使进给抗力 F_f' 增大，背向抗力 F_p' 减小。当车削细长工件时，增大主偏角 κ_r，可减小或防止工件弯曲变形。

（4）切削液

合理选用切削液，可以减小工件材料的变形抗力和摩擦阻力，使总切削抗力减小，在后面将具体介绍切削液的有关知识，这里不再赘述。

二、切削温度

1. 切削热与切削温度

切削过程中，由于被切削材料层的变形、分离及刀具和被切削材料间的摩擦而产生的热量称为切削热。切削热主要来源于切屑变形、切屑与刀具前面的摩擦、工件与刀具后面的摩擦三个方面，如图 4–13 所示。

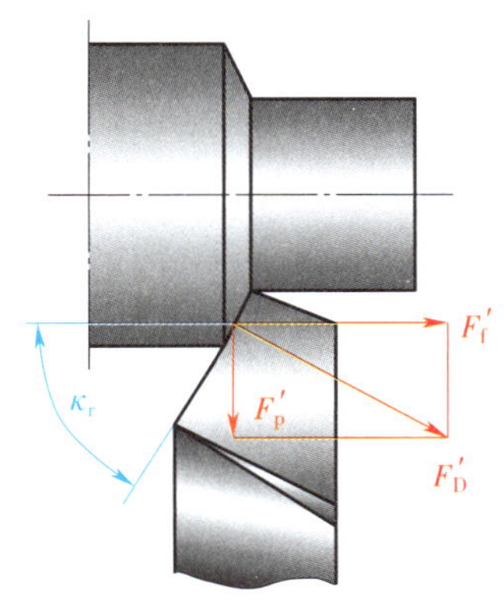

图 4–12　主偏角 κ_r 对 F_f'、F_p' 的影响

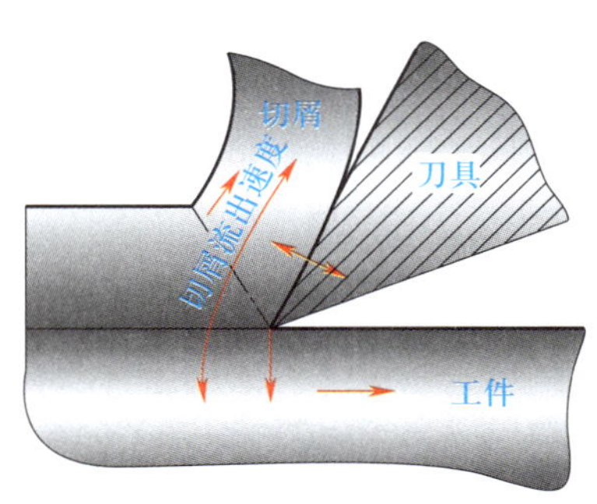

图 4–13　切削热的来源

切削过程中，切削区域的温度称为切削温度。

切削过程中产生的切削热大部分由切屑带走。例如，在车削外圆时，由切屑带走的热量占总切削热的 70% ~ 80%，传入刀具的热量占 15% ~ 20%，传入工件的热量占 5% ~ 10%。

虽然传入刀具的切削热只占很小的一部分，但由于刀具切削部分（尤其是刀尖部位）体积很小，温度容易升高，在高速切削时仍可达到 1 000 ℃以上，致使刀具切削性能降低，磨损加快，进而影响加工质量，缩短刀具寿命。传入工件的切削热，会导致工件受热伸长和膨胀，从而影响加工精度。对于细长轴、薄壁套和精密工件的加工，切削热引起的热变形影响尤为严重。

2. 减少切削热和降低切削温度的工艺措施

（1）合理选择刀具材料和刀具几何角度。

（2）合理选择切削用量。

（3）适当选择和使用切削液。

§4-5　切　削　液

一、切削液的作用

切削液是为提高切削加工效果而使用的液体。切削液的主要作用为冷却和润滑，加入特殊添加剂后，还可以起到清洗和防锈的作用，以保护机床、刀具、工件等不被周围介质腐蚀。

1. 冷却作用

切削液的冷却作用是使切屑、刀具和工件上的热量散逸，使切削区的切削温度降低，起到减小工件因热膨胀而引起的变形和保证刀具切削刃强度、延长刀具寿命，提高加工精度的作用，又为提高劳动生产效率创造了有利条件。

切削液的冷却性能取决于它的热导率、比热容、汽化热、流量、流速等，但主要取决于热导率。水的热导率为油的 3～5 倍，比热容约比油的大一倍，故冷却性能比油好得多。乳化液的冷却性能介于油和水之间，接近水。

2. 润滑作用

切削液的润滑作用是通过切削液渗透到刀具与切屑、工件表面之间形成润滑膜面，减小摩擦，减缓刀具的磨损，降低切削力，提高已加工表面的质量，同时，还可减小切削功率，提高刀具寿命。

3. 清洗作用

浇注切削液能冲走碎屑或粉末，防止它们黏结在工件、刀具、模具上，起到降低工件的表面粗糙度值、减少刀具磨损及保护机床的作用。清洗作用的好坏，与切削液的渗透性、流动性和压力有关。一般而言，合成切削液比乳化液和切削油的清洗作用好。乳化液浓度越低，清洗作用越好。

4. 防锈作用

切削液能够减轻工件、机床、刀具受周围介质（空气、水分等）的腐蚀作用。在气候潮湿的地区，切削液的防锈作用显得尤为重要。切削液防锈作用的好坏，取决于切削液本身的性能和加入的防锈添加剂。

总之，切削液的润滑、冷却、清洗、防锈作用并不是孤立的，它们有统一的一面，又有对立的一面。油基切削液的润滑、防锈作用较好，但冷却、清洗作用较差；水溶性切削液的冷却、清洗作用较好，但润滑、防锈作用较差。

二、切削液的种类

1. 水溶液

水溶液的主要成分是水及防锈剂、防霉剂等。为提高清洗能力，可加入清洗剂；为具有一定的润滑性，还可加入油性添加剂。如加入聚乙二醇和油酸时，水溶液既有良好的冷却性，又有一定的润滑性，并且溶液透明，加工中便于观察。

2. 乳化液

乳化液是水和乳化油经搅拌后形成的乳白色液体。乳化油是一种油膏，它由矿物油和表面活性乳化剂（石油磺酸钠、磺化蓖麻油等）配制而成，表面活性剂分子上带极性一端与水亲和，不带极性一端与油亲和，使水油均匀混合，并添加乳化稳定剂（乙醇、乙二醇等）防止乳化液中油、水分离，具有良好的冷却性能。

3. 合成切削液

合成切削液是国内外推广使用的高性能切削液。它是由水、各种表面活性剂和化学添加剂组成的，具有良好的冷却、润滑、清洗和防锈性能，热稳定性好，使用周期长。

4. 切削油

切削油主要起润滑作用。常用的有 L-AN10 号全损耗系统用油、L-AN20 号全损耗系统用油、轻柴油、煤油、豆油、菜籽油、蓖麻油等矿物油或动、植物油。其中动、植物油容易变质，一般较少使用。

5. 极压切削油

极压切削油是在矿物油中添加氯、硫、磷等极压添加剂配制而成。它在高温下不破坏润滑膜，并具有良好的润滑效果，故被广泛使用。

6. 固体润滑剂

目前所用的固体润滑剂主要以二硫化钼（MoS_2）为主。二硫化钼形成的润滑膜具有极低的摩擦因数（0.05～0.09）、高的熔点（1 185 ℃），因此，高温不易改变它的润滑性能，具有很高的抗压性能和牢固的附着能力，有较高的化学稳定性和温度稳定性。固体润滑剂种类有油剂、水剂和润滑脂三种。应用时，将二硫化钼与硬脂酸及石蜡做成蜡笔，涂抹在刀具表面上，也可混合在水中或油中，涂抹在刀具表面。

三、切削液的选用

切削液的种类繁多，性能各异，在加工过程中应根据加工性质、工艺特点、工件和刀具材料等具体条件合理选用。

1. 根据加工性质选用

（1）粗加工时，由于加工余量和切削用量均较大，因此在切削过程中产生大量的切削热，易使刀具迅速磨损，这时应降低切削区域温度，所以应选择以冷却作用为主的乳化液或合成切削液。用高速钢刀具粗车或粗铣非合金钢时，应选用 3%～5% 的乳化液，也可以选用合成切削液。用高速钢刀具粗车或粗铣合金钢、铜及其合金工件时，应选用 5%～7% 的乳化液。粗车或粗铣铸铁时，一般不用切削液。

（2）精加工时，为了减少切屑、工件与刀具间的摩擦，保证工件的加工精度和表面质量，应选用润滑性能较好的极压切削油或高浓度极压乳化液。用高速钢刀具精车或精铣非合金钢时，应选用 10%～15% 的乳化液或 10%～20% 的极压乳化液。用硬质合金刀具精加工非合金钢工件时，可以不用切削液，也可用 10%～25% 的乳化液或 10%～20% 的极压乳化液。精加工铜及其合金、铝及其合金工件时，为得到较高的表面质量和较高的精度，可选用 10%～20% 的乳化液或煤油。

（3）半封闭式加工时，如钻孔、铰孔和深孔加工，排屑、散热条件均非常差。不仅使刀具磨损严重，容易退火，而且切屑容易拉毛工件已加工表面。为此，须选用黏度较小的极压乳化液或极压切削油，并加大切削液的压力和流量，这样，一方面进行冷却、润滑，另一方面可将部分切屑冲刷出来。

2. 根据工件材料选用

一般钢件，粗加工时选乳化液；精加工时，选硫化乳化液。加工铸铁、铸铝等脆性金属时，为避免细小切屑堵塞冷却系统或黏附在机床上难以清除，一般不用切削液。但在精加工时，为提高工件表面加工质量，可选用润滑性好、黏度小的煤油或 7%～10% 的乳化液。加工铜合金时，不宜采用含硫的切削液，以免腐蚀工件。加工镁合金时，不能用切削液，以免燃烧起火。必要时，可用压缩空气冷却。加工难加工材料，如不锈钢、耐热钢等，应选用 10%～15% 的极压切削油或极压乳化液。

3. 根据刀具材料选用

（1）高速钢刀具

粗加工选用乳化液。精加工钢件时，选用极压切削油或浓度较高的极压乳化液。

（2）硬质合金刀具

为避免刀片因骤冷或骤热而产生崩裂，一般不使用冷却润滑液。如果要使用，必须连续充分地浇注。例如，加工某些硬度高、强度大、导热性差的工件时，由于切削温度较高，会造成硬质合金刀片与工件材料发生黏结和扩散磨损，应加注以冷却为主的 2%～5% 的乳化液或合成切削液。若采用喷雾加注法，则切削效果更好。

四、使用切削液的注意事项

1. 油状乳化液必须用水稀释后才能使用。但乳化液会污染环境，应尽量选用环保型切削液。

2. 切削液应浇注在过渡表面、切屑和刀具前面接触的区域，因为此处产生的热量最多，最需要冷却润滑，如图 4–14 所示。

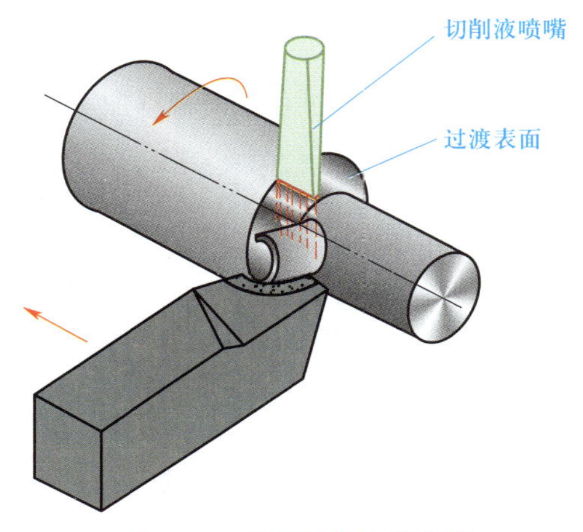

图 4–14　切削液浇注的区域

3. 控制好切削液的流量。流量太小或断续使用，起不到应有的作用；流量太大，则会造成切削液的浪费。

4. 加注切削液可以采用浇注法和高压冷却法。浇注法（图 4–15a）是一种简便易行、应用广泛的方法，一般车床均有这种冷却系统。高压冷却法（图 4–15b）是以较高的压力和流量将切削液喷向切削区，这种方法一般用于半封闭加工或车削难加工材料的情况。

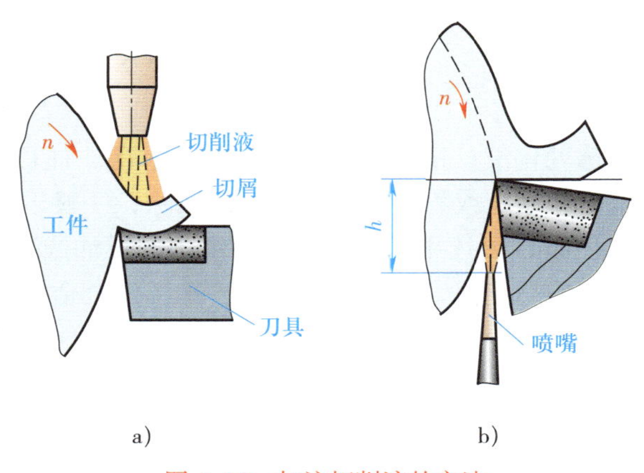

图 4–15　加注切削液的方法

a）浇注法　b）高压冷却法

§4-6 加工精度与加工表面质量

工件的加工质量指标分为两大类：加工精度和加工表面质量。

一、加工精度

1. 加工精度的概念

加工精度是指工件加工后的实际几何参数（尺寸、形状和位置）与理想几何参数的符合程度。工件的加工精度包括尺寸精度、形状精度和位置精度三个方面。

2. 获得规定尺寸精度的方法

切削加工中，工件获得规定尺寸精度的方法主要有两种：

（1）试切法

试切法是通过试切→测量→调整→再试切的反复过程而最终获得规定尺寸精度的方法，这种方法只适用于单件生产。

（2）自动获得尺寸精度的方法

1）用定尺寸刀具加工。工件的尺寸精度由刀具本身尺寸精度保证。例如，使用钻头、铰刀、拉刀进行孔加工，用丝锥、板牙加工内、外螺纹。

2）调整法。预先按规定的尺寸调整好机床、夹具、刀具及工件的相对位置和运动，并要求在一批工件的加工过程中，保持这种相对位置不变，或定期作补充调整，以保证在加工时自动获得规定的尺寸精度。

3）自动控制法。使用由测量装置、进给装置和控制系统组成的自动加工循环系统。在工件达到规定的尺寸精度要求时，机床的自动测量装置发出指令使机床自动退刀并停止工作。加工过程中如果刀具磨损（在磨损的允许范围内），自动测量装置则发出补偿指令，使进给装置进行微量补偿进给。整个工作循环自动进行，加工后的工件尺寸稳定，生产效率高。

随着数控机床的迅速发展和应用普及，获得工件尺寸精度的方法越来越方便，使精度要求较高、形状复杂工件的单件、小批量生产易于实现自动化。

二、加工表面质量

1. 加工表面质量的概念

加工表面质量包括工件表面微观几何形状和工件表面层材料的物理、力学性能两个方面的内容。

工件的加工表面质量对工件的耐磨性、耐腐蚀性、疲劳强度、配合性质等使用性能有着很大的影响，特别是对在高速、重载、变载、高温等条件下工作的工件的影响尤为显著。

2. 表面粗糙度

表面粗糙度是加工表面上具有较小间距和峰谷所组成的微观几何形状特性。一般由所采用的加工方法和（或）其他因素形成，其波距 <1 mm。它主要是由加工过程中刀具和工件表

面的摩擦、刀痕、切屑分离时工件表面层金属的塑性变形以及工艺系统中的高频振动等原因形成的。

表面粗糙度是衡量加工表面微观几何形状精度的主要标志。表面粗糙度值越小，加工表面的微观几何形状精度越高。

3. 表面层材料的物理、力学性能

切削加工时，工件表面层材料在刀具的挤压、摩擦及切削区温度变化的影响下，发生材质变化，致使表面层材料的物理、力学性能与基体材料的物理、力学性能不一致，从而影响加工表面质量。这些材质的变化主要有以下几方面：

（1）表面层材料因塑性变形引起的冷作硬化。

（2）表面层材料因切削热的影响引起的金相组织的变化。

（3）表面层材料因切削时的塑性变形、热塑性变形、金相组织变化引起的残余应力。

第五章 钳加工

在机械产品的生产制造过程中，钳工是不可缺少的工种之一。其特点是以手工操作为主，灵活性强，主要担负着用机械方法不太适宜或不能解决的某些工作。钳工常见的基本操作有划线、錾削、锯削、锉削、钻孔、扩孔、锪孔、铰孔、攻螺纹、套螺纹、刮削、研磨等。

§5-1 划 线

一、划线概述

划线是指在毛坯或工件上，用划线工具划出待加工部位的轮廓线或作为基准的点和线，如图 5-1 所示，这些点和线标明了工件某部分的尺寸、位置和形状特征。

划线分平面划线和立体划线两种。如图 5-1a 所示，只需要在工件一个表面上划线后即能明确表示加工界线的，称为平面划线；如图 5-1b 所示，需要在工件几个互成不同角度（通常是互相垂直）的表面上划线才能明确表示加工界线的，称为立体划线。

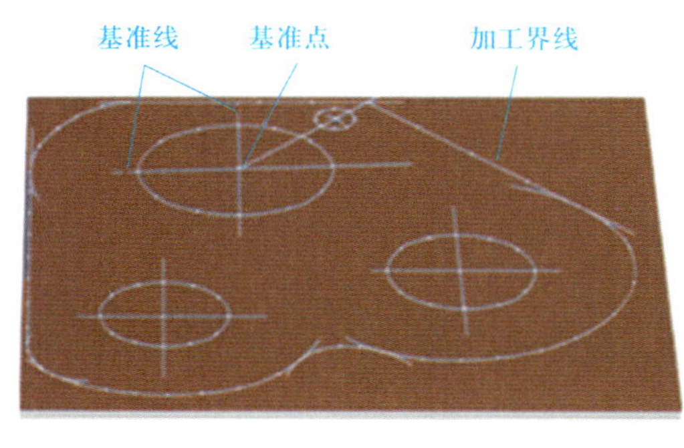

a）

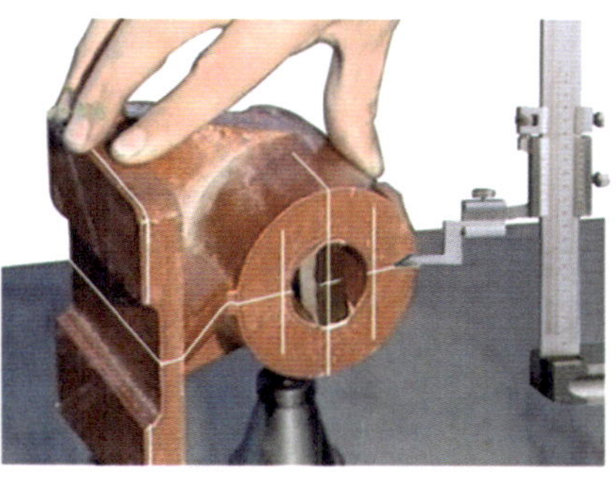

b）

图 5-1 划线

a）平面划线 b）立体划线

划线是机械加工的重要工序之一，广泛用于单件和小批量生产。划出的基准线和加工界线，可作为校正和加工的依据。划线的具体作用如下：

1. 确定工件的加工余量，使机械加工有明确的尺寸界线。

2. 便于复杂工件在机床上装夹，可按划线找正定位。

3. 能够及时发现和处理不合格的毛坯，避免加工后造成损失。

4. 采用借料划线可使误差不大的毛坯得到补救，提高毛坯的利用率。

划线的准确与否，将直接影响产品的质量和生产效率的高低。划线除要求划出的线条清晰均匀外，最重要的是保证尺寸准确。划线精度一般为 0.25 ~ 0.5 mm。因此，在加工过程中，必须通过测量来保证尺寸的准确度。

二、划线工具与涂料

1. 常用划线工具及应用

常用划线工具及应用见表 5–1。

表 5–1　　常用划线工具及应用

名称	图示	应用
平板	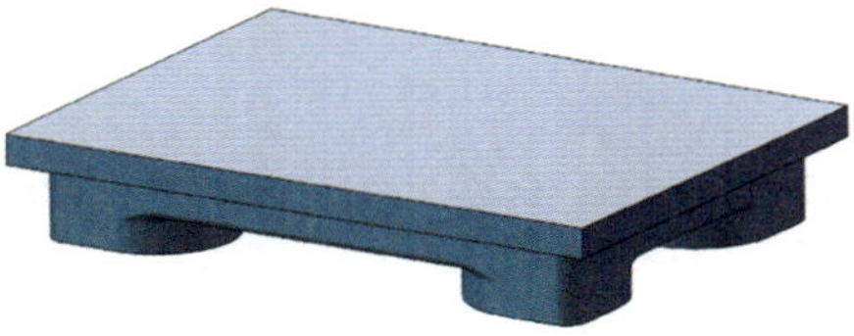	平板用来安放工件，并在其工作面上完成划线及检测工作。放置时应使平板工作面处于水平状态
划线盘		划线盘用来直接在工件上划线或找正位置。一般情况下，划针的直头端用来划线，弯头端用来找正工件位置
划针		划针是划线用的基本工具。常用的划针是用 $\phi3 \sim \phi6$ mm 的弹簧钢丝或高速钢制成，其长度为 200 ~ 300 mm，尖端磨成 15° ~ 20° 的尖角，并经淬火处理，以提高其硬度和耐磨性
划规	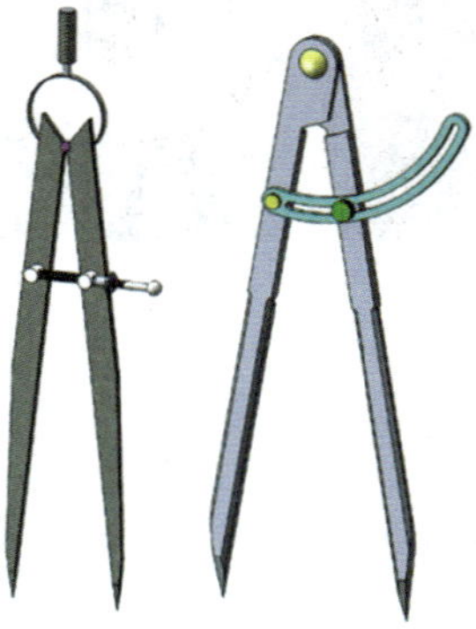	划规是用来划圆和圆弧、等分线段、等分角度及量取尺寸等的基本工具

续表

名称	图示	应用
长划规	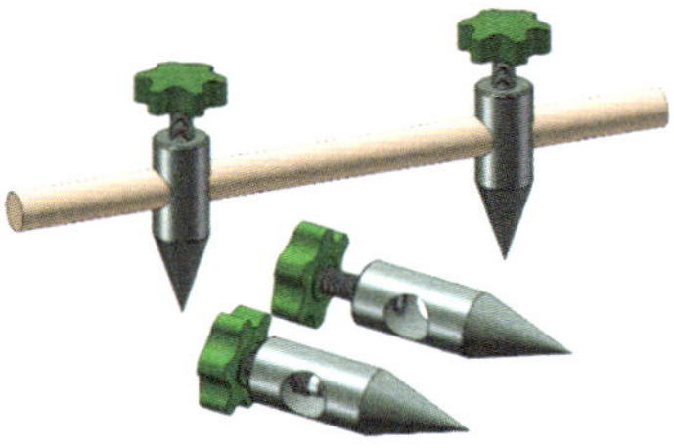	长划规专门用来划大尺寸圆或圆弧。在滑杆上调整两个划规脚，就可得到所需要的尺寸
单脚划规	 a)　　b)	单脚划规可用来求出圆形工件的中心（图 a），也可沿加工好的平面划平行线（图 b）
游标高度卡尺	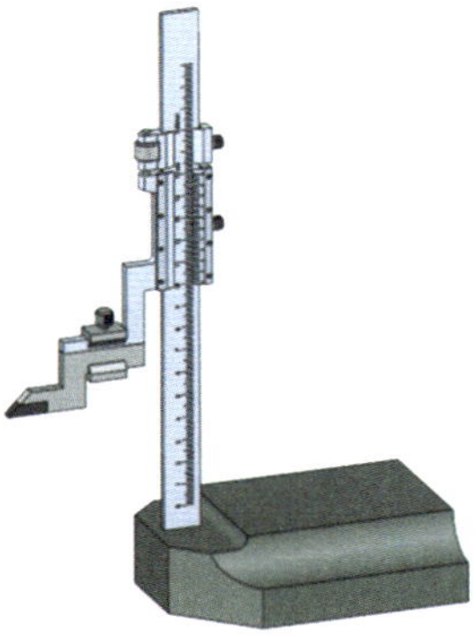	游标高度卡尺既可以用来测量高度，又可以用量爪直接划线
样冲	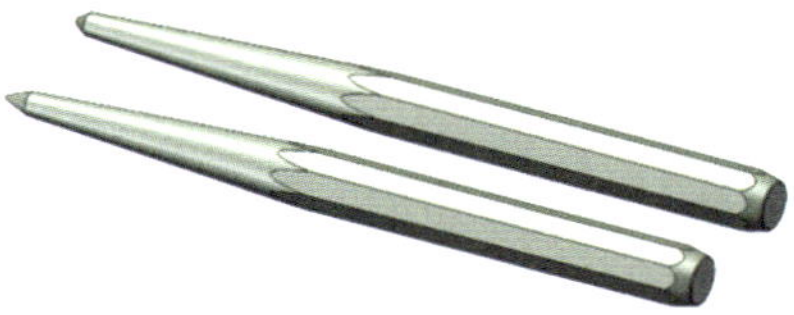	样冲用于在所划的线条或圆弧中心上冲眼
直角尺	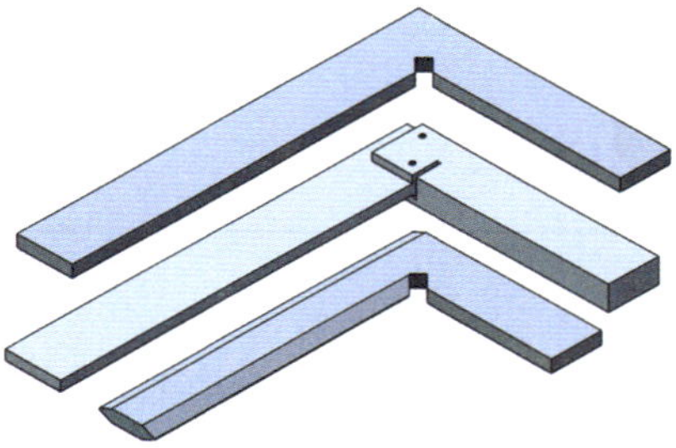	划线时，可用直角尺作为划垂直线或平行线的导向工具，也可用来找正工件在平板上的垂直位置

续表

名称	图示	应用
方箱	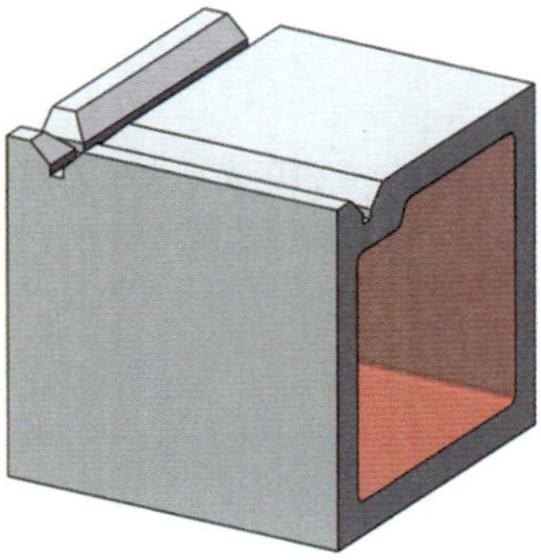	方箱是由相互垂直的平面组成的矩形基准器具，又称为方铁。常用的方箱是用铸铁（HT200）制成的具有 6 个工作面的空腔正方体或长方体，其中一个工作面上有 V 形槽。结合配件可以对轴类零件进行支撑和装夹
V 形架	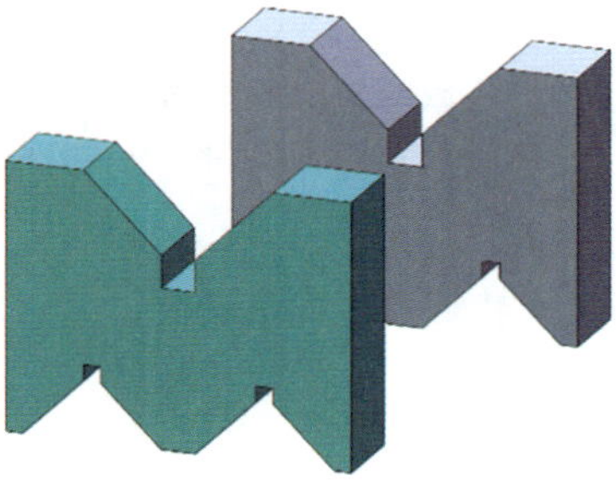	一般的 V 形架都是两块一副，V 形槽夹角为 90° 或 120°，主要用于支承轴类工件
垫铁	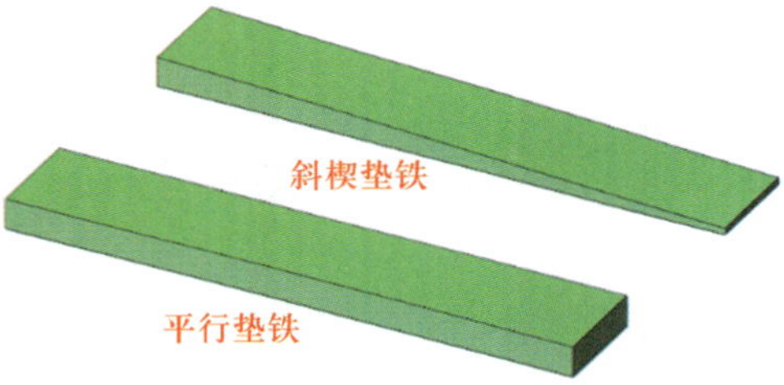	垫铁一般有平行垫铁和斜楔垫铁两种。平行垫铁相对的两个平面互相平行，主要用于平行垫高工件。斜楔垫铁用于支承和调整各种毛坯件，也可用于微量调节工件的高低
千斤顶	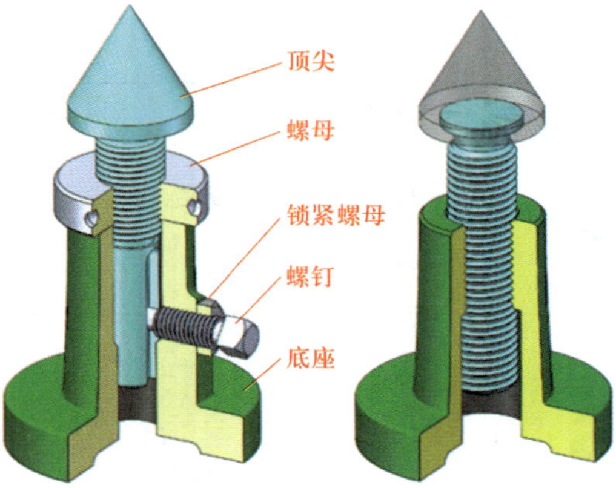	千斤顶用来支承毛坯或形状不规则的工件进行立体划线。它可调整高度，以便安放不同类型的工件

2. 划线用涂料

为使工件表面上划出的线条清晰，一般在工件表面的划线部位涂上一层薄而均匀的涂料。常用划线涂料配方及应用见表 5-2。

表 5-2　　常用划线涂料配方及应用

名称	配方	应用
石灰水	稀糊状熟石灰水加适量牛皮胶调和而成	用于表面粗糙的铸件、锻件毛坯
蓝油	2% ~ 4% 龙胆紫加 3% ~ 5% 虫胶漆和 91% ~ 95% 酒精混合而成	用于已加工表面或黄铜等有色金属

三、划线基准的选择

划线时，工件上用来确定其他点、线、面位置所依据的点、线、面称为划线基准。在零件图上，用来确定其他点、线、面位置的基准称为设计基准。

划线时为了减少不必要的尺寸换算，使划线方便、准确，应从选择划线基准开始。选择划线基准的基本原则是尽可能使划线基准和设计基准重合。划线基准类型见表 5-3。

表 5-3　　划线基准类型

序号	基准类型	图示
1	以两个互相垂直的平面（或直线）为基准	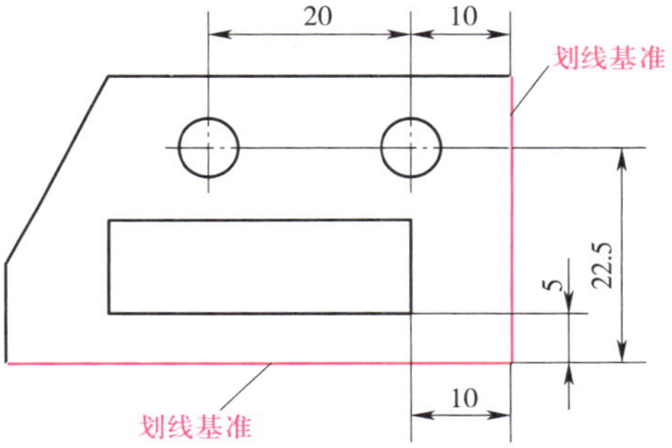 20　10　划线基准　5　22.5　10　划线基准
2	以两条互相垂直的中心线为基准	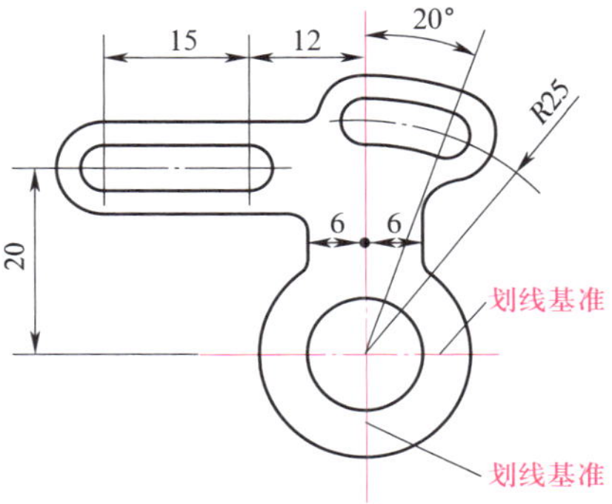 15　12　20°　R25　20　6　6　划线基准　划线基准
3	以一个平面和一条中心线为基准	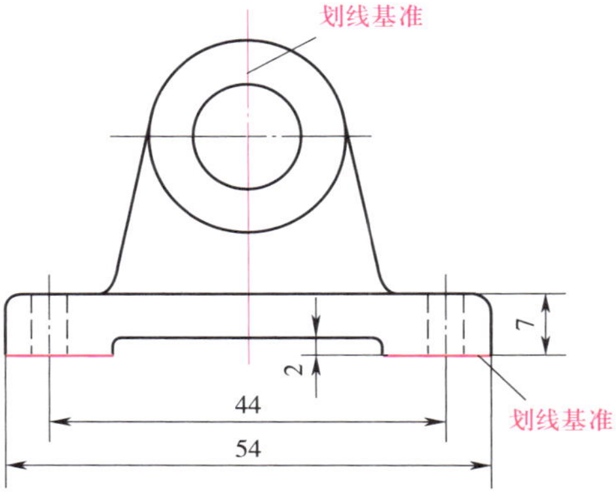 划线基准　7　2　44　54　划线基准

划线时在零件的每一个方向都要选择一个基准，因此，平面划线时一般要选择 2 个划线基准，立体划线时一般要选择 3 个划线基准。

四、划线前的准备工作

划线的质量将直接影响工件的加工质量，因此要做好划线前的准备工作。

1. 分析图样，了解工件的加工部位和要求，选择好划线基准。

2. 清理工件，对铸、锻件毛坯，应将型砂、毛刺、氧化皮除掉，并用钢丝刷清理干净，对已生锈的半成品，要将浮锈刷掉。

3. 在工件的划线部位涂一层薄而均匀的涂料。

4. 在工件孔中安装中心塞块。

5. 擦净划线平板，准备好划线工具。

五、划线时的找正和借料

各种铸、锻件由于某些原因，会形成形状歪斜、偏心、各部分壁厚不均匀等缺陷。当几何误差不大时，可通过划线找正和借料的方法来补救。

1. 找正

对于毛坯工件，划线前一般要先做好找正工作。找正就是利用划线工具使工件上有关的表面与基准面（如划线平板）之间处于合适的位置。找正时应注意：

（1）当工件上有不加工表面时，应按不加工表面找正后再划线，这样可使加工表面与不加工表面之间保持尺寸均匀。如图 5-2 所示的轴承架毛坯，内孔和外圆不同心，底面和 *A* 面不平行，划线前应进行找正。在划内孔加工线之前，应先以外圆（不加工）为找正依据，用单脚划规找出其中心，然后以找出的中心为基准划出内孔的加工界线，这样内孔和外圆就可以达到同心要求。在划轴承座底面加工线之前，应以 *A* 面（不加工）为依据，用划线盘找正 *A* 面的位置与划线平板基本平行，然后划出底面加工界线，这样底座各处的厚度就比较均匀。

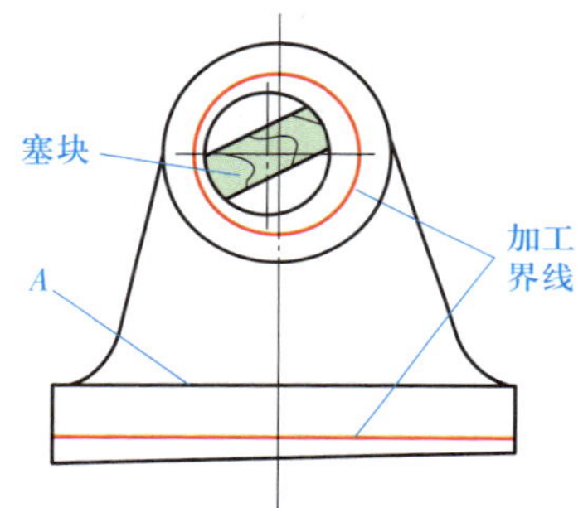

图 5-2　毛坯工件的找正

（2）当工件上有两个以上不加工表面时，应选择重要的或较大的表面为找正依据，并兼顾其他不加工表面，这样可使划线后的加工表面与不加工表面之间尺寸比较均匀，而使误差集中到次要或不明显的部位。

（3）当工件上没有不加工表面时，通过对各加工表面自身位置找正后再划线，可使各加工表面的加工余量得到合理分配，避免加工余量相差悬殊。

2. 借料

当工件上的误差或缺陷用找正后的划线方法不能补救时，可采用借料的方法来解决。借料就是通过试划和调整，将各加工表面的加工余量合理分配，互相借用，从而保证各加工表面都有足够的加工余量，而误差或缺陷可在加工后排除。借料的一般步骤如下：

（1）测量工件的误差情况，找出偏移部位和测出偏移量。

（2）确定借料方向和大小，合理分配各部位的加工余量，划出基准线。

（3）以基准线为依据，按图样要求，依次划出其余各线。

图 5-3 所示为套筒的锻造毛坯，其内、外圆都要进行加工。图 5-3a 所示为合格毛坯的

划线。如果锻造毛坯的内、外圆偏心量较大，以外圆找正划内孔加工线时，会造成内孔的加工余量不足，如图 5–3b 所示；按内孔找正划外圆加工线时，则会造成外圆的加工余量不足，如图 5–3c 所示。只有将内孔、外圆同时兼顾，采用借料的方法才能使内孔和外圆都有足够的加工余量，如图 5–3d 所示。

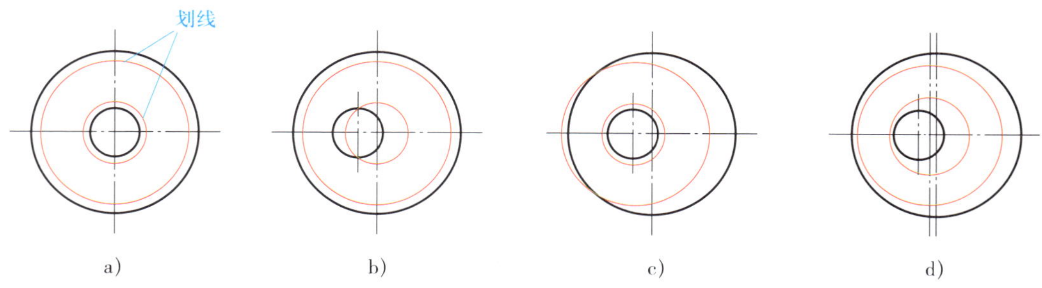

图 5–3　套筒划线

a）合格毛坯划线　b）以外圆找正　c）以内孔找正　d）借料划线

六、划线实例（轴承座立体划线）

轴承座划线工序图如 5–4 所示，下面以此为例分析划线步骤。

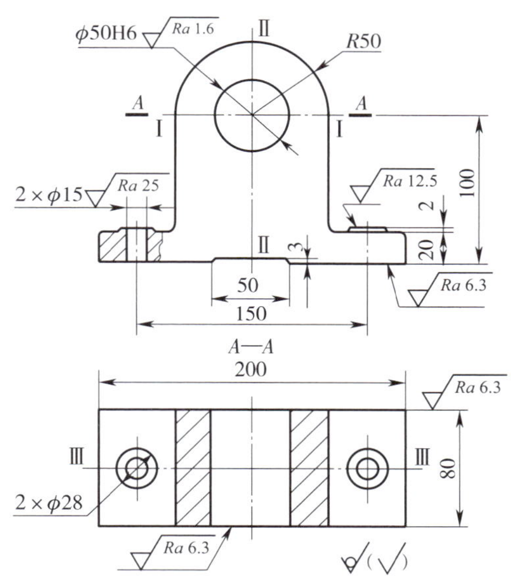

图 5–4　轴承座划线工序图

1. 选择划线基准

分析图 5–4 可知，需要划线的方向有高度、长度和宽度三个方向。高度方向的划线基准选择过 ϕ50 mm 孔轴线的水平面Ⅰ—Ⅰ，长度方向的划线基准选择过 ϕ50 mm 孔轴线的竖直平面Ⅱ—Ⅱ，宽度方向的划线基准选择过 2×ϕ15 mm 孔轴线的前后对称平面Ⅲ—Ⅲ。

2. 清理毛坯和刷涂料

将毛坯表面的脏物清除干净，清除毛刺。划线表面需涂上一层薄而均匀的涂料，毛坯面用白石灰水或粉笔，已加工面用紫色涂料或绿色涂料，有孔的工件还要用铅块或木块堵孔，以便确定孔的中心。

图 5–5　调整水平

3. 划高度方向的线

用三个千斤顶支承轴承座的底面，根据孔的中心及安装底板的上平面，调节千斤顶，用划线盘找正，使工件水平，如图 5–5 所示。

用划线盘（或游标高度卡尺）划高度方向的基准线（ϕ50 mm 孔的水平中心线）和底面加工线，如图 5–6 所示。

4. 划长度方向的线

将工件转 90°，用直角尺找正，用划线盘（或游标高度卡尺）划长度方向的基准线（ϕ50 mm 孔的竖直中心线）及螺栓孔的中心线，如图 5–7 所示。

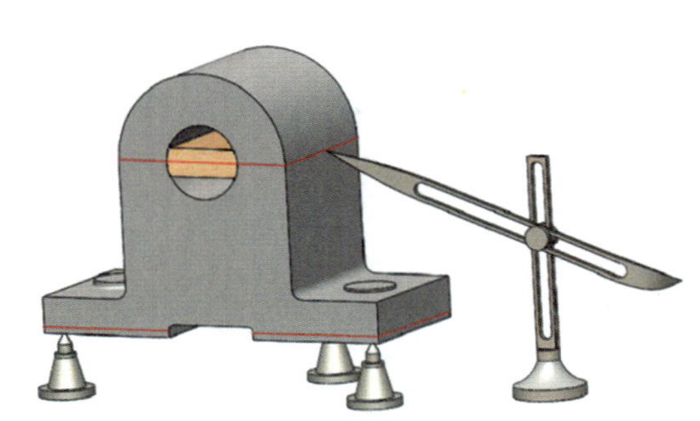
图 5–6　划 ϕ50 mm 孔的水平中心线和底面加工线

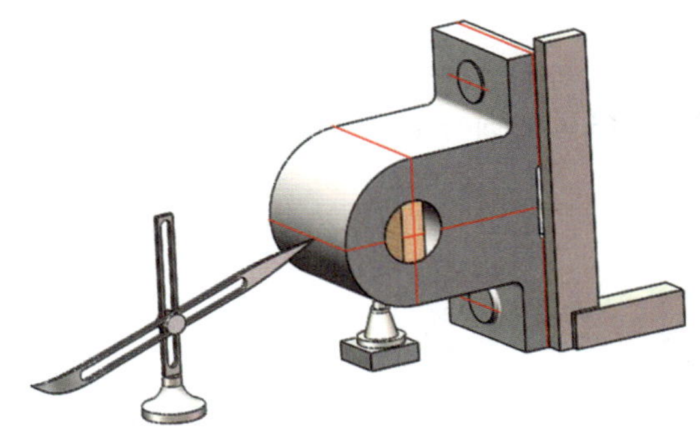
图 5–7　划长度方向的线

5. 划宽度方向的线

将工件再翻转 90°，用直角尺两个方向找正，划宽度方向的基准线、前后端面的加工线及螺栓孔一个方向中心线，如图 5–8 所示。

6. 打样冲眼

在划线上打样冲眼，如图 5–9 所示。

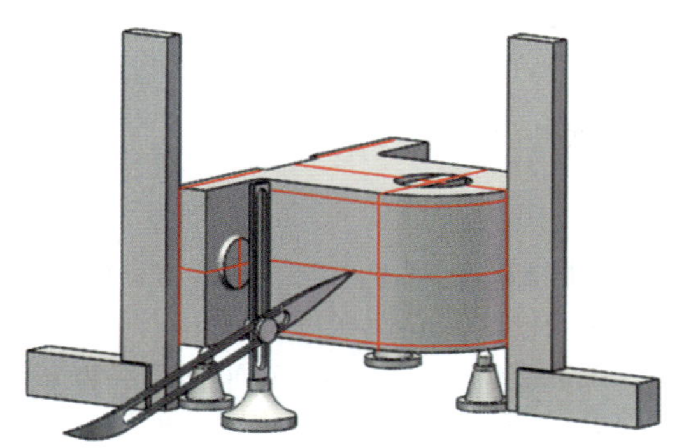
图 5–8　划宽度方向的线

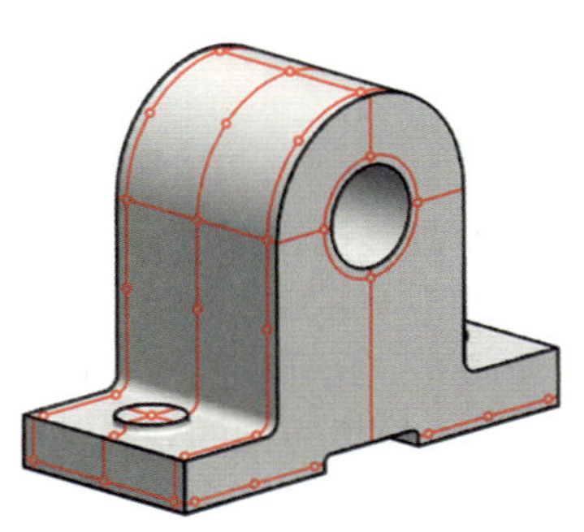
图 5–9　打样冲眼

§5-2　錾削、锯削与锉削

一、錾削

用锤子打击錾子对金属工件进行切削加工的方法称为錾削，如图 5-10 所示。錾削是一种粗加工，一般按所划加工线进行加工，平面度可控制在 0.5 mm 之内。目前，錾削工作主要用于不便于机械加工的场合，如清除毛坯上的多余金属、分割材料、錾削平面及沟槽等。

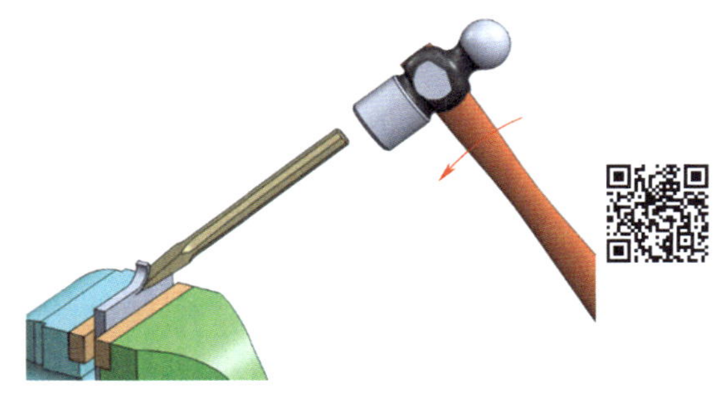

图 5-10　錾削

1. 錾削工具

錾削工具主要是錾子和锤子。

（1）錾子

錾子是錾削用的刀具，一般用非合金工具钢（T7A）锻成，它由头部、錾身及切削部分组成。头部顶端略带球形，以便锤击时作用力容易通过錾子中心线。錾身部分为便于把持，多成八棱形，以防止錾削时錾子转动。切削部分刃磨成楔形，经热处理后硬度达到 56～62HRC，如图 5-11 所示。

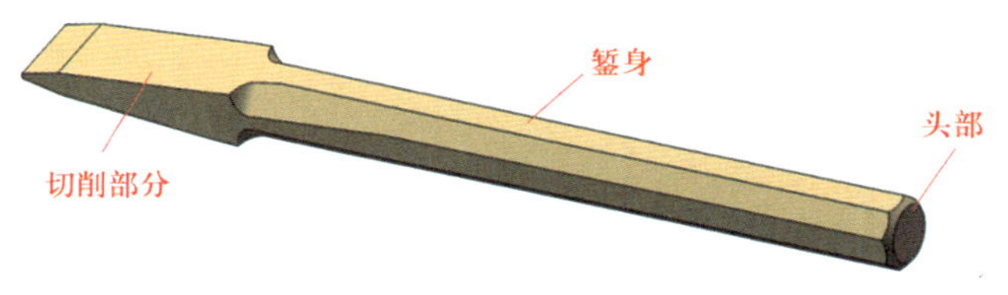

图 5-11　錾子的结构

钳工常用的錾子有扁錾（阔錾）、尖錾（狭錾）和油槽錾，其特点及用途见表 5-4。

表 5-4　　錾子的种类、特点及用途

名称	图示	特点及用途
扁錾（阔錾）		切削部分扁平，刃口略带弧形，主要用于錾削平面、分割材料及去除毛边等
尖錾（狭錾）		切削刃两侧面略带倒锥，以防錾削沟槽时錾子被槽卡住，主要用于錾削沟槽和分割曲线形板材

续表

名称	图示	特点及用途
油槽錾		切削刃较短并呈圆弧形，且与油槽截面一致，其切削部分常做成弯曲形状，便于在曲面上錾削油槽

（2）锤子

钳工常用的锤子（圆头锤）又称榔头，它由锤体、锤柄和倒楔组成，如图 5-12 所示。锤体通常用碳素工具钢锻成，并经淬硬处理。锤柄用硬而不脆的木材制成，截面为椭圆形，以便控制锤体，准确敲击。锤柄装入锤孔后，打入倒楔，以防锤体脱落。锤子的规格用锤体的质量来表示，常用的有 0.22 kg、0.34 kg、0.45 kg、0.68 kg 和 0.91 kg 等几种。

2. 錾削角度

如图 5-13 所示为錾削平面时所形成的錾削角度。錾削角度的定义和作用见表 5-5，錾削角度的选择见表 5-6。

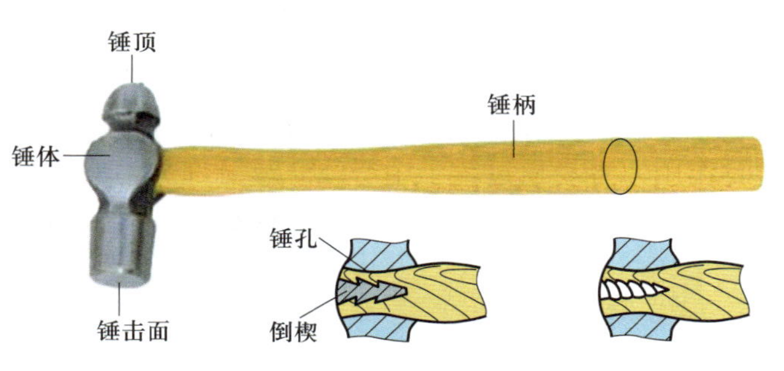

图 5-12 锤子

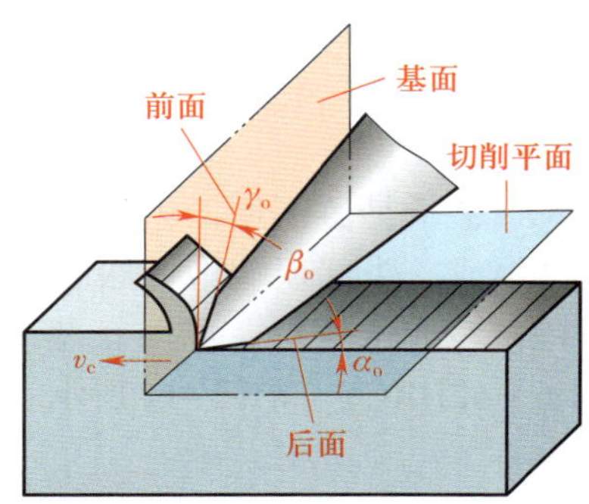

图 5-13 錾削角度

表 5-5 錾削角度的定义和作用

錾削角度	定义	作用
楔角 β_o	錾子前面与后面之间的夹角	楔角小，錾削省力，但刃口薄弱，容易崩损；楔角大，錾削费力，錾削表面不易平整。通常根据工件材料的软硬选取楔角的大小
后角 α_o	錾子后面与切削平面之间的夹角	减少錾子后面与切削表面间的摩擦，使錾子容易切入材料。后角大小取决于錾削时錾子被掌握的方向，其对錾削的影响如图 5-14 所示
前角 γ_o	錾子前面与基面之间的夹角	减小切屑变形，使切削轻快。前角越大，切削越省力

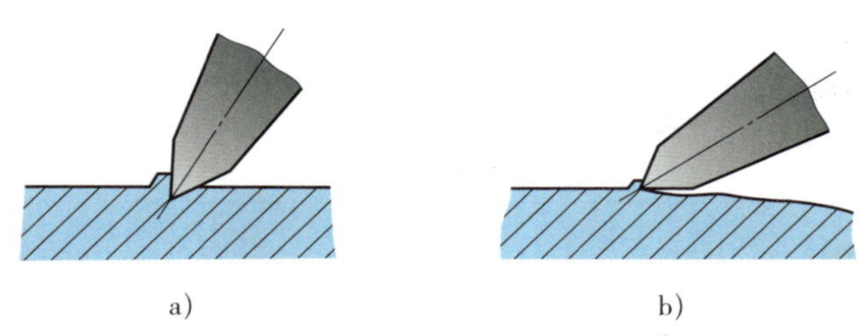

图 5-14 后角大小对錾削的影响

a）后角过大 b）后角过小

表 5-6　　　　　　　　　　　錾削角度的选择

工件材料	楔角 β_o	后角 α_o	前角 γ_o
工具钢、铸铁等材料	60°～70°	5°～8°	γ_o=90°-（β_o+α_o）
结构钢等材料	50°～60°		
铜、铝、锡等材料	30°～50°		

3. 錾削操作方法

（1）錾子的握法

錾子的握法有正握法和反握法两种。

1）正握法。手心向下，腕部伸直，用左手的中指、无名指握住錾子，小指自然合拢，食指和拇指自然接触，錾子头部伸出约 20 mm，如图 5-15a 所示。

2）反握法。手心向上，手指自然捏住錾子，手掌悬空，如图 5-15b 所示。

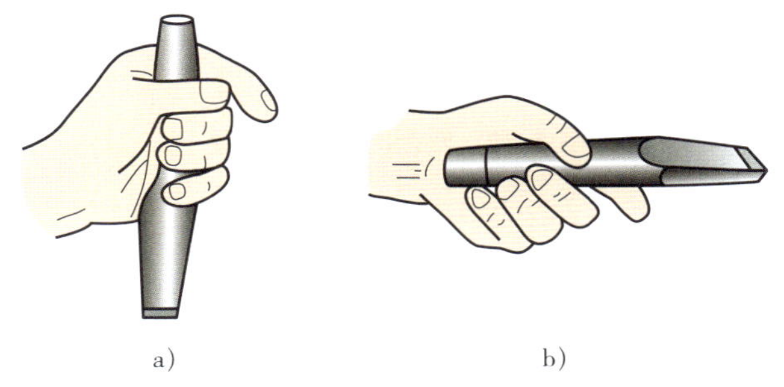

a）　　　　　b）

图 5-15　錾子的握法

a）正握法　b）反握法

（2）锤子的握法

锤子的握法有紧握法和松握法两种。

1）紧握法。用右手五指紧握锤柄，拇指合在食指上，虎口对准锤头方向，木柄尾端露出 15～30 mm。在挥锤和锤击过程中，五指始终紧握，如图 5-16a 所示。

2）松握法。只用拇指和食指始终握紧锤柄。在挥锤时，小指、无名指、中指则依次放松。在锤击时，又以相反的次序收拢握紧，如图 5-16b 所示。

a）　　　　　b）

图 5-16　锤子的握法

a）紧握法　b）松握法

（3）站立位置

为了充分发挥较大的敲击力量，操作者必须保持正确的站立位置，如图 5–17 所示。左脚跨前半步，两腿自然站立，人体重心稍微偏向后方，视线要落在工件的錾削部位。

图 5–17　錾削时的站立位置

（4）挥锤方法

挥锤有腕挥、肘挥和臂挥三种方法，如图 5–18 所示。

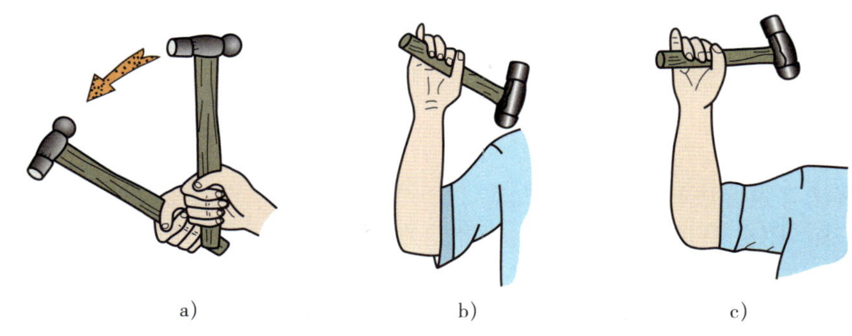

a）　b）　c）

图 5–18　挥锤方法

a）腕挥　b）肘挥　c）臂挥

1）腕挥。如图 5–18a 所示，只用手腕的运动挥锤，锤击力较小，采用紧握法握锤，一般用于錾削余量较少及錾削开始或结尾的场合。

2）肘挥。如图 5–18b 所示，用手腕与肘部一起挥动，锤击力较大，应用最广。

3）臂挥。如图 5–18c 所示，用手腕、肘和大臂一起挥锤，锤击力最大，常采用松握法握锤，用于需要大力錾削的工作。

4. 錾削时的注意事项

（1）工件夹持要牢固，工件尽量装夹在台虎钳钳口的中间位置，必要时在工件下面垫一木块。

（2）錾削平面时，应从工件的边缘尖角处轻轻地起錾，如图 5–19 所示，将錾子头部向下倾斜，先錾出一小斜面，再将錾子逐渐放正进行分层錾削。

（3）錾槽时必须从正面起錾，如图 5–20 所示，将錾子切削刃抵紧起錾位置，錾子头部向下倾斜，待錾出一小斜面后，再按正常角度进行錾削。

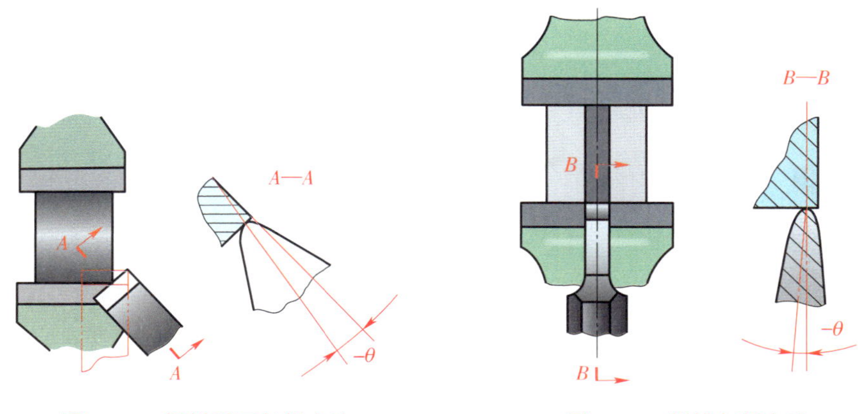

图 5–19　錾削平面起錾方法　　图 5–20　錾槽起錾方法

（4）当錾削距尽头约 10 mm 时，必须掉头錾去余下的部分，以防材料崩裂，如图 5–21 所示。

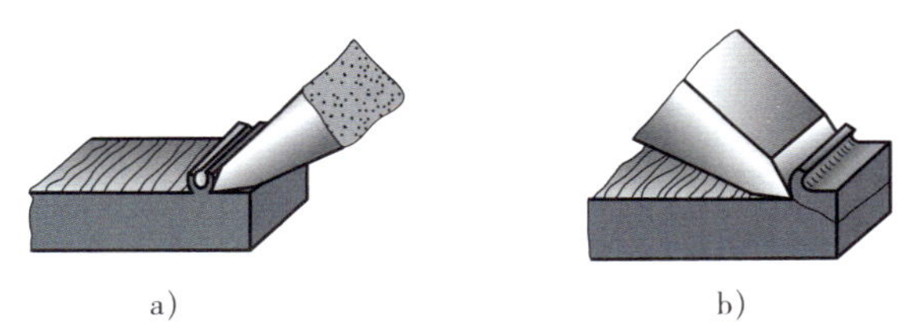

图 5–21　收錾方法

a）正确　b）错误

二、锯削

用锯对材料或工件进行切断或切槽等的加工方法称为锯削，如图 5–22 所示。锯削是一种粗加工，平面度一般可控制在 0.2 ~ 0.5 mm。它具有操作方便、简单、灵活的特点，应用较广。锯削的应用如图 5–23 所示。

图 5–22　锯削

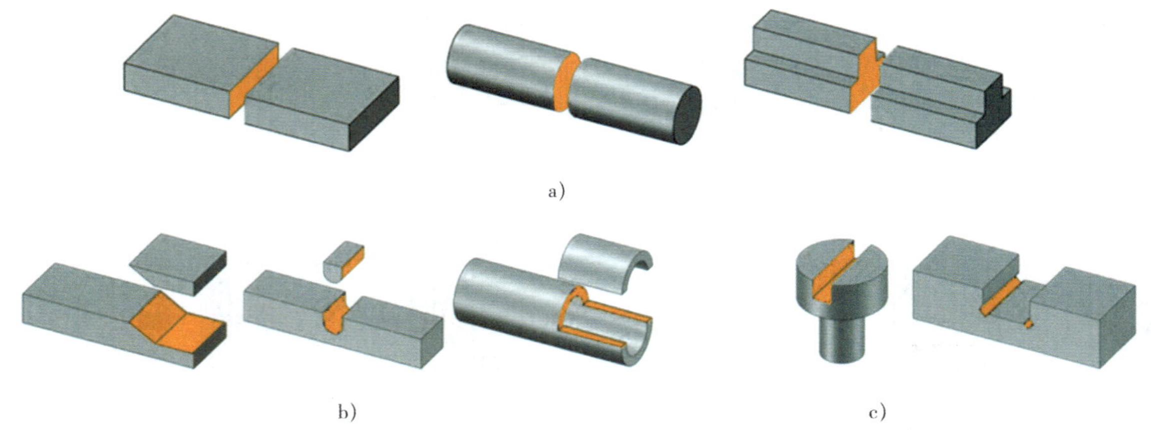

图 5-23　锯削的应用

a）锯断各种原材料或半成品　b）锯掉工件上多余部分　c）在工件上锯沟槽

1. 手锯的组成

手锯由锯弓和锯条两部分组成。锯弓用于安装和张紧锯条，有固定式和可调式两种，如图 5-24 所示。

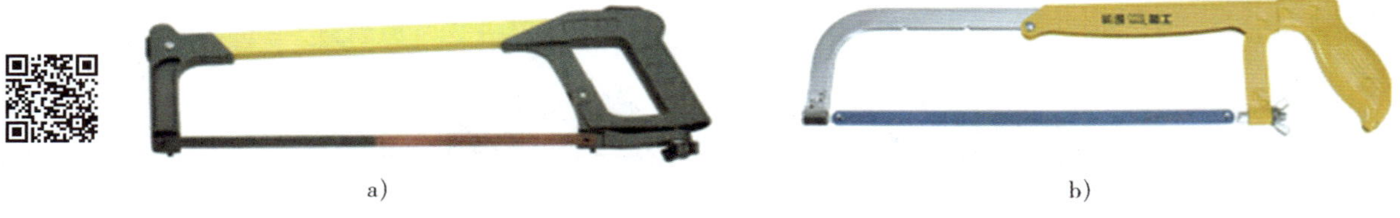

图 5-24　锯弓

a）固定式　b）可调式

锯条在锯削时起切削作用，其结构如图 5-25 所示。锯条按使用材质分为碳素结构钢（代号 D）、碳素工具钢（代号 T）、合金工具钢（代号 M）、高速钢（代号 G）以及双金属复合钢（代号 Bi）五种类型；按特性分为全硬型（代号 H）和挠性型（代号 F）两种类型；按齿形分为单面齿（A）和双面齿（B）两种类型。

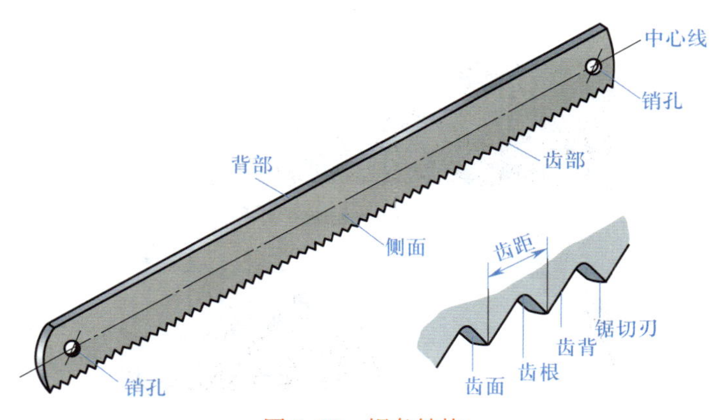

图 5-25　锯条结构

2. 锯条

（1）锯条的规格

锯条的规格包括长度规格和粗细规格两部分。锯条的长度规格以两端销孔的中心距来表示，常用的锯条长度为 300 mm。粗细规格用 25 mm 长度内的锯齿数或用齿距（两相邻锯削刃之间的距离）表示。

（2）锯条的分齿

在制造锯条时，使锯齿按一定的规律左右错开，排列成一定形状，将锯齿从锯条两侧凸出以提供锯削间隙的方法称为锯条的分齿。锯条的分齿形式有交叉形和波浪形等，如图 5-26 所示。

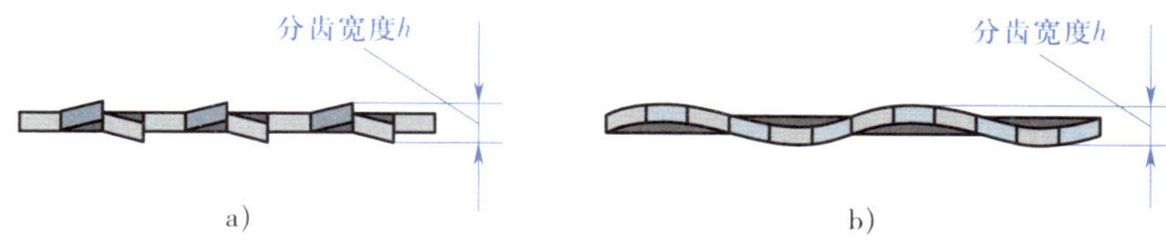

图 5-26　锯条的分齿形式

a）交叉形　b）波浪形

分齿的作用是使工件上的锯缝宽度大于锯条背部的厚度，从而减少了锯削过程中的摩擦，避免“夹锯”和锯条折断现象，延长锯条的使用寿命。

3. 锯削的操作要点

（1）工件夹持牢靠，同时防止工件装夹变形或夹坏已加工表面。

（2）合理选择锯条的粗细规格。

（3）锯条的安装应正确，锯齿应朝前，锯条松紧要适当，如图 5-27 所示。

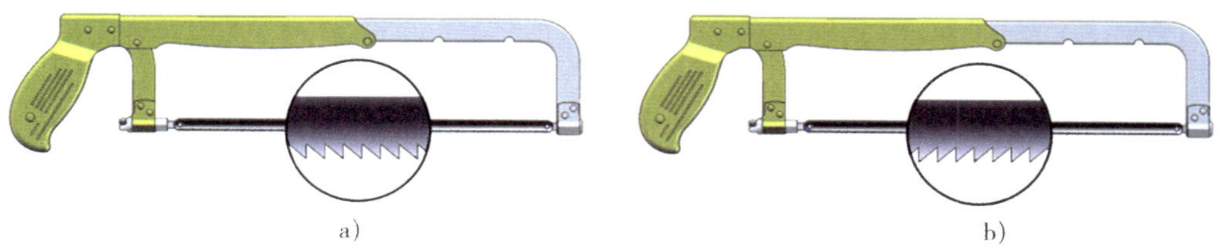

图 5-27　锯条的安装

a）正确　b）错误

（4）选择正确的起锯方法。起锯有远起锯和近起锯两种，为避免锯齿被卡住或崩裂，一般应尽量采用远起锯。起锯时起锯角要小些，一般小于 15°，如图 5-28 所示。

（5）锯削姿势正确，压力和速度适当。一般锯削速度为 40 次 /min 左右。

三、锉削

用锉刀对工件进行切削加工的方法称为锉削，如图 5-29 所示。锉削一般是在錾削、锯削之后对工件进行的精度较高的加工，其精度可达 0.01 mm，表面粗糙度值可达 $Ra0.8$ μm。锉削的应用范围较广，可以锉削工件的内、外表面和沟槽及形状复杂的表面，还可以对零件的局部进行修整等。

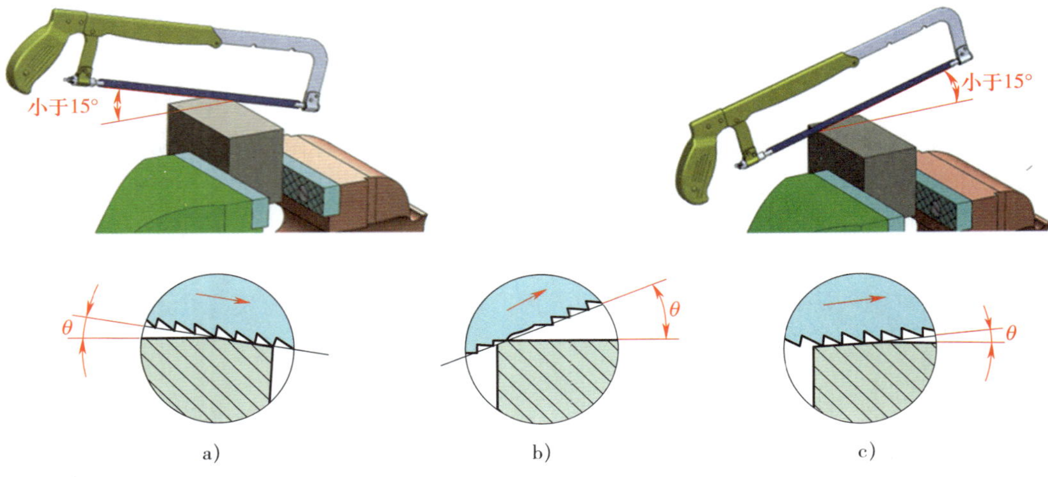

图 5-28　起锯方法

a）远起锯　b）起锯角太大　c）近起锯

图 5-29　锉削

1. 锉刀的结构

锉刀用碳素工具钢 T12、T13 或优质碳素工具钢 T12A、T13A 制成，经热处理后硬度达 62～72HRC。锉刀由锉身和锉刀柄两部分组成，各部分名称如图 5-30 所示。

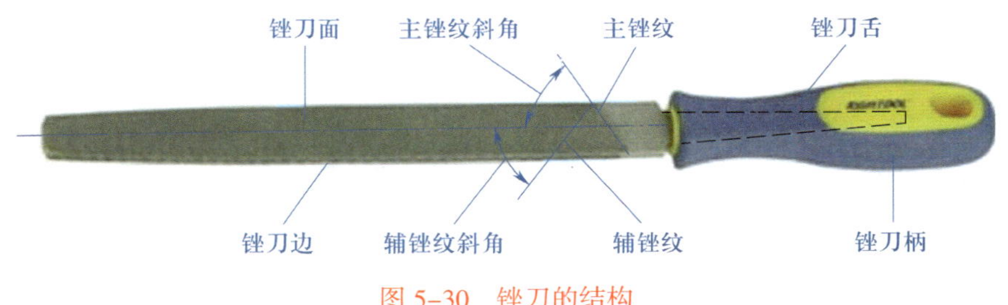

图 5-30　锉刀的结构

锉刀面上有无数个锉齿，根据锉齿的排列方式，可分为单齿纹和双齿纹两种，如图 5-31 所示。单齿纹锉刀适用于锉削软材料；双齿纹由主锉纹（起主要切削作用）和辅锉纹（起分屑作用）构成，双齿纹锉刀适用于锉削硬材料。

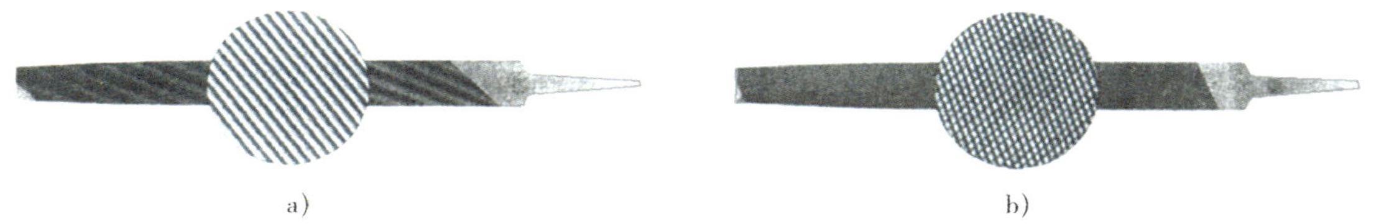

图 5-31　锉刀的齿纹

a）单齿纹　b）双齿纹

2. 锉刀的种类

按用途不同，锉刀可分为钳工锉、异形锉和整形锉三类。

（1）钳工锉

钳工锉是钳工最常用的锉削工具，按其断面形状不同，分为半圆锉、圆锉、方锉、三角锉、平锉五种，如图 5-32 所示。

图 5-32　钳工锉断面形状

（2）异形锉

异形锉用来锉削工件上的特殊表面，有弯形和直形两种，如图 5-33 所示。

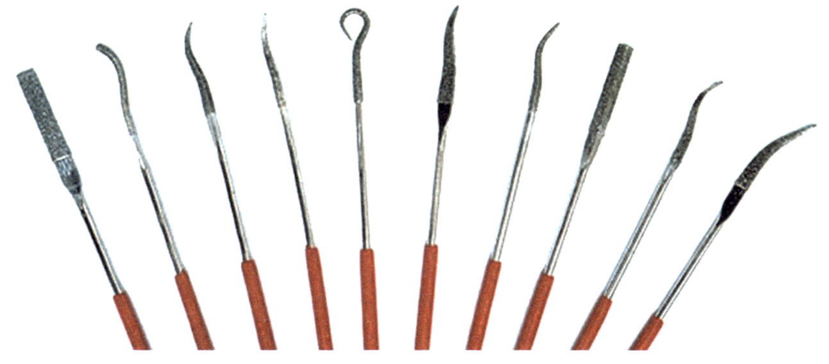

图 5-33　异形锉

（3）整形锉

整形锉主要用于修整工件上的细小部分。通常以多把不同断面形状的锉刀组成一组（常用的有 5 支、8 支、10 支为一组），其断面形状有平锉、方锉、三角锉、圆锉、半圆锉、菱形锉、刀口锉、椭圆锉、单边三角锉等多种，如图 5–34 所示。

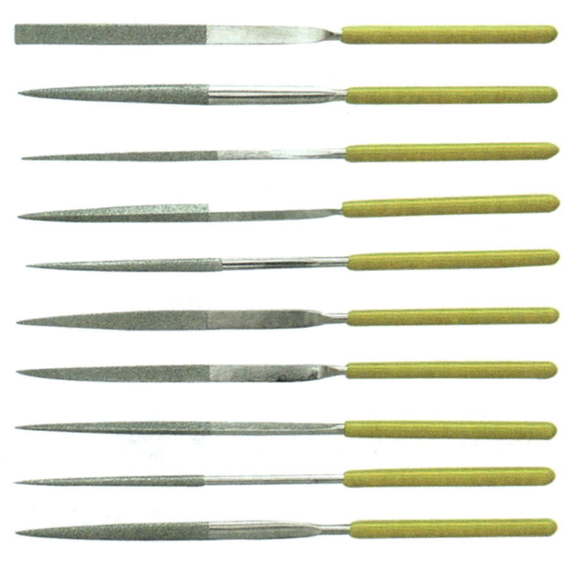

图 5–34　整形锉

3. 锉刀的规格

普通锉刀的规格分尺寸规格和锉纹的粗细规格。

对于尺寸规格来说，圆锉刀以其断面直径为尺寸规格，方锉刀以其边长为尺寸规格，其他锉刀以锉身长度为尺寸规格，常用的有 100 mm、150 mm、200 mm、250 mm、300 mm 和 350 mm 等几种。

普通锉刀的粗细规格是根据锉刀每 10 mm 轴向长度内主锉纹的条数来划分的，国家标准 GB/T 5806—2003 将普通锉刀的粗细规格划分为 1 ~ 5 号。

4. 锉刀的选用

锉刀选用是否合理，对工件的加工质量、工作效率和锉刀寿命都有很大的影响。通常应根据工件的表面形状、尺寸精度、材料性质、加工余量以及表面粗糙度等要求来选用。锉刀断面形状及尺寸应与工件被加工表面形状与大小相适应，如图 5–35 所示。

一般来说粗齿锉刀用于锉削铜、铝等软金属及加工余量大、精度低和表面粗糙的工件；细齿锉刀用于锉削钢、铸铁以及加工余量小、精度要求高和表面粗糙度数值较小的工件；油光锉则用于最后修光工件表面。

5. 锉削方法

锉削方法的正确与否，对锉削质量、锉削力量的发挥和疲劳程度都有直接的影响。

（1）锉刀的握法

由于锉刀的形状规格不同，其握持方法也不同，如图 5–36 所示。

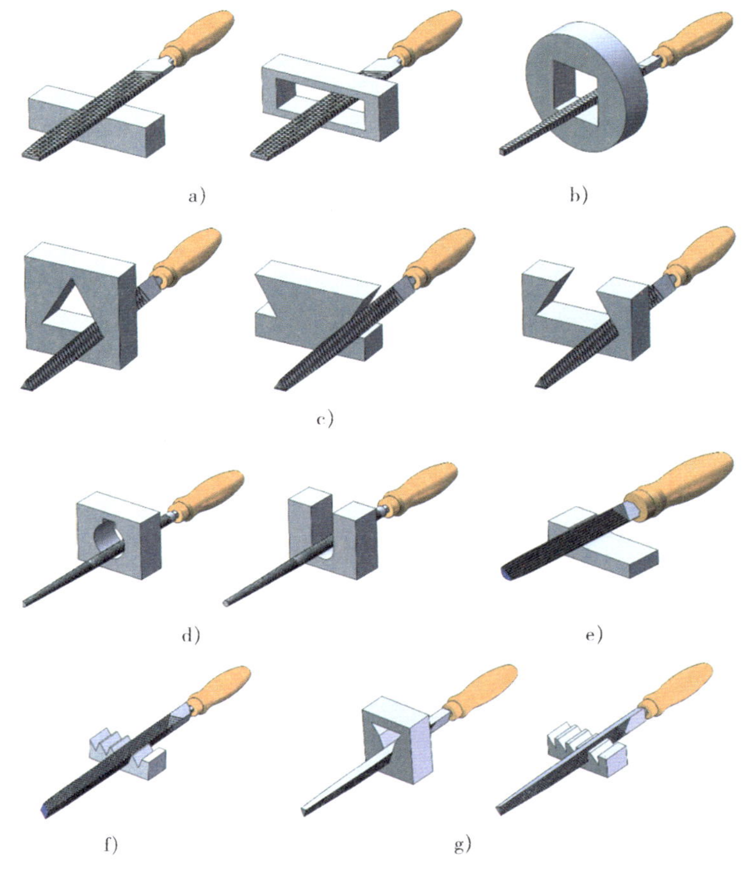

图 5-35　不同加工表面使用的锉刀

a）平锉　b）方锉　c）三角锉　d）圆锉　e）半圆锉　f）菱形锉　g）刀口锉

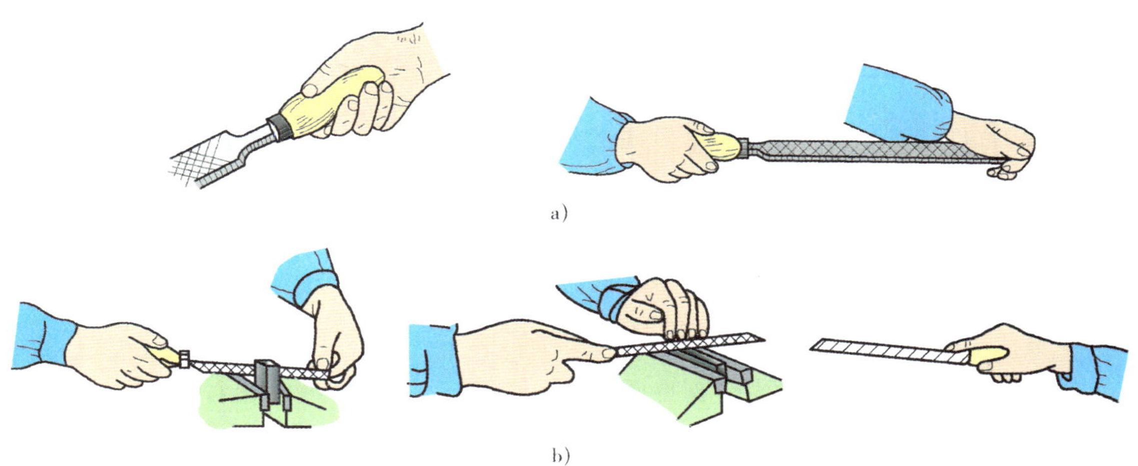

图 5-36　锉刀的握法

a）较大锉刀的握法　b）中、小型锉刀的握法

（2）站立位置

锉削时的站立位置如图 5–37 所示。两脚距离与自己的肩宽基本一致。

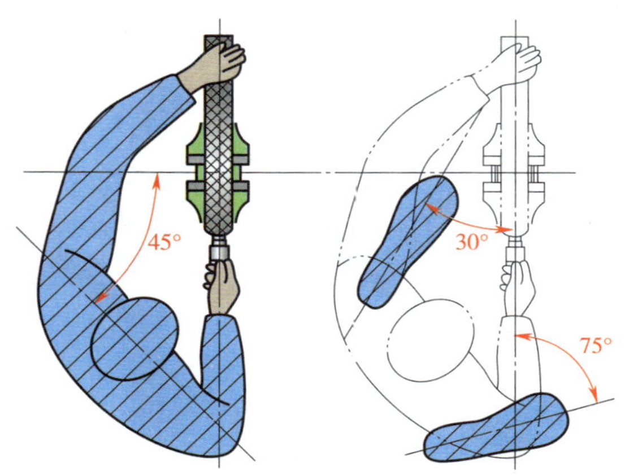

图 5–37　锉削时的站立位置

（3）锉削动作

锉削时身体重心要落在左脚上，右膝伸直，左膝部呈弯曲状态，并随锉刀的往复运动而屈伸。如图 5–38 所示，锉削开始时，身体向前倾斜 10° 左右；锉刀推进前 1/3 行程时，身体前倾至 15° 左右；锉刀推进中间 1/3 行程时，身体逐渐向前倾斜至 18° 左右；锉刀推进最后 1/3 行程时，右肘继续向前推进锉刀，身体自然地退回到 15° 左右。当锉削行程结束后，将锉刀略提起退回原位，同时，身体恢复到初始状态。

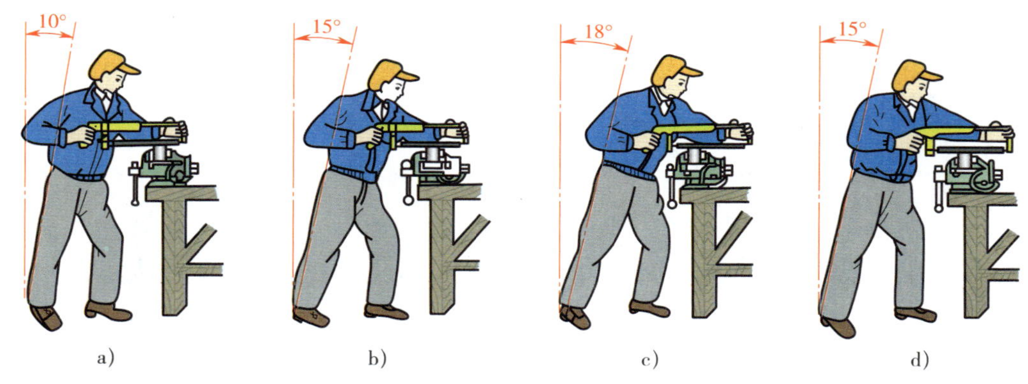

图 5–38　锉削动作

a）锉削开始　b）前 1/3 行程　c）中间 1/3 行程　d）后 1/3 行程

在锉削过程中，锉刀必须始终保持平稳而不上下摆动，其推力主要由右手控制，而压力则由两手控制。锉削时的速度一般为 40 次 /min 左右，速度太快，容易疲劳和加快锉齿的磨损。推出时稍慢，回程时稍快，动作应自然协调。

§5-3 孔 加 工

钳工加工孔的方法主要有两类：一类是用麻花钻、中心钻等在实体材料上加工出孔；另一类是用扩孔钻、锪钻或铰刀等对工件上已有的孔进行再加工。

一、钻孔

用钻头在实体材料上加工孔的方法称为钻孔，如图 5–39 所示。钳工钻孔时常在各类钻床上进行。在钻床上钻孔时，钻头的旋转是主运动，钻头沿轴向的移动是进给运动。

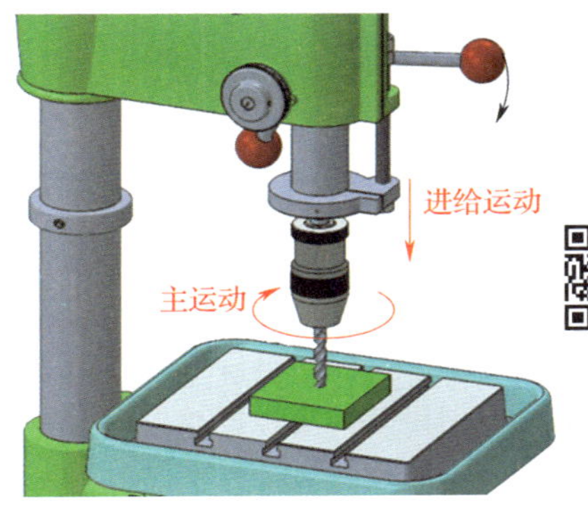

图 5–39 钻孔

1. 钻床

钳工常用的钻床有台式钻床、立式钻床和摇臂钻床，如图 5–40 所示。在钻床上可进行钻孔、扩孔、铰孔、攻螺纹、锪沉孔和锪平面等多项操作，如图 5–41 所示。

钻削时钻头是在半封闭的状态下进行切削的，转速高，切削量大，排屑困难，摩擦严重，钻头易抖动，所以加工精度低，一般尺寸精度只能达到 IT11 ~ IT10，表面粗糙度值只能达到 *Ra*50 ~ 12.5 μm。

2. 麻花钻

麻花钻（俗称钻头）是指容屑槽由螺旋面构成的钻孔刀具，因钻体部分形状像麻花一样而得名。麻花钻由钻体和钻柄组成，如图 5–42 所示。其钻体部分用 W6Mo5Cr4V2 或其他同等性能的普通高速钢（代号：HSS）制造，热处理淬火后硬度达 62.5 ~ 66.5HRC；也可用高性能高速钢（代号：HSS–E）制造，淬火后硬度可达 64 ~ 68HRC。

（1）钻柄

钻柄是麻花钻的夹持部分，主要用来连接钻床主轴并传递动力。按与钻床的装夹形式分为直柄麻花钻和锥柄麻花钻。

（2）钻体

麻花钻的钻体包括切削部分（又称钻尖）和由两条刃带形成的导向部分及空刀。切削部分是指由产生切屑的诸要素（主切削刃、横刃、前面、后面、刀尖）所组成的工作部分，它承担着主要的切削工作。标准麻花钻的切削部分由五刃（两条主切削刃、两条副切削刃和一条横刃）、六面（两个前面、两个后面和两个副后面）和三尖（一个钻尖和两个刀尖）组成，如图 5–43 所示。

麻花钻的导向部分用来保持麻花钻钻孔时的正确方向并修光孔壁，在麻花钻刃磨时可作为切削部分的后备。两条容屑槽的作用是形成切削刃，便于容屑、排屑和切削液输入。为了减少刃带与孔壁的摩擦，便于导向，麻花钻的导向部分直径略有倒锥（用倒锥度表示，每 100 mm 长度上为 0.02 ~ 0.12 mm，但总倒锥量不应超过 0.25 mm）。

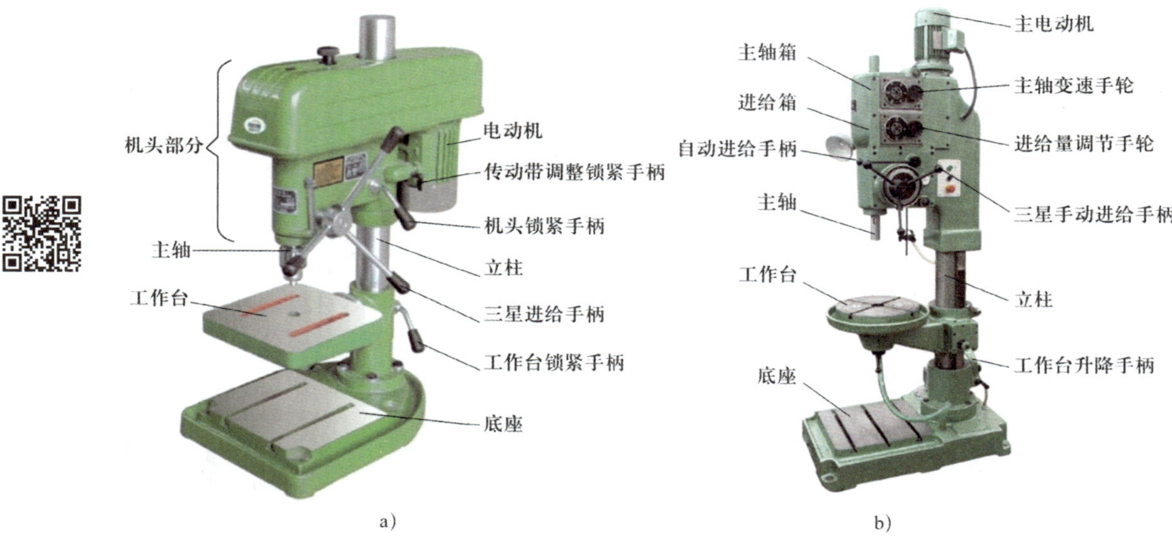

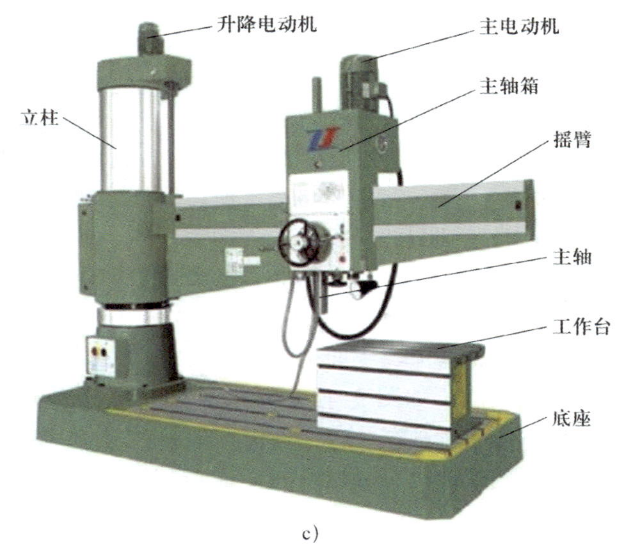

图 5-40 钻床

a）台式钻床 b）立式钻床 c）摇臂钻床

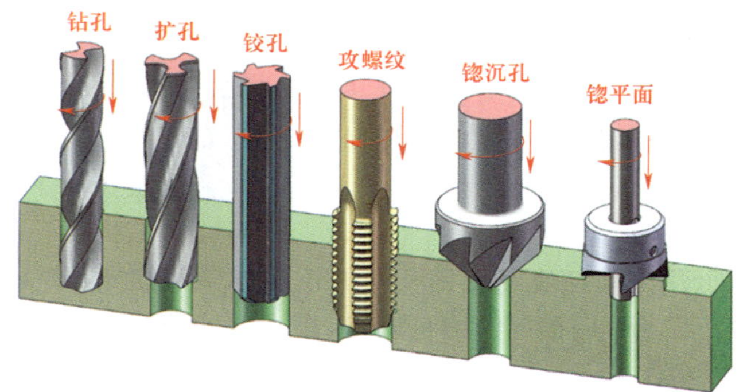

图 5-41 钻床的应用

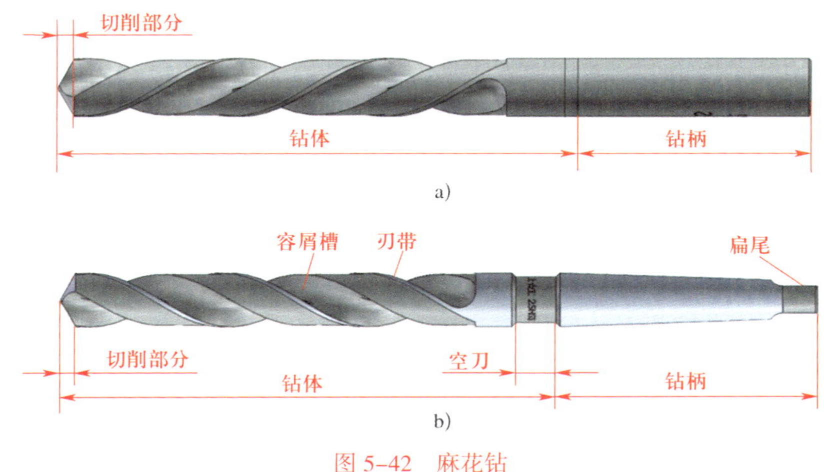

图 5-42 麻花钻

a）直柄麻花钻 b）锥柄麻花钻

空刀是钻体上直径减小的部分，它的作用是在磨制麻花钻时作退刀槽使用，通常锥柄麻花钻的规格、材料及商标也打印在此处。

3. 麻花钻的几何角度

麻花钻的主要几何角度有螺旋角、顶角、前角、后角、横刃斜角等，如图 5-44 所示。

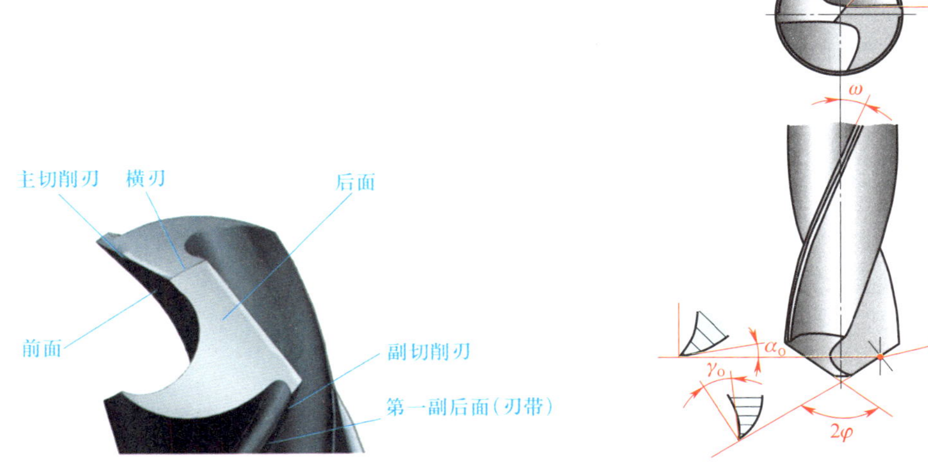

图 5-43 麻花钻的切削部分

图 5-44 麻花钻的主要几何角度

（1）螺旋角（ω）

副切削刃（俗称刃带）上选定点的切线与包含该点及轴线组成的平面间的夹角称为螺旋角。麻花钻不同直径处的螺旋角是不同的，外径处螺旋角最大，越接近中心螺旋角越小。螺旋角增大则前角增大，有利于排屑，但钻头刚度下降。标准麻花钻外缘处的螺旋角通常为30°。

（2）顶角（2φ）

两主切削刃在基面上的投影间的夹角称为麻花钻的顶角。顶角越小，轴向力越小，外缘处尖角越大，利于散热。但在相同条件下，所受扭矩增大，切屑变形加剧，排屑困难。顶角的大小一般根据麻花钻的加工条件而定。标准麻花钻的顶角 $2\varphi=118°\pm2°$ 时，两主切削刃呈直线；顶角 $2\varphi>118°$ 时，主切削刃呈凹形；顶角 $2\varphi<118°$ 时，主切削刃呈凸形，如图 5–45 所示。

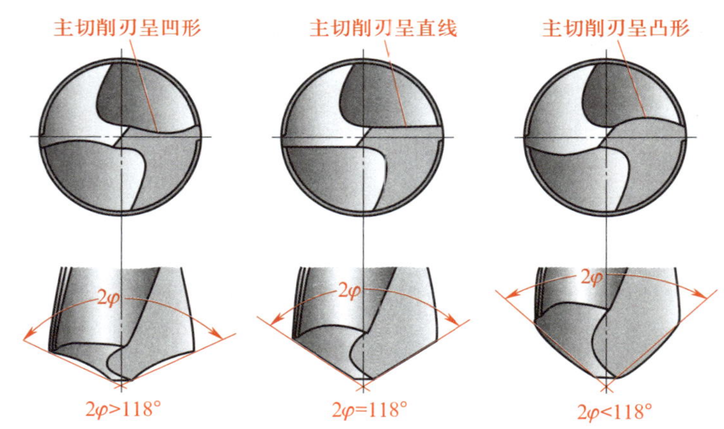

图 5–45　麻花钻顶角与主切削刃形状的关系

（3）前角（γ_o）

在主切削刃上通过选定点的前面与基面的夹角称为前角。前角大小决定着切除材料的难易程度和切屑在前面上的摩擦阻力大小，前角越大，切削越省力。由于麻花钻的前面是一个螺旋面，所以主切削刃上的前角大小是变化的，外缘处最大，可达 $\gamma_o=30°$，自外向内逐渐减小，在钻芯至 $d/3$ 范围内为负值，横刃处的前角 $\gamma_o=-60°\sim-54°$，接近横刃处的前角 $\gamma_o=-30°$。

（4）后角（α_o）

通过选定点在柱剖面上的后面与切削平面之间的夹角称为后角。后角的作用是减小麻花钻后面与切削面间的摩擦。麻花钻主切削刃上的后角大小也是变化的，外缘处最小，愈近钻芯，后角愈大。一般外缘处的后角 $\alpha_o=8°\sim14°$。

（5）横刃斜角（ψ）

横刃斜角是指主切削刃与横刃在垂直于麻花钻轴线的平面上投影的夹角。当麻花钻后面磨出后，横刃斜角自然形成，其大小与后角有关。标准麻花钻的横刃斜角 $\psi=50°\sim55°$。

4. 钻削时切削用量的选择

钻削时的切削用量包括切削速度（v_c）、进给量（f）和背吃刀量（a_p），如图 5–46 所示。

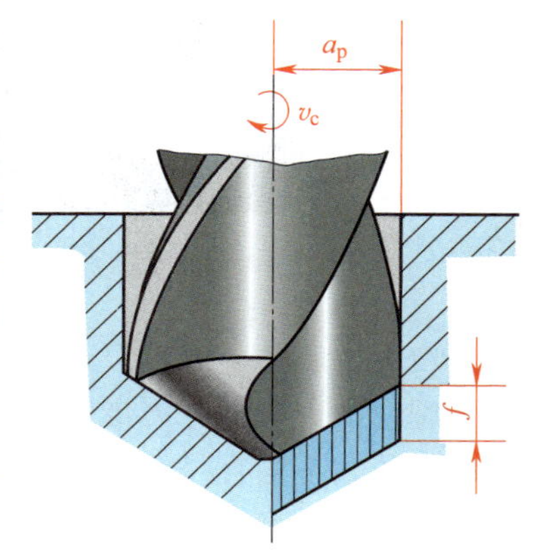

图 5–46　钻削时的切削用量

钻孔时，由于背吃刀量已由孔径所定，所以只需选择切削速度和进给量。

对钻孔生产效率的影响，切削速度 v_c 比进给量 f 大；对孔的表面粗糙度的影响，进给量 f 比切削速度 v_c 大。综合以上的影响因素，钻削时切削用量的选用原则是：在允许范围内，尽量先选较大的进给量 f，当 f 受到表面粗糙度和钻头刚度的限制时，再考虑选较大的切削速度 v_c。

具体选择切削用量时，应根据钻头直径、钻头材料、工件材料、加工精度及表面粗糙度等方面的要求选取。

5. 钻孔方法

（1）划线

1）按孔的位置尺寸要求，划出孔位置的十字中心线，并在中心上打样冲眼，冲眼要小，位置要准，按孔的大小划出孔的圆周线，如图 5–47a 所示。

2）钻直径较大的孔，还应划出几个大小不等的检查圆，用于检查和校正钻孔位置，如图 5–47b 所示。

3）当钻孔的位置尺寸要求较高时，为避免打样冲眼所产生的偏差，可直接划出以中心线为对称中心的几个大小不等的方格，作为钻孔时的检查线，然后将样冲眼敲大，以便准确落钻定心，如图 5–47c 所示。

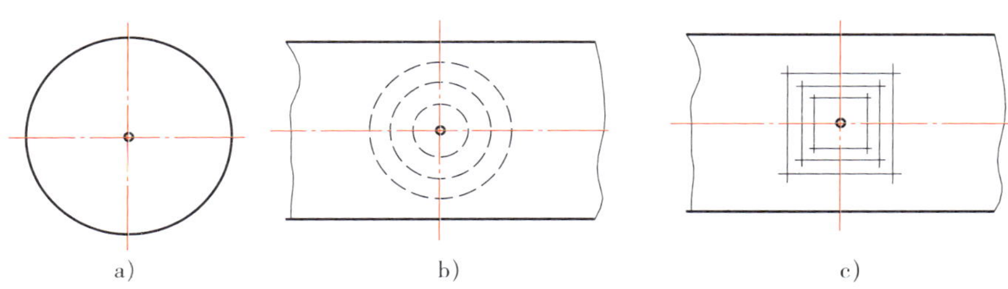

图 5–47　划线钻孔的方法

a）划孔的圆周线　b）划检查圆　c）划方格检查线

（2）起钻

钻孔时，先使钻头对准钻孔中心，钻出一浅坑，观察钻孔位置是否正确，并要不断校正，使起钻浅坑与划线圆同轴。校正时，如偏位较少，可在起钻的同时用力将工件向偏位的相同方向推移，达到逐步校正。如偏位较多，可在校正方向打上几个样冲眼或用油槽錾錾出几条槽，以减少此处的切削阻力，达到校正目的。无论用何种方法校正，都必须在锥坑外圆小于钻头直径之前完成，如图 5–48 所示。

（3）手动进给钻孔

当起钻达到钻孔的位置要求后，可夹紧工件完成钻孔，钻孔时用毛刷加注乳化液。手动进给操作钻孔时，进给力不宜过大，防止钻头发生弯曲，使孔产生偏斜。钻孔将要穿透时，进给力必须减小，以防进给量突然过大，增大切削抗力，造成钻头折断，或使工件随着钻头转动造成事故。

二、扩孔

用扩孔工具扩大工件孔径的方法称为扩孔。扩孔钻的结构及扩孔原理如图 5–49 所示。

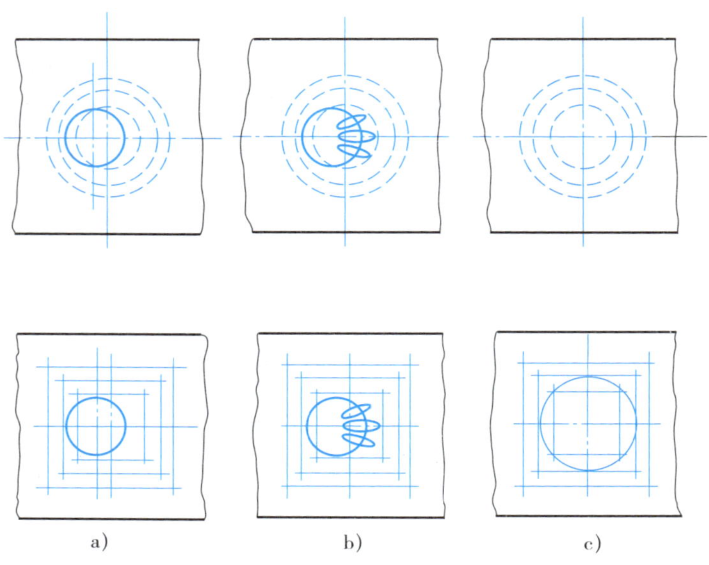

a)　　b)　　c)

图 5-48　校正钻孔偏位的方法

a）出现孔偏位　b）加工样冲眼或校正槽　c）校正

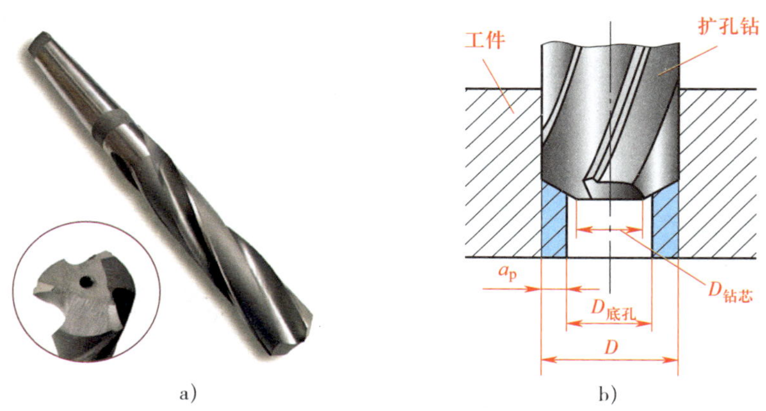

a)　　b)

图 5-49　扩孔钻的结构及扩孔原理

a）扩孔钻的结构　b）扩孔原理

1. 扩孔的特点

（1）扩孔钻因中心不切削，无横刃，切削刃只做成靠边缘的一段，避免了由横刃切削所引起的不良影响。

（2）因扩孔产生的切屑体积小，不需大容屑槽，故扩孔钻可加粗钻芯，以提高刚度，使切削平稳。

（3）由于容屑槽较小，扩孔钻可做出较多刀齿，增强导向作用，一般整体式扩孔钻有 3～4 个主切削刃。

（4）扩孔时，背吃刀量较小，切屑易排出，切削阻力小。

（5）由于扩孔时的切削条件优于钻孔，因此扩孔精度可达 IT9，表面粗糙度值可达 $Ra3.2\ \mu m$，常作为孔的半精加工及铰孔前的预加工。

2. 扩孔方法

（1）扩孔时先钻出比图样要求小的底孔，然后再用扩孔刀具将孔径扩大至尺寸要求。

（2）用扩孔钻扩孔时，底孔直径为扩孔直径的 0.5 ~ 0.7 倍，进给量为钻孔时的 1.5 ~ 2 倍，切削速度为钻孔时的 1/2。当采用手动进给时，进给量要均匀一致。

（3）在实际生产中，也常用麻花钻代替扩孔钻使用，一般用麻花钻扩孔时，底孔直径约为扩孔直径的 0.9 倍。

（4）用麻花钻扩孔时，应适当减小麻花钻的前角，以防扩孔时扎刀。

三、锪孔

锪孔是指用锪削方法加工平底或锥形沉孔。锪孔使用的刀具称为锪钻，一般用高速钢制造。按孔口的形状一般分为锥形锪钻、圆柱形锪钻和端面锪钻，可分别锪制锥形沉孔、圆柱形沉孔和孔口端面等。锪钻的类型及加工方法见表 5–7。

表 5–7　锪钻的类型及加工方法

孔口形状	锪钻类型及说明	应用举例	锪孔方法及要求
锥形沉孔	 标准锥形锪钻 2φ 用麻花钻改制锥形锪钻	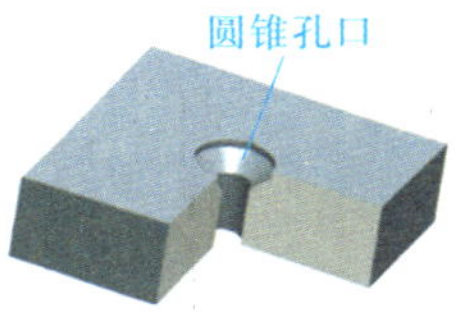 圆锥孔口	锪钻锥角应与零件图样锥角一致，且保证孔口与孔中心线的垂直度，适用于沉头螺钉连接 用麻花钻改制锪钻时，应尽量选用较短的钻头，并修磨外缘处的前刀面，使前角变小，以防振动和扎刀。切削速度应为钻孔时的 1/3 ~ 1/2
圆柱形沉孔	 标准圆柱形锪钻 用麻花钻改制圆柱形锪钻	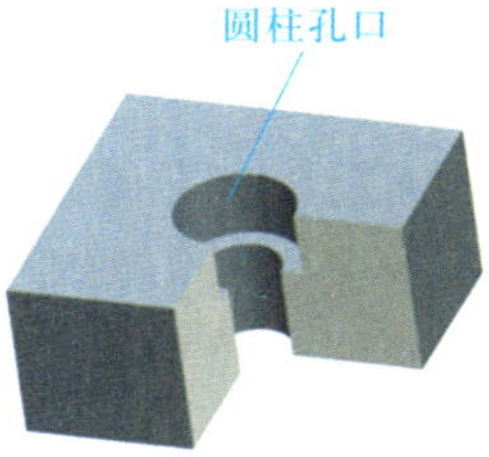 圆柱孔口	用麻花钻改制的平底锪钻锪孔时，必须先用普通麻花钻扩出一个阶台孔作导向，然后再用平底锪钻锪至要求深度，即按照“一钻、二扩、三锪”的顺序进行，如下图所示 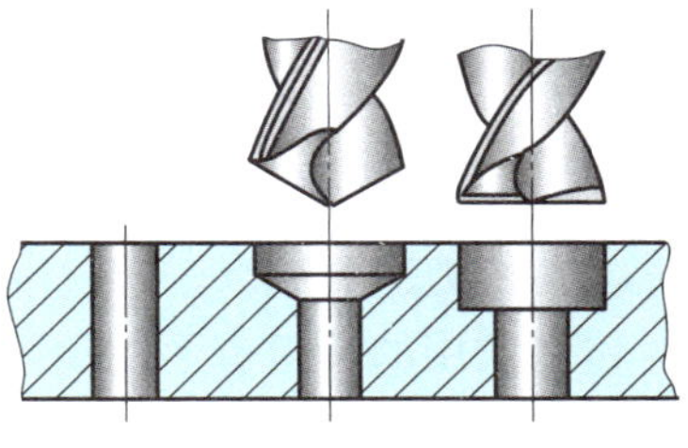

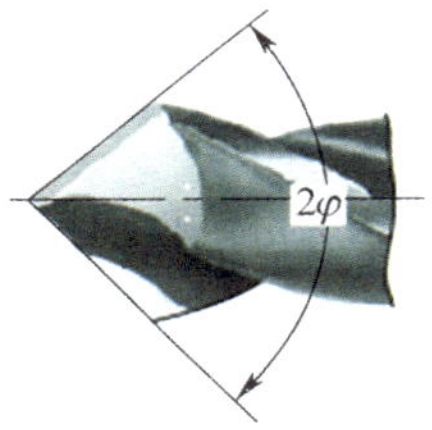

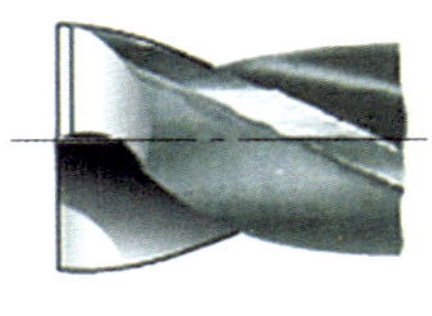

续表

孔口形状	锪钻类型及说明	应用举例	锪孔方法及要求
孔口端面	标准端面锪钻	端面锪平	将孔口端面锪平，并与孔中心线垂直，能使连接螺栓（或螺母）的端面与连接件保持良好接触，使连接可靠

四、铰孔

用铰刀从工件孔壁上切除微量金属层，以提高其尺寸精度和表面质量的方法，称为铰孔，如图 5–50 所示。铰刀是精度较高的多刃刀具，具有切削余量小、导向性好、加工精度高等特点。铰孔尺寸精度一般为 IT9 ~ IT7，表面粗糙度值一般为 Ra3.2 ~ 0.8 μm。

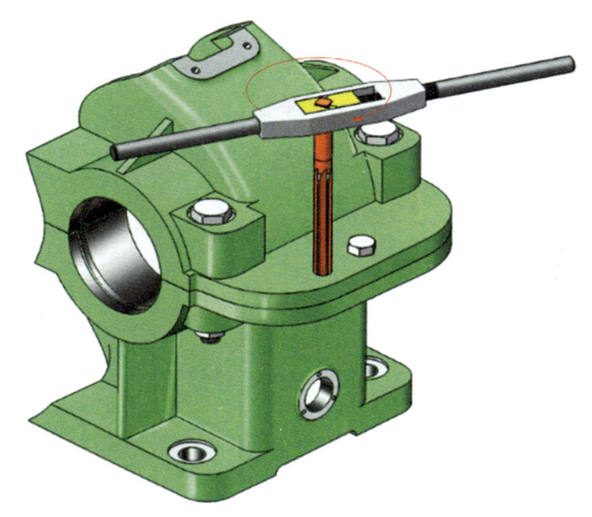

图 5–50　铰孔

1. 铰刀

（1）铰刀的基本结构

如图 5–51 所示，铰刀由柄部和刀体组成。刀体是铰刀的主要工作部分，它包含导锥、切削锥、校准部分及空刀。导锥用于将铰刀引入孔中，不起切削作用；切削锥承担主要的切削任务；校准部分有圆柱刃带，主要起定向、修光孔壁、保证铰孔直径等作用。铰刀齿数一般为 4 ~ 8 齿，为测量直径方便，多采用偶数齿。

（2）铰刀的类型

钳工常用的铰刀有手用整体圆柱铰刀、机用整体圆柱铰刀、手用可调节铰刀、螺旋槽铰刀、锥铰刀等，铰刀的类型、特点及应用见表 5–8。

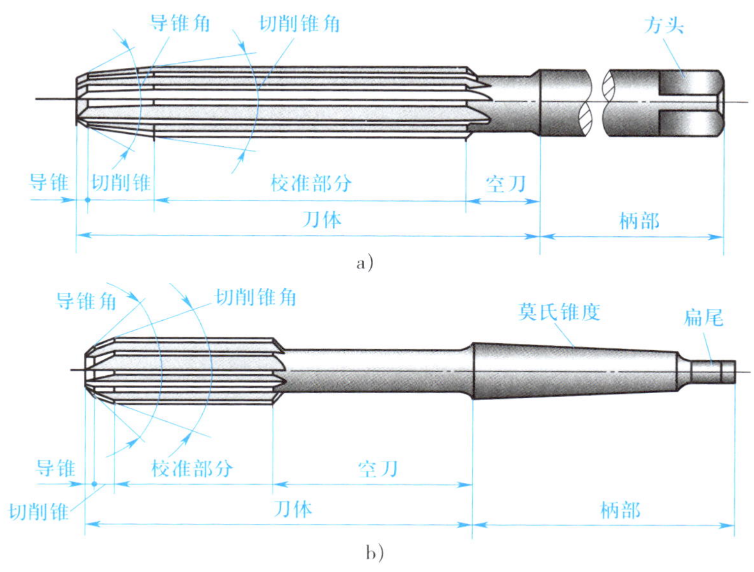

图 5-51　整体圆柱铰刀

a）手用　b）机用

表 5-8　**铰刀的类型、特点及应用**

类型	图示	特点及应用
手用整体圆柱铰刀		手用整体圆柱铰刀的切削锥和校准部分较长，刀齿做成不均匀分布形式，铰孔时定心好、轴向力小。它具有操作方便等特点，应用较为广泛
机用整体圆柱铰刀		机用整体圆柱铰刀的切削锥角较大，切削锥和校准部分较短，刀齿做成均匀分布形式，其柄部分为直柄和莫氏锥柄两种，以便于在机床上装夹
手用可调节铰刀		调节两端螺母可以改变铰刀的直径。它适用于修配、单件生产以及特殊尺寸（非标）情况下铰削通孔
螺旋槽铰刀		螺旋槽铰刀的切削刃沿螺旋线分布，铰孔时切削平稳，铰出的孔壁光滑。铰刀的螺旋槽方向一般是左旋，以避免铰削时因铰刀顺时针转动而产生自动旋进现象。它常用于铰削带有键槽的孔，可防止铰孔时键槽勾住切削刃
锥铰刀		用以铰削圆锥孔。按锥度分为 1∶10 锥铰刀、1∶30 锥铰刀、1∶50 锥铰刀和莫氏锥铰刀。由于锥铰刀的刀刃全部参加切削，其负荷较重，铰削费力。因此，对于锥度较大的锥铰刀为多支一套，其中粗铰刀的切削刃上开有螺旋形分布的分屑槽，以减轻铰削负荷

（3）铰刀的制造精度

对于整体式圆柱标准铰刀的直径公差通常按 m6 制造。另外国家标准还制定了加工 H7、H8、H9 级孔的铰刀直径公差。但在实际生产中，铰出孔的实际尺寸还取决于被加工材料、加工余量、润滑情况以及操作方法等诸多因素。

2. 铰削余量

铰削余量太大会使切削刃负荷增大，变形增大，被加工表面呈撕裂状态，同时加剧铰刀磨损；铰削余量太小，上道工序所留下的切削刀痕不能全部去除，达不到铰孔精度要求。因此，余量的选择直接影响铰削精度和表面粗糙度，铰削余量的选择见表 5–9。

表 5–9　铰削余量的选择　mm

铰孔直径	<5	5 ~ 20	21 ~ 32	33 ~ 50	51 ~ 70
铰孔余量	0.1 ~ 0.2	0.2 ~ 0.3	0.3	0.5	0.8

3. 铰孔时的冷却与润滑

因铰孔时，铰刀与孔壁摩擦较严重，所以必须选用适当的切削液，以减少摩擦和散热，同时将切屑及时冲掉，提高铰孔质量。铰孔时切削液的选用见表 5–10。

表 5–10　铰孔时切削液的选用

工件材料	切削液选择类型
钢	（1）10% ~ 20% 乳化液 （2）铰孔质量要求较高时，用 30% 菜籽油加 70% 肥皂水 （3）铰孔质量要求更高时，用菜籽油、柴油、猪油
铸铁	（1）不用 （2）煤油（会引起孔径缩小，最大收缩量 0.02 ~ 0.04 mm） （3）低浓度乳化液
铝	煤油
铜	乳化液

4. 铰孔方法

（1）手铰时，两手用力要平衡，速度要均匀，以保持铰削的稳定性，避免出现喇叭口或将孔径扩大。

（2）铰孔时，不论进刀还是退刀都不能反转，否则会使切屑卡在孔壁与刀齿后面形成的楔形腔内，将孔壁刮毛，甚至挤崩切削刃。

（3）机铰时，应使工件一次装夹进行钻、扩、铰，以保证铰刀中心线与钻孔中心线同轴。铰孔完成后，要待铰刀退出后再停车，以防将孔壁拉出痕迹。

（4）铰削尺寸较小的圆锥孔时，可先以小端直径钻出底孔，然后用锥铰刀铰削。对于锥度比较大或尺寸和深度较大的圆锥孔，为减小切削余量及刀齿负荷，铰孔前可先钻出阶梯孔，然后再用锥铰刀铰削，如图 5–52 所示。铰削过程中要经常用相配的锥销来检查铰孔尺寸。

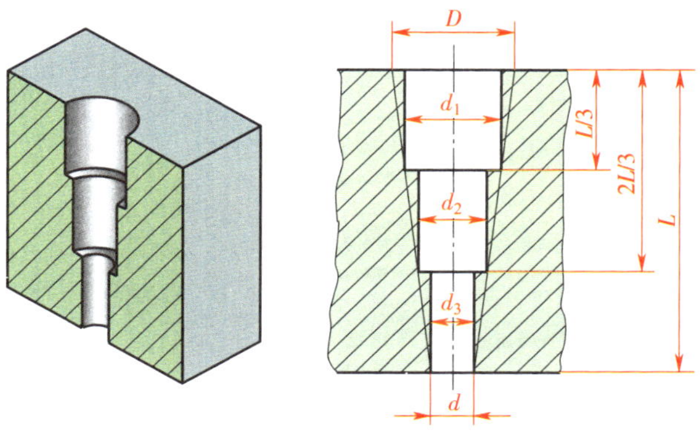

图 5-52　圆锥孔铰削方法

§5-4　螺纹加工

螺纹的加工方法很多，钳工在装配与机修工作中常用的加工方法是攻螺纹和套螺纹。

一、攻螺纹

用丝锥加工工件内螺纹的方法，称为攻螺纹。

1. 攻螺纹工具

（1）丝锥

丝锥由柄部和工作部分组成，其基本结构如图 5-53 所示。柄部起夹持和传递转矩作用。在工作部分上沿轴向开有几条容屑槽，以形成锋利的切削刃，前段为切削锥，起切削和引导作用；后段为校准部分，可修整螺纹牙型。为了减小牙侧的摩擦，在校准部分的直径上略有倒锥。

丝锥的种类很多，常用丝锥的种类、特点及应用见表 5-11。

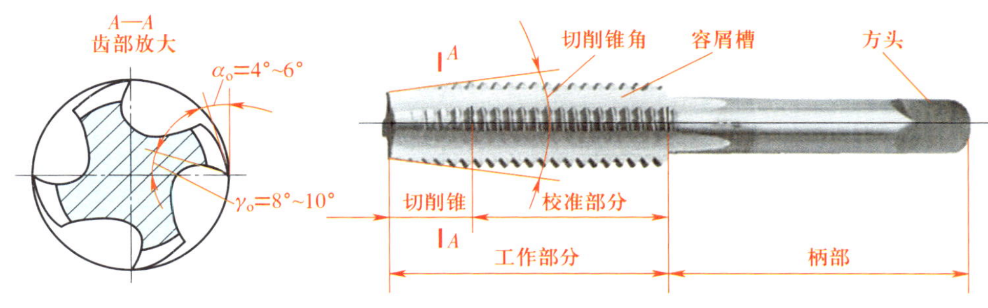

图 5-53　丝锥的基本结构

表 5-11 常用丝锥的种类、特点及应用

种类			图示	特点及应用
普通螺纹丝锥	手用	等径丝锥	初锥 中锥 底锥	该丝锥通常 2 支或 3 支为一组，各支丝锥的大径、中径、小径均相等；切削锥较长，切削锥角较小的为初锥。主要用于一般螺纹连接的螺纹加工，应用最为广泛
		不等径丝锥	头锥 二锥 精锥	在成组丝锥中，各支丝锥的大径、中径、小径以及切削锥长度和切削锥角均不相等。在柄部标记 1 条圆环为头锥，其直径最小。使用时必须按头锥、二锥、精锥顺序进行。主要用于直径较小或直径较大以及螺纹精度要求较高的场合
	机用	直槽丝锥		机用丝锥一般为单支，其切削部分较短，夹持部分与工作部分的同轴度较好。多用于细牙丝锥。螺旋槽丝锥的特点是便于排屑
		螺旋槽丝锥		
管螺纹丝锥				用于管螺纹加工
锥管螺纹丝锥				主要用于有密封要求的锥管螺纹

（2）铰杠

铰杠是手工攻螺纹时用来夹持丝锥的工具。常用铰杠分为普通铰杠和丁字铰杠两种，其结构如图 5-54 所示。

a） b）

图 5-54 铰杠

a）普通铰杠 b）丁字铰杠

2. 底孔直径与孔深的确定

（1）攻螺纹前底孔直径的确定

攻螺纹时，丝锥对金属层有较强的挤压作用，使攻出螺纹的小径小于底孔直径，因此攻螺纹之前的底孔直径应稍大于螺纹小径。

对于钢或塑性较大的材料，底孔直径的计算公式为

$$D_{孔}=D-P$$

式中　$D_{孔}$——攻螺纹前底孔直径，mm；

D——螺纹公称直径，mm；

P——螺距，mm。

对于铸铁或塑性较小的材料，底孔直径的计算公式为

$$D_{孔}=D-（1.05\sim1.1）P$$

（2）螺纹底孔深度的确定

攻盲孔螺纹时，由于丝锥切削部分有锥角，端部不能攻出完整的螺纹牙型，所以钻孔深度要大于螺纹的有效长度，如图 5-55 所示。其底孔深度的计算公式为

$$H=h+0.7D$$

式中　H——底孔深度，mm；

h——有效螺纹深度，mm；

D——螺纹公称直径，mm。

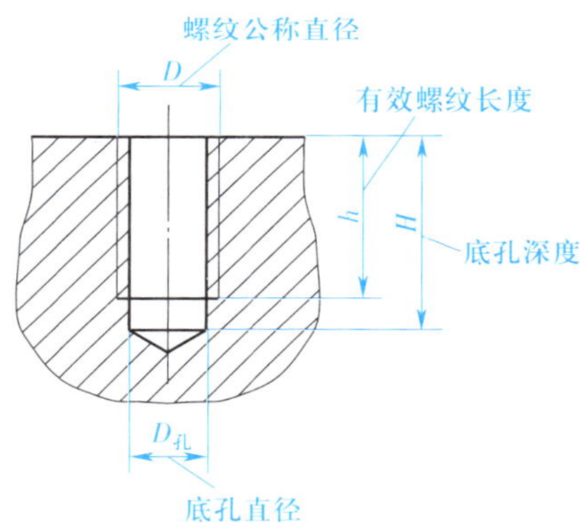

图 5-55　螺纹底孔深度确定

3. 攻螺纹方法

（1）按确定的攻螺纹的底孔直径和深度钻底孔，并将孔口倒角，倒角直径应稍大于螺纹公称直径，以便于丝锥顺利切入，并可防止孔口被挤压出凸边。

（2）起攻时，可一手用手掌按住铰杠中部沿丝锥轴线用力加压，另一手配合做顺向旋进，如图 5-56a 所示；或两手握住铰杠两端均匀施压，并将丝锥顺向旋进，保证丝锥中心线与孔中心线重合，如图 5-56b 所示。

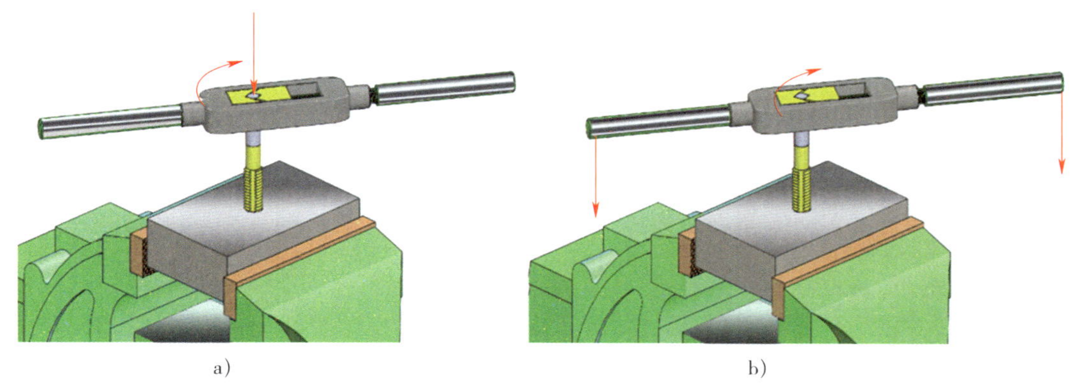

a）　　　　　　　　b）

图 5-56　起攻方法

a）一手加压，另一手配合　b）两手均匀配合

（3）当丝锥攻入 1 ~ 2 圈时，应检查丝锥与工件表面的垂直度，并不断校正，如图 5–57 所示；丝锥的切削部分全部进入工件时，须均匀转动铰杠。每正转 1/2 ~ 1 圈要倒转 1/4 ~ 1/2 圈，进行断屑和排屑。

（4）攻螺纹时，必须以头锥、二锥、精锥顺序攻削至标准尺寸。

（5）攻韧性材料螺纹孔时，要加合适的切削液。

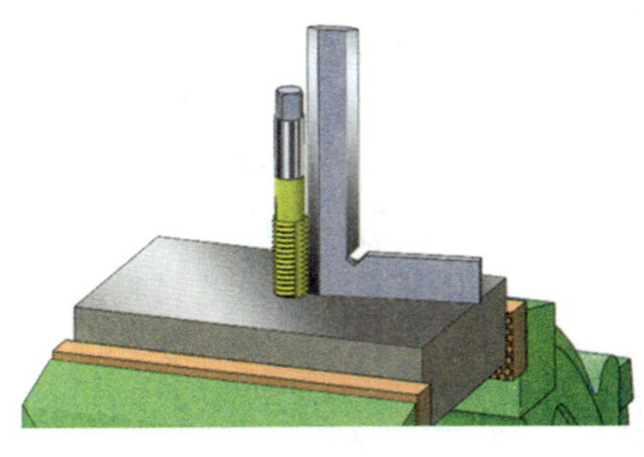

图 5–57 检查丝锥与工件表面的垂直度

二、套螺纹

用板牙或螺纹切头加工工件螺纹的方法，称为套螺纹。

1. 套螺纹工具

钳工套螺纹用的工具包括板牙和板牙架，其结构如图 5–58 所示。板牙用合金工具钢或高速钢制成，在板牙两端面处有带锥角的切削部分，中间一段为具有完整牙型的校准部分，因此正、反均可使用。另外在板牙圆周上开一 V 形槽，其作用是当板牙磨损螺纹直径变大后，可沿该 V 形槽磨开，借助板牙架上的两调整螺钉进行螺纹直径的微量调节，以延长板牙的使用寿命。

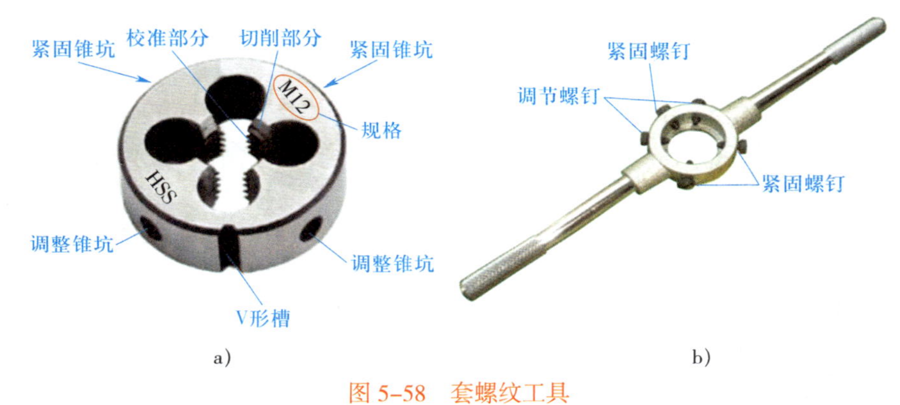

图 5–58 套螺纹工具

a）板牙 b）板牙架

2. 圆杆直径的确定

套螺纹时，由于板牙齿对材料不但有切削作用，还有挤压作用，其牙顶将被挤高，所以圆杆直径应小于螺纹公称尺寸。套螺纹前圆杆直径一般可按下列经验公式来确定：

$$d_{杆}=d-0.13P$$

式中 $d_{杆}$——套螺纹前圆杆直径，mm；

d——螺纹公称直径，mm；

P——螺距，mm。

3. 套螺纹方法

如图 5–59a 所示，套螺纹前应将圆杆顶端倒角 15° ~ 20°，以便板牙容易切入，圆锥的最小直径应稍小于螺纹小径。如图 5–59b 所示，开始套螺纹时要尽量使板牙端面与圆杆垂直，并适当施加向下的压力，同时按顺时针方向扳动板牙架。当切入 1 ~ 2 圈后再次校验垂直度，然后不再施加向下的压力，两只手用力均匀转动板牙架即可。在套螺纹过程中，要经常反转 1/4 圈，使切屑断碎及时排屑，并加注适当切削液。

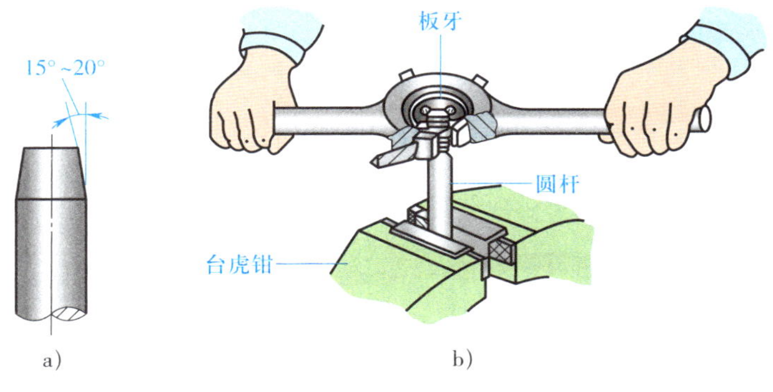

图 5–59　套螺纹方法

a）圆杆顶端倒角　b）套螺纹示意图

§5–5　刮削与研磨

一、刮削

用刮刀刮除工件表面薄层的加工方法称为刮削。刮削加工后的工件表面，由于多次反复地受到刮刀的推挤和压光作用，使工件表面组织变得比原来紧密，并能获得很高的尺寸精度、几何精度、接触精度和很小的表面粗糙度值，可使运动部件的接触面改善存油条件，以减小摩擦，如机床导轨面、轴瓦等。它是一种精加工方法，其劳动强度大、生产效率低。但是，由于它所用的工具简单，且不受工件形状和位置以及设备条件的限制，同时，它还具有切削量小、切削力小、产生热量少、装夹变形小等特点，所以在机械制造以及工具、量具制造或修理中仍占有非常重要的地位。

1. 刮削工具

常用的刮削工具有刮刀、研具和显示剂，其特点及应用见表 5–12。

表 5–12　　常用刮削工具的特点及应用

工具类型		图示	特点及应用
刮刀	平面刮刀	手刮刀 挺刮刀	按刮削姿势分为手刮刀和挺刮刀；按所刮表面精度要求不同分为粗刮刀、细刮刀和精刮刀三种。主要用来刮削平面，如平板、平面导轨、工作台等，也可用来刮削外曲面

续表

工具类型		图示	特点及应用
刮刀	曲面刮刀	 三角刮刀  蛇头刮刀	按刀头形状分为三角刮刀和蛇头刮刀。主要用来刮削内曲面，如滑动轴承内孔等
研具	平面研具	 标准平板 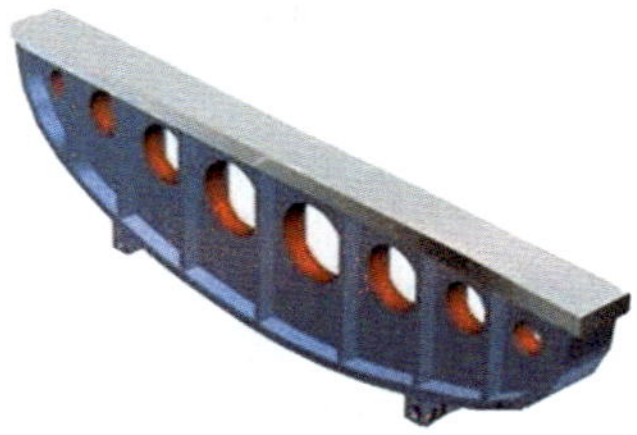 桥形平尺	研具是用来研磨接触点和检验刮削面精确性的工具，通过与刮削表面磨合，以接触点多少和疏密程度来显示刮削平面的平面度，提供刮削依据。标准平板用来检查较宽的平面；桥形平尺用来检验狭长的平面，如检验机床导轨面的直线度误差等
	角度研具	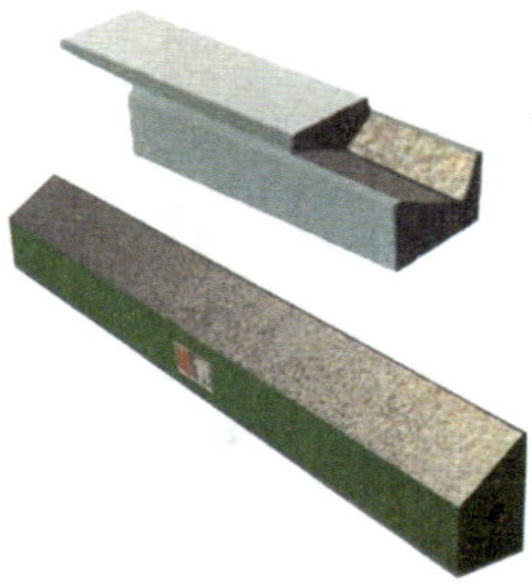	用来检验两个刮削面成角度的组合平面，如V形导轨面、燕尾导轨面等。其形状有55°、60°等多种
	曲面研具		一般以相配合的零件为研具，如主轴的轴颈等。用来检验曲面的接触精度和几何精度

续表

工具类型		图示	特点及应用
显示剂	红丹粉		用来显示刮削表面误差位置和大小。将显示剂均匀涂抹于研具与刮削表面之间，对研后凸起部分就被显示出来 红丹粉分铅丹和铁丹两种，前者呈橘红色，后者呈红褐色。使用时，用机油或牛油调和而成，广泛用于铸铁等黑色金属工件
	普鲁士蓝油		普鲁士蓝油是用普鲁士蓝粉和蓖麻油及适量机油调和而成，呈深蓝色，多用于精密工件和有色金属及其合金的工件

2. 刮削接触精度的检查

刮削接触精度常用 25 mm × 25 mm 正方形方框内的研点（接触点）数来检验，研点的数目越多，接触精度越高。

3. 平面刮削方法及工艺

为了保证零件的刮削质量，进一步提高生产效率，刮削时一般按粗刮、细刮、精刮和刮花的步骤进行，平面刮削方法及工艺要求见表 5-13。

表 5-13　平面刮削方法及工艺要求

步骤	方法及工艺要求	刮刀几何角度要求
粗刮	用粗刮刀在刮削面上均匀地铲去一层较厚的金属，目的是去除余量、锈斑及机械刀痕，可采用连续推铲法，使刮削的刀迹连成长片。研点时，显示剂可调得适当稀些，当粗刮到每 25 mm × 25 mm 方框内有 3 ~ 4 个研点，粗刮结束	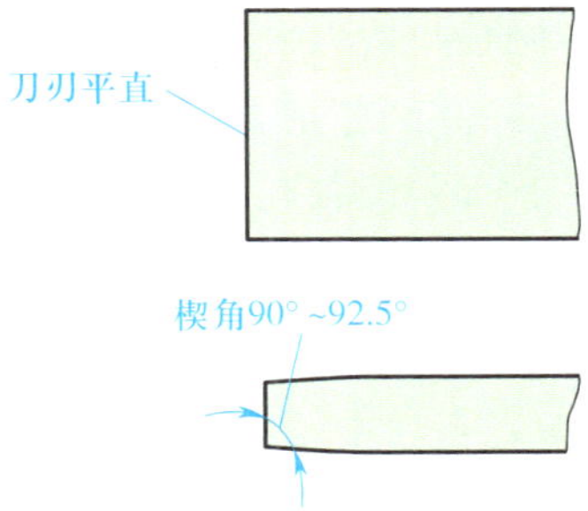 刀刃平直 楔角90°~92.5°
细刮	用细刮刀在经粗刮的表面上刮去稀疏的大块高研点，进一步改善不平现象。细刮时可采用短刮法，且随着研点的增多，刀迹逐步缩短。刮削时须按一定方向刮削，刮第二遍时要与第一遍交叉方向刮削，以消除原方向的刀迹。研点时，显示剂可调得适当稠些，要求涂得薄而均匀。当达到每 25 mm × 25 mm 方框内有 10 ~ 14 个研点时，细刮结束	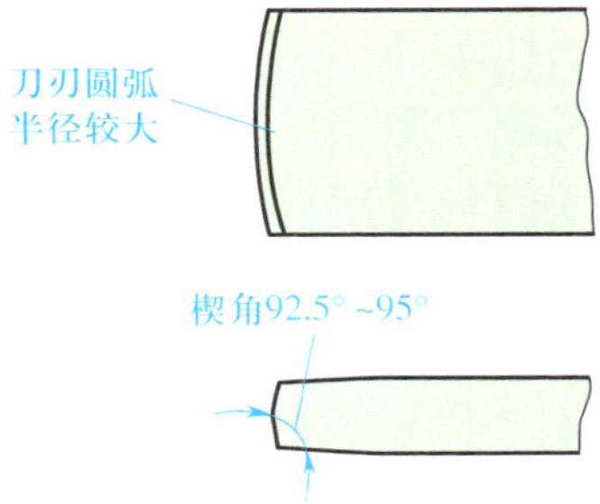 刀刃圆弧半径较大 楔角92.5°~95°

续表

步骤	方法及工艺要求	刮刀几何角度要求
精刮	用精刮刀在细刮的基础上，通过点刮法进一步增加研点，改善表面质量，使刮削面符合各项精度要求。精刮时刀迹要更小，不能重复，落刀要轻，起刀要快，并始终交叉地进行刮削。其显示剂应涂得更薄，只轻微改变刮削面的颜色即可	刀刃圆弧半径较小 楔角95°~97.5°
刮花	刮花的目的一是增加刮削面的美观，二是改善滑动件之间的润滑条件，并且还可以根据花纹的消失多少来判断平面的磨损程度。但是，在接触精度要求高、研点要求多的工件中，不应该刮成大块花纹，否则不能达到所要求的刮削精度。常见的刮削花纹有斜纹花、鱼鳞花、半月花、燕子花等 斜纹花　鱼鳞花　半月花　燕子花	

二、研磨

用研磨工具和研磨剂，从工件上研去一层极薄表面层的精加工方法，称为研磨。经研磨后的工件可获得很高的尺寸精度、形状精度和极小的表面粗糙度值，其尺寸精度可达IT3，表面粗糙度值可达 $Ra0.008$ μm。

1. 研具

研具是保证被研磨工件几何形状精度的重要因素，因此，对研具材料、精度和表面粗糙度都有较高的要求。

（1）研具材料

研具材料的硬度应比被研磨工件低，组织细致均匀，具有较高的耐磨性和稳定性，有较好的嵌存磨料的性能等。常用研具材料的特点及应用见表5–14。

表5–14　常用研具材料的特点及应用

材料名称	特点及应用
灰铸铁	具有硬度适中、嵌入性好、价格低、研磨效果好等特点，是一种应用广泛的研磨材料
球墨铸铁	球墨铸铁比灰铸铁的嵌入性更好，且更加均匀、牢固，常用于精密工件的研磨
软钢	软钢韧性较好，不易折断，常用来制作研磨小型工件的研具
铜	铜的性质较软，嵌入性好，常用来制作研磨软钢类工件的研具，如研磨螺纹或小直径工具等

（2）常用的研具

不同形状的工件需要不同形状的研具，常用的研具有研磨平板、研磨环和研磨棒等。

1）研磨平板。研磨平板（图 5-60）主要用来研磨平面，如研磨量块、精密量具的平面等。其中，有槽的用于粗研，光滑的用于精研。

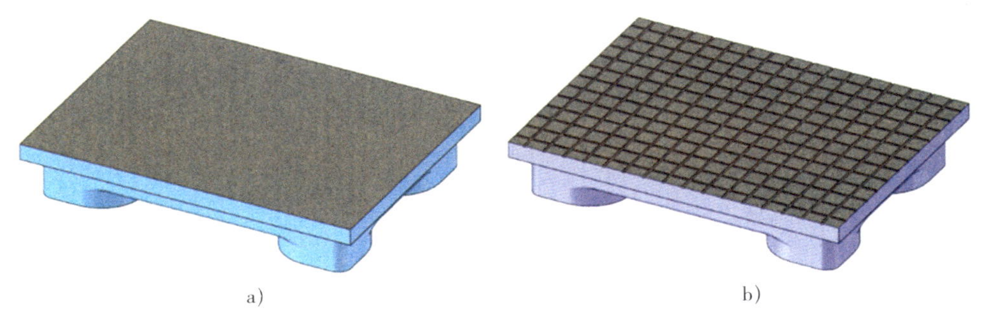

图 5-60 研磨平板

a）光滑平板 b）有槽平板

2）研磨环。研磨环用来研磨轴类工件的外圆表面，如图 5-61 所示。

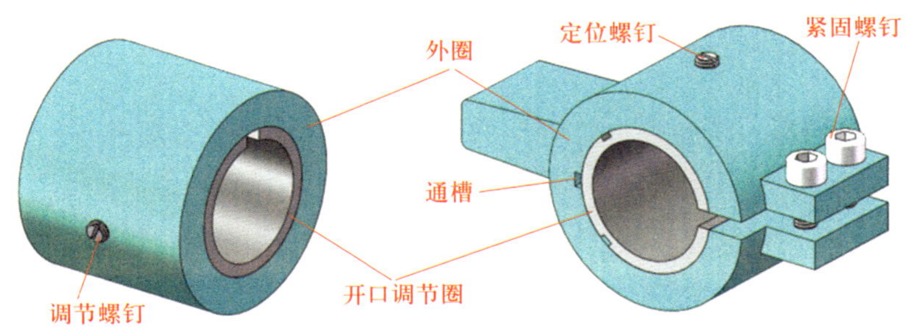

图 5-61 研磨环

3）研磨棒。研磨棒主要用来研磨套类工件的内孔，有固定式和可调式两种，如图 5-62 所示。固定式研磨棒制造简单，但磨损后无法补偿，多用于单件工件的研磨。可调式研磨棒的尺寸可在一定的范围内调整，其寿命较长，应用广泛。

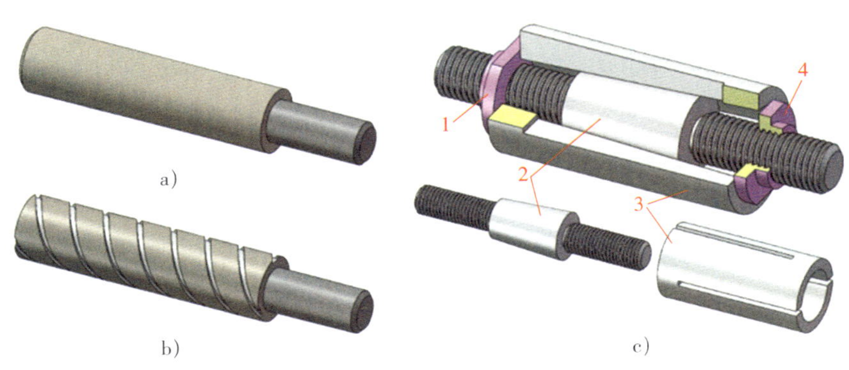

图 5-62 研磨棒

a）、b）固定式 c）可调式

1、4—调整螺母 2—锥度心轴 3—开槽研磨套

2. 研磨剂

研磨剂是指用于研磨，由磨料、分散剂和辅助材料制成的混合剂。

磨料在研磨中起切削作用，研磨效率和研磨精度与选用磨料的种类和粒度有密切的关系。按来源磨料分为天然磨料和人造磨料；按硬度磨料分为普通磨料和超硬磨料。常用的磨料有：刚玉类磨料，用于碳素工具钢、合金工具钢、高速钢和铸铁等工件的研磨；碳化硅磨料，用于研磨硬质合金、陶瓷等高硬度工件，也可用于研磨钢件；金刚石磨料，硬度高，使用效果好但价格昂贵。根据工件硬度和加工余量，可选用不同规格的磨料。

分散剂使磨料均匀分散在研磨剂中，并起稀释、润滑和冷却等作用，常用的分散剂有煤油、机油、动物油、甘油、酒精和水等。

辅助材料主要是混合脂，在研磨过程中起乳化、润滑和吸附作用，并促使工件表面产生化学变化，生成易脱落的氧化膜或硫化膜，以提高加工效率。此外，辅助材料中还有着色剂、防腐剂和芳香剂等。

3. 研磨方法及工艺

研磨分手工研磨和机械研磨两种。手工研磨应注意选择合理的运动轨迹，这对提高研磨效率、工件的表面质量和研具的寿命有直接的影响。常用研磨方法和工艺要求如下。

（1）平面的研磨

1）一般平面的研磨。研磨方法如图 5-63 所示。工件沿平板全部表面，用直线形、直线摆动形、螺旋形、8 字形和仿 8 字形运动轨迹相结合的形式进行研磨。

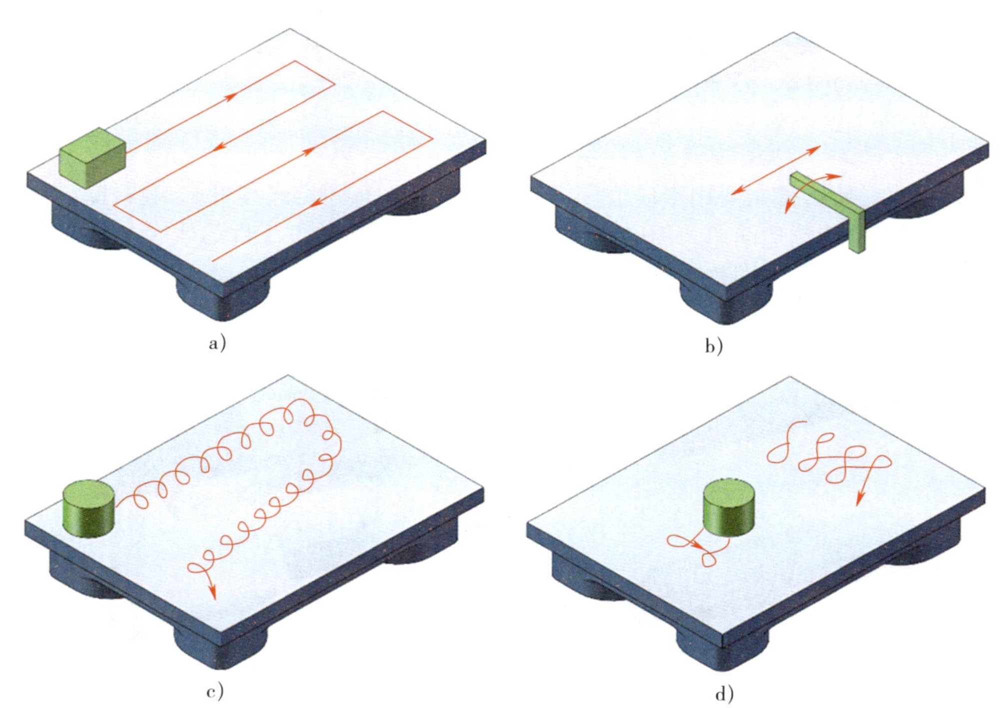

图 5-63　手工研磨的运动轨迹

a）直线形　b）直线摆动形　c）螺旋形　d）8 字形和仿 8 字形

2）狭窄平面的研磨。研磨方法如图 5–64 所示，应采用直线研磨的运动轨迹。为防止研磨平面产生倾斜和圆角，研磨时可用金属块做“导靠”。研磨工件的数量较多时，可采用弓形夹，将几个工件夹在一起研磨，既防止了工件加工面的倾斜，又提高了研磨效率。

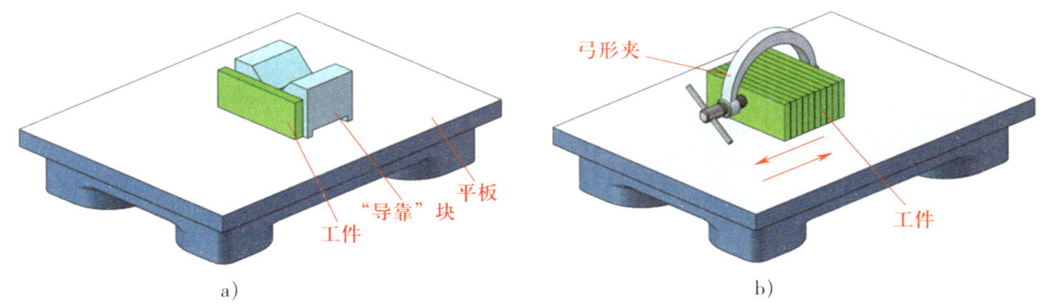

图 5–64　狭窄平面的研磨

a）“导靠”的应用　b）弓形夹的应用

（2）圆柱面的研磨

圆柱面的研磨一般是手工与机器配合进行研磨。圆柱面的研磨分外圆柱面和内圆柱面的研磨。

1）外圆柱面的研磨。如图 5–65 所示，研磨外圆柱面一般是在车床或钻床上用研磨环对工件进行研磨。工件由车床带动，其外圆柱面上均匀涂抹研磨剂，用手推动研磨环，通过工件的旋转和研磨环在工件上沿轴线方向做往复运动进行研磨。

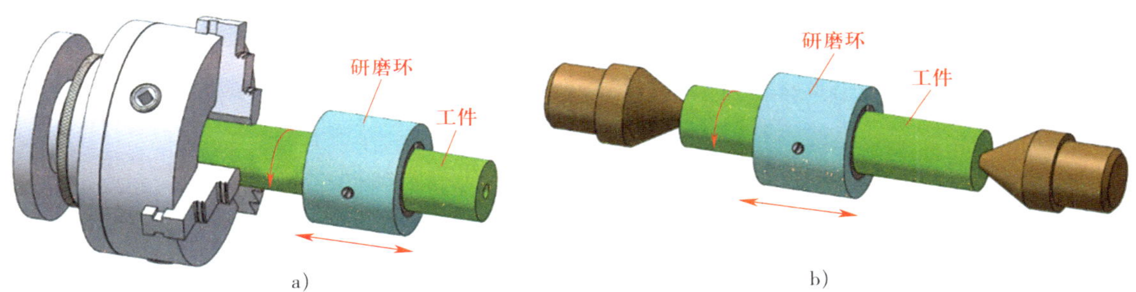

图 5–65　外圆柱面的研磨

一般工件的转速在直径小于 80 mm 时为 100 r/min，直径大于 100 mm 时为 50 r/min。研磨环的往复移动速度，可根据工件在研磨时出现的网纹来控制。当出现 45°交叉网纹时，说明研磨环的移动速度适宜，如图 5–66 所示。

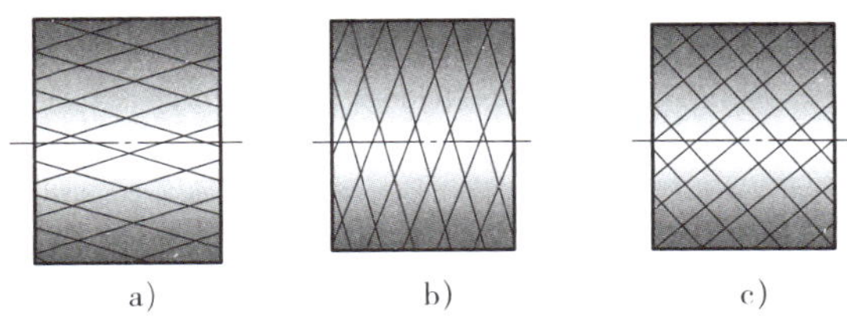

图 5–66　研磨环的移动速度

a）太快　b）太慢　c）适宜

2）内圆柱面的研磨。内圆柱面的研磨与外圆柱面的研磨正好相反，是将工件套在研磨棒上进行的。研磨时，将研磨棒在机床卡盘或钻夹头上夹紧并转动，把工件套在研磨棒上进行研磨，如图 5-67 所示。工件上大尺寸的孔，应尽量置于垂直于地面的方向进行手工研磨（竖研）。

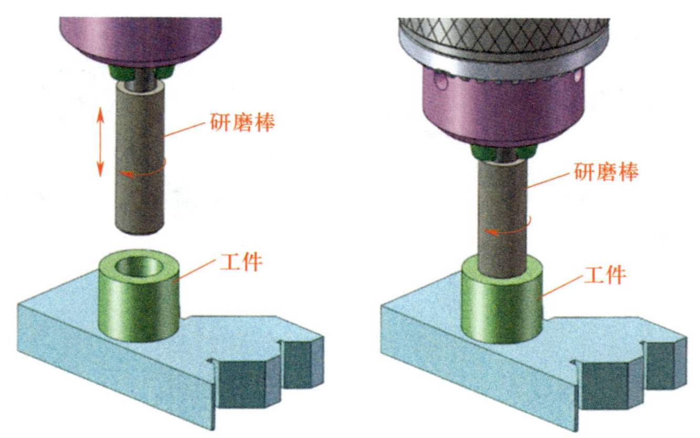

图 5-67　内圆柱面的研磨

（3）圆锥面的研磨

圆锥面的研磨，包括圆锥孔和外圆锥面的研磨。研磨用的研磨棒（环）工作部分的长度应是工件研磨长度的 1.5 倍，锥度必须与工件锥度相同。研磨时，一般在车床或钻床上进行，转动方向应和研磨棒的螺旋槽方向相适应，如图 5-68 所示。在研磨棒或研磨环上均匀地涂上一层研磨剂，插入工件锥孔中或套入工件的外表面旋转 4～5 圈后，将研具稍微拔出，然后再推入研磨，如图 5-69 所示。研磨接近要求的精度时，取下研具，擦去研具和工件表面的研磨剂，重新套上进行抛光，直到达到加工精度要求为止。

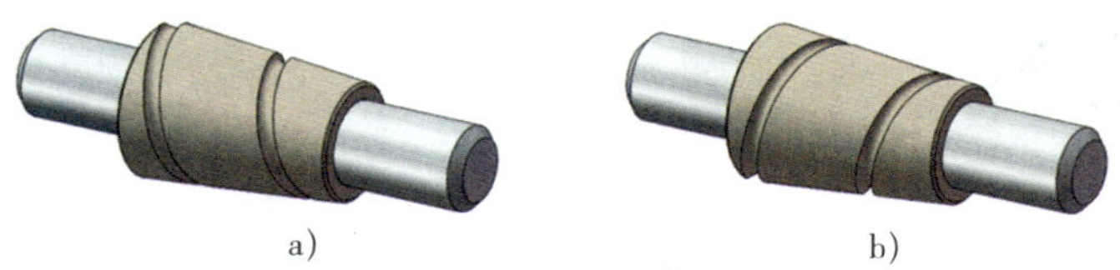

图 5-68　圆锥面研磨棒

a）左向螺旋槽　b）右向螺旋槽

4. 研磨时的注意事项

（1）研磨的压力和速度

研磨过程中，研磨的压力和速度对研磨效率及质量有很大影响。压力大、速度快，则研磨效率高。但压力过大、速度过快，易导致工件表面粗糙，工件容易发热变形，甚至会因磨料压碎而使表面划伤。一般对较小的硬工件或粗研磨时，可用较大的压力、较慢的速度进行研磨；对大的较软的工件或精研时，就应用较小的压力、较快的速度进行研磨。另外，在研磨中，应防止工件发热，若引起发热，应暂停，待冷却后再进行

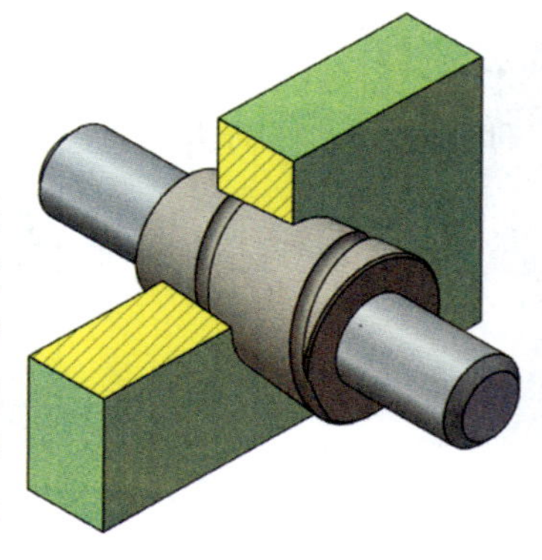

图 5-69　圆锥面的研磨

研磨。

（2）研磨中的清洁工作

在研磨中，必须重视清洁工作，才能研磨出高质量的工件表面。若忽视了清洁工作，轻则工件表面拉毛，严重的则会拉出深痕而造成废品。另外，研磨后应及时将工件清洗干净并采取防锈措施。

第六章 车削

车削是指工件旋转做主运动、车刀做进给运动的切削加工方法。车削是机械加工中应用最广的加工方法，主要用于旋转体工件的加工。

§6-1 车床

车床的种类很多，主要有仪表小型车床，单轴自动车床，多轴自动、半自动车床，回转、转塔车床，立式车床，落地及卧式车床，仿形及多刀车床等。其中，以卧式车床应用最广泛。

一、卧式车床

1. CA6140 型卧式车床

CA6140 型卧式车床外形如图 6-1 所示。

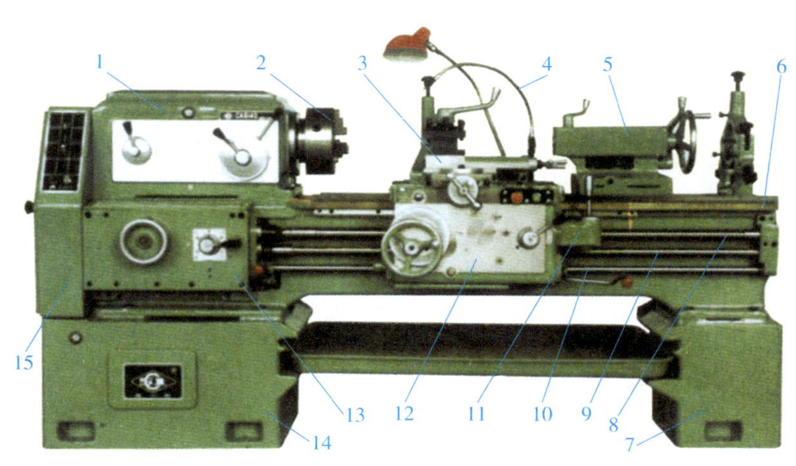

图 6-1 CA6140 型卧式车床外形

1—主轴箱 2—卡盘 3—刀架部分 4—切削液管 5—尾座 6—床身 7、14—床脚 8—丝杠 9—光杠 10—操纵杆 11—快移机构 12—溜板箱 13—进给箱 15—交换齿轮箱

2. CA6140 型卧式车床主要部件及其功用

（1）主轴箱

主轴箱固定在床身的左端，箱内装有主轴部件和主运动变速机构。通过操纵箱外变速手柄的位置，可以使主轴有不同的转速。主轴右端有外螺纹，用以安装卡盘等附件，其内表面为莫氏锥孔，用以安装顶尖。电动机通过带传动，经主轴箱齿轮变速机构带动主轴转动。

（2）交换齿轮箱

交换齿轮箱也称挂轮箱，它将主轴的回转运动传递给进给箱。更换箱内的齿轮，配合进给箱变速机构，可以车削各种导程的螺纹，并满足车削时对纵向和横向不同进给量的需求。

（3）进给箱

进给箱安装在床身的左前侧，是改变进给量、传递进给运动的变速机构。它把交换齿轮箱传递过来的运动，经过变速后传递给丝杠或光杠。

（4）溜板箱

溜板箱装在床鞍的下面，是纵向、横向进给运动的分配机构。通过溜板箱将光杠或丝杠的转动变为滑板的移动，溜板箱上装有各种操纵手柄及按钮，可以方便地选择纵向、横向机动进给运动，并使其接通、断开及变向。溜板箱内设有互锁装置，可限制光杠和丝杠只能单独运动。

（5）刀架部分

刀架部分由床鞍、中滑板、小滑板和刀架等组成。刀架用于装夹车刀并带动车刀做纵向、横向、斜向和曲线运动，从而使车刀完成工件各种表面的车削。

（6）尾座

尾座安装在床身导轨右端，可沿导轨纵向移动。尾座可安装顶尖，以支承较长工件；也可安装钻头或铰刀进行孔加工。

（7）床身

床身是车床的基础部件，主要用于支撑和连接车床的各个部件，并保证各部件在工作时有准确的相对位置，例如刀架和尾座可沿床身上的导轨移动。

（8）照明、切削液供给装置

照明灯使用安全电流，为操作者提供充足的光线，保证明亮清晰的操作环境。切削液被切削液泵加压后，通过切削液管喷射到切削区域。

3. 车削运动

（1）主运动

CA6140 型卧式车床的主运动就是工件的旋转运动。如图 6–2 所示，电动机的回转运动经带传动机构（V 带及带轮）传递到主轴箱，在主轴箱内经变速、变向机构再传到主轴，使主轴获得 24 级正向转速（转速范围为 10 ~ 1 400 r/min）和 12 级反向转速（转速范围为 14 ~ 1 580 r/min）。

（2）进给运动

CA6140 型卧式车床的进给运动就是刀具的移动。如图 6–2 所示，主轴的回转运动从主轴箱经交换齿轮箱、进给箱传递给光杠或丝杠，再由溜板箱将光杠或丝杠的回转运动转变为滑板、刀架的直线运动，使刀具做纵向或横向的进给运动。CA6140 型卧式车床的纵向进给速度共 64 级（进给量范围为 0.028 ~ 6.33 mm/r），横向进给速度共 64 级（进给量范围为 0.014 ~ 3.16 mm/r）。

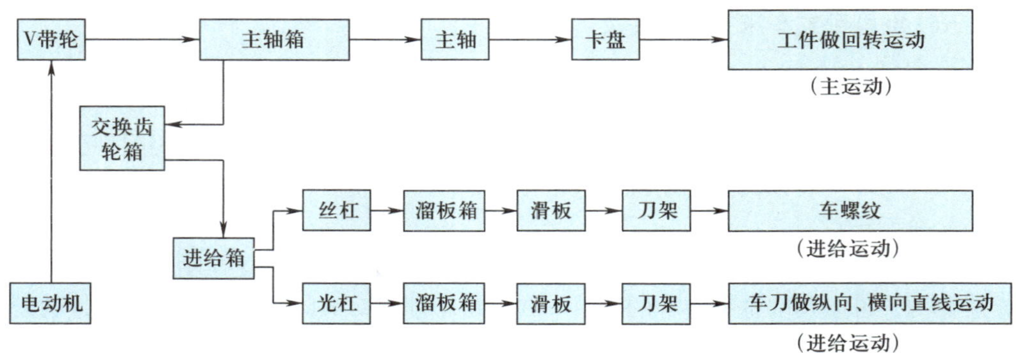

图 6–2　CA6140 型卧式车床传动路线框图

二、其他车床

1. 立式车床

立式车床用于加工径向尺寸大而轴向尺寸相对较小的大型和重型工件。立式车床的结构布局特点是主轴垂直布置，有一个水平布置的直径很大的圆形工作台，供装夹工件，因此，对于笨重工件的装夹、找正比较方便。由于工作台和工件的质量由床身导轨、推力轴承支撑，极大地减轻了主轴轴承的负荷，所以可长期保持车床的加工精度。立式车床分为单柱式和双柱式两种，如图 6–3 所示，前者加工工件的直径较小，后者加工工件的直径较大。

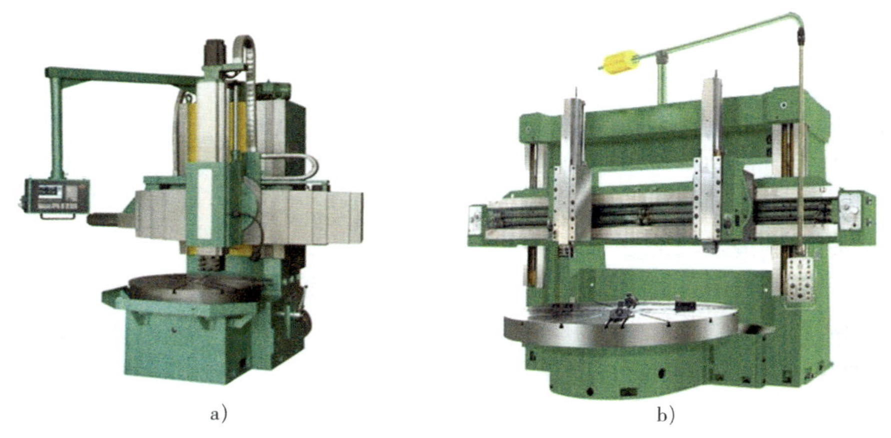

a）　　　　b）

图 6–3　立式车床

a）单柱立式车床　b）双柱立式车床

2. 自动车床

经调整后，不需工人操作便能自动地完成一定的切削加工循环（包括工作行程和空行程），并且可以自动地重复这种工作循环的车床称为自动车床，如图 6–4 所示。自动车床适用于加工大批量、形状复杂的工件。使用自动车床能大大地减轻工人的劳动强度，提高加工精度和劳动生产效率。

3. 落地车床

落地车床又称花盘车床、端面车床、大头车床或地坑车床，如图 6–5 所示。它适用于车削直径为 800 ~ 4 000 mm 的长度短、质量较小的盘形、环形工件或薄壁筒形工件等。落地车床无床身、尾架，没有丝杠。落地车床广泛应用于石油化工、重型机械、汽车制造、矿山铁路设备及航空部件等的加工制造。

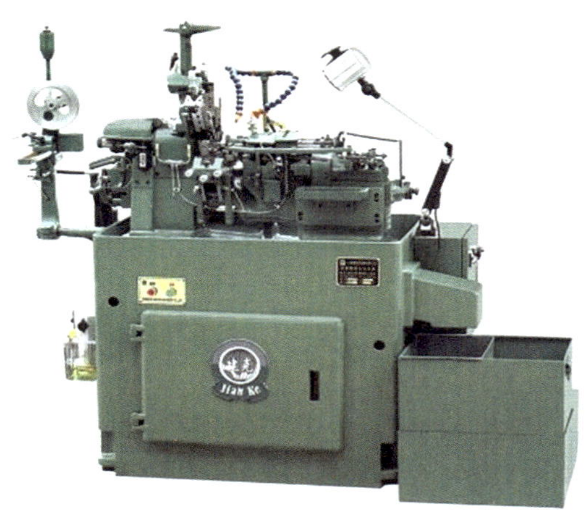

图 6-4　自动车床

图 6-5　落地车床

三、车床的加工范围和车削的工艺特点

1. 车床的加工范围

车床的加工范围很广，可以车外圆、车端面、车槽、切断、车圆锥、车成形面、滚花、钻中心孔、钻孔、扩孔、铰孔、车孔、车各种螺纹及盘绕弹簧等。如果在车床上装上其他附件和夹具，还可以进行磨削、研磨、抛光以及加工各种复杂形状工件的外圆、内孔等。车床的主要加工内容见表 6-1。

表 6-1　车床的主要加工内容

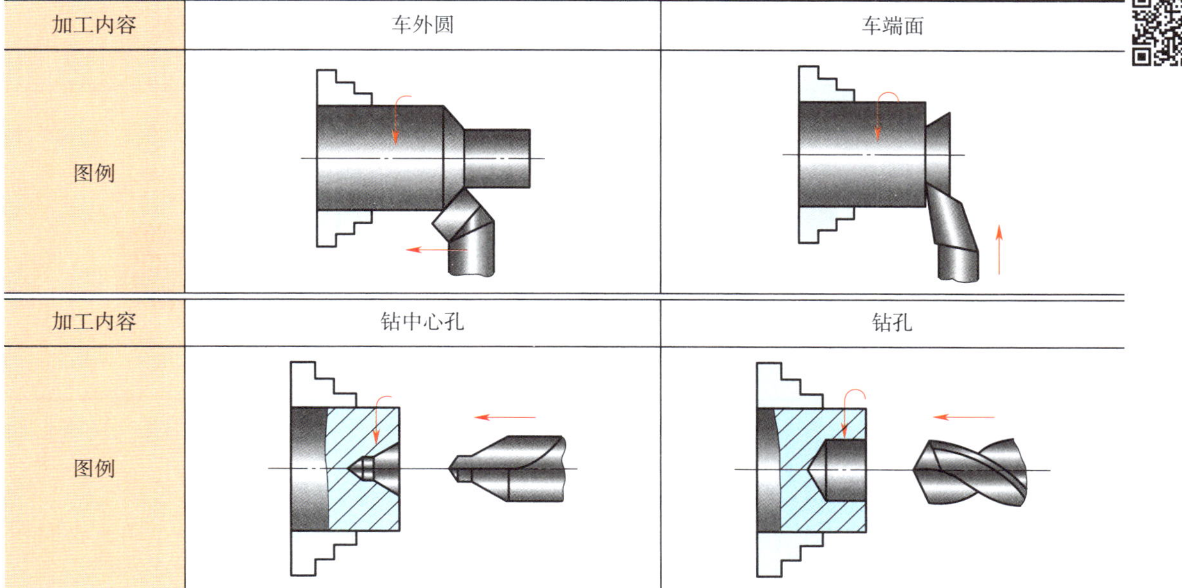

加工内容	车外圆	车端面
图例		
加工内容	钻中心孔	钻孔
图例		

续表

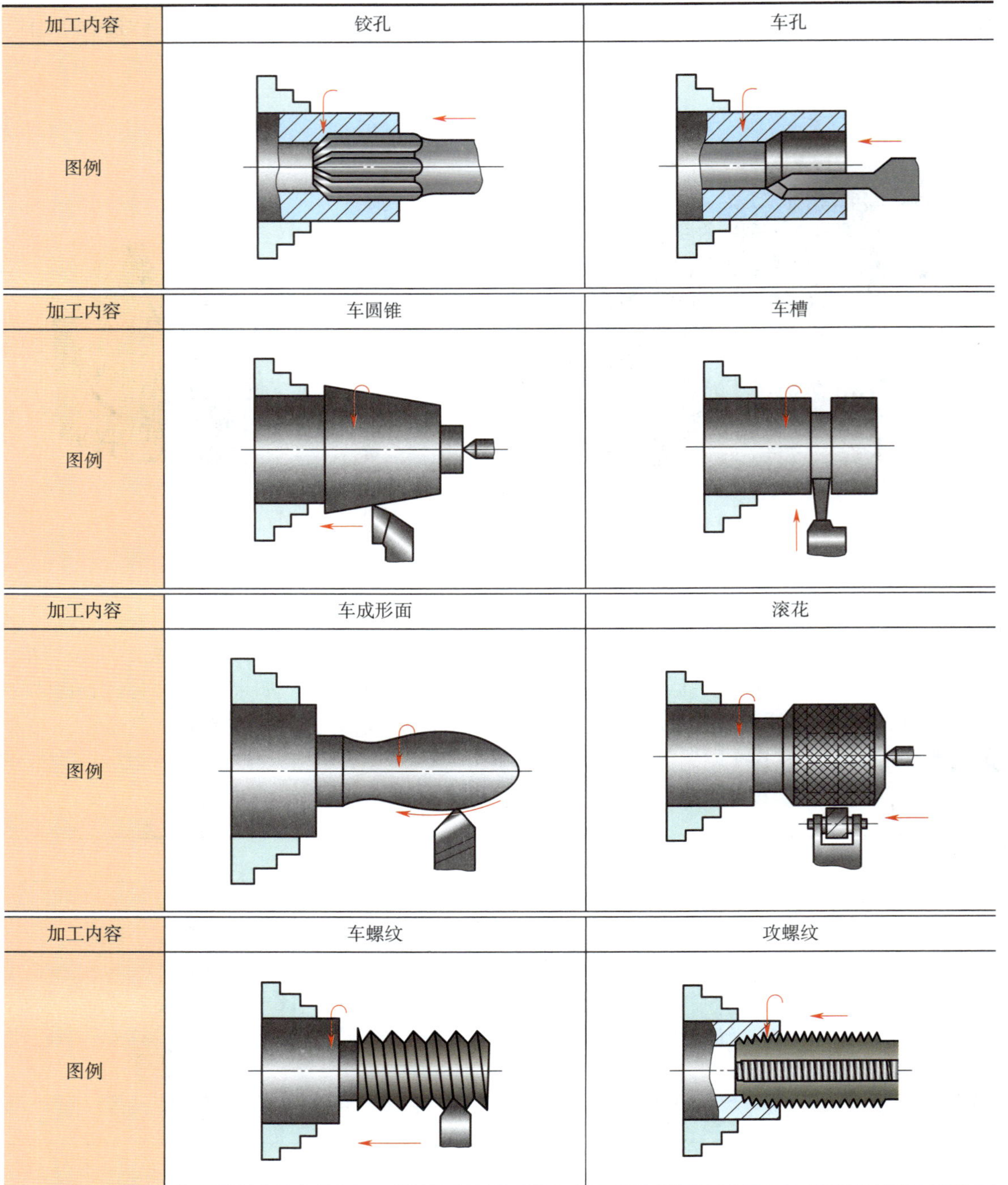

加工内容	铰孔	车孔
图例		
加工内容	车圆锥	车槽
图例		
加工内容	车成形面	滚花
图例		
加工内容	车螺纹	攻螺纹
图例		

2. 车削的工艺特点

与机械制造业中的钻削、铣削、磨削等加工方法相比较，车削有如下工艺特点：

（1）车削适合于加工各种内、外回转表面。车削的加工精度范围为 IT13 ~ IT6，表面粗糙度值为 Ra12.5 ~ 1.6 μm。

（2）车刀结构简单，制造容易，刃磨及装拆方便，便于根据加工要求对刀具材料、几何参数进行合理选择。

（3）车削对工件的结构、材料、生产批量等有较强的适应性，因此应用广泛。除可车削各种钢材、铸铁、有色金属外，还可以车削玻璃钢、夹布胶木、尼龙等非金属材料。对于一些不适合磨削的有色金属材料可以采用金刚石车刀进行精细车削，能获得很高的加工精度和很小的表面粗糙度值。

（4）除毛坯表面余量不均匀外，绝大多数车削为等切削横截面的连续切削，因此，切削力变化小，切削过程平稳，有利于高速切削和强力切削，生产效率高。

§6-2　车床的工艺装备

工艺装备简称“工装”，是指产品制造过程中所用的各种工具总称，包括刀具、夹具、模具、量具、检具、辅具、钳工工具和工位器具等。其作用是保证加工质量，提高劳动生产率，改善劳动条件。

一、车床通用夹具

用以装夹工件（和引导刀具）的装置称为夹具。车床夹具有通用夹具和专用夹具两类。车床的通用夹具一般作为车床附件供应，且已经标准化。常见的车床通用夹具有卡盘、顶尖、中心架、跟刀架、花盘等。

1. 卡盘

卡盘是机床上用来夹紧工件的机械装置，是利用均布在卡盘体上的活动卡爪的径向移动，把工件夹紧和定位的机床附件。卡盘一般由卡盘体、活动卡爪和卡爪驱动机构三部分组成。卡盘体直径最小为 65 mm，最大可达 1 500 mm，中间有通孔，以便通过工件或棒料；背部有圆柱形或短锥形结构，直接或通过法兰盘与机床主轴端部相连接。按卡盘爪数，卡盘可以分为两爪卡盘、三爪卡盘、四爪卡盘、六爪卡盘和特殊卡盘，其中三爪卡盘和四爪卡盘最为常用。

三爪卡盘又称三爪自定心卡盘，如图 6–6 所示。其夹紧力较小，装夹工件方便、迅速，不需找正，具有较高的自动定心精度，特别适合于装夹轴类、盘类、套类等工件，但不适合于装夹形状不规则的工件。

四爪卡盘又称四爪单动卡盘，如图 6–7 所示。四爪卡盘有很大的夹紧力，其卡爪可以单独调整，因此特别适合装夹形状不规则的工件，但装夹较慢，需要找正，而且找正的精度主要取决于操作人员的技术水平。

2. 花盘

对于一些形状不规则的工件，不能使用三爪自定心卡盘和四爪单动卡盘装夹时，可使用花盘进行装夹，如图 6–8 所示。

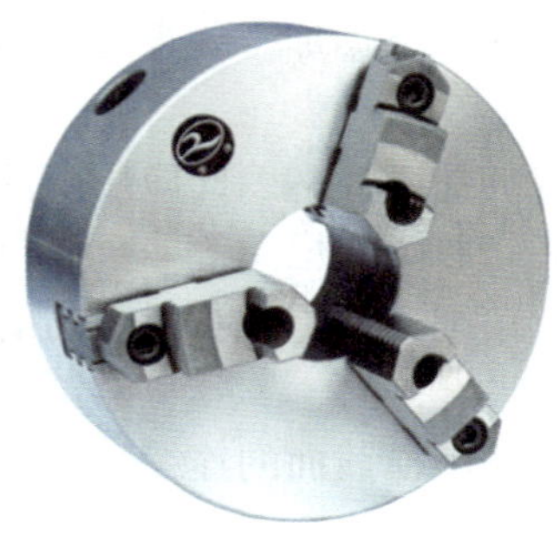

图 6-6　三爪自定心卡盘

图 6-7　四爪单动卡盘

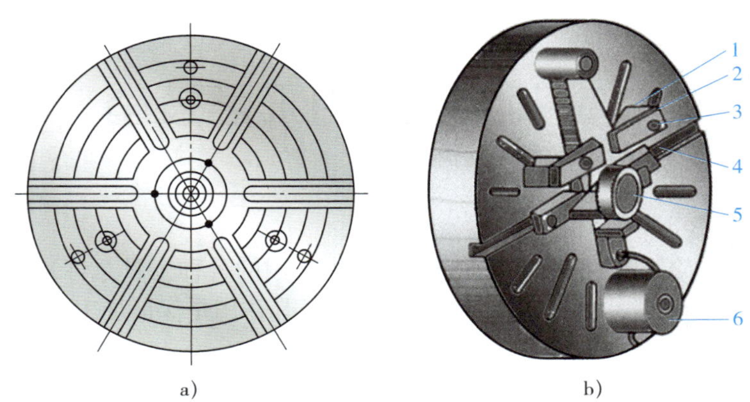

图 6-8　花盘及其应用

a）花盘　b）在花盘上装夹工件及其平衡

1—垫铁　2—压板　3—螺栓　4—螺栓槽　5—工件　6—平衡块

3. 顶尖、拨盘和鸡心夹头

对于细长的轴类工件一般可以用两种方法进行装夹：其一是用车床主轴的卡盘和车床尾座上的后顶尖装夹工件，如图 6-9 所示；其二是工件的两端均用顶尖装夹定位，利用拨盘和鸡心夹头带动工件旋转，如图 6-10 所示。前一种方法仅适合一次性装夹，进行多次装夹时很难保证工件的定位精度；后一种方法可用于多次装夹，并且不会影响工件的定心精度。

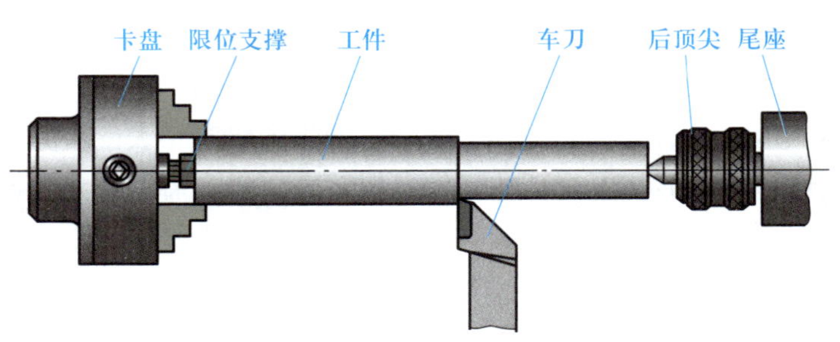

图 6-9　用卡盘和后顶尖装夹工件

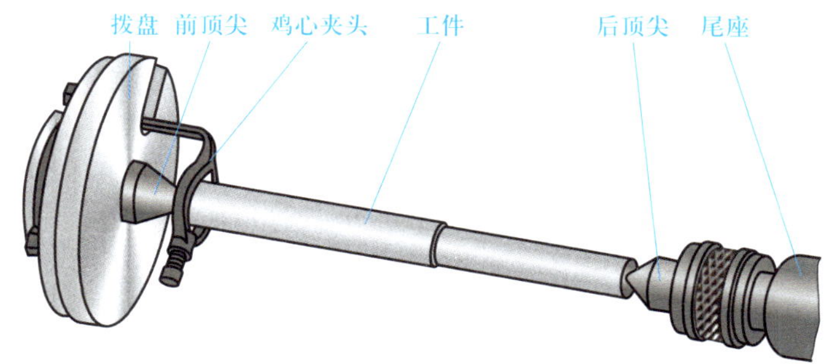

图 6-10　用前顶尖和后顶尖装夹工件

通用顶尖按结构可分为固定顶尖和回转顶尖，如图 6-11 所示。通用顶尖按安装位置可分为前顶尖（安装在主轴锥孔内）和后顶尖（安装在尾座锥孔内）；前顶尖都是固定顶尖，后顶尖可以是固定顶尖，也可以是回转顶尖。

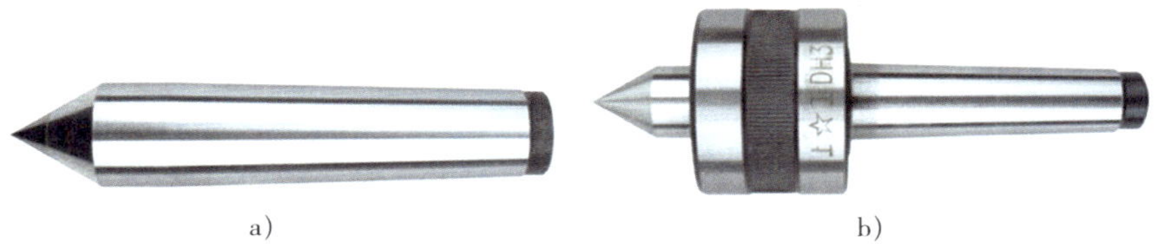

a）　b）

图 6-11　通用顶尖

a）固定顶尖　b）回转顶尖

拨盘与鸡心夹头的作用是当工件用两顶尖装夹时带动工件旋转，如图 6-10 所示。拨盘靠其上的螺纹装在车床的主轴上，带动鸡心夹头旋转；鸡心夹头则依靠其上的紧固螺钉拧紧在工件上，并一起带动工件旋转。

4. 中心架和跟刀架

在车削细长轴时，由于工件刚度差，在背向力及工件的自重作用下，工件会发生弯曲变形，产生振动，车削后会使工件形成两头细、中间粗的形状。为了防止发生这种现象，常使用中心架或跟刀架（图 6-12）作为辅助支撑，以增加工件的刚度。

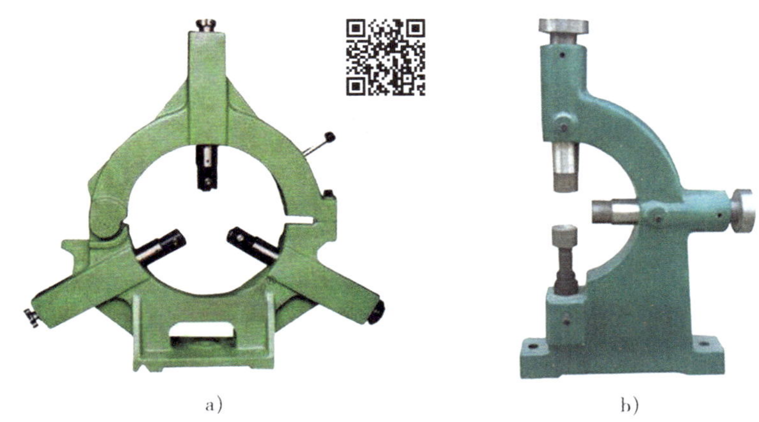

a）　b）

图 6-12　中心架和跟刀架

a）中心架　b）跟刀架

中心架固定在车床导轨上，由上下两部分组成，如图 6–13 所示。上半部分可以翻转，以便放入工件。中心架内有三个可以调节的径向支爪，支爪一般都是铜质的。

跟刀架固定在床鞍上并随床鞍一起移动，如图 6–14 所示。跟刀架有两个或三个支爪，车刀装在这两个或三个支爪的对面稍微靠前的位置，并依靠背向力及工件的自重作用使工件紧靠在两个或三个支爪上。

图 6–13 用中心架支撑车削细长轴

图 6–14 用跟刀架支撑车削细长轴

二、车刀

车削时，需根据不同的车削要求选用不同种类的车刀。根据车刀的形状及车削加工内容，常用车刀有外圆车刀、端面车刀、切断刀、内孔车刀、成形车刀和螺纹车刀等，其形状及用途见表 6–2。

表 6–2 车刀的种类、形状及用途

车刀种类	焊接式车刀	机夹车刀	用途	车削示例
90° 车刀（偏刀）			车削工件的外圆、台阶和端面	
75° 车刀			车削工件的外圆和端面	75°
45° 车刀（弯头车刀）			车削工件的外圆、端面或进行 45° 倒角	

续表

车刀种类	焊接式车刀	机夹车刀	用途	车削示例
切断刀			切断或在工件上车槽	
内孔车刀			车削工件的内孔	
成形车刀			车削工件的圆弧面或成形面	
螺纹车刀			车削螺纹	

三、工件在车床上的常用装夹方法

1. 用卡盘装夹

三爪自定心卡盘常用于装夹中小型工件、正方形或正六边形工件，由于能自动定心一般不需要找正。但在装夹较长的工件时，离卡盘夹持部分较远的工件回转中心不一定与车床主轴轴线重合，这时就需要对工件进行校正。粗加工时，可用划线盘校正毛坯表面，如图 6–15 所示；精加工时，可用百分表校正工件表面，如图 6–16 所示。

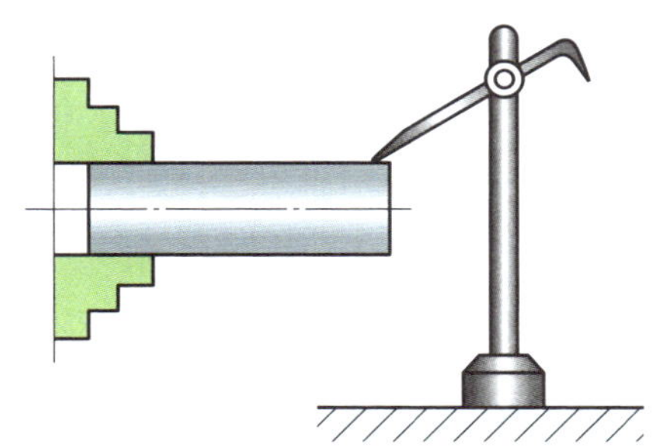

图 6–15　用划线盘校正轴类工件

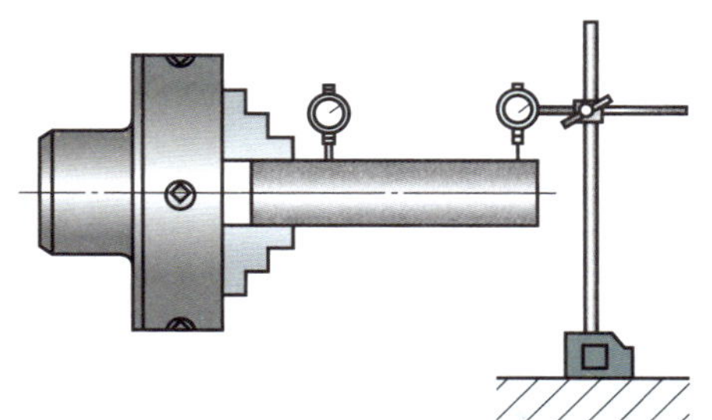

图 6–16　用百分表校正轴类工件

2. 用两顶尖及鸡心夹头装夹

用两顶尖及鸡心夹头装夹工件的方法，适用于多工序加工中重复定位精度较高的轴类零件的装夹，如图 6–17 所示。

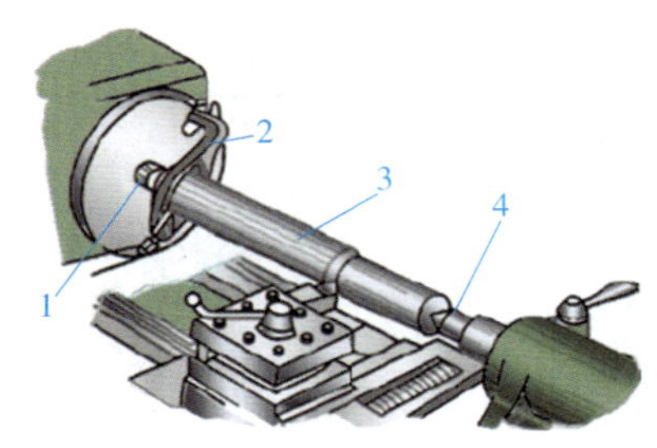

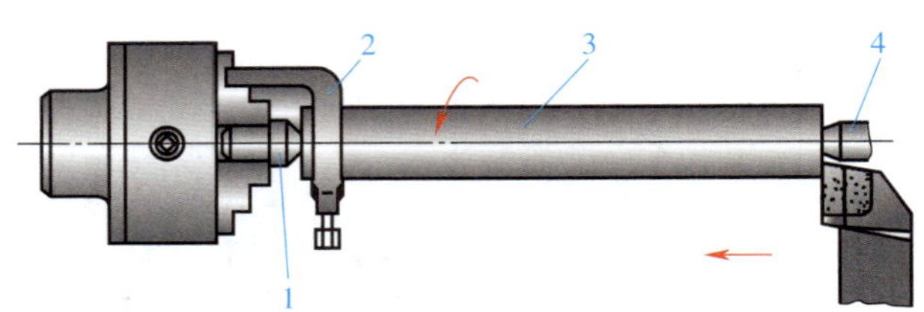

图 6–17　用两顶尖及鸡心夹头装夹工件

1—前顶尖　2—鸡心夹头　3—工件　4—后顶尖

这种装夹方式的定位基准是工件两端的中心孔，由于顶尖工作部位与工件的中心孔接触面较小，不宜承受大的切削力，所以主要用于精加工。

3. 一夹一顶装夹

工件一端用卡盘装夹，另一端用后顶尖支撑的方法称为一夹一顶装夹。这种装夹方法安全、可靠，可承受较大的轴向切削力，适用于粗加工和较大轴类工件的装夹。但在加工质量大、长度长的工件时，掉头、校正较困难。

采用这种装夹方式时要防止工件在轴向切削力作用下的轴向窜动，其方法有两种：一是在卡盘内装一个轴向限位支撑；二是在工件被夹持部位车削一个长 10 ~ 20 mm 的工艺台阶作为限位支撑，如图 6–18 所示。

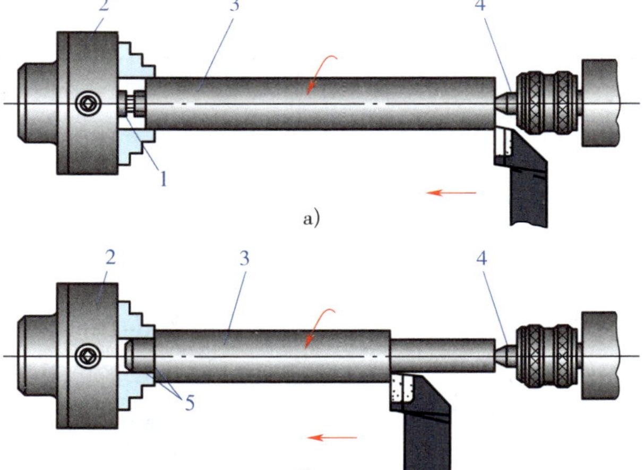

图 6–18　一夹一顶装夹

a）用限位支撑　b）用工件的台阶限位

1—限位支撑　2—卡盘　3—工件　4—后顶尖　5—台阶

4. 用中心架、跟刀架辅助装夹

在加工细长轴类工件（如光杠、丝杠等）时，由于工件的刚度较差，在加工过程中容易产生弯曲变形，为防止这种情况的发生，常使用中心架或跟刀架辅助装夹工件。

中心架多用于带台阶的细长轴外圆加工，使用时根据工件的结构尺寸固定于床身的适当位置，以增加工件的刚度。中心架还可用于较长轴的端部加工，如车端面、钻中心孔、钻孔、车孔等，如图 6–19 所示。

5. 用心轴装夹

如图 6–20 所示为用心轴装夹工件的情况。心轴的定位圆柱表面应具有很高的尺寸精度，心轴两端有中心孔，定位圆柱表面对中心孔公共轴线应有很高的位置精度。工件内圆柱表面精加工尺寸精度越高，则加工的工件内、外圆表面的位置精度越高。

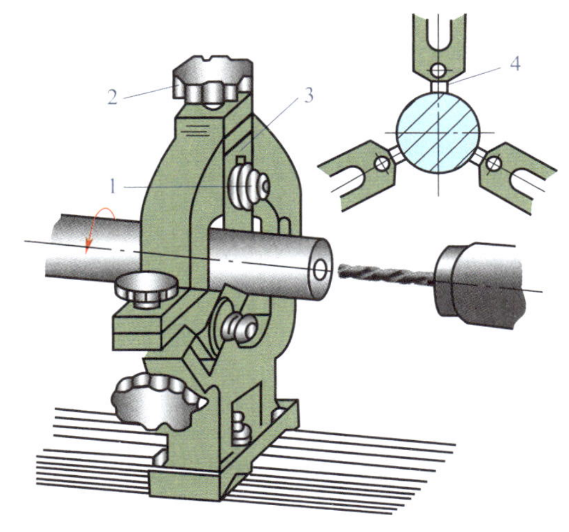

图 6–19 用中心架辅助装夹工件

1—紧固螺钉 2—调整螺钉 3—上盖 4—支撑爪

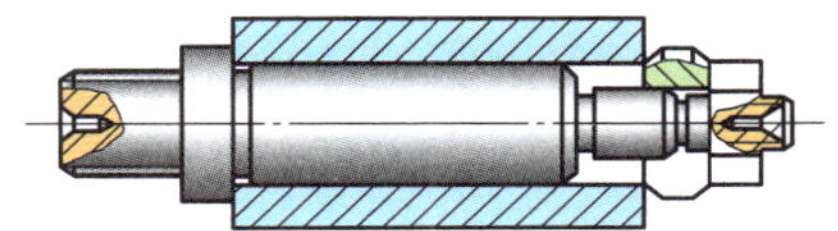
图 6–20 用心轴装夹工件

6. 用花盘、角铁装夹

当工件的形状不规则用其他方法不便装夹时，可用花盘或角铁装夹。这类工件一般都有一个较大的平面，可用作在花盘或角铁上确定其位置的基准面。

当工件被加工表面的轴线要求与基准面垂直时，用花盘装夹，如图 6–21 所示。

当工件被加工表面的轴线要求与基准面平行时，用安装在花盘上的角铁装夹，如图 6–22 所示。角铁也称弯板，铸造而成，通常有两个相互垂直的工作表面，其上有长短不一的通槽，用于连接螺栓通过。

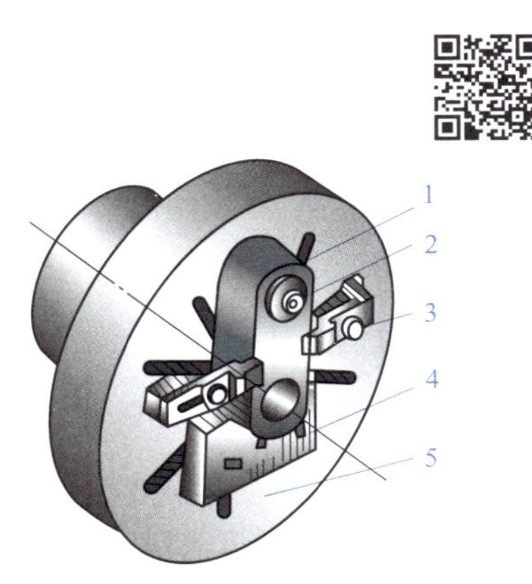

图 6–21 用花盘装夹工件

1—工件 2—压紧螺钉 3—压板 4—V 形架 5—花盘

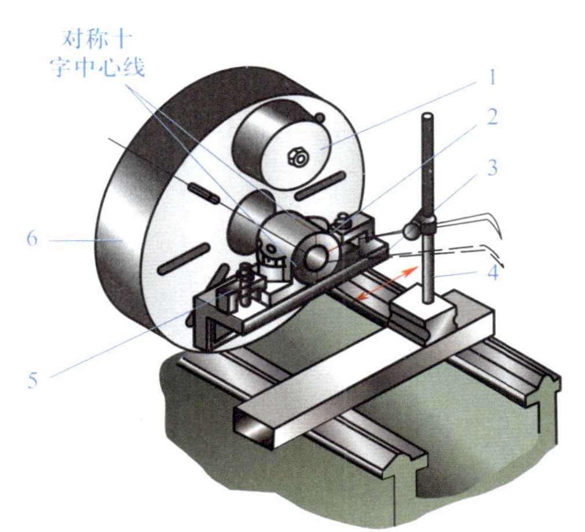

图 6–22 用角铁装夹工件

1—平衡铁 2—工件 3—角铁 4—划线盘 5—压板 6—花盘

用花盘或角铁装夹工件，应在花盘上适当位置安装平衡块，进行平衡找正，防止切削时产生振动，保证安全。

§6-3 车削工艺方法

一、车外圆、端面和槽

1. 车外圆

外圆车削是通过工件旋转和车刀做纵向进给运动来实现的，它是最常见、最基本的车削方法。工件常采用卡盘、顶尖等夹具装夹。常用的外圆车刀有 45° 弯头车刀、75° 外圆车刀、90° 偏刀。典型外圆车刀如图 6-23 所示。

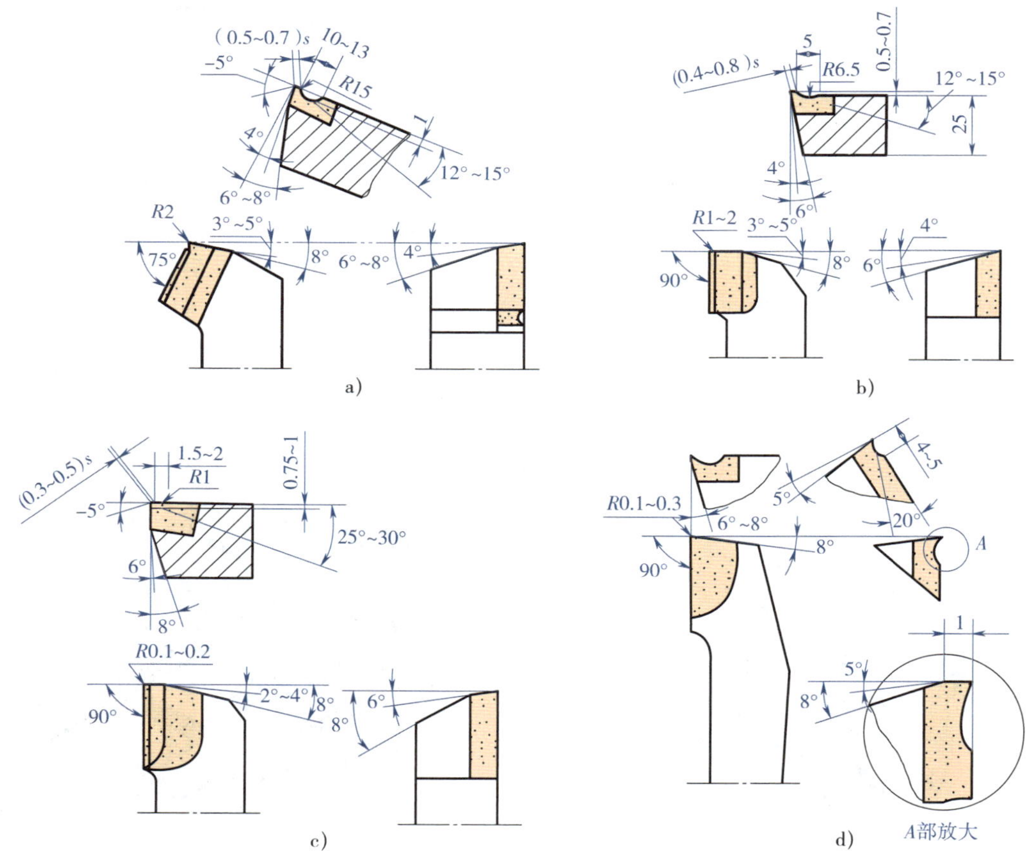

图 6-23 典型外圆车刀

a）75° 硬质合金粗车刀 b）90° 硬质合金粗车刀 c）90° 硬质合金精车刀 d）90° 硬质合金高速精车刀

根据车刀的几何形状、切削用量及精度要求，外圆车削可分为粗车、半精车、精车和精细车。外圆表面的车削步骤见表 6–3。

表 6–3　外圆表面的车削步骤

步骤	目的	常用刀具	夹具	切削用量	精度
粗车	改变毛坯的不规则形状，提高生产效率	75° 外圆粗车刀或 90° 偏刀	卡盘、顶尖、拨盘、鸡心夹头等	切削速度 v_c 较低 a_p=2 ~ 5 mm f=0.3 ~ 0.6 mm/r	IT12 ~ IT10
半精车	提高粗车后的表面精度和质量	可选较大角度的 γ_o、α_o，λ_s 为正的精车刀	卡盘、顶尖、拨盘、鸡心夹头等	为以后工序留 0.2 ~ 1 mm 的余量	IT10 ~ IT9
精车	保证尺寸精度和几何精度，尽量减少工艺系统变形	低速精车时选用高速钢宽刃精车刀；高速精车时选用硬质合金车刀（45° 弯头车刀和 90° 偏刀）	卡盘、顶尖、拨盘、鸡心夹头等	切削速度 v_c 高 a_p<0.15 mm f<0.1 mm/r	IT9 ~ IT8
精细车	进一步提高加工质量	金刚石刀具	卡盘、顶尖、拨盘、鸡心夹头等	切削速度 v_c 较高（可达 160 m/min） 背吃刀量小，f=0.02 ~ 0.1 mm/r	IT6 ~ IT5

2. 车端面

车端面时，工件回转做主运动，车刀做垂直于工件轴线的横向进给运动。车端面常用的刀具有 90° 偏刀、75° 外圆车刀或 45° 弯头车刀。车端面时，刀尖必须保证与工件轴线等高，否则端面中心会留下凸起的剩余材料。为了防止床鞍因间隙或误操作发生纵向位移而影响端面的平面度，应锁定床鞍的位置。

用 90° 偏刀车端面时，车刀由工件外缘向中心进给，若背吃刀量 a_p 较大，切削抗力会使车刀扎入工件而形成凹面，如图 6–24a 所示；如果切削余量较大，此时可改从中心向外缘进给，但背吃刀量 a_p 较小，如图 6–24b 所示。用 45° 弯头车刀车端面，可由工件外缘向中心车削，如图 6–24c 所示，也可由中心向外缘车削，如图 6–24d 所示。75° 端面车刀的刀头强度高，适用于大背吃刀量、大端面的车削。

3. 车槽

在车床上可以车外槽、内槽和端面槽，其工作原理如图 6–25 所示。车槽时工件的装夹与车外圆相同。车槽时的切削速度与车外圆相同，进给量根据切削刃宽度和工件刚度适当选择，以不产生振动为宜。车外圆沟槽的方法见表 6–4。

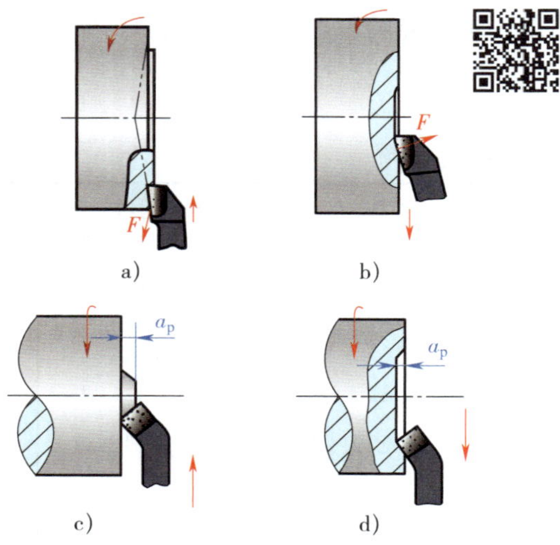

图 6–24 车端面的方法

a）90° 偏刀由外向中心进刀 b）90° 偏刀由中心向外进刀

c）45° 弯头车刀由外向中心进刀 d）45° 弯头车刀由中心向外进刀

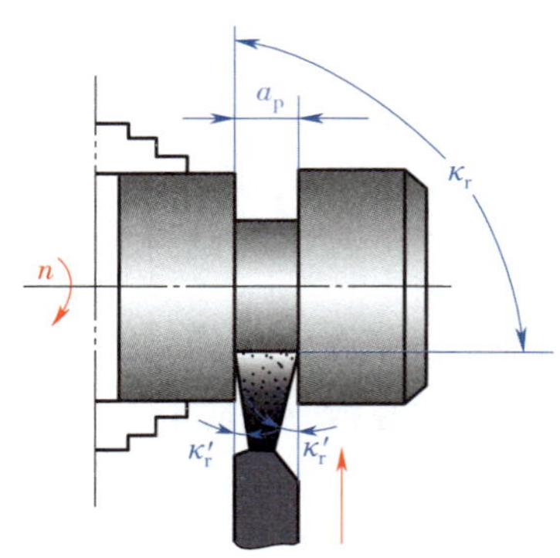

图 6–25 车槽工作原理

表 6–4 车外圆沟槽的方法

方法	图例	说明
直进法车矩形槽		车精度不高且宽度较窄的矩形槽时，可用刀宽等于槽宽的切断刀，采用直进法一次进给车出
宽矩形槽的车削		车削较宽的矩形槽时，可用多次直进法车削，并在槽壁两侧留有精车余量，然后根据槽深和槽宽精车至尺寸要求
圆弧形槽的车削		车削较小的圆弧形槽时一般以成形刀一次车出。较大的圆弧形槽可用双手联动车削，用样板检查及修整

续表

方法	图例	说明
V 形槽的车削	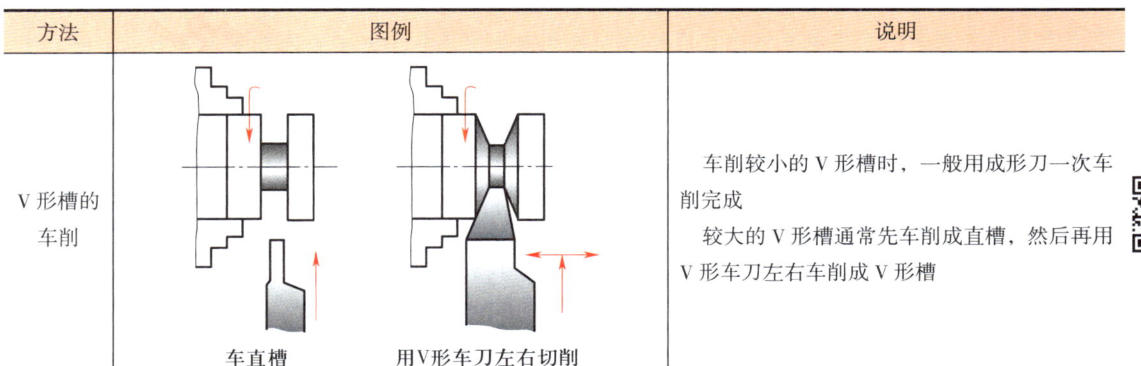	车削较小的 V 形槽时，一般用成形刀一次车削完成 较大的 V 形槽通常先车削成直槽，然后再用 V 形车刀左右车削成 V 形槽

二、车圆锥

1. 圆锥的组成

圆锥各部分名称如图 6–26 所示。D 为圆锥大端直径，d 为圆锥小端直径，L 为锥体部分长度（最大直径与最小直径间的垂直距离），α 为圆锥角（圆锥角是在通过圆锥轴线的截面内两条素线的夹角），$\alpha/2$ 为圆锥半角，C 为锥度（圆锥大、小端直径之差与长度之比），锥度一般用比例或分数形式表示，如 1 : 7 或 1/7，公式表达为

$$C=\frac{D-d}{L}$$

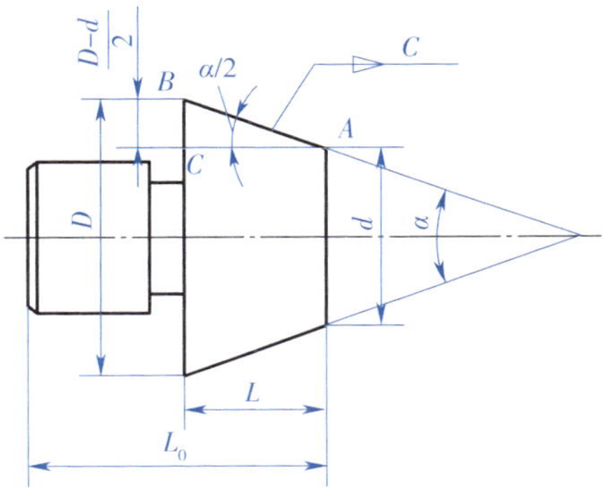

图 6–26　圆锥各部分名称

2. 车外圆锥的方法

车外圆锥必须满足的条件是：刀尖与工件轴线必须等高；刀尖在进给运动中的轨迹是一直线，且该直线与工件轴线的夹角等于圆锥半角 $\alpha/2$。在车床上车外圆锥的方法主要有四种。

（1）宽刃刀车削法

宽刃刀车外圆锥，实质上属于成形法车削，即用成形刀具对工件进行加工。它是在车刀装夹时，把主切削刃与主轴轴线的夹角调整到与工件的圆锥半角 $\alpha/2$ 相等后，采用横向进给的方法加工出外圆锥，如图 6–27 所示。

宽刃刀车外圆锥时，切削刃必须平直，刃倾角 λ_s 应为 0°，车床、刀具和工件等组成的工艺系统必须具有较高的刚度；而且背吃刀量应小于 0.1 mm，切削速度宜低些，否则容易引起振动。

宽刃刀车削法主要适用于较短圆锥的精车工序。当工件的圆锥表面长度大于切削刃长度时，可以采用多次接刀的方法加工，但接刀处必须平直。

（2）转动小滑板法

将小滑板沿顺时针或逆时针方向偏转一个等于圆锥半角 $\alpha/2$ 的角度，使车刀沿小滑板导轨的运动轨迹与所需加工圆锥在水平轴平面内的素线平行，配合双手不间断地均匀转动小滑板手柄，车出圆锥，如图 6–28 所示。

转动小滑板法车圆锥只适用于单件、小批量生产。

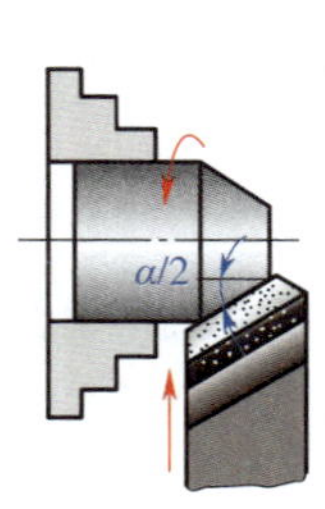

图 6–27　宽刃刀车外圆锥

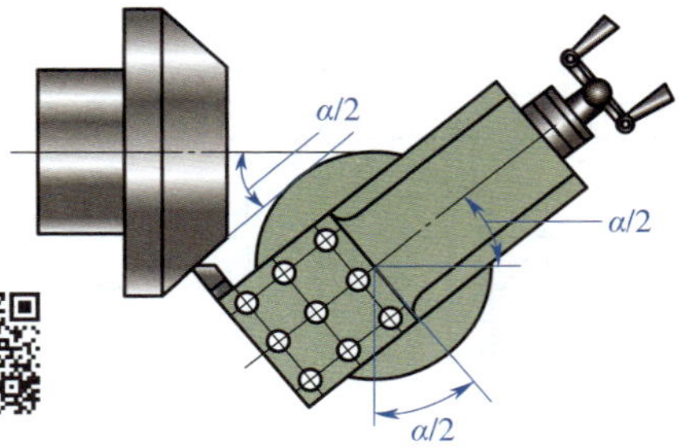

图 6–28　转动小滑板法车外圆锥

（3）偏移尾座法

将尾座上层滑板横向偏移一个距离 S，使前、后两顶尖连线与车床主轴轴线相交成一个等于圆锥半角 $\alpha/2$ 的角度，工件用两顶尖装夹，当床鞍带着车刀沿着平行于主轴轴线方向移动切削时，即可车出圆锥角为 α 的外圆锥，如图 6–29 所示。

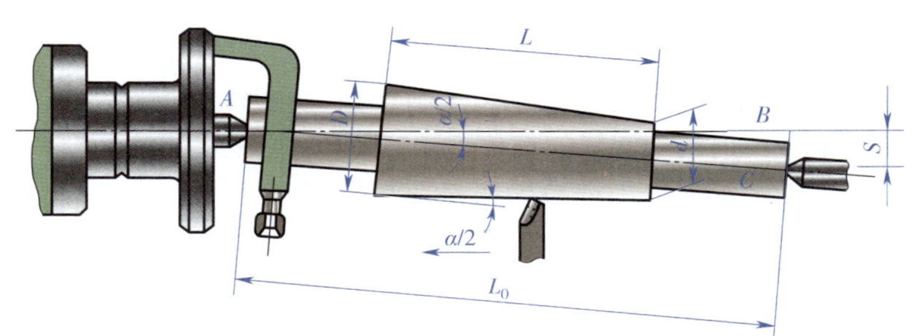

图 6–29　偏移尾座法车外圆锥

尾座横向偏移的距离 S 按下式计算：

$$S \approx L_0 \tan\frac{\alpha}{2} = L_0 \times \frac{D-d}{2L} \quad 或 \quad S = \frac{C}{2} L_0$$

式中　S——尾座偏移量，mm；

L_0——工件全长（或两顶尖间距离），mm；

α——圆锥角，(°)；

D——圆锥最大直径，mm；

d——圆锥最小直径，mm；

L——圆锥长度，mm；

C——圆锥锥度。

偏移尾座法车圆锥适宜于加工锥度小、锥体较长、精度不高的外圆锥，受尾座偏移量的限制，不能加工锥度较大的圆锥。

（4）仿形（靠模）法

使用靠模装置，使车刀在纵向进给的同时，相应做横向进给，由两个方向进给的合成运动使车刀刀尖的轨迹与工件轴线所成的夹角等于圆锥半角 $\alpha/2$，即可车出圆锥，如图 6–30 所示。

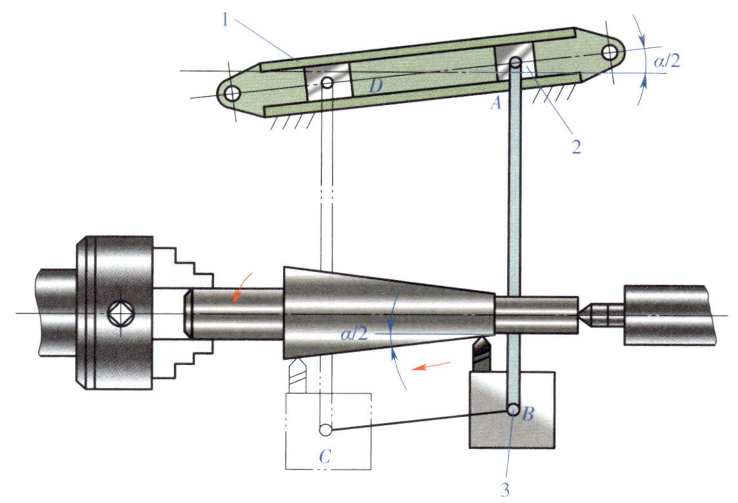

图 6-30　仿形（靠模）法车圆锥

1—基座　2—夹头　3—紧固螺钉

仿形（靠模）法可以机动进给车削内、外圆锥，锥体长短不受太大的限制。但不能车削较大圆锥角的工件，一般圆锥半角 $\alpha/2$ 应小于 12°。

三、车成形面

用成形车刀或用车刀按成形法或仿形法等车削工件的成形面称为车成形面。在车床上加工的成形面都是工件表面素线为曲线的回转面。常见的成形面有圆球面、橄榄形曲面等，如图 6-31 所示。

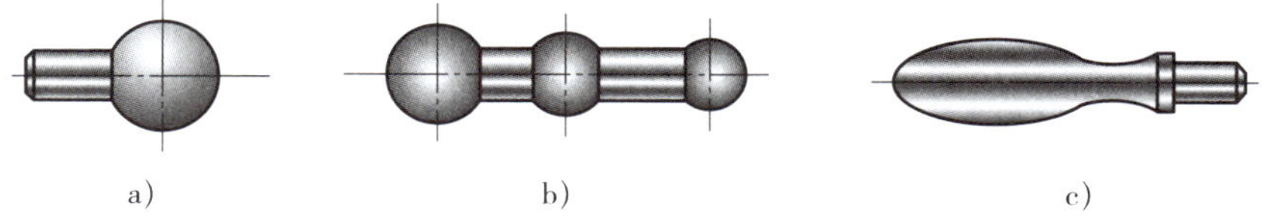

图 6-31　带有成形面的手柄

a）单球手柄　b）三球手柄　c）橄榄球手柄

成形面的车削方法主要有双手控制法、成形法和仿形法。

1. 双手控制法

使用普通车刀，用双手控制中滑板、小滑板或者控制中滑板与床鞍的合成运动，使刀尖的运动轨迹与工件表面素线形状相吻合，从而实现成形面的车削，如图 6-32 所示。车削过程中应随时用成形样板检验，并进行修整。

双手控制法车成形面的特点是灵活、方便，不需要其他辅助工具，但要求操作工人有较高的技术水平，生产效率低，加工精度不高，劳动强度大，只适用于单件或数量较少的、精度要求不高的成形面工件车削。

2. 成形法

成形法即样板刀车削法。样板车刀的切削刃形状与工件表面素线形状吻合，车削成形面时，工件做回转运动，样板车刀只做横向进给运动，如图 6-33 所示。

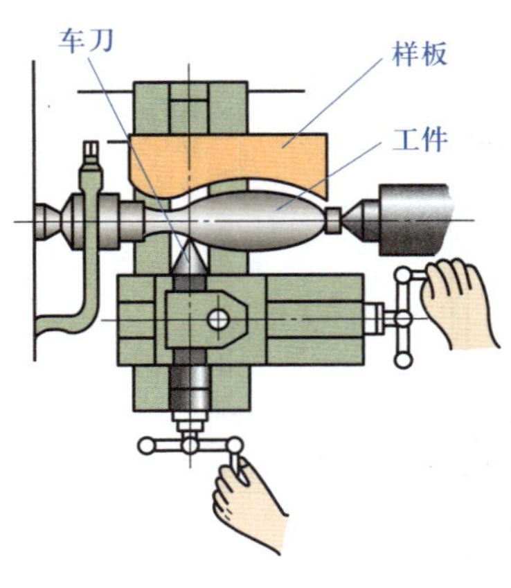

图 6–32　双手控制法车成形面

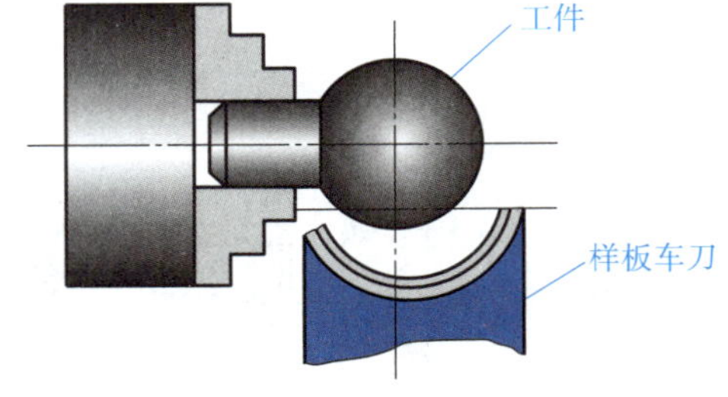

图 6–33　成形法车削

用样板车刀车削，其切削刃与工件表面的接触线较长，切削时容易引起振动，因此工件转速应低，进给量应小。用样板车刀车削成形面，加工质量稳定，但样板车刀制造成本高，宜用于成批生产。

3. 仿形法

刀具按照仿形装置进给对工件进行加工的方法称为仿形法。仿形法车成形面是一种加工质量好、生产效率高的先进车削方法，特别适合质量要求较高、批量较大的生产。下面介绍两种尾座靠模仿形法。

（1）靠模仿形法之一

车床上常用的简单靠模装置如图 6–34 所示。拆除中滑板丝杠，使小滑板转过 90°，以代替中滑板横向进给。靠模板由托脚固定在床身上，滚柱固定在中滑板的接长板上，并在弹簧力或重力作用下使滚柱始终紧贴在靠模板的曲面上，适当调整小滑板控制刀尖到工件回转

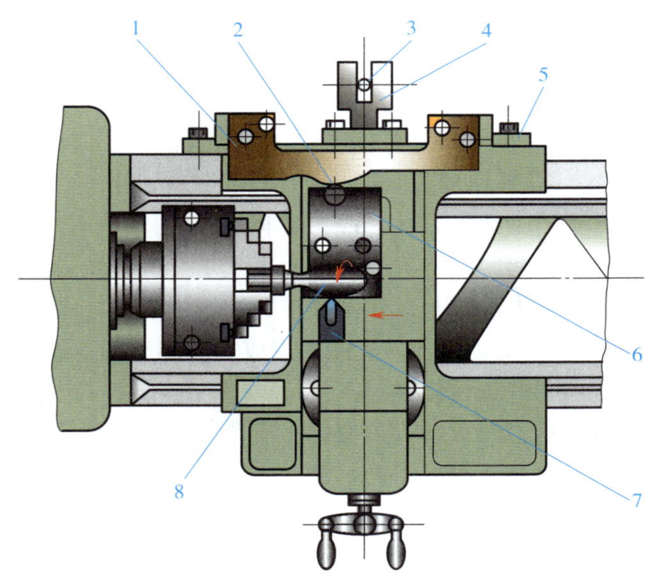

图 6–34　靠模仿形法之一

1—靠模板　2—滚柱　3—吊重锤　4、5—托脚　6—中滑板接长板　7—车刀　8—手柄（工件）

中心的距离，当床鞍做纵向移动时，在滚柱沿靠模板做曲线运动的同时，刀尖就车削出与靠模板轨迹完全相同的工件。此法适合于切削力不大的有色金属及成形面零件的精加工。

（2）靠模仿形法之二

这种靠模仿形法车成形面的方法与用靠模车圆锥的方法大体相同。不同的是须将带有曲线槽的靠模代替锥度靠模板，并将滚柱代替滑块。与车圆锥类似须抽去中滑板丝杠并将小滑板转过90°，再横向进刀，如图 6–35 所示。这种方法操作方便、生产效率高、质量稳定可靠，但只适合加工成形面起伏较平稳的工件。

图 6–35　靠模仿形法之二

1—滚柱　2—靠模板

四、车螺纹

在各种机械产品中，带有螺纹的零件应用广泛。螺纹种类较多，按其牙型特征可分为三角形螺纹、梯形螺纹、矩形螺纹、锯齿形螺纹等。加工螺纹时，必须保证正确的牙型、准确的螺距和中径。螺纹车刀切削部分的几何形状必须与被加工螺纹的牙型完全一样，以保证正确的牙型。螺纹的加工方法很多，其中用车削的方法加工螺纹是最常用的方法之一。下面以应用最普遍的牙型角 α 为 60° 的三角形螺纹为例，介绍螺纹车削的要点。

1. 螺纹车刀

螺纹车刀按其切削部分材质不同有高速钢螺纹车刀和硬质合金螺纹车刀两种。高速钢车刀刃磨方便，切削刃锋利，韧性好，车削时刀尖不易崩裂，车出螺纹的表面粗糙度值小。但其耐热性差，不宜高速车削，常用于低速切削，加工塑性材料的螺纹或作为螺纹精车刀。硬质合金车刀硬度高，耐磨性好，耐热性好，常用于高速切削，加工脆性材料螺纹，其缺点是抗冲击能力差。

图 6–36 和图 6–37 所示分别为高速钢三角形外螺纹车刀和三角形内螺纹车刀。图 6–38 和图 6–39 所示分别为硬质合金三角形外螺纹车刀和三角形内螺纹车刀。

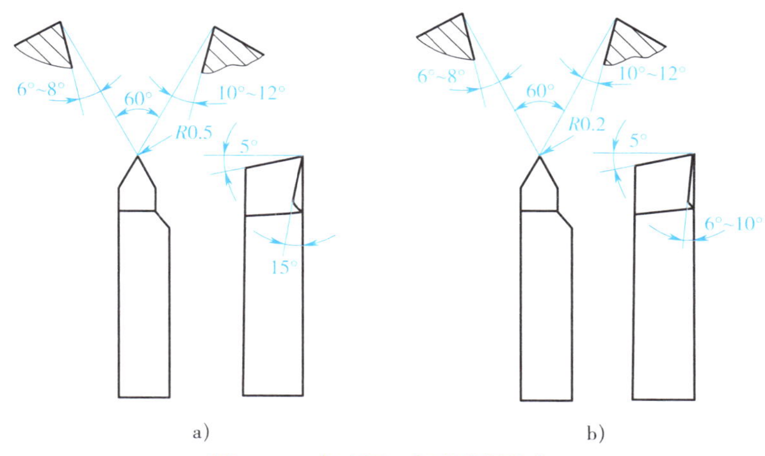

图 6–36　高速钢三角形外螺纹车刀

a）粗车刀　b）精车刀

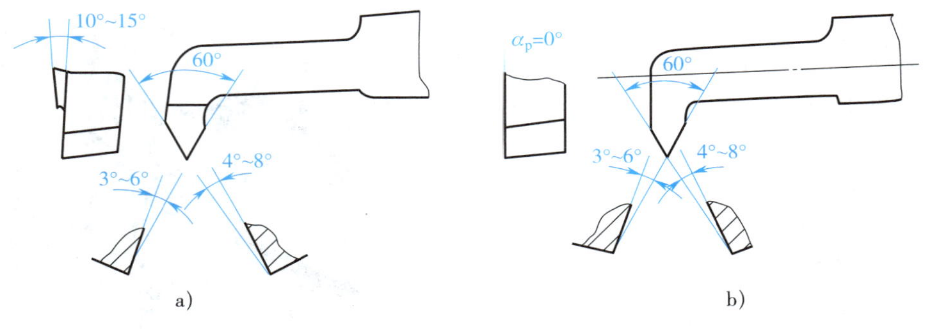

图 6–37　高速钢三角形内螺纹车刀

a）粗车刀　b）精车刀

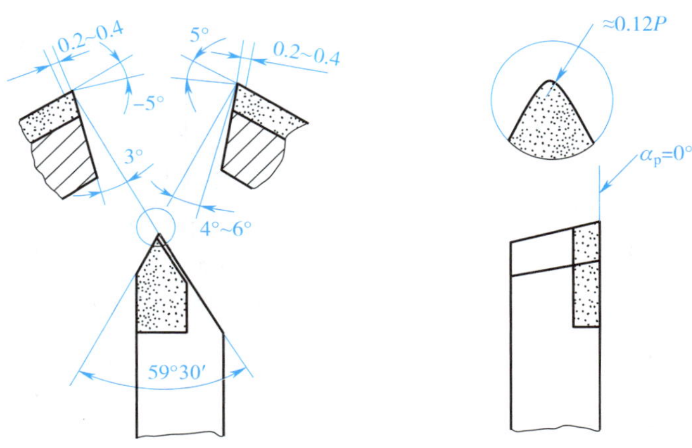

图 6–38　硬质合金三角形外螺纹车刀

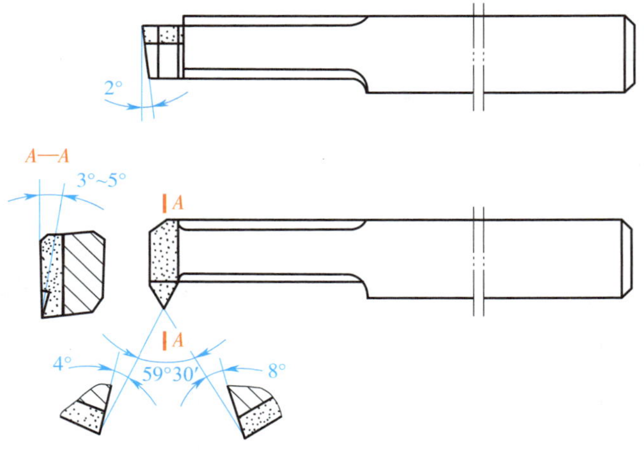

图 6–39　硬质合金三角形内螺纹车刀

螺纹车刀的刀尖角 ε_r 等于牙型角 α，ε_r=60°。螺纹车刀的正前角 γ_p 一般为 0° ~ 15°，粗车时，为了切削顺利，正前角可取得大一些，γ_p=5° ~ 15°；精车时，为了减小对牙型角的影响，正前角应取得小一些，γ_p=0° ~ 5°。正前角 γ_p 对牙型角的影响较大，γ_p 越大，车刀前面

上的刀尖角 ε_r' 就越小。当 $\gamma_p=10°\sim15°$ 时，ε_r' 约为 59°；当 $\gamma_p=0°$ 时，$\varepsilon_r'=\varepsilon_r=60°$。

2. 螺纹车刀的装夹

装夹螺纹车刀时，车刀刀尖应与车床主轴轴线等高，螺纹车刀两刀尖半角的对称中心线应与工件轴线垂直，装刀时可用螺纹对刀样板校正，如图 6–40 所示。如果对刀不准，将车刀装歪，会使车出的螺纹两牙型半角不相等，产生图 6–41 所示的歪斜牙型（俗称倒牙）。

外螺纹车刀伸出刀架的长度不宜过长，一般为刀柄厚度的 1.5 倍，为 25 ~ 30 mm。内螺纹车刀伸出刀架的长度大于内螺纹长度 10 ~ 20 mm，装夹好的内螺纹车刀应手动在螺纹底孔内试走一次，检查刀柄是否与底孔干涉，如图 6–42 所示。

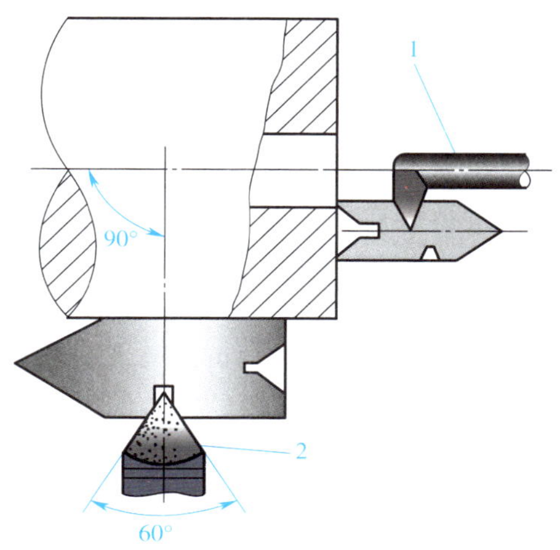

图 6–40　用螺纹对刀样板校正

1—内螺纹车刀　2—外螺纹车刀

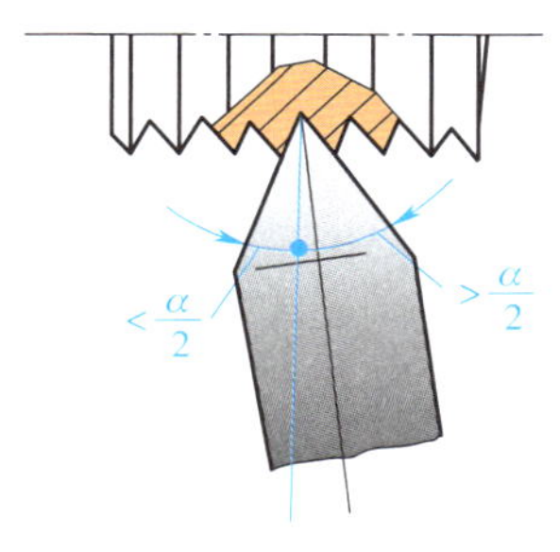

图 6–41　车刀装歪造成牙型歪斜

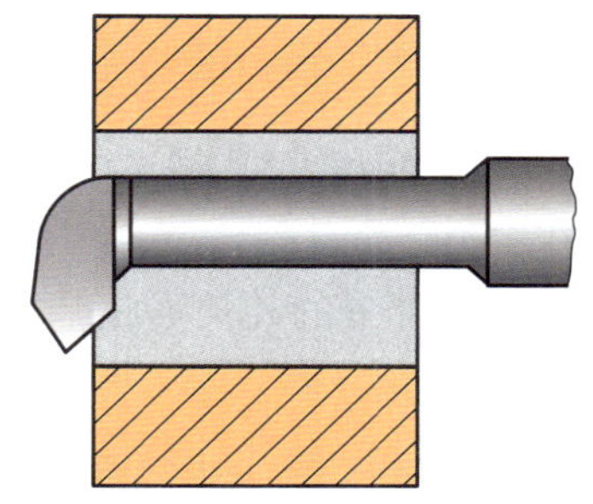
图 6–42　检查刀柄是否与底孔干涉

3. 螺距或导程的调整

为了保证工件每回转一周，车刀沿轴向移动一个螺距 P 或导程 P_h，必须使车床丝杠的转速 $n_{丝}$与工件的转速 $n_{工}$的比值等于工件的螺距 $P_{工}$（或导程 $P_{h工}$）与丝杠螺距 $P_{丝}$的比值，即

$$\frac{n_{丝}}{n_{工}}=\frac{P_{工}}{P_{丝}}\left(或\frac{P_{h工}}{P_{丝}}\right)$$

调整时，应根据螺距或导程的大小，查看车床进给箱上的铭牌，确定交换齿轮箱内交换齿轮的齿数，并按此要求挂好各齿轮，然后调整进给箱上各手柄到规定位置。螺纹正式车削前应先试进给，检查螺距或导程是否正确。

4. 车削方法

螺纹车削需要经过多次进刀和重复进给才能完成。螺距越大，进刀次数越多。每次进给时，必须保证车刀刀尖对准已车出的螺旋槽，否则已车出的牙型就可能被切去而使螺纹损坏，工件报废，这种现象称为乱牙。

粗车螺纹第一刀、第二刀时，车刀刚切入工件，总切削面积不大，可以选择较大的背吃刀量，以后每次进给的背吃刀量应逐步减小，精车时更小，以获得较高的螺纹表面质量。常采用的螺纹车削方法有提开合螺母法和开倒顺车法两种。

（1）提开合螺母法车螺纹

每次进给结束时，横向退刀，同时提起开合螺母，然后手动将溜板箱返回起始位置，调整好背吃刀量后，压下开合螺母再次进给车削螺纹，如此重复循环使总背吃刀量等于牙型深度，螺纹符合规定要求为止。车削过程中，每次提、压开合螺母应果断、有力。

这种方法车削螺纹可以节省车刀回程的辅助时间及减少丝杠的磨损，但只能用于车床丝杠螺距是工件螺纹螺距的整数倍时（不致产生乱牙现象）。

（2）开倒顺车法车螺纹

每次进给结束时，先快速横向退刀，随后开反车使工件和丝杠都反转，丝杠驱动溜板箱返回起始位置时，调整背吃刀量后，改为正车重复进给。

采用这种方法车削螺纹时，开合螺母始终与丝杠啮合，车刀刀尖相对工件的运动轨迹不变，即使丝杠螺距不是工件螺距的整数倍，也不会产生乱牙现象。但车刀回程时间较长，生产效率低，且丝杠容易磨损。

五、车孔

1. 内孔车刀的种类

根据不同的加工情况，内孔车刀可分为通孔车刀和盲孔车刀两种。

（1）通孔车刀

通孔车刀切削部分的几何形状基本上与外圆车刀相似，如图 6-43 所示。为减小径向切削抗力，防止车孔时振动，主偏角应取得大些，一般 κ_r=60° ~ 75°；副偏角 κ_r'=15° ~ 30°。为防止通孔车刀后面和孔壁的摩擦又不使后角磨得太大，一般磨成两个后角，如图 6-43 中的旋转剖视，其中 α_{o1} 取 6° ~ 12°，α_{o2} 取 30° 左右。

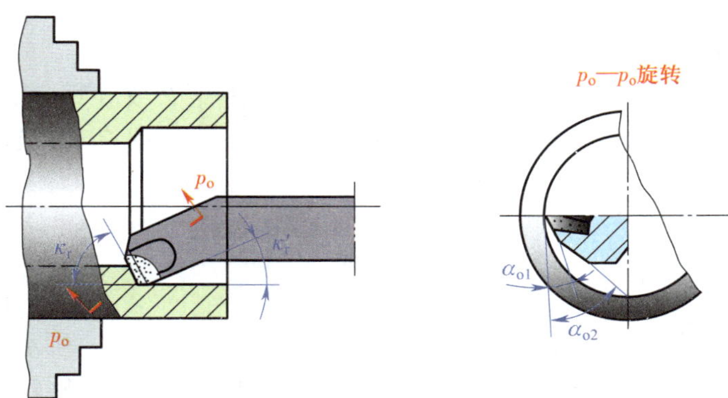

图 6-43　通孔车刀

（2）盲孔车刀

盲孔车刀用于车削盲孔或台阶孔，其切削部分的几何形状基本上与偏刀相似，如图 6-44 所示。盲孔车刀的主偏角大于 90°，一般 κ_r=92° ~ 95°。后角要求与通孔车刀相同。盲孔车刀刀尖到刀柄外侧的距离 a 应小于孔的半径 R，否则无法车平底孔的底面。

2. 车孔的关键技术

车孔的关键技术是解决内孔车刀的刚度和排屑问题。

（1）增加内孔车刀的刚度

1）尽可能增加刀柄的截面积。一般内孔车刀的刀尖位于刀柄的上面，刀柄的截面积较小，仅有内孔截面积的 1/4 左右（图 6–45a）。如果使内孔车刀的刀尖位于刀柄的中心线上，这样刀柄的截面积可达到最大程度（图 6–45b）。内孔车刀的后面如果刃磨成一个大后角（图 6–45c），刀柄的截面积必然减小。如果刃磨成两个后角（图 6–45d），或将后面磨成圆弧状，则既可防止内孔车刀的后面和孔壁摩擦，又可使刀柄的截面积增大。

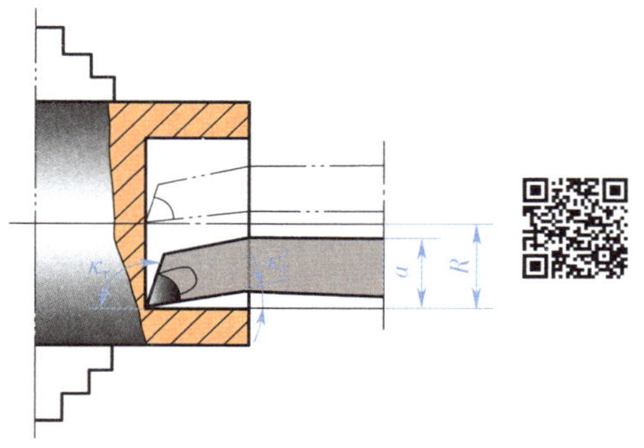

图 6–44　盲孔车刀

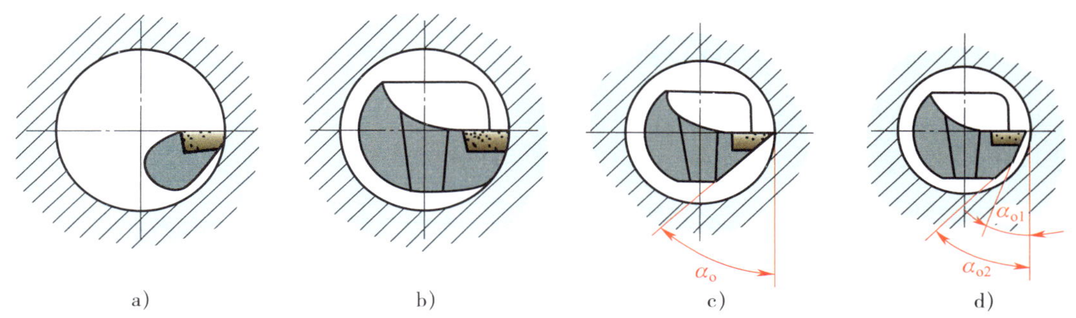

图 6–45　增加刀柄的截面积

a）刀尖位于刀柄的上面　b）刀尖位于刀柄的中心　c）一个大后角　d）两个后角

2）减小刀柄的伸出长度。刀柄伸出越长，内孔车刀刚度越低，容易引起振动。刀柄伸出长度只要略大于孔深即可。图 6–46 所示为一种刀柄长度可调节的内孔车刀。

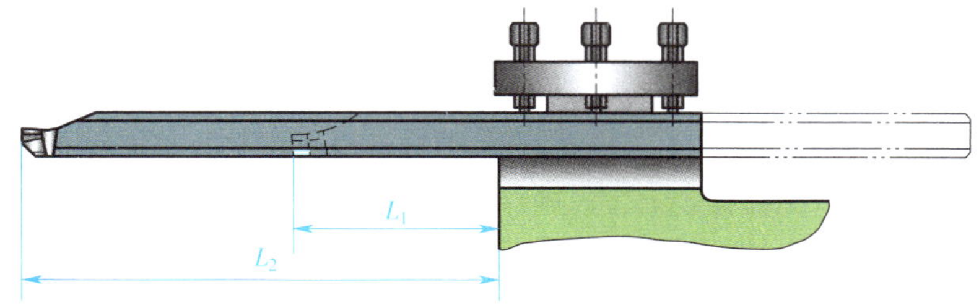

图 6–46　刀柄长度可调节的内孔车刀

（2）控制切屑流向

解决排屑问题主要是控制流出方向。精车孔时要求切屑流向待加工表面（前排屑），为此，采用正刃倾角的内孔车刀（图 6–47）。车削盲孔时采用负的刃倾角，使切屑向孔口方向排出，如图 6–48 所示。

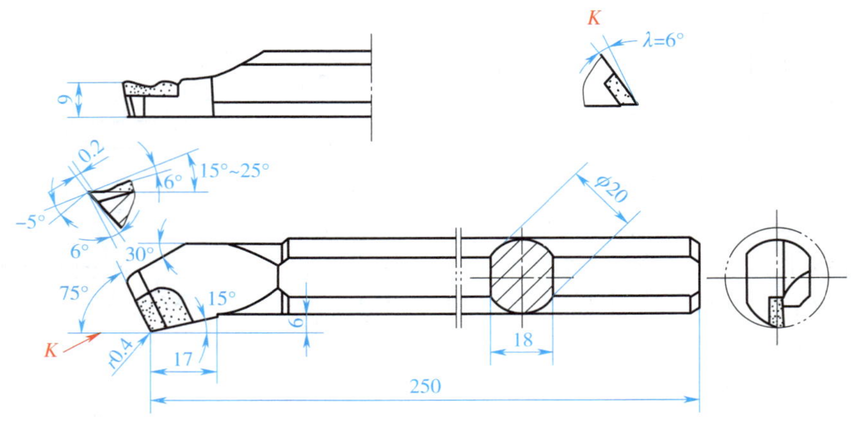

图 6–47　前排屑通孔车刀

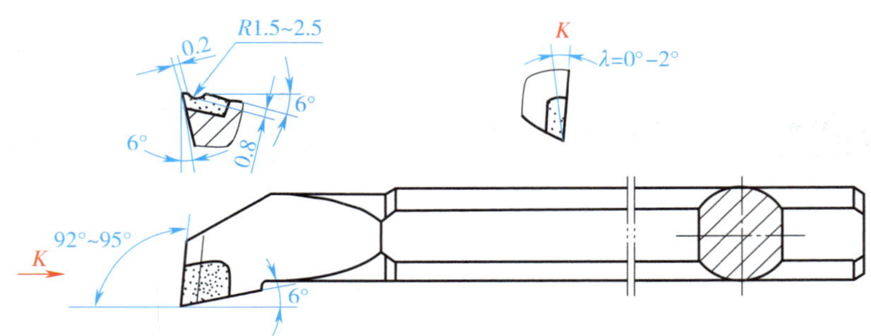

图 6–48　后排屑盲孔车刀

3. 车孔方法

装夹内孔车刀时应使内孔车刀刀柄与工件轴线基本平行，否则在车削到一定深度时刀柄的后半部分容易碰到工件孔口。车通孔和台阶孔时，内孔车刀的刀尖应与工件中心等高或稍高，如果刀尖低于工件中心，车削时在切削抗力作用下，容易将刀柄压低而产生扎刀现象，并可造成孔径扩大。车削平底盲孔时，盲孔车刀刀尖必须对准工件中心，且必须满足盲孔车刀刀尖到刀柄外侧的距离 a 小于孔的半径 R 的条件，否则无法车完孔底平面。内孔车刀伸出刀架的长度一般比被加工孔长 5 ~ 10 mm，不宜过长。内孔车刀装夹好后，在车孔前应先在孔内试走一遍，检查有无碰撞现象，以确保安全。

车孔方法基本上与车外圆方法相同，只是进刀与退刀的方向相反。此外，车孔时的切削用量应比车外圆时小些，特别是车小（直径）孔或深孔时，其切削用量应更小。

第七章

铣削与镗削

§7-1 铣 削

铣削是指铣刀旋转做主运动、工件或铣刀做进给运动的切削加工方法。铣削经济加工精度一般为 IT9 ~ IT7，表面粗糙度值一般为 Ra12.5 ~ 1.6 μm；精细铣削精度可达 IT5，表面粗糙度值可达 Ra0.2 μm。

一、铣床

铣床种类很多，常用的有卧式升降台铣床、立式升降台铣床和龙门铣床等。

1. 卧式升降台铣床

图 7-1 所示为卧式升降台铣床，其主轴位置是水平布置的，习惯上称为“卧铣”。床身固定在底座上，用于安装和支承机床各部件。床身内装有主运动变速传动机构、主轴部件以及操纵结构等。床身顶部的导轨上装有悬梁，可沿主轴轴线方向调整其前后位置，悬梁上装有刀杆支架，用于支承刀杆的悬伸端。升降台安装在床身的垂直导轨上，可垂直上下移

图 7-1 卧式升降台铣床

1—床身 2—悬梁 3—主轴 4—悬梁支架 5—工作台 6—滑鞍 7—升降台 8—底座

动，升降台内装有进给运动变速传动机构及操纵机构等。升降台水平导轨上的滑鞍可沿平行于主轴轴线方向（横向）移动，工作台可沿垂直于主轴轴线方向（纵向）移动。

卧式升降台铣床主要用于加工平面、沟槽和成形面，适于单件和成批生产。

万能升降台铣床的结构与一般卧式升降台铣床基本相同，只是在工作台与滑鞍之间增加了一层转台。转台可相对滑座在水平面内调整一定的角度（通常允许回转范围是 ±45°），使工作台的运动轨迹与主轴成一定角度，以便加工螺旋槽等表面。

2. 立式升降台铣床

图 7–2 所示为立式升降台铣床。立式升降台铣床与卧式升降台铣床的主要区别在于它的主轴是垂直安装的，可用立铣头代替卧式升降台铣床的水平主轴、悬梁、刀杆及其支承部分，其他部分与卧式升降台铣床相似。

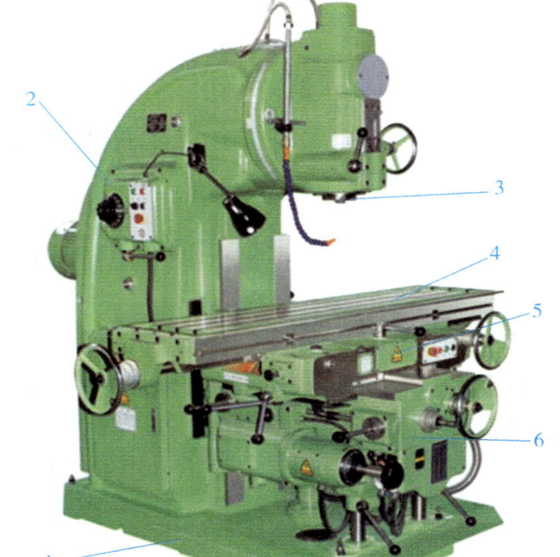

图 7–2　立式升降台铣床

1—底座　2—床身　3—主轴　4—工作台　5—滑座　6—升降台

立式升降台铣床可用于加工平面、沟槽、台阶，旋转立铣头可铣削斜面，若机床上采用分度头或圆形工作台，还可以铣削齿轮、凸轮以及铰刀和钻头等的螺旋面，在模具加工中，立式铣床最适宜加工模具型腔和凸模成形面。

3. 龙门铣床

图 7–3 所示为龙门铣床。龙门铣床有一个龙门式的框架，在机床的横梁和立柱上安装了铣头，通用的龙门铣床一般有 3 ~ 4 个铣头。每个铣头都是一个独立的运动部件，铣刀旋转为主运动。工作台在铣削时沿床身上的导轨做直线进给。工作时，调整工作台侧面 T 形槽内的撞块，可使工作台实现自动循环运动。铣头可沿自身轴线轴向移动。龙门铣床上可以用多把铣刀同时加工工件的几个平面，可对工件进行粗铣、半精铣及精铣，所以其生产效率较高，适用于大型工件加工。

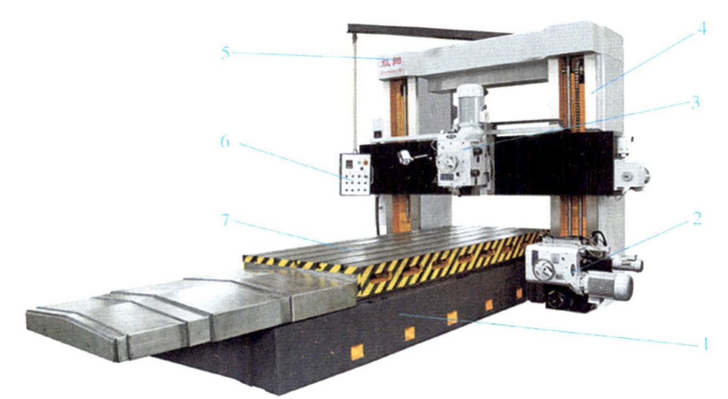

图 7–3 龙门铣床

1—床身 2—侧铣头 3—立铣头 4—立柱 5—横梁 6—操纵箱 7—工作台

二、铣床的加工范围和铣削加工的特点

1. 铣床的加工范围

在铣床上使用各种不同的铣刀，可以完成平面（平行面、垂直面、斜面）、台阶、槽（直角槽、V 形槽、T 形槽、燕尾槽等）、特形面和切断等加工；配合分度头等铣床附件，还可以完成花键轴、齿轮、螺旋槽等加工。在铣床上还可以进行钻孔、铰孔和铣孔等工作。表 7–1 为铣削加工的典型内容。

表 7–1 铣削加工的典型内容

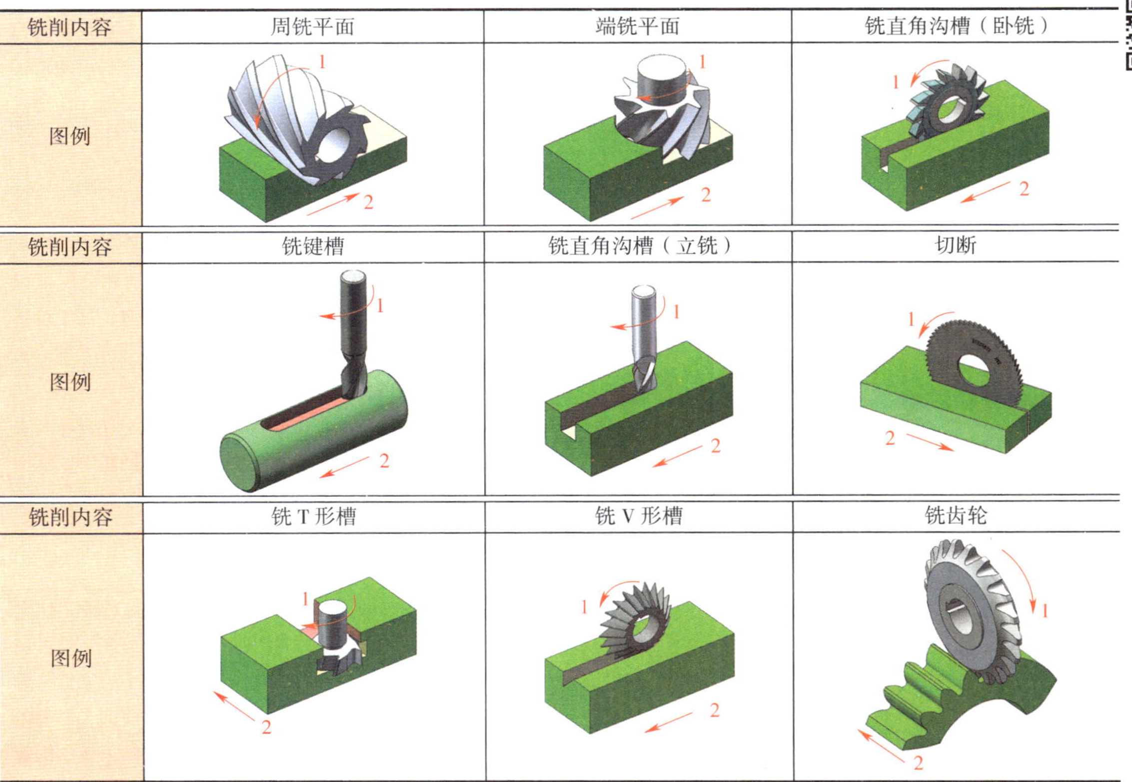

铣削内容	周铣平面	端铣平面	铣直角沟槽（卧铣）
图例			
铣削内容	铣键槽	铣直角沟槽（立铣）	切断
图例			
铣削内容	铣 T 形槽	铣 V 形槽	铣齿轮
图例			

注：1—主运动，2—进给运动。

2. 铣削加工的特点

（1）铣削在金属切削加工中是仅次于车削的加工方法。以铣刀的旋转运动为主运动，切削速度较高，加工位置调整方便，除加工狭长平面外，其生产效率均高于刨削。

（2）采用多刃刀具加工，刀齿轮换切削，刀具冷却效果好，刀具寿命长。铣削时，切削力是变化的，会产生冲击或振动，影响加工精度和工件表面粗糙度。

（3）铣床加工生产效率高，加工范围广，铣刀种类多，适应性强，且具有较高的加工精度。

（4）适于加工平面类及沟槽类零件，特别适合模具等形状复杂的组合体零件的加工，在模具制造等行业中占有非常重要的地位。

三、铣床的工艺装备

1. 铣床常用夹具和工具

为了满足铣刀和工件的安装要求，确保铣削时克服铣削力作用，使工件与铣床保持正确的位置关系，扩大铣床的使用范围，铣床常带有一些夹具和工具。常用的夹具、工具有机用平口钳、万能分度头、回转工作台、压板、垫铁、V 形架、万能铣头、铣刀杆、面铣刀盘、铣夹头、锥套等，其结构及用途见表 7–2。

表 7–2　　铣床常用夹具和工具的结构及用途

名称	结构	用途
机用平口钳		机用平口钳是一种通用夹具，安装在机床工作台上，用来夹持工件进行切削加工。机用平口钳适合装夹以平面定位和夹紧的板类工件、矩形工件以及轴类工件，常用于装夹小型工件
万能分度头		利用分度刻度环、游标、定位销和分度盘以及交换齿轮，将装夹在顶尖间或卡盘上的工件进行圆周等分、角度分度、直线移距分度。辅助机床利用各种不同形状的刀具进行各种多边形、花键、齿轮等的加工工作，并可通过配换齿轮与工作台纵向丝杠连接加工螺纹、等速凸轮等，从而扩大了铣床的加工范围
回转工作台		又称为圆转台，它带有可转动的回转工作台台面，用以装夹工件并实现回转和分度定位。主要用于在其圆工作台面上装夹中、小型工件，进行圆周分度和做圆周进给铣削回转曲面，如有角度、分度要求的孔或槽、工件上的圆弧槽、圆弧外形等

续表

名称	结构	用途
压板、垫铁		外形尺寸较大或不便用机用平口钳装夹的工件，常用压板和垫铁将其压紧在铣床工作台面上进行装夹
V 形架	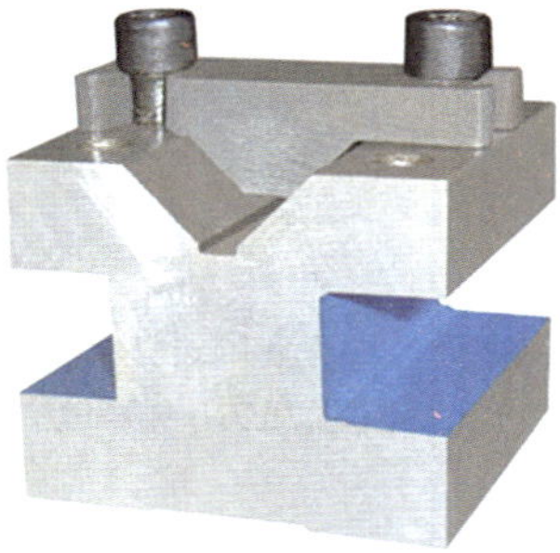	与压板配合使用，主要用于在铣床工作台面上安装轴类工件
万能铣头	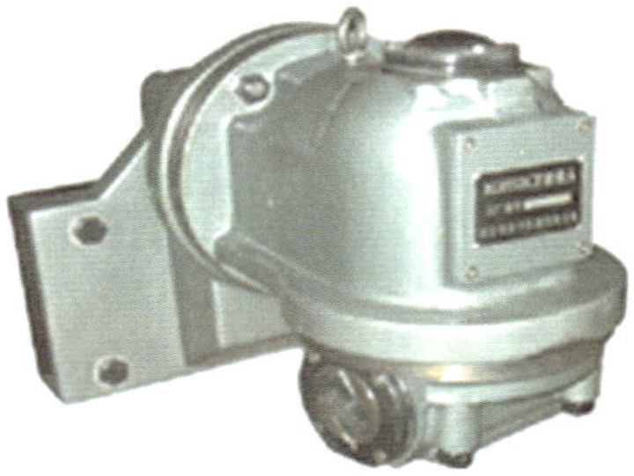	安装于卧式铣床主轴端，由铣床主轴驱动立铣头主轴回转，使卧式铣床起立式铣床的功用，从而扩大了卧式铣床的工艺范围
铣刀杆	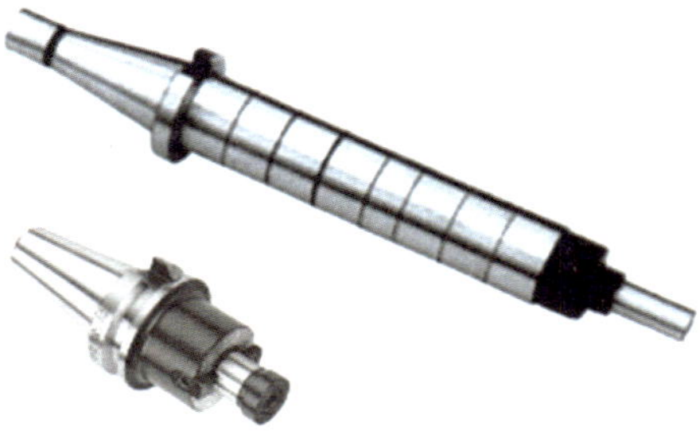	安装于卧式铣床主轴端，用来安装圆柱铣刀、三面刃铣刀等盘形铣刀
面铣刀盘		安装于卧式铣床或立式铣床主轴端，用来安装面铣刀头，铣削平面

续表

名称	结构	用途
铣夹头		安装于卧式铣床或立式铣床主轴端，用来安装直柄立铣刀、直柄键槽铣刀等，铣削各种沟槽等
锥套		安装于卧式铣床或立式铣床主轴端，用于安装锥柄立铣刀、锥柄键槽铣刀等

2. 铣刀

铣床所用刀具可分为面铣刀、立铣刀、键槽铣刀、圆柱铣刀、三面刃铣刀、锯片铣刀、齿轮铣刀等，其结构和用途见表 7–3。

表 7–3　　铣刀的结构和用途

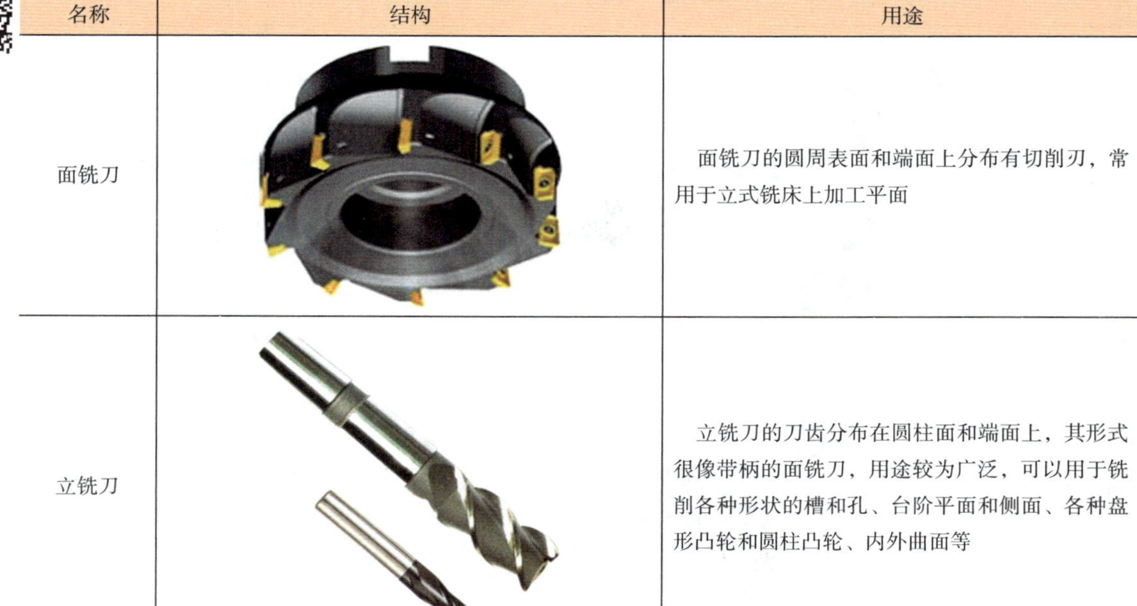

名称	结构	用途
面铣刀		面铣刀的圆周表面和端面上分布有切削刃，常用于立式铣床上加工平面
立铣刀		立铣刀的刀齿分布在圆柱面和端面上，其形式很像带柄的面铣刀，用途较为广泛，可以用于铣削各种形状的槽和孔、台阶平面和侧面、各种盘形凸轮和圆柱凸轮、内外曲面等

续表

名称	结构	用途
键槽铣刀		键槽铣刀是专门加工键槽用的立铣刀，它与一般立铣刀的不同之处在于只有两个刀齿，以保证刀齿有足够的强度和较大的容屑空间。键槽铣刀主要用于铣削键槽
圆柱铣刀		圆柱铣刀用于卧式铣床上加工平面。刀齿分布在铣刀的圆周上，按齿形分为直齿和螺旋齿两种
三面刃铣刀		三面刃铣刀除圆周表面具有主切削刃外，两侧面也有副切削刃。三面刃铣刀分直齿、错齿和镶齿等几种，用于铣削各种槽、台阶平面、工件的侧面及凸台平面
锯片铣刀	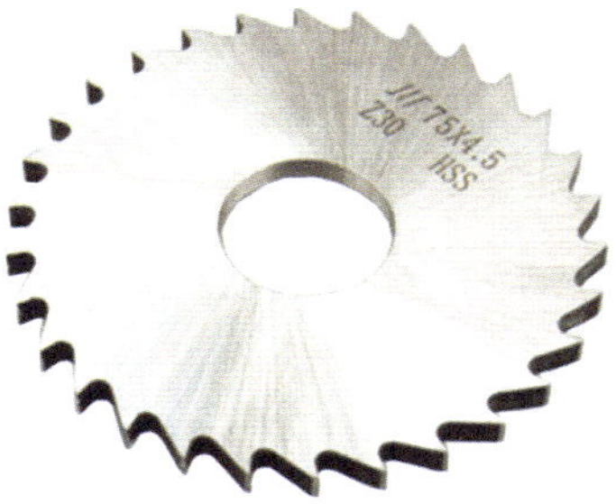	锯片铣刀既是锯片也是铣刀。锯片铣刀用于铣削各种窄槽，以及对板料或型材的切断
齿轮铣刀		齿轮铣刀用于铣削齿轮及齿条

四、铣削加工

1. 铣削用量与选择

铣削时，合理地选择切削用量，从而保证零件的加工精度与加工表面质量，提高生产效率，提高铣刀的使用寿命，降低生产成本。

（1）铣削用量

铣削用量的要素包括铣削速度 v_c、进给量 f、背吃刀量 a_p 和铣削宽度 a_e。图 7–4 所示为用圆柱铣刀进行周铣及用面铣刀进行端铣时的铣削用量。铣削用量的定义、单位及说明见表 7–4。

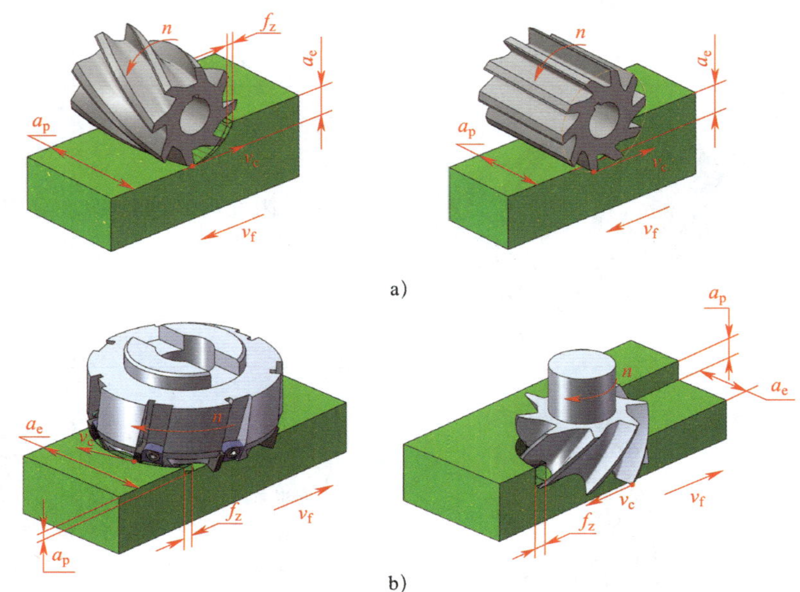

图 7–4　铣削用量

a）周铣　b）端铣

表 7–4　铣削用量的定义、单位及说明

铣削用量	定义	单位	说明
铣削速度 v_c	铣削时铣刀切削刃上选定点相对于工件主运动的瞬时速度称铣削速度	m/min	铣削速度为 $v_c=\frac{\pi dn}{1\,000}$ 式中　v_c—铣削速度，m/min d—铣刀直径，mm n—铣刀或铣床主轴转速，r/min
进给量 f	铣刀每回转一周，在进给运动方向上相对于工件的位移量，又称为每转进给量 f	mm/r	三种进给量的关系为 $v_f=fn=f_z zn$ 式中　v_f—进给速度，mm/min f_z—每齿进给量，mm/z n—铣刀或铣床主轴转速，r/min z—铣刀齿数

续表

铣削用量	定义	单位	说明
背吃刀量 a_p	在平行于铣刀轴线方向上测得的切削层尺寸	mm	铣削时，由于采用的铣削方法和选用的铣刀不同，背吃刀量 a_p 和铣削宽度 a_e 的表示也不同
铣削宽度 a_e	在垂直于铣刀轴线方向、工件进给方向上测得的切削层尺寸	mm	

（2）铣削用量的选择原则

在保证加工质量、降低加工成本和提高生产效率的前提下，选择铣削用量的原则是铣削宽度 a_e（或背吃刀量 a_p）、进给量 f、铣削速度 v_c 的乘积最大。这时工序的切削工时最少。

在机床动力和工艺系统刚度允许并具有合理的刀具寿命的条件下，粗铣时按铣削宽度 a_e（或背吃刀量 a_p）、进给量 f、铣削速度 v_c 的次序选择和确定铣削用量，以尽快地去除工件的加工余量。在确定铣削用量时，应尽可能地选择较大的铣削宽度 a_e（或背吃刀量 a_p），然后按工艺装备和技术条件的允许选择较大的每齿进给量 f_z，最后根据铣刀使用寿命选择允许的铣削速度 v_c。

2. 铣削方式

（1）周铣和端铣

根据铣刀在切削时切削刃与工件接触的位置不同，铣削方式分为周铣、端铣以及周铣与端铣同时进行的混合铣，见表 7–5。

表 7–5　铣削方式

铣削方法	概念	图例		特点
		卧铣	立铣	
周铣	用分布在铣刀圆周面上的切削刃铣削并形成已加工表面			铣刀的旋转轴线与工件被加工表面平行
端铣	用分布在铣刀端面上的切削刃铣削并形成已加工表面			铣刀的旋转轴线与工件被加工表面垂直
混合铣	铣削时，铣刀的圆周刃与端面刃同时参与切削			工件上会同时形成两个或两个以上的已加工表面

与周铣相比，端铣有以下优点：

1）面铣刀的副切削刃对已加工表面有修光作用，能使表面粗糙度值降低，周铣的工件表面则有波纹状残留面积。

2）同时参加切削的面铣刀齿数较多，切削力的变化程度较小，因此工作时振动比周铣更小。

3）面铣刀的主切削刃刚接触工件时，切削厚度不等于零，使切削刃不易磨损。

4）面铣刀的刀杆伸出较短，刚度高，刀杆不易变形，可选用较大的切削用量。

由此可见，端铣的加工质量和生产效率较高，所以铣削平面大多采用端铣。而周铣对加工各种型面的适应性较广泛，有些不能用端铣加工的型面（如成形面等）可采用周铣进行加工。

（2）顺铣和逆铣

根据铣刀切削部位产生的切削力与进给方向间的关系，周铣有顺铣和逆铣两种方式，其特点与应用见表 7–6。

表 7–6 周铣

铣削方式	图示	概念	特点
顺铣	n v_f	在铣刀与工件已加工面的切点处，铣刀旋转切削刃的运动方向与工件进给方向相同的铣削称为顺铣	每个刀齿的切削厚度由最大减小到零，同时铣削力将工件压向工作台，减少了工件振动的可能性，尤其铣削薄而长的工件更为有利。顺铣有利于提高刀具使用寿命和工件表面质量，以及增加工件夹持的稳定性，但容易引起工作台向前窜动，造成进给量突然增大，甚至引起打刀
逆铣	n v_f	在铣刀与工件已加工面的切点处，铣刀旋转切削刃的运动方向与工件进给方向相反的铣削称为逆铣	水平分力与进给方向相反，不会引起工作台的窜动而造成打刀事故，故在生产中多采用逆铣方式。但是逆铣时刀齿与工件之间的摩擦力大，加速了刀具磨损，同时也使表面质量下降。逆铣时，铣削力会上抬工件，造成工件夹持不稳
逆铣与顺铣的应用	当工件表面无硬皮、机床进给机构无间隙时，应选用顺铣，按照顺铣安排进给路线，因为采用顺铣加工后，零件已加工表面质量高，刀齿磨损小。精铣时，尤其是零件材料为铝镁合金、钛合金或耐热合金时，应尽量采用顺铣。当工件表面有硬皮、机床进给机构有间隙时，应选用逆铣，按照逆铣安排进给路线，因为逆铣时刀齿从已加工表面切入，不会崩刃，机床进给机构的间隙不会引起振动和爬行		

（3）对称铣削和不对称铣削

端铣有对称铣削、不对称逆铣、不对称顺铣三种方式，见表 7–7。

3. 铣削加工方法

（1）铣水平面

铣水平面时可在卧式铣床上用圆柱铣刀铣削，如图 7–5a 所示，也可在立式铣床上用面铣刀铣削，如图 7–5b 所示。

表 7-7 端铣

铣削方式	图示	特点
对称铣削		对称铣削时切入角等于切出角，一半是逆铣，一半是顺铣 工件相对于铣刀回转中心处位于对称位置，具有最大的平均切削厚度，可避免铣刀切入时对工件表面的挤压、滑行，铣刀使用寿命长。在精铣机床导轨面时，可保证刀齿在加工表面冷硬层下铣削，能获得较高的表面质量
不对称逆铣		逆铣部分大于顺铣部分时，称为不对称逆铣 切削平稳，切入时切削厚度小，减小了冲击，从而可使刀具使用寿命得以延长，加工表面质量得到提高，适用于铣削非合金钢及低碳合金钢工件
不对称顺铣		顺铣部分大于逆铣部分时，称为不对称顺铣 刀齿切出工件时，切削厚度较小，适用于铣削强度低、塑性大的材料（如不锈钢、耐热钢等）

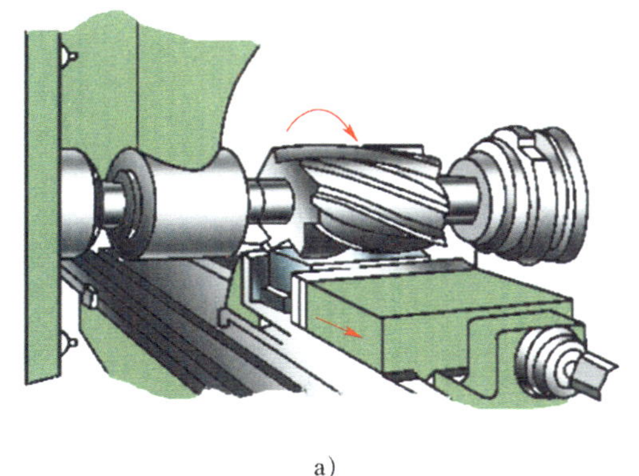

a)

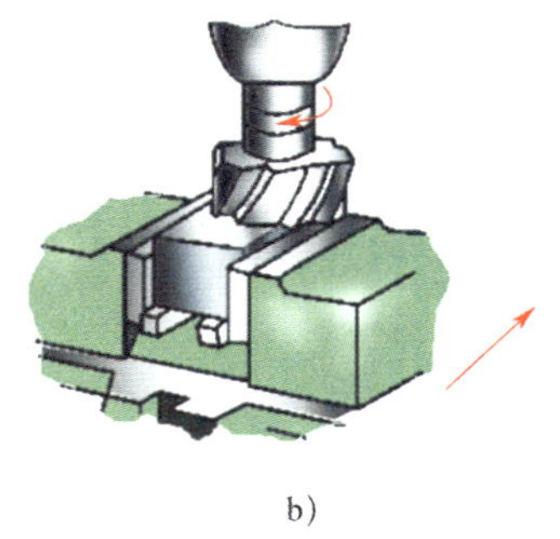

b)

图 7-5 铣水平面

a）在卧式铣床上用圆柱铣刀铣水平面 b）在立式铣床上用面铣刀铣水平面

在立式铣床上用面铣刀铣水平面时，铣削比较平稳，可降低表面粗糙度值，因此最好在立式铣床上用面铣刀铣水平面。

（2）铣垂直面

在卧式铣床上铣垂直面如图 7–6 所示。在立式铣床上铣垂直面时是用立铣刀的圆周刀齿进行的，如图 7–7 所示。

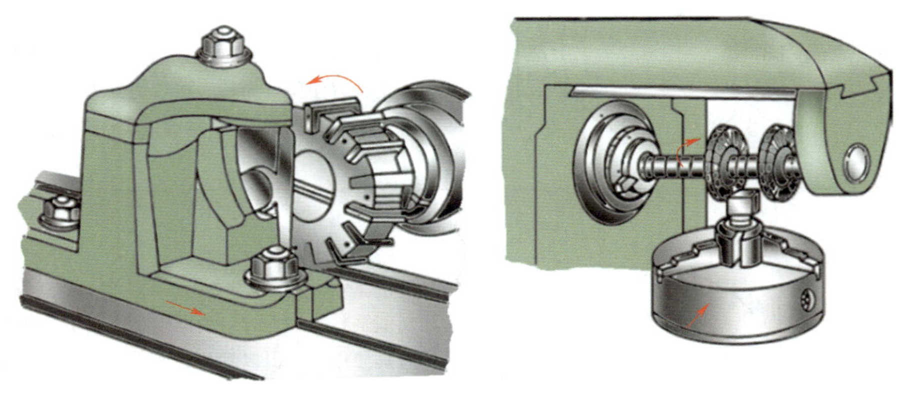

图 7–6　在卧式铣床上铣垂直面

（3）铣斜面

先对工件需加工的斜面划线，然后在机床上用机用平口钳或在工作台上按划线调整工件，将斜面转到水平位置，将工件夹紧后进行铣削加工，也可以利用回转机用平口钳或分度头将工件安装成倾斜角度后铣斜面；还可在卧式铣床上用单角度铣刀或双角度铣刀铣斜面，如图 7–8 所示；或者在立式铣床上把主轴转动一个角度铣斜面，如图 7–9 所示。

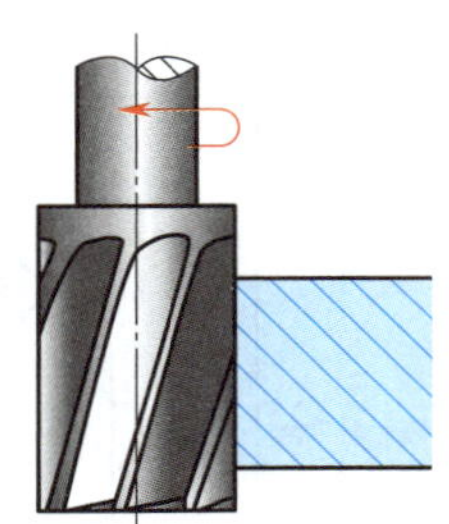

图 7–7　用立铣刀铣垂直面

（4）组合铣削

铣削由水平面、垂直面或斜面所组成的表面时，大型工件可在龙门铣床上加工，小型工件则用组合铣刀或成形铣刀在卧式铣床上加工，如图 7–10 所示。

（5）铣槽

1）切断。一般用锯片铣刀在卧式铣床上进行，如图 7–11 所示。

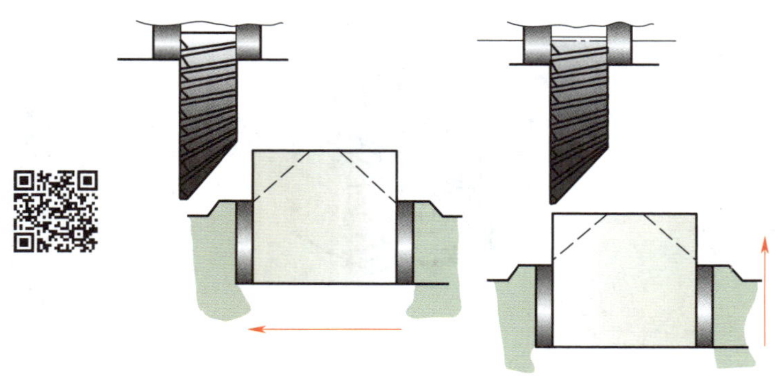

图 7–8　用角度铣刀铣斜面

图 7–9　主轴转动角度铣斜面

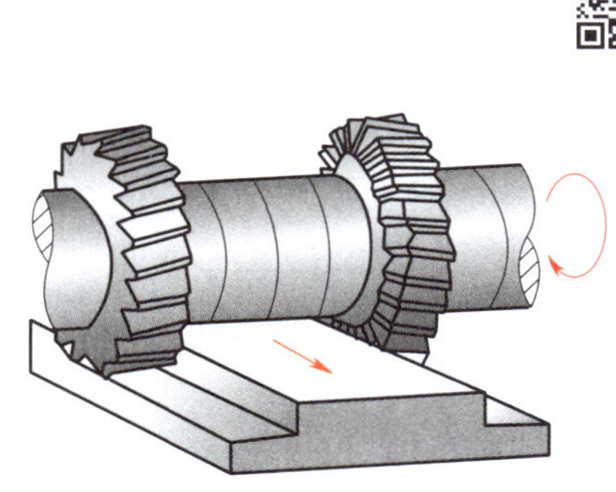

图 7-10　组合铣削

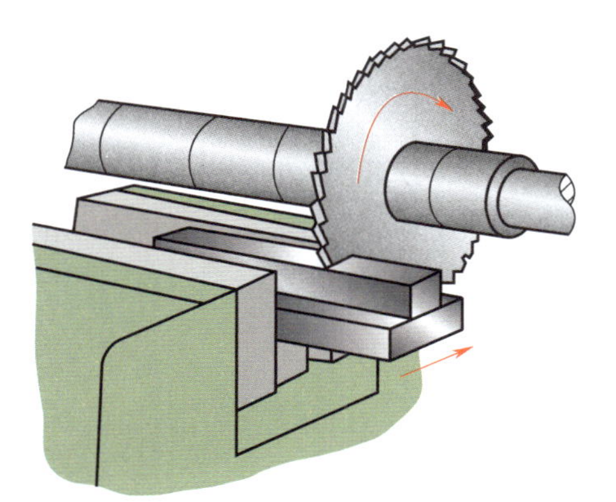

图 7-11　切断

2）铣直槽。可在卧式铣床上用盘形铣刀铣直槽，如图 7-12a 所示；也可在立式铣床上用立铣刀铣直槽，如图 7-13 所示。

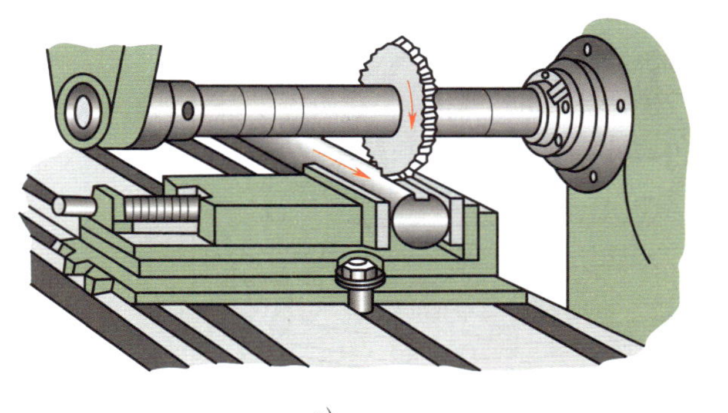

a）

b）

图 7-12　铣直槽和半圆键槽

a）用盘形铣刀铣直槽　b）用专用铣刀铣半圆键槽

1—半圆键槽铣刀　2—半圆键　3—半圆键槽

3）铣半圆键槽。可采用与键槽同直径、同厚度的专用铣刀进行，如图 7-12b 所示。

4）铣 T 形槽。如图 7-14 所示，必须先用立铣刀或三面刃圆盘铣刀铣出直槽，然后在立式铣床上用 T 形槽铣刀铣出 T 形槽。

5）铣螺旋槽。对于螺杆、螺旋齿轮等具有螺旋槽的零件，铣螺旋槽时需在卧式铣床上利用万能分度头进行铣削。螺旋运动是由工件旋转和工作台进给运动合成的，当工件旋转一周时，工作台移动的距离必须等于一个导程，如图 7-15 所示。

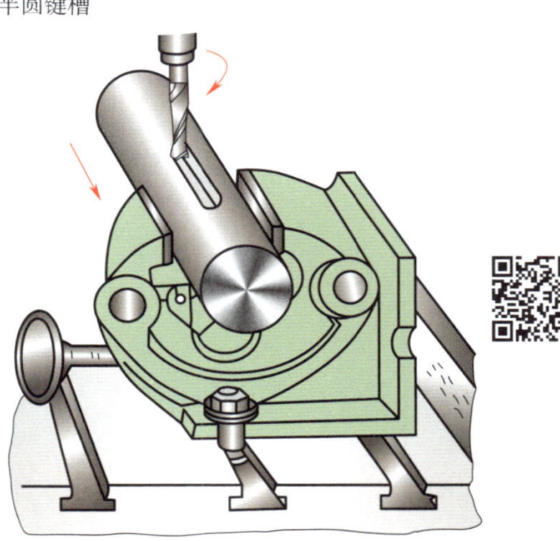

图 7-13　用立铣刀铣直槽

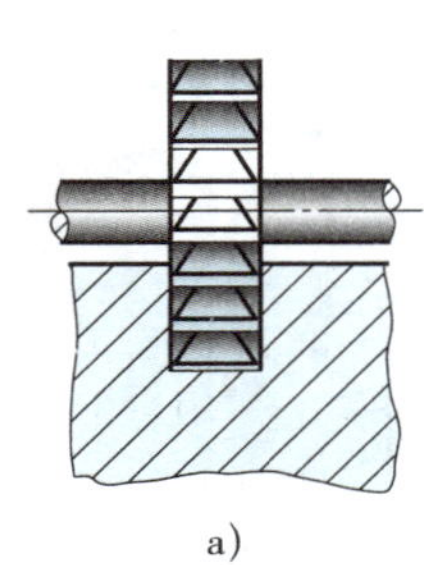

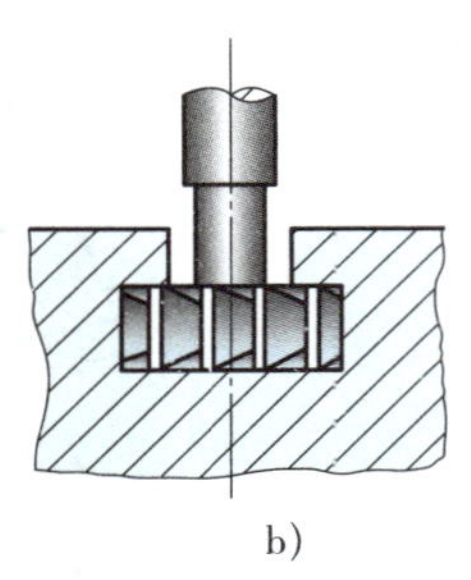

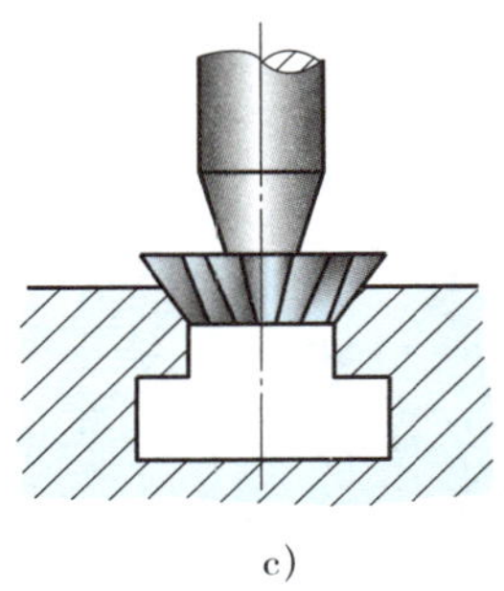

a） b） c）

图 7–14　铣 T 形槽

a）铣直槽　b）铣 T 形槽　c）铣 T 形槽倒角

图 7–15　铣螺旋槽

加工时，工作台还应绕垂直轴转动 β 角，此角应等于螺旋线的螺旋角，而工作台转动的方向可根据螺旋槽方向而定，如图 7–16 所示。

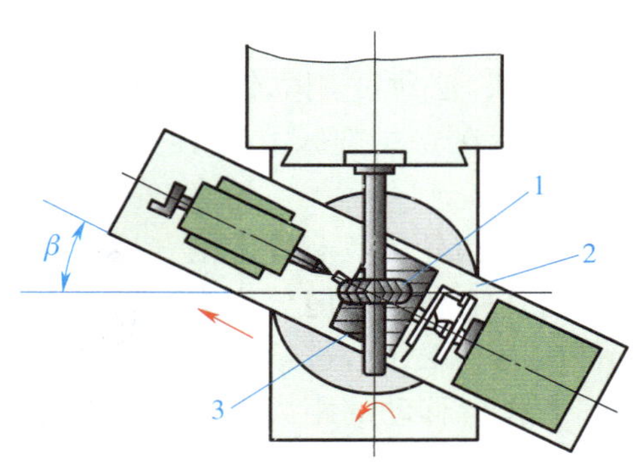

图 7–16　铣螺旋槽时工作台的转动

1—铣刀　2—工作台　3—工件

（6）铣曲线轮廓和成形面

1）铣曲线轮廓。曲线轮廓可以在立式铣床上用立铣刀依划线用手动进给铣削，也可用转台依划线铣削，如图 7–17 所示。还可以在立式铣床上按照靠模铣削。

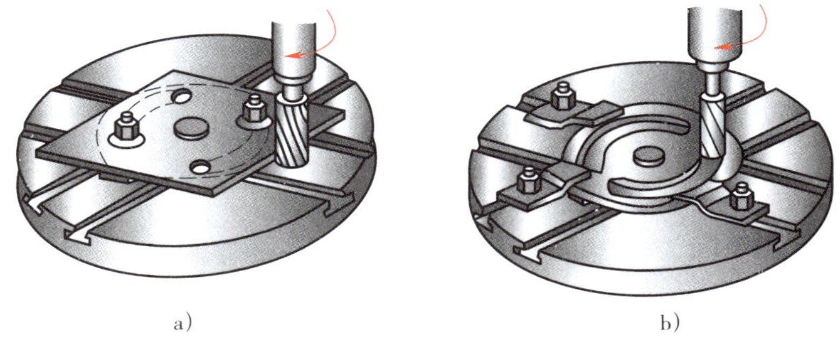

a） b）

图 7–17 用转台依划线铣曲线轮廓

a）划线 b）铣曲线轮廓

2）铣成形面。图 7–18 所示为用形状相似的成形铣刀铣成形面示意图。其特点是必须制造专用的成形铣刀，因成本高，故只适用于批量生产。

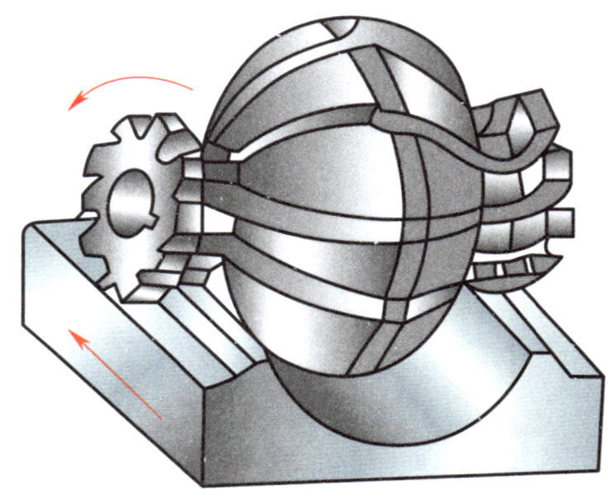

图 7–18 用成形铣刀铣成形面

（7）铣齿轮

在本教材第十章中介绍。

§7–2 镗 削

镗削是指镗刀的旋转做主运动、工件或镗刀移动做进给运动的切削加工方法，如图 7–19 所示。镗削一般在镗床、加工中心和组合机床上进行。

一、镗床

镗床可分为深孔镗床、坐标镗床、立式镗床、卧式铣镗床和精镗床等。下面主要介绍坐标镗床和卧式铣镗床。

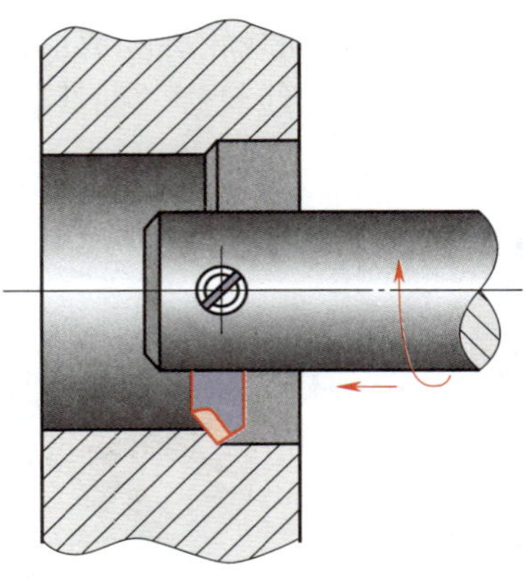

图 7–19　镗削

1. 坐标镗床

坐标镗床是一种高精度机床，主要用于对尺寸精度及位置精度要求很高的孔系进行加工。它的特点是具有测量坐标位置的精密测量装置，可以实现主轴或工作台的精密定位，并可在不使用任何刀具引导装置的前提下保证所加工孔与基准孔（或基面）间很高的位置精度。由于该机床主要零部件的制造和装配精度高，并具有良好的刚度和抗振性，因此，它所加工的孔精度很高（一般为 IT3 级以上），并可得到很高的位置精度（定位精度为 0.002 ~ 0.01 mm）。坐标镗床的工艺范围很广，除镗孔、钻孔、扩孔、铰孔、精铣平面、加工沟槽外，还可进行精密划线、刻线及孔距和直线尺寸的精密测量等工作。坐标镗床不仅可用于单件精密生产（如生产模具、夹具等），还用于成批加工带有精密孔系的零件（如在飞机、汽车等制造业中加工箱体类零件）。

坐标镗床的类型很多，按其布局形式分为立式单柱、立式双柱和卧式三种类型。图 7–20 所示为立式单柱坐标镗床，图 7–21 所示为立式双柱坐标镗床。

图 7–20　立式单柱坐标镗床

图 7–21　立式双柱坐标镗床

2. 卧式铣镗床

镗轴水平布置并可轴向进给，主轴箱沿前立柱导轨垂向移动，能进行铣削的镗床称为卧式铣镗床。卧式铣镗床是镗床中应用最广泛的一种，具有刚度高、加工精度及加工效率高、稳定性好、横向行程长、承载量大、强力切削等特点，特别适用于对较大平面的镗削、铣削以及对较大箱体类零件孔系的精加工。

卧式铣镗床（图 7–22）为通用机床，可进行钻孔、扩孔、镗孔、铰孔、锪平面及铣削等工作，同时机床带有固定的平旋盘，平旋盘中的滑块可做径向进给，因此，能镗削较大尺寸的孔以及车外圆、平面、切槽等。

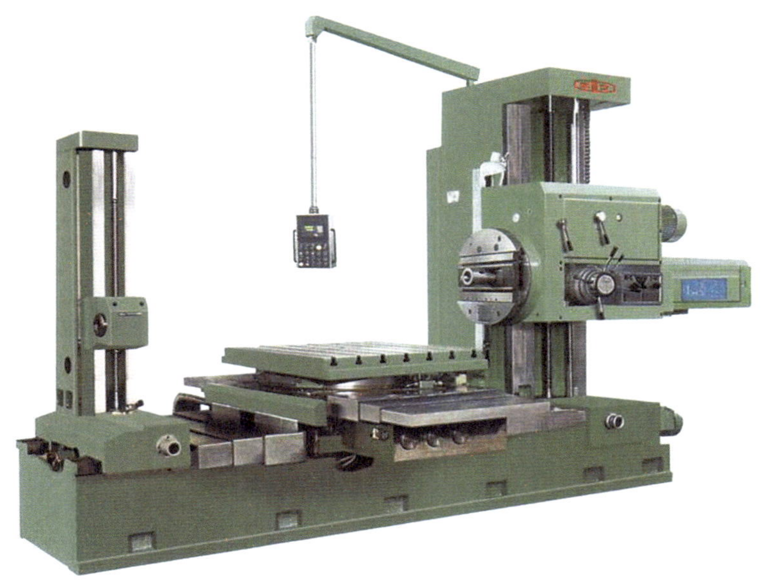

图 7-22　卧式铣镗床

二、镗削的加工范围

镗削主要用于加工箱体、支架和机座等工件上的圆柱孔、螺纹孔、孔内沟槽和端面，当采用特殊附件时，也可加工内外球面、锥孔等。镗削常见加工内容见表 7-8。

表 7-8　镗削常见加工内容

镗削内容	1. 镗轴上装悬伸刀杆镗孔	2. 用平旋盘上的悬伸刀杆镗大直径孔
图示	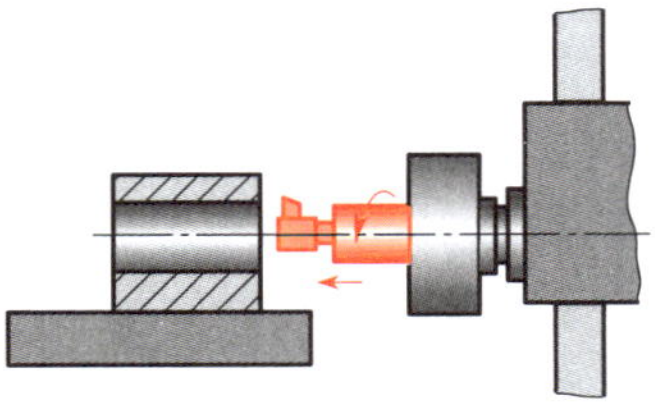	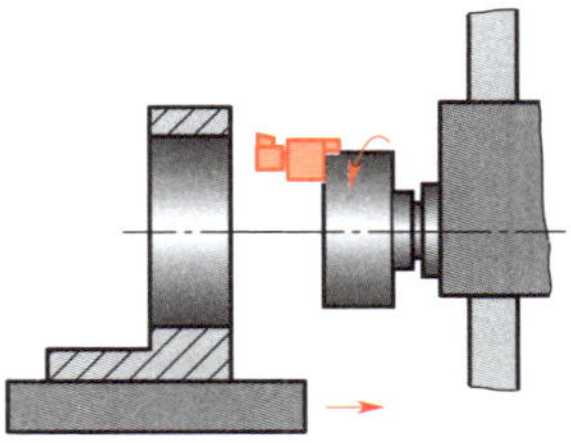
镗削内容	3. 用平旋盘径向刀架上的镗刀镗端面	4. 镗轴上装麻花钻钻孔
图示	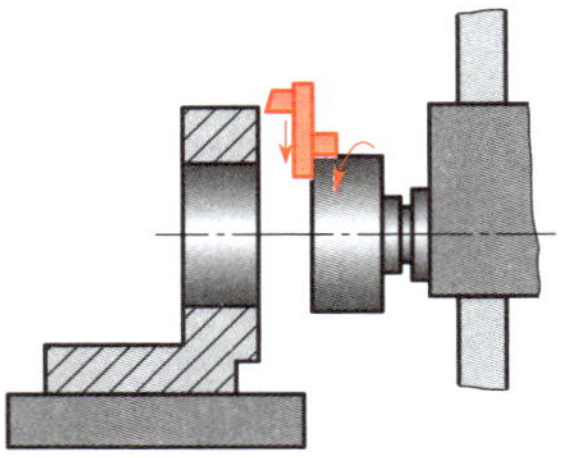	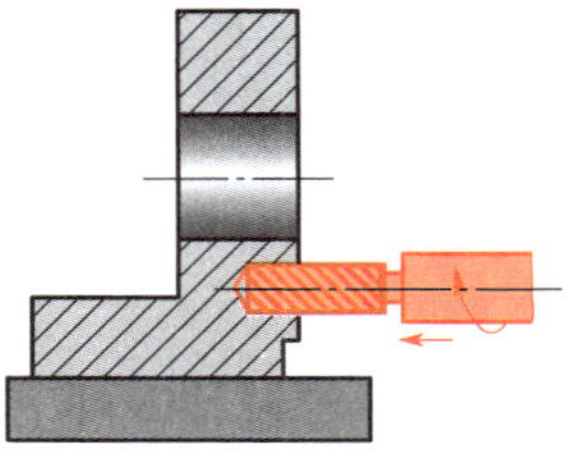

续表

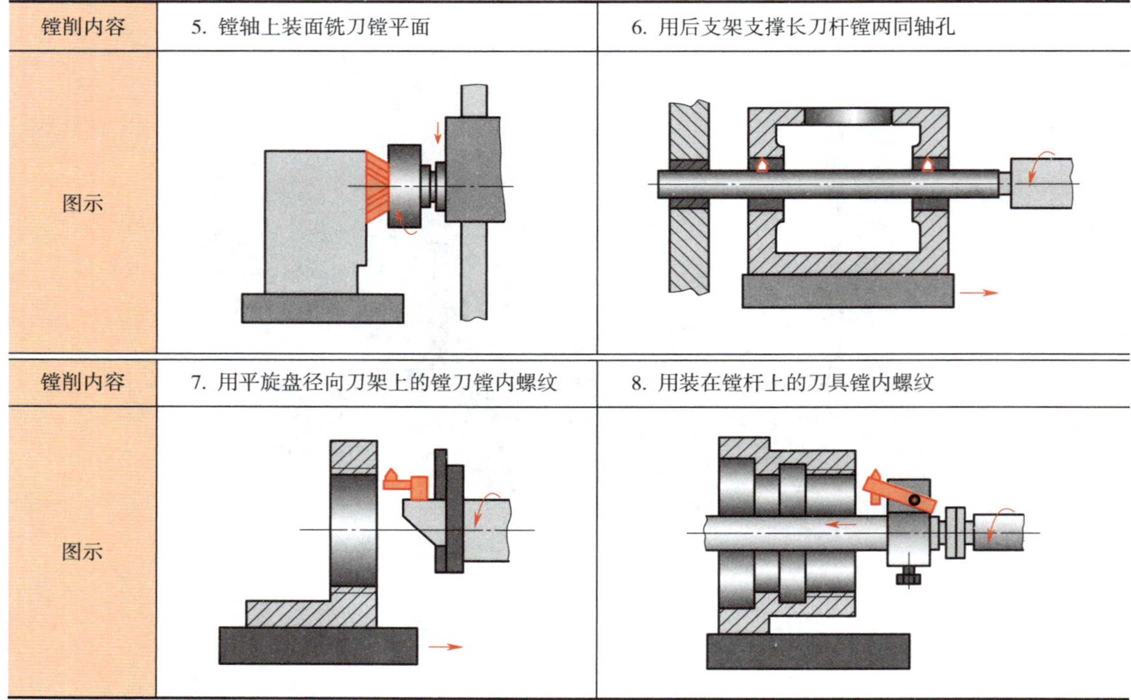

镗削内容	5. 镗轴上装面铣刀镗平面	6. 用后支架支撑长刀杆镗两同轴孔
图示		
镗削内容	7. 用平旋盘径向刀架上的镗刀镗内螺纹	8. 用装在镗杆上的刀具镗内螺纹
图示		

三、镗刀

镗刀刀柄一般是圆柄的，工件较大时可使用方刀柄。镗刀最常用的使用场合是内孔加工。它有一个或两个切削部分，专门用于对已有的孔进行粗加工、半精加工或精加工。镗刀可在镗床、车床或铣床上使用。镗刀的种类很多，按切削刃数量可分为单刃镗刀与双刃镗刀两大类。

1. 单刃镗刀

图 7–23 所示为单刃镗刀。单刃镗刀切削部分的形状与车刀相似，这种刀的特点是只有一个主切削刃，刚度较低。但它的结构简单，制造方便，通用性大。单刃镗刀一般适用于加工通孔和盲孔，对于加工孔内环形槽或空刀槽更具有优势。

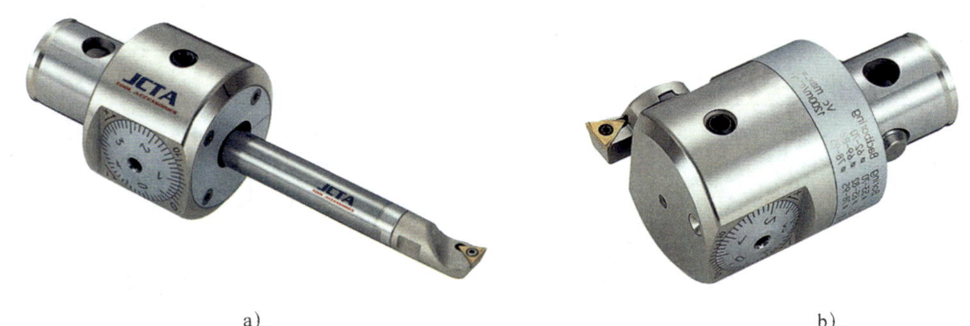

a)　　b)

图 7–23　单刃镗刀

a）普通单刃镗刀　b）单刃微调镗刀

单刃镗刀可分为普通单刃镗刀和单刃微调镗刀两种。普通单刃镗刀如图 7–23a 所示，由于尺寸调节不便，所以效率较低，加工精度难以控制。单刃微调镗刀如图 7–23b 所示，刀片装在刀块上，当转动调整螺母时，刀片可调整到合适位置。这种刀加工孔径范围宽，广泛应用于数控机床、组合机床和自动生产线。

由于单刃镗刀的刚度低，为了减小切削力，刀具主偏角 κ_r 通常选 60° ~ 90°；粗镗钢件孔时，主偏角 κ_r 可选 60° ~ 73°；粗镗铸铁件孔或精镗时，主偏角 κ_r 可选 90°。

2. 双刃镗刀

图 7–24 所示为双刃镗刀。其特点是具有两个对称分布的切削刃，工作时可以消除径向误差，从而提高镗孔精度。双刃镗刀结构较为复杂，制造比较困难，一般适用于生产批量较大的、精度较高的孔的加工。双刃镗刀可分为固定式镗刀和浮动镗刀两类。固定式镗刀（图 7–24a）可采用较大的进给量，切削效率较高，所以常用来粗镗 40 mm 以上直径的孔，特别适用于同轴孔系或较深单孔的加工。

图 7–24b 所示为装配式浮动镗刀，其特点是刀块可以在刀杆方孔中浮动，由径向切削力自动平衡对准加工孔的中心，以补偿由镗刀片的安装误差或径向跳动引起的加工误差，得到较高的尺寸精度（一般可达 IT7 ~ IT6）、较小的表面粗糙度值（一般可达 Ra0.8 ~ 0.4 μm）。但这种镗刀不能校准孔的轴线歪斜和位置偏差，因此对已加工孔的精度有一定要求（直线度好，表面粗糙度值小于 Ra3.2 μm）。

a)　　b)

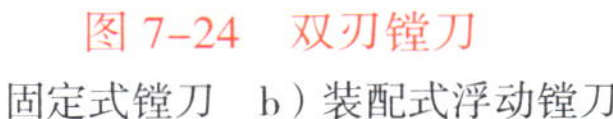

图 7–24　双刃镗刀

a）固定式镗刀　b）装配式浮动镗刀

四、镗削加工

1. 镗削加工方法

按照镗杆上切削力作用点的位置，镗削加工方法分为悬臂镗削法和双支承镗削法。

（1）悬臂镗削法

图 7–25a 所示为悬臂镗削法（镗刀位于支承点一侧），只有一个支承点，镗杆处于悬臂状态，镗削时镗杆随主轴转动、工件移动。处于这种受力状态的镗杆刚度不足，所以只适用于加工不太长的单孔或距离较近的同轴孔。

悬臂镗削法加工时，最好不采用刀具旋转且进给的方式，否则会造成所加工同轴孔的同轴度误差较大，且较远距离孔的圆柱度误差也较大，如图 7–25b 所示。而如图 7–25c 所示，则是采用了镗杆只旋转而不移动、工作台进给的方式。在镗孔过程中，刀尖处挠度不变，因此对被加工孔的几何形状精度和孔系的相互位置精度均无影响。图 7–25d 所示为悬臂镗削法的另一种形式，这种方法镗削时，需先镗前孔，然后换长镗杆镗削后孔，只是需在先加工好的前孔中装入一镗套来支承镗杆，提高镗杆刚度，则可镗削较长通孔或相距较大的同轴孔。

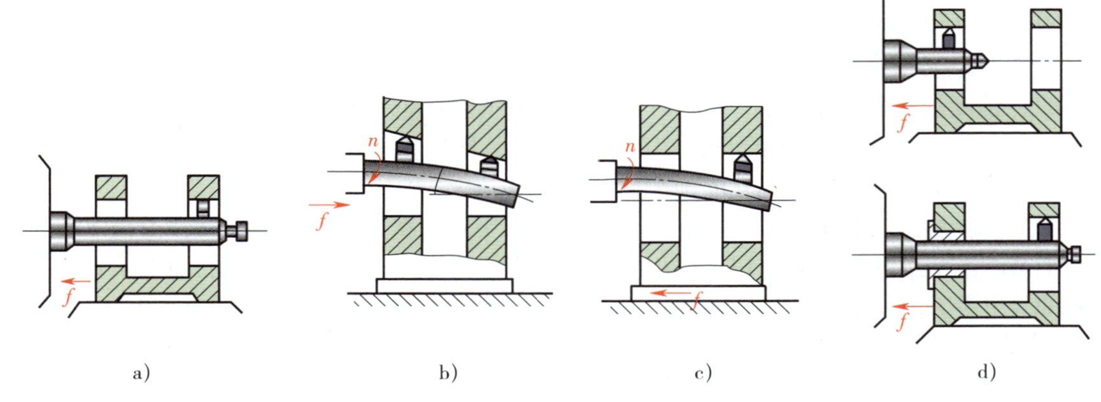

图 7–25　悬臂镗削法

a）主轴转动、工件移动　b）刀具旋转且进给　c）镗杆只旋转而不移动、工作台进给　d）先镗前孔，后镗后孔

（2）双支承镗削法

图 7–26 所示为双支承镗削法，即镗杆一端装夹在机床主轴上，另一端用后柱支承，镗刀在两支承之间，则大大提高了镗杆的刚度，适用于加工长轴孔或孔距较长的同轴孔系。这种方法由于刚度高，可采用较大的切削用量，所以生产效率高，所加工孔的位置精度也较高。双支承镗削法切削时刀具的安装位置有两种，一种是刀具在两支承的中点，如图 7–26a 所示，此安装方法虽然镗杆较长，但两孔的同轴度可得到很好的保证；另一种安装方法是刀具不在两支承的中点，如图 7–26b 所示，此安装方法使镗杆在镗削两孔时因受力而弯曲的挠度不同，则加工出两孔的同轴度较差。

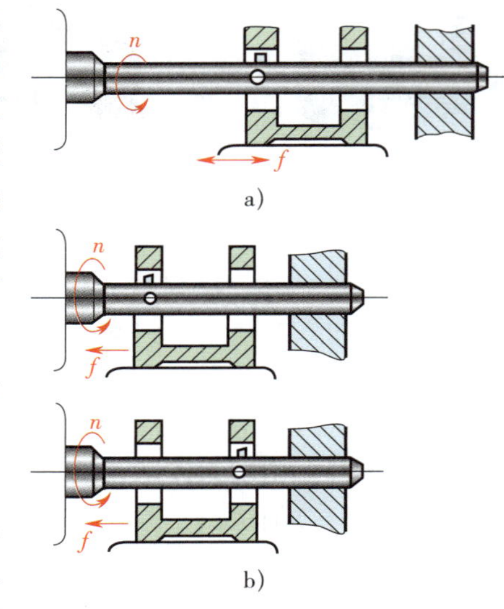

图 7–26　双支承镗削法

a）刀具在两支承的中点

b）刀具不在两支承的中点

双支承镗削法加工时工艺系统刚度较悬臂镗削法大、效率高，但调整刀具困难，操作观察较为不便。

2. 镗削加工的特点

（1）镗削主要是镗孔，镗孔的范围很广，可加工各种类型尺寸的孔。对于直径较大的孔、内成形面及孔内的环形槽等，用其他孔加工方法不能进行时，镗孔是唯一的方法。

（2）镗孔可在镗床上进行，也可在车床、铣床上进行。镗孔的几何精度主要取决于机床精度，一般镗孔常在镗床或车床上进行。在镗床上加工复杂工件（如箱体、支架等）上的若干相互间有同轴度、平行度及垂直度等位置精度要求的孔系时，可以保证孔系的形状和位置精度，这是其他类型的孔加工方法难以实现的。

（3）镗刀不是定径刀具，孔径大小靠调整刀头的伸出长度，一般用单切削刃，结构简单。用单刃镗刀镗孔时，孔的尺寸由操作者保证，同时参加切削的切削刃少，因此生产效率比扩孔、铰孔低。若采用可调节的浮动镗刀片，则可自然抵偿因刀具安装误差或镗杆偏摆所引起的不良影响，不但提高了加工质量，同时能够简化操作，提高生产效率。但采用浮动镗刀片不能校正原孔的轴线歪斜，不宜加工有退刀槽的孔。

（4）镗床不仅适合于单件加工、高精度孔的批量加工，而且还可进行钻孔、扩孔、铰孔、镗端面、镗内螺纹、镗平面等加工。利用坐标镗床进行加工时，必须做好若干准备工作，如对机床和所用附件进行检查；保证安装面上没有任何高点、污物及弯曲和变形；检查工件前面有关工序的加工质量；做好必要的坐标换算和坐标计算等。坐标镗床因使用效率较低，一般用于单件、小批量生产的精密孔系加工。

第八章 磨削

用磨具以较高的线速度对工件表面进行加工的方法称为磨削。磨具（磨削工具）是以磨料为主制造而成的一类切削工具，分固结磨具和涂覆磨具两类。以砂轮为磨具的普通磨削应用最为广泛。磨削时，砂轮的回转运动是主运动，根据不同的磨削内容，进给运动可以是：砂轮的轴向、径向移动，工件的回转运动，工件的纵向、横向移动等。

§8–1 磨床

磨床是用磨具或磨料加工工件各种表面的机床。它是机器零件精密加工的主要设备，可以加工其他机床不能加工或难加工的高硬度材料。

一、磨床的类型和组成

磨床的种类很多，目前生产中应用最多的是外圆磨床、内圆磨床、平面磨床和工具磨床等。

1. 外圆磨床

外圆磨床主要用于磨削圆柱形和圆锥形外表面。一般工件装夹在头架和尾架之间进行磨削。外圆磨床分为普通外圆磨床、万能外圆磨床、无心外圆磨床等，其中以普通外圆磨床和万能外圆磨床应用最广。

（1）万能外圆磨床

图 8–1 所示为万能外圆磨床。它主要由床身、头架、砂轮架、工作台、尾座、内圆磨头等部件组成。

1）床身。床身用以支承磨床其他部件。床身上面有纵向导轨和横向导轨，分别为磨床工作台和砂轮架的移动导轨。

2）头架。头架主轴可与卡盘连接或安装顶尖，用以装夹工件。头架主轴由头架上的电动机经带传动、头架内的变速机构带动回转，实现工件的圆周进给。头架可绕垂直轴线逆时针回转 0° ~ 90°。

3）砂轮架。砂轮装在砂轮架主轴的前端，由单独的电动机驱动做高速旋转运动。砂轮架可以通过液压系统或横向进给手轮使其做机动或手动横向进给。砂轮架可绕垂直轴线回转 -30° ~ 30°。

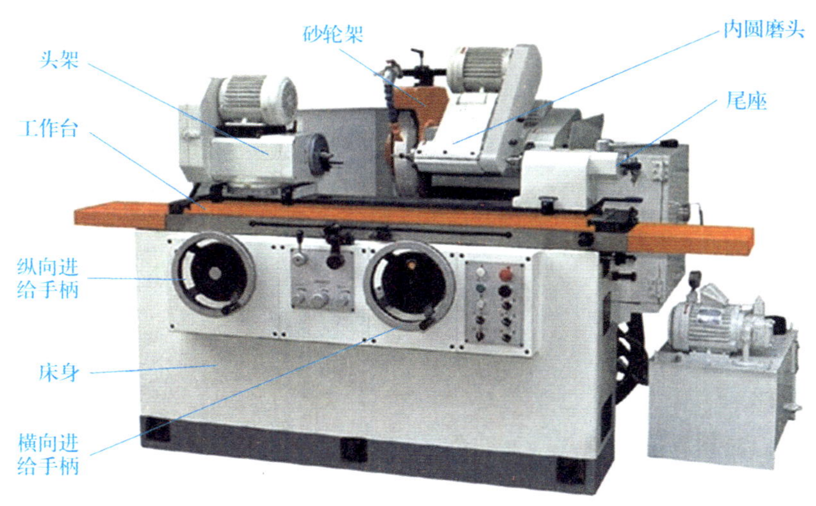

图 8-1 万能外圆磨床

4）工作台。工作台由上、下两层组成，上层可绕下层中心线在水平面内顺（逆）时针回转 3°（共 6°），以便磨削小锥角的长圆锥工件。工作台上层用以安装头架和尾座，工作台下层连同上层一起沿床身纵向导轨移动，实现工件的纵向进给。纵向进给可通过手轮手动调节。工作台由液压传动系统带动沿床身导轨做纵向往复直线进给运动。

5）尾座。尾座套筒内安装尾顶尖，用以支承工件的另一端。后端装有弹簧，利用可调节的弹簧力顶紧工件，也可以在长工件受磨削热影响而伸长或弯曲变形的情况下，为工件的装卸提供方便。装卸工件时，可采用手动或液动方式使尾座套筒缩回。

6）内圆磨头。其上装有内圆磨具，用来磨削内圆。它由专门的电动机经平带带动其主轴高速回转，实现内圆磨削的主运动。不用时，内圆磨头翻转到砂轮架上方，磨内圆时将其翻下使用。

（2）无心外圆磨床

无心外圆磨削是外圆磨削的一种特殊形式，是工件不定回转中心的磨削，为一种生产效率很高的精加工方法。磨削时，工件置于砂轮和导轮之间，靠托板支承，工件被磨削的外圆面作定位面。由于不用顶尖支撑，所以称无心磨削。图 8-2 所示为无心外圆磨床。

无心外圆磨床的工作原理如图 8-3 所示，砂轮和导轮的旋转方向相同，砂轮以很大的圆周速度（为导轮的 70 ~ 80 倍）接触工件并带动其旋转，导轮（用摩擦因数较大的树脂或橡胶作结合剂制成的刚玉砂轮）则依靠摩擦力限制工件旋转，使工件的圆周线速度基本上等于导轮的线速度，从而在砂轮和工件间形成很大速度差产生磨削作用。改变导轮的转速，便可以调节工件的圆周进给速度。

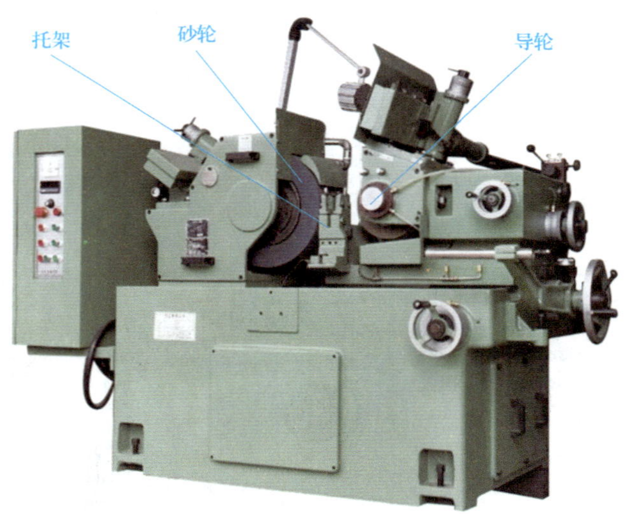

图 8-2　无心外圆磨床

2. 内圆磨床

内圆磨床主要用于磨削圆柱形和圆锥形内表面。内圆磨床分为普通内圆磨床、行星内圆磨床、无心内圆磨床、坐标磨床和专门用途的内圆磨床等。

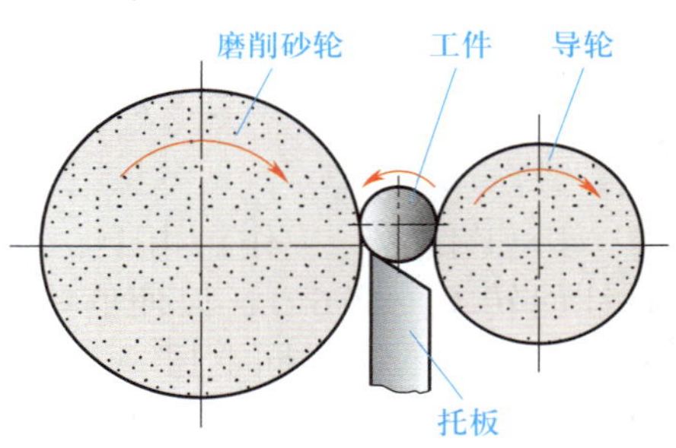

图 8-3　无心外圆磨床的工作原理

（1）普通内圆磨床

它主要由头架、砂轮架、工作台、滑鞍、内磨头、床身等部件组成，如图 8-4 所示。头架固定在床身上，工件装夹在头架主轴前端的卡盘中，由头架主轴带动做圆周进给运动。砂轮安装在砂轮架中的内磨头主轴上，由单独电动机直接驱动做高速旋转主运动。砂轮架安装在滑鞍上，当工作台由液压传动系统带动做往复直线运动一次后，砂轮架做横向进给。头架还可绕竖直轴转至一定角度以磨削锥孔。

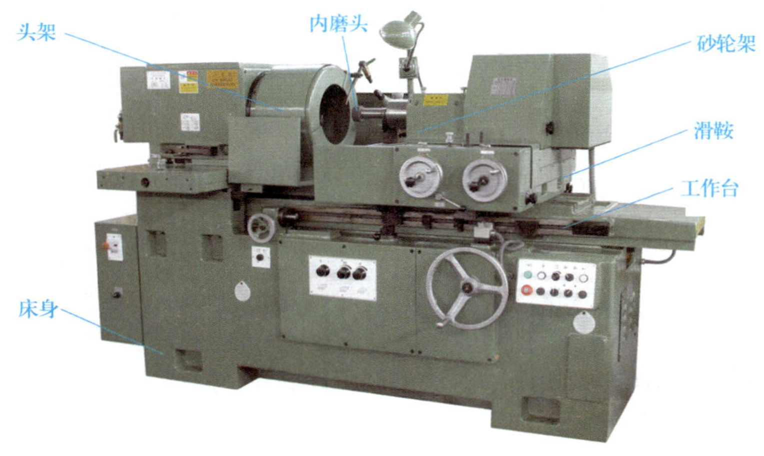

图 8-4　普通内圆磨床

（2）行星内圆磨床

如图 8-5 所示，行星内圆磨床工作时工件固定不动，砂轮除绕本身轴线高速旋转外还绕被加工孔的轴线回转，以实现圆周进给，它适用于磨削大型工件或不宜旋转的工件，如内燃机气缸体等。

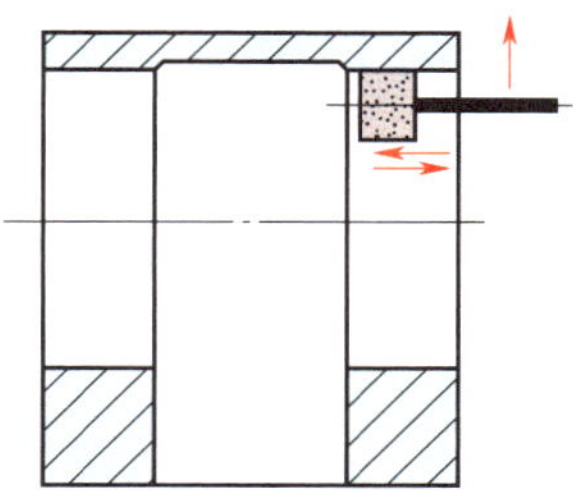
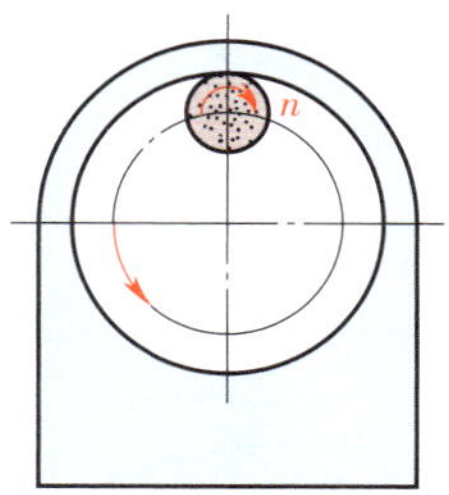

图 8-5　行星内圆磨床的工作原理

（3）无心内圆磨床

如图 8-6 所示，工件支撑在滚轮和导轮上，压紧轮使工件紧靠导轮，并由导轮带动旋转，实现圆周进给运动。磨削轮除完成旋转主运动外，还做纵向进给运动和周期的横向进给运动。加工循环结束时，压紧轮沿箭头方向摆开，以便装卸工件。无心内圆磨床适用于那些不宜用卡盘夹紧而内外同轴度要求较高的且外圆表面已经精加工的薄壁工件，如轴承环类型的零件。

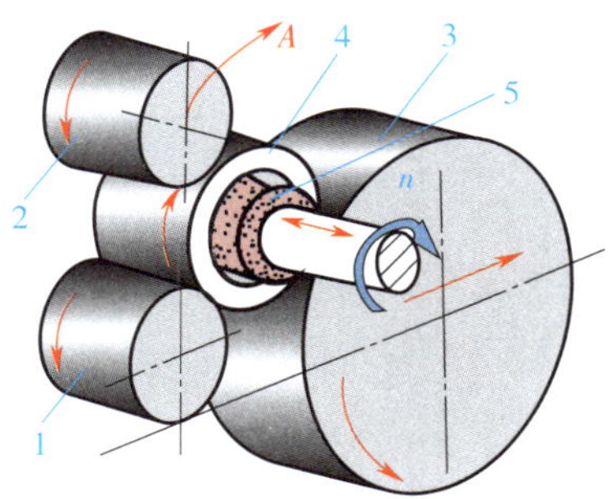

图 8-6　无心内圆磨床的工作原理

1—滚轮　2—压紧轮　3—导轮

4—工件　5—磨削轮

3. 平面磨床

平面磨床主要用于磨削工件平面。常用的平面磨床按其砂轮轴线位置和工作台的结构特点，可分为卧轴矩台平面磨床、立轴矩台平面磨床、卧轴圆台平面磨床、立轴圆台平面磨床等几种类型（图 8-7）。其中，卧轴矩台平面磨床应用最广。

（1）平面磨床组成

如图 8-8 所示是一种常用的卧轴矩台平面磨床，它由床身、立柱、工作台和磨头等主要部件组成。平面磨床的主要部件及其功用如下：

1）矩形工作台。矩形工作台安装在床身的水平纵向导轨上，由液压传动系统实现纵向直线往复移动，利用撞块自动控制换向。工作台上装有电磁吸盘，用于固定、装夹工件或夹具。

2）磨头。装有砂轮主轴的磨头可沿床鞍上的水平燕尾导轨移动，磨削时的横向步进进给和调整时的横向连续移动由液压传动系统实现，也可用横向手轮手动操纵。磨头的高低位置调整或垂直进给运动由升降手轮操纵，通过床鞍沿立柱的垂直导轨移动来实现。

（2）主运动与进给运动

M7120A 型平面磨床运动示意图如图 8-9 所示。

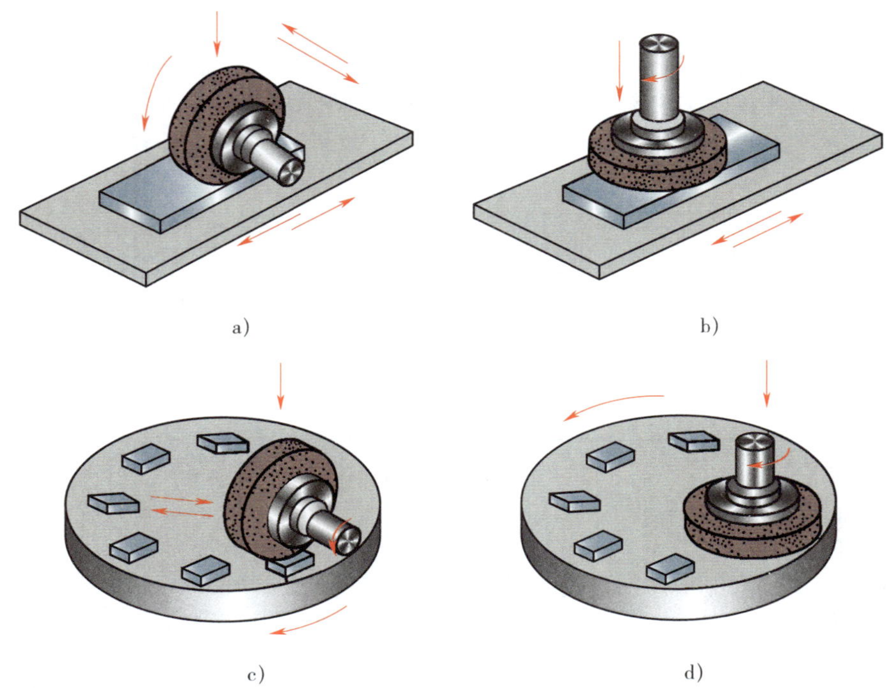

图 8-7　平面磨床的几种类型及其磨削运动

a）卧轴矩台平面磨床　b）立轴矩台平面磨床　c）卧轴圆台平面磨床　d）立轴圆台平面磨床

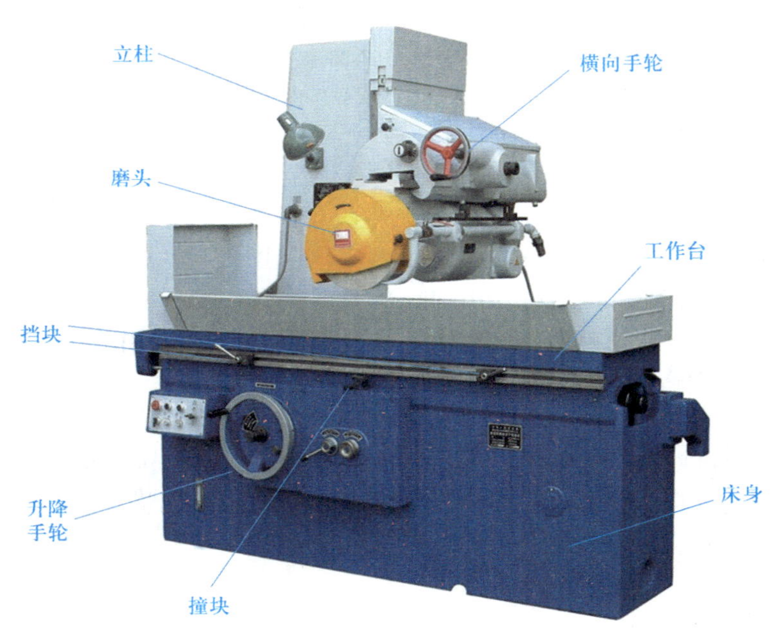

图 8-8　卧轴矩台平面磨床

1）主运动。磨头主轴上砂轮的回转运动是主运动。

2）进给运动。包括工作台的纵向进给运动、砂轮的横向和垂直进给运动。

①工作台的纵向进给运动，由液压传动系统实现，移动速度范围为 1 ~ 18 m/min。

②砂轮的横向进给运动，在工作台每一个往复行程终了时，由磨头沿床鞍的水平导轨横向步进实现。

③砂轮的垂直进给运动，手动使床鞍沿立柱垂直导轨上下移动，用以调整磨头的高低位置和控制背吃刀量。

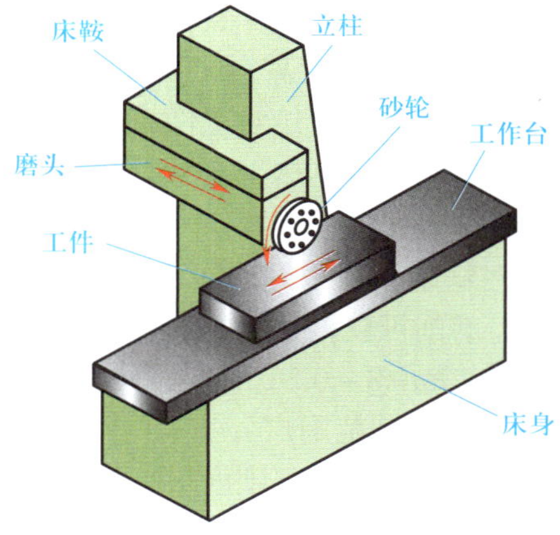

图 8–9 M7120A 型平面磨床运动示意图

二、磨床的功用

磨床可用来磨削各种内、外圆柱面，内、外圆锥面，平面，成形面等，见表 8–1。

表 8–1 磨床的功用

功用	磨外圆	磨孔	磨平面
图例	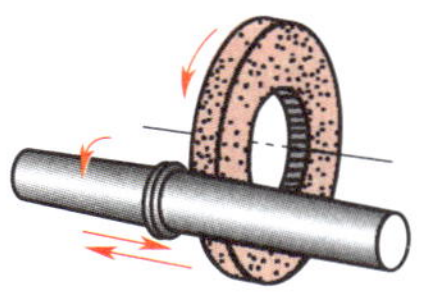	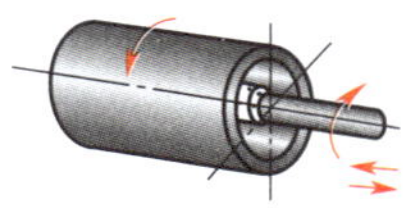	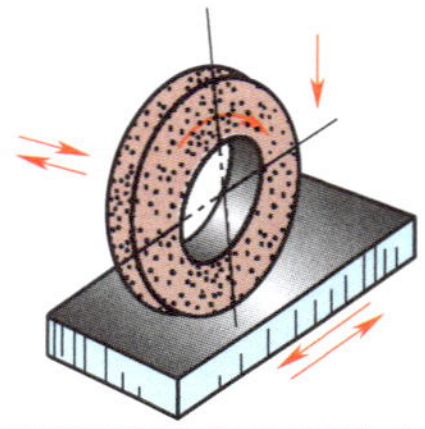
功用	无心磨削	磨成形面	磨螺纹
图例	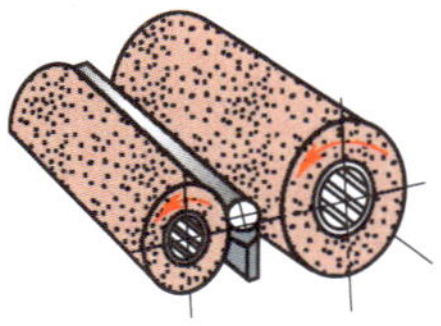	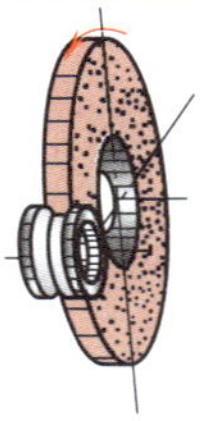	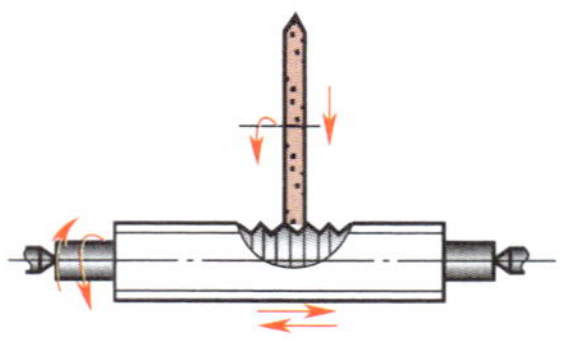
功用	磨齿轮	磨花键	磨导轨
图例		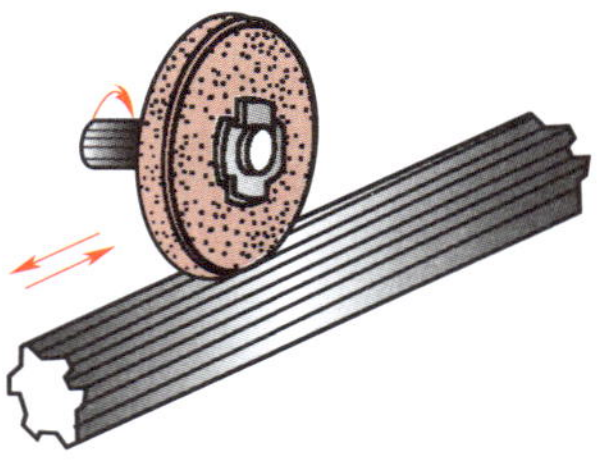	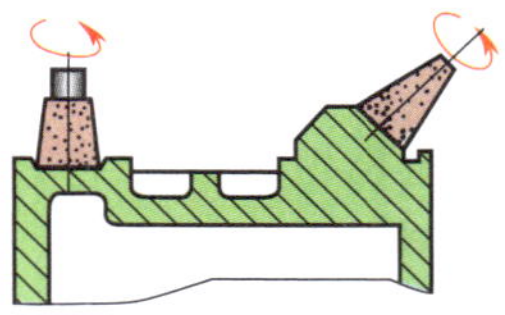

三、磨削的工艺特点

1. 磨削速度高

磨削时，砂轮高速回转，具有很高的圆周速度。一般磨削的砂轮圆周速度可达 35 m/s，高速磨削时可达 50 ~ 85 m/s。

2. 磨削温度高

磨削时，砂轮对工件表面除有切削作用外，还有强烈的摩擦作用，产生大量热量。而砂轮的导热性差，热量不易散发，导致磨削区域温度急剧升高（可达 400 ~ 1 000 ℃），容易引起工件表面退火或烧伤。

3. 能获得很好的加工质量

磨削可获得很高的加工精度，其经济加工精度为 IT7 ~ IT6；磨削可获得很小的表面粗糙度值（Ra0.8 ~ 0.2 μm），因此磨削被广泛用于工件的精加工。

4. 磨削范围广

砂轮可以磨削硬度很高的材料，如淬硬钢、高速钢、钛合金、硬质合金以及非金属材料（如玻璃）等。许多精密铸造成形的铸件、精密锻造成形的锻件和重要配合面也要经过磨削才能达到精度要求。

5. 少切屑

磨削是一种少切屑加工方法，一般背吃刀量较小，在一次行程中所能切除的材料层较薄，因此，金属切除效率较低。

6. 砂轮在磨削中具有自锐作用

磨削时，部分磨钝的磨粒在一定条件下能自动脱落或崩碎，从而露出新的磨粒，使砂轮保持良好的磨削性能的现象称为自锐作用，这是砂轮具有的独特能力。

§8-2 砂　　轮

一、砂轮的组成和特性

1. 砂轮的组成

砂轮是用各种类型的结合剂把磨料结合起来，经压坯、干燥、烧制及车整而成的磨削工具，因此，砂轮由磨料、结合剂和气孔三部分组成，如图 8-10 所示。

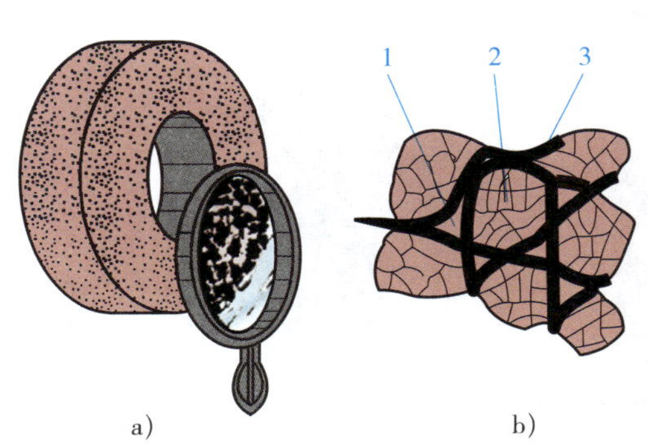

图 8-10　砂轮的组成

a）砂轮　b）组成三要素

1—气孔　2—磨料　3—结合剂

2. 砂轮的特性

砂轮的特性由磨料、粒度、硬度、组织、结合剂、形状和尺寸、强度（最高工作速度）七个要素来衡量。各种不同特性的砂轮，均有一定的适用范围，因此应按照实际的磨削要求合理地选择和使用砂轮。

（1）磨料

磨具（砂轮）中磨粒的材料称为磨料，它是砂轮的主要成分，是砂轮产生切削作用的根本要素。由于磨削时要承受强烈的挤压、摩擦和高温的作用，所以磨料应具有极高的硬度、耐磨性、耐热性，以及相当的韧性和化学稳定性。

制造砂轮的磨料，按成分一般分为氧化物（刚玉）、碳化物和天然超硬材料三类。普通磨料的代号应符合 GB/T 2476—2016 的规定，见表 8–2。

表 8–2　　普通磨料的代号

<table>
<tr><th colspan="2">类别</th><th>名称</th><th>代号</th></tr>
<tr><td colspan="2" rowspan="3">天然类</td><td>天然刚玉</td><td>NC</td></tr>
<tr><td>金刚砂</td><td>E</td></tr>
<tr><td>石榴石</td><td>G</td></tr>
<tr><td rowspan="13">人造类</td><td rowspan="9">刚玉系列</td><td>棕刚玉</td><td>A</td></tr>
<tr><td>白刚玉</td><td>WA</td></tr>
<tr><td>单晶刚玉</td><td>SA</td></tr>
<tr><td>微晶刚玉</td><td>MA</td></tr>
<tr><td>铬刚玉</td><td>PA</td></tr>
<tr><td>锆刚玉</td><td>ZA</td></tr>
<tr><td>黑刚玉</td><td>BA</td></tr>
<tr><td>烧结刚玉</td><td>AS</td></tr>
<tr><td>陶瓷刚玉</td><td>CA</td></tr>
<tr><td rowspan="4">碳化物系列</td><td>黑碳化硅</td><td>C</td></tr>
<tr><td>绿碳化硅</td><td>GC</td></tr>
<tr><td>立方碳化硅</td><td>SC</td></tr>
<tr><td>碳化硼</td><td>BC</td></tr>
</table>

（2）粒度

表示磨料颗粒尺寸大小的参数称为粒度。磨料粒度影响磨削的质量和生产效率。粒度的选用主要根据加工的表面粗糙度要求和加工材料的力学性能，见表 8–3。

（3）硬度

砂轮的硬度是指结合剂黏结磨料颗粒的牢固程度，它表示砂轮在外力（磨削抗力）作用下磨料颗粒从砂轮表面脱落的难易程度。磨粒容易脱落的砂轮硬度低，称为软砂轮；磨粒不容易脱落的砂轮硬度高，称为硬砂轮。

砂轮的硬度对磨削的加工精度和生产效率有很大的影响。通常磨削硬度高的材料应选用软砂轮，以保证磨钝的磨粒能及时脱落；磨削硬度低的材料应选用硬砂轮，以充分发挥磨粒的切削作用。砂轮的硬度等级代号见表 8–4。

表 8-3　粒度及选用

粒度	粗磨粒 F4 ~ F220			微粉 F230 ~ F1200
	粗粒度	中粒度	细粒度	极细粒度
粒度值	4	30	70	230
	5	36	80	240
	6	40	90	280
	7	46	100	320
	8	54	120	360
	10	60	150	400
	12	—	180	500
	14	—	220	600
	16	—	—	800
	20	—	—	1 000
	22	—	—	1 200
	24	—	—	—
选用	粗磨或磨削质软、塑性大的材料	半精磨	精磨或磨削质硬、脆性的材料	超精磨削

表 8-4　砂轮的硬度等级代号

砂轮的硬度等级代号				砂轮的硬度
A	B	C	D	超软
E	F	G	—	很软
H	—	J	K	软
L	M	N	—	中级
P	Q	R	S	硬
T	—	—	—	很硬
—	Y	—	—	超硬

砂轮的硬度由软至硬共分 19 级。必须注意，砂轮的硬度与磨料的硬度是两个不同的概念，不能混淆。

（4）组织

砂轮的组织是指砂轮内部结构的疏密程度。根据磨粒在整个砂轮中所占体积的比例不同，砂轮组织分成三大类共 15 级，可用数字标记，通常为 0 ~ 14，数字越大，表示组织越疏松。砂轮的组织、代号及其选用见表 8-5。

表 8-5　砂轮的组织、代号及其选用

砂轮组织的代号	0 ~ 4	5 ~ 8	9 ~ 14
砂轮的组织	紧密	中等	疏松
选用	精密磨削、成形磨削	一般磨削	磨削硬度低、韧性大的工件，或砂轮与工件接触面积大的场合，或粗磨

（5）结合剂

结合剂是用来将分散的磨料颗粒黏结成具有一定形状和足够强度的磨具的材料。结合剂的种类和性质会影响砂轮的硬度、强度、耐腐蚀性、耐热性及抗冲击性等。结合剂种类见表 8–6。

表 8–6　　结合剂种类

代号	结合剂	代号	结合剂
V	陶瓷结合剂	B	树脂或其他热固性有机结合剂
R	橡胶结合剂	BF	纤维增强树脂结合剂
RF	增强橡胶结合剂	MG	菱苦土结合剂
PL	热塑性塑料结合剂	E	虫胶结合剂

（6）形状和尺寸

根据磨床的结构及磨削的加工需要，砂轮有各种形状和不同的尺寸规格。表 8–7 为常用砂轮的型号、形状、名称及基本用途。

表 8–7　　常用砂轮的型号、形状、名称及基本用途

型号	形状	名称	基本用途
1	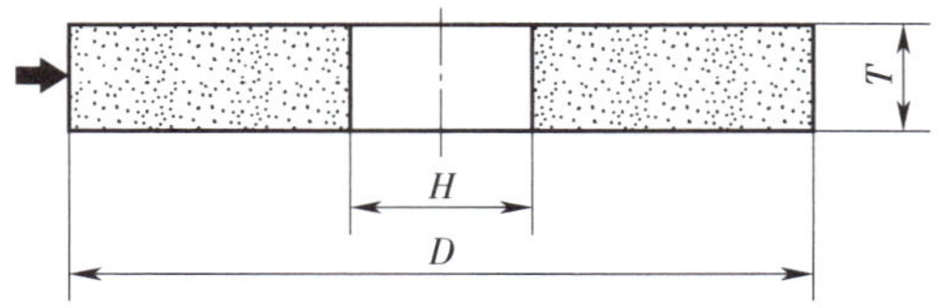 T, H, D	平形砂轮	用于外圆磨削、内圆磨削、平面磨削、无心磨削、刀具刃磨和螺纹磨削
2	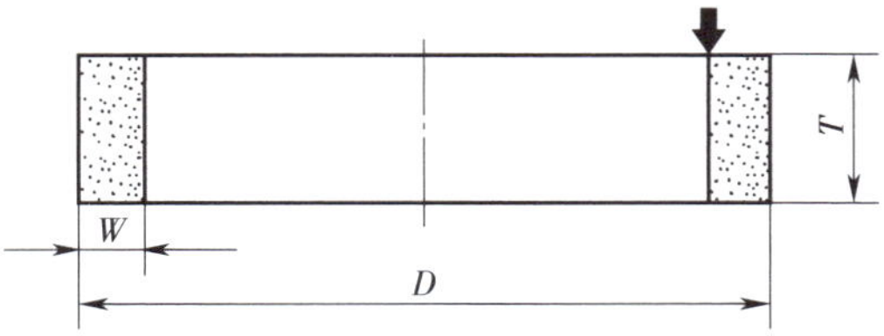 T, W, D	筒形砂轮	用于立式平面磨床上磨平面
3	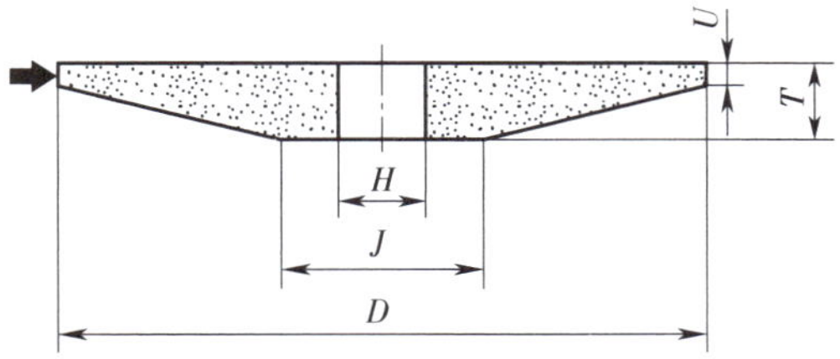 U, T, H, J, D	单斜边砂轮	用于工具磨削，如刃磨铣刀、铰刀、插齿刀等
4	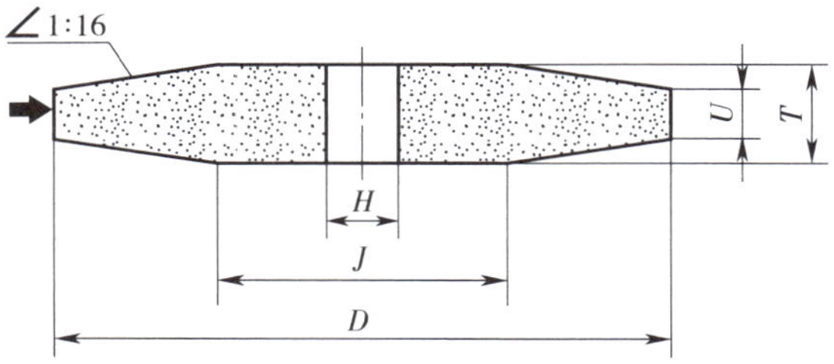 ∠1:16, U, T, H, J, D	双斜边砂轮	用于磨削齿轮齿面和单线螺纹等

续表

型号	形状	名称	基本用途
6	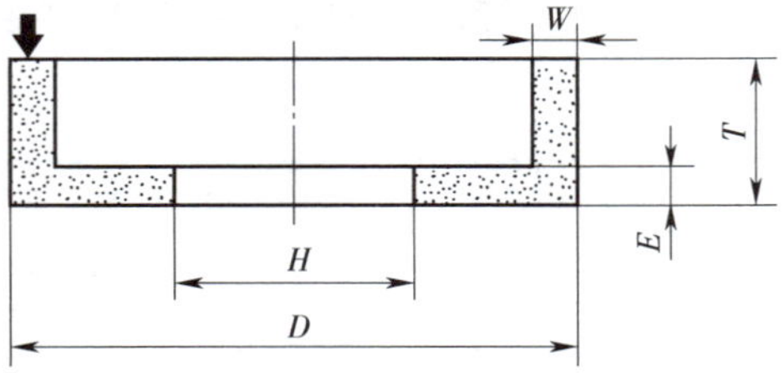	杯形砂轮	主要用于刃磨铣刀、铰刀、拉刀等，也可用于磨平面和内圆
7	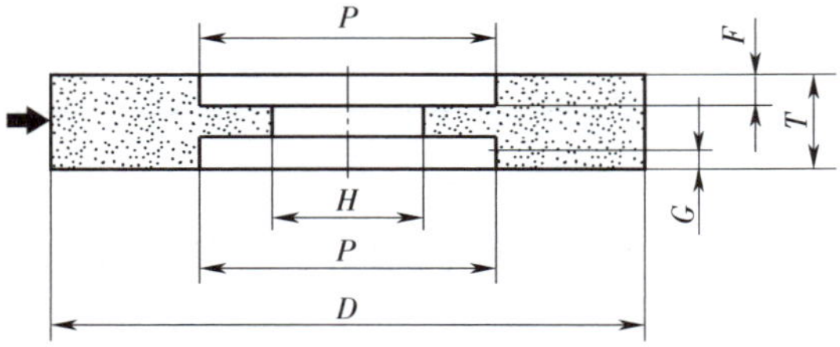	双面凹一号砂轮	主要用于外圆磨削和刃磨刀具，还可作为无心磨削的导轮和磨削轮
11	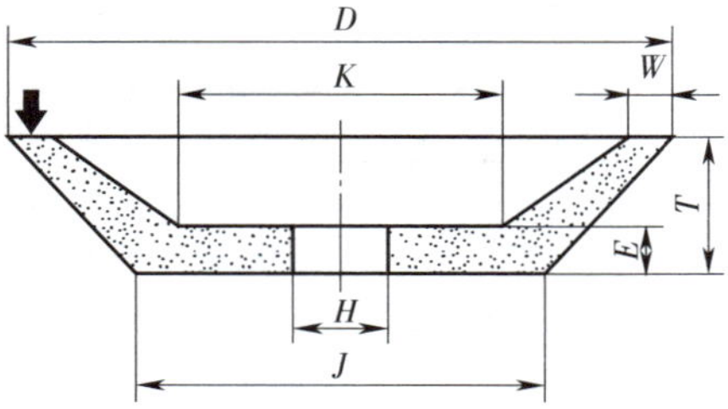	碗形砂轮	应用范围广泛，主要用于刃磨铣刀、铰刀、拉刀、盘形车刀等，也可用于磨机床导轨
12a	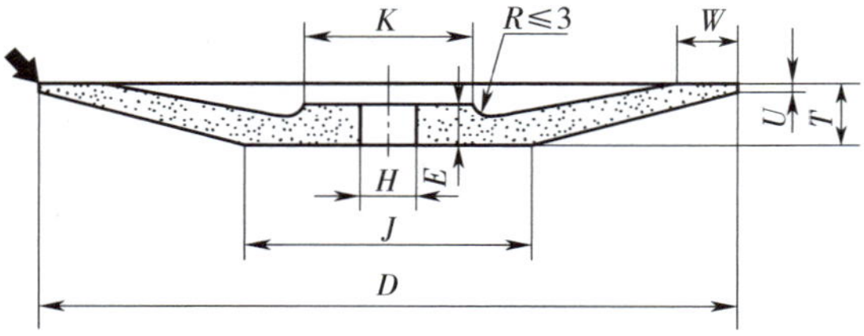	碟形一号砂轮	用于刃磨铣刀、铰刀、拉刀和其他刀具，大尺寸的一般用于磨削齿轮齿面

注：1. ⬇表示磨具磨削面。

2. *D*—磨具的外径；*E*—杯形、碟形砂轮孔处的厚度；*F*—第一凹面的深度；*G*—第二凹面的深度；*H*—磨具的孔径；*J*—碗形、碟形、斜边形砂轮的最小直径；*K*—碗形、碟形砂轮的内底径；*P*—凹槽直径；*T*—磨具的总厚度；*U*—斜边形砂轮的最小厚度；*W*—磨具的工作环端面宽度。

（7）强度（最高工作速度）

砂轮的强度是指在惯性力作用下砂轮抵抗破碎的能力。砂轮回转时产生的惯性力与砂轮的切削速度的平方成正比。因此，砂轮的强度通常用最高工作速度表示。

砂轮应按下列范围的最高工作速度进行制造，磨具最高工作速度的范围为：<16，16～20，25～30，32～35，40～50，60～63，70～80，100～125，140～160，其单位为 m/s。

二、磨具的标记

1. 标记的内容

固结磨具的标记由磨具名称、产品标准号、基本形状代号、圆周型面代号（若有）、尺寸（包括型面尺寸）、磨料牌号（可选性的）、磨料种类、磨料粒度、硬度等级、组织号

（可选性的）、结合剂种类、最高工作速度组成。

2. 示例

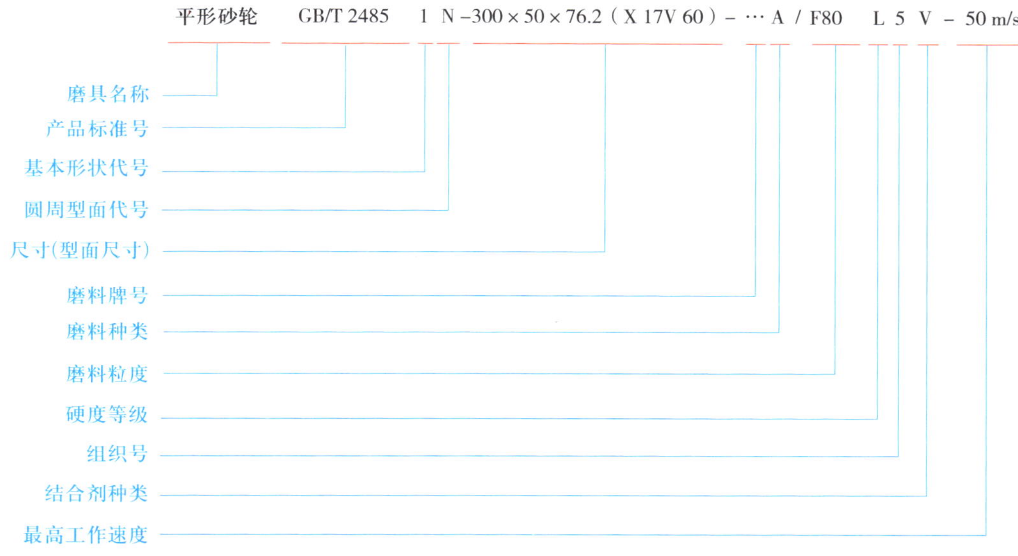

三、砂轮的安装、平衡与修整

1. 砂轮的安装

砂轮的安装步骤见表 8–8。

表 8–8　砂轮的安装步骤

步骤	操作方法	图示
1	检查砂轮是否有裂纹。可将砂轮用绳索穿过内孔，吊起悬空，用木锤轻轻敲击，如发出嘶哑声则表明有裂纹，如发出清脆的声音则表明无裂纹	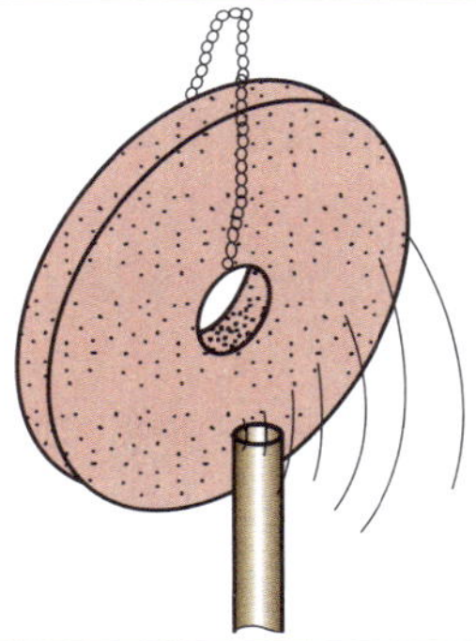
2	用法兰盘安装砂轮，先将一块衬垫放入法兰底盘支承面	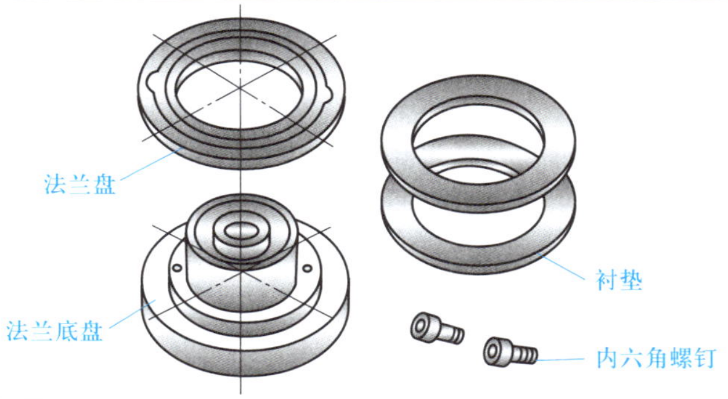 法兰盘 衬垫 法兰底盘 内六角螺钉

续表

步骤	操作方法	图示
3	将砂轮放入法兰底盘支承面的衬垫上	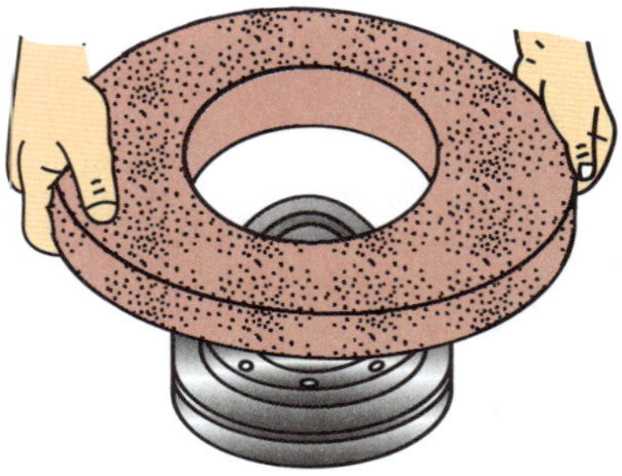
4	再将另一块衬垫放在砂轮上平面，装上法兰盘	
5	按对角顺序逐步上紧内六角螺钉	—
6	安装好以后，校正砂轮平衡	—

安装砂轮时应注意以下问题：

（1）砂轮与法兰底盘轴颈之间应有 0.1 ~ 0.2 mm 的配合间隙。安装时不要太紧，也不能太松。

（2）如间隙太小，配合过紧装不下砂轮时，可用刮刀均匀地修刮砂轮内孔，一直刮到刚好能装入为止。

（3）如间隙太大，配合过松，则在法兰底盘轴颈处垫上一层纸片作为衬垫，以减小安装偏心。如果间隙相差太大，则需重新配对。

（4）直径较小的砂轮使用黏结剂紧固。

2. 砂轮的平衡

新的砂轮安装好以后要校正平衡，以使砂轮的重心与旋转中心重合，抵消砂轮旋转时的离心力，保证砂轮在高速旋转下不会产生振动，从而保证磨削质量。砂轮静平衡的操作步骤见表 8–9。

3. 砂轮的修整

砂轮使用了一段时间后，工作表面会钝化，会出现磨粒钝化、磨粒急剧不均匀脱落、砂轮粘嵌堵塞等现象，从而使磨削效率下降。如继续磨削，将加剧砂轮的损坏，会使工件产生振动波纹，反而增大了工件表面粗糙度。因此，应对砂轮进行修整，使其恢复磨削性能。

表 8-9　　砂轮静平衡的操作步骤

步骤	操作内容	图示
1	先调整好平衡架，使它处于水平位置。具体做法是用水平仪调整平衡架的导柱，使水平仪气泡在中间位置	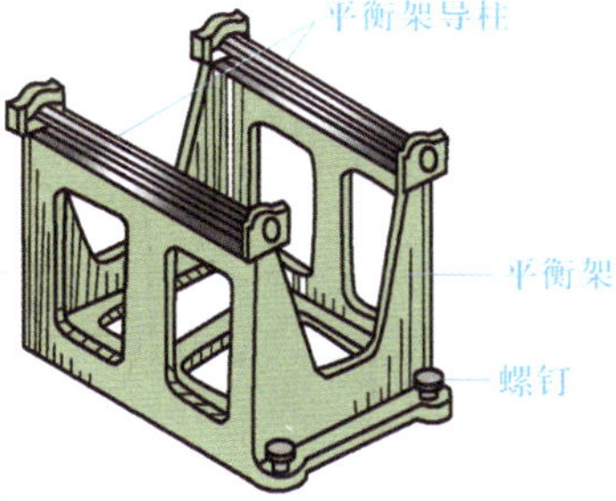 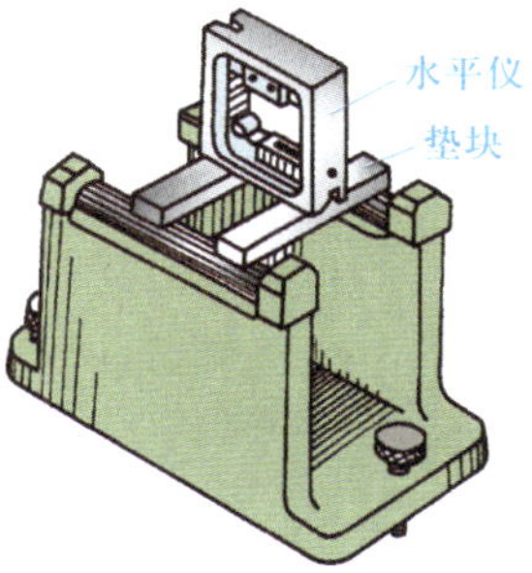
2	安装平衡心轴至砂轮法兰底盘内孔，心轴的外锥面与砂轮法兰盘至少应有 80% 的接触面，然后拧紧螺母	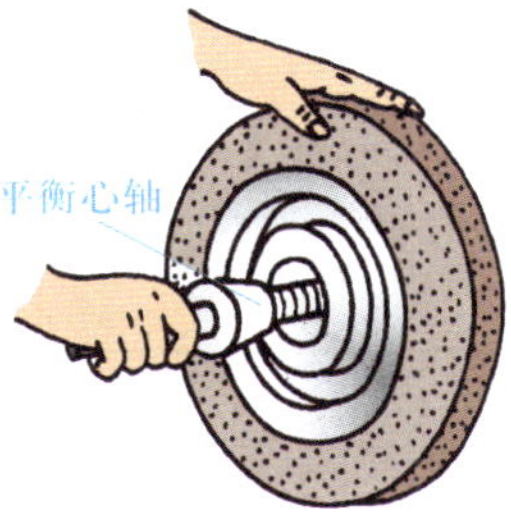
3	将平衡心轴连同砂轮放在平衡架的导柱上，缓缓旋转砂轮。如不平衡，砂轮会来回摆动。待摆动停止，不平衡量应在砂轮下面，在不平衡量所对应的砂轮一侧做一记号	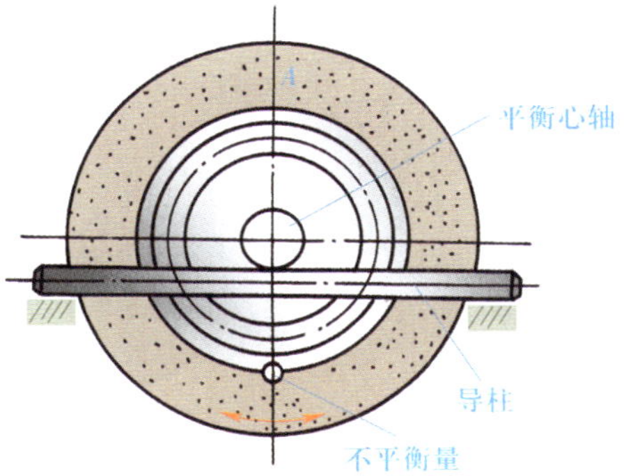
4	在记号另一侧装上第一块平衡块，并在该平衡块两侧等距离装上另外两块平衡块，以第一块为基准转 90° 调整其他两块平衡块相对位置，使砂轮在 360° 任意角度可静止为准	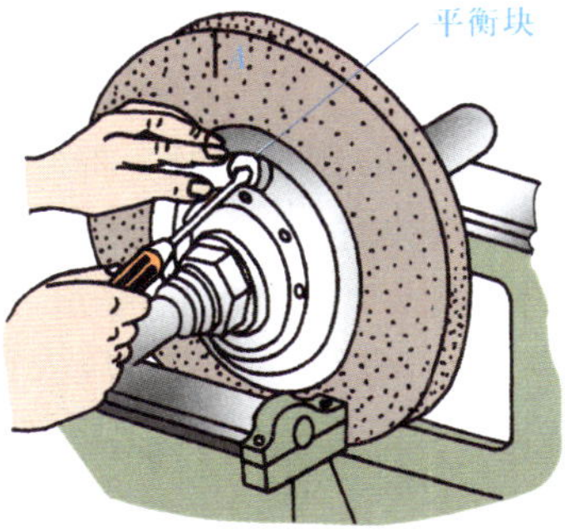

续表

步骤	操作内容	图示
5	再将作记号处转到水平位置。如平衡，它就不会转动；如不平衡，砂轮仍会摆动。按照以上方法再调整，加平衡块，一直到平衡为止	
6	平衡后，紧固各平衡块螺钉，从平衡架上抬下砂轮，拆下平衡心轴。平衡结束后，可把砂轮装上机床使用	—

根据工件的不同加工要求，可采用不同的修整工具和修整方法。常用的砂轮修整工具有天然金刚石笔、人造金刚石笔、滚轮、金刚石车刀、滚轮式割刀等，如图 8–11 所示。

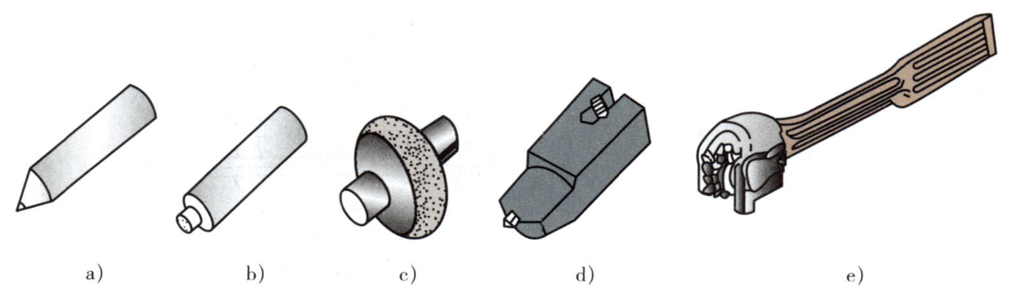

a) b) c) d) e)

图 8–11 常用的砂轮修整工具

a）天然金刚石笔 b）人造金刚石笔 c）滚轮 d）金刚石车刀 e）滚轮式割刀

（1）车削修整法

车削修整法是目前应用最广的一种修整方法，它是以天然金刚石笔或人造金刚石笔为工具，用车削形式修整砂轮的方法。天然金刚石笔是将大颗粒的金刚石镶焊在特制刀杆上的一种修整工具，尖端研成 70° ~ 80° 的锥角。人造金刚石笔是由颗粒较小的碎金刚石或金刚石粉，用结合力很强的合金结合起来，压入特制的金属刀杆上制成的，有层状、链状和粉状三种笔头结构，如图 8–12 所示。修整时，砂轮磨粒受到修整工具坚硬的尖端挤压而碎裂或脱落，露出新的微刃。

修整时进给速度越低，砂轮表面修得越平整光滑，磨粒的微刃等高性就越好。

精修整时，一般吃刀次数为 2 ~ 3 次，然后在无吃刀的情况下做一次走刀。修整时应充分冷却，不允许间断地供应切削液使修整工具损坏。

（2）其他修整方法

可采用滚轮式割刀修整砂轮。滚轮式割刀是由几片渗碳淬火钢或白口铸铁的金属圆盘装在修整刀柄上制成的。金属圆盘边缘的形状为尖角形，修整时金属盘随砂轮高速滚动，并将砂轮工作面的表层“打”去，这种工具常用于粗磨砂轮的修整和大型砂轮的整形修整。

随着磨床自动化程度的提高，用金刚石滚轮修整砂轮日益增多，如图 8–13 所示，使用经过金刚石滚轮修整的成形砂轮，采用切入法，磨出工件的圆弧面。金刚石滚轮一般用电镀法、粉末冶金法制成。

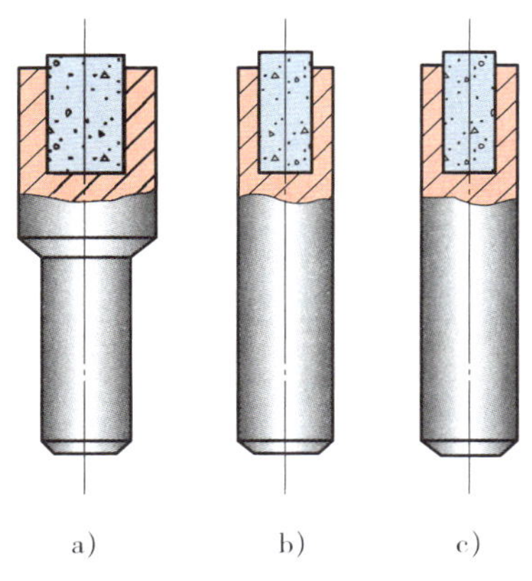

图 8–12　人造金刚石笔

a）层状　b）链状　c）粉状

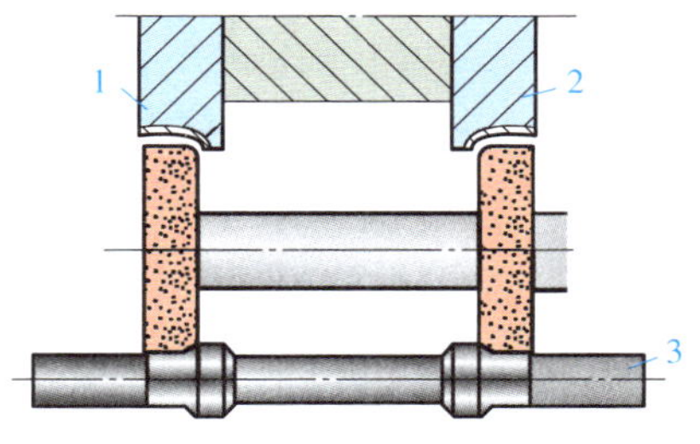

图 8–13　金刚石滚轮的应用

1、2—金刚石滚轮　3—工件

§8–3　磨削方法

一、在外圆磨床上磨外圆

1. 工件的装夹

磨外圆时常用的工件装夹方法有两顶尖装夹、三爪自定心卡盘装夹（没有中心孔的圆柱形工件）和四爪单动卡盘装夹（外形不规则的工件）三种。

两顶尖装夹工件的方法如图 8–14a 所示。工件由头架的拨盘和拨杆带动的鸡心夹头（图 8–14b）带动旋转。由于磨床所用的前、后顶尖都是固定不动的（即固定顶尖），尾座顶尖又是依靠弹簧力顶紧工件，使工件与顶尖始终保持适当的松紧程度，所以可避免磨削时因顶尖摆动而影响工件的精度。因此，两顶尖装夹工件的方法定位精度高，装夹工件方便，应用最为普遍。

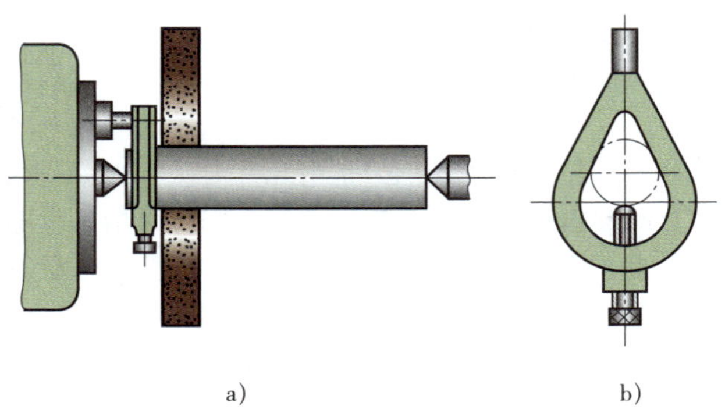

a)　　　　b)

图 8-14　两顶尖装夹工件

a）用两顶尖装夹工件　b）鸡心夹头

2. 磨削方法

外圆磨削方法主要有纵向磨削法、横向磨削法、综合磨削法和深度磨削法，见表 8-10。

表 8-10　外圆磨削方法

方法	图示	磨削过程	特点及应用
纵向磨削法		砂轮高速回转做主运动，工件低速回转做圆周进给运动，工作台做纵向往复进给运动，实现对工件整个外圆表面的磨削 每当一次纵向往复行程终了时，砂轮做周期性的横向进给运动，直至达到所需的背吃刀量	砂轮上处于纵向进给方向一侧的磨粒担负主要切削工作，周边上其余磨粒只起修光作用，减小表面粗糙度值 砂轮的每次背吃刀量很小，生产效率低，但可获得较高的加工精度和较小的表面粗糙度值，在生产中应用最广泛
横向磨削法（切入磨削法）		磨削时，由于砂轮厚度大于工件被磨削外圆的长度，工件无纵向进给运动 砂轮高速回转做主运动，工件低速回转做圆周进给运动，同时砂轮以很慢的速度连续或间断地向工件横向进给切入磨削，直至磨去全部余量	砂轮与工件接触长度内的磨粒的工作情况相同，均起切削作用，因此生产效率较高，但磨削力和磨削热大，工件容易产生变形，甚至发生烧伤现象，加工精度降低，表面粗糙度值增大 受砂轮厚度的限制，只适用于磨削长度较短的外圆及不能用纵向进给的场合
综合（分段）磨削法	5~15	磨削时，先采用横向磨削法分段粗磨外圆，并留精磨余量，然后再用纵向磨削法精磨到规定的尺寸	粗磨后在一次纵向进给运动中，将工件磨削余量全部切除而达到规定的尺寸要求

续表

方法	图示	磨削过程	特点及应用
深度磨削法	T T 0.05 0.05 0.6T 0.4T 双台阶砂轮 五台阶砂轮	在一次纵向进给运动中，将工件磨削余量全部切除而达到规定尺寸要求，磨削方法与纵向磨削法相同，但砂轮需修成阶梯形 磨削时，砂轮各台阶的前端担负主要切削工作，各台阶的后部起精磨、修光作用，前面的各台阶完成初磨，最后一个台阶完成精磨	台阶的数量及深度按磨削余量的大小和工件的长度确定 适用于磨削余量和刚度较大的工件的批量生产，应选用刚度和功率大的机床，使用较小的纵向进给速度，并注意充分冷却

二、在外圆磨床上磨内圆

1. 内圆磨削方法

内圆磨削是常用的内孔精加工方法，可以加工工件上的通孔、盲孔、台阶孔及端面等。在外圆磨床上磨内圆的方法见表 8–11。

表 8–11　在外圆磨床上磨内圆的方法

方法	图示	磨削过程
纵向磨削法		与外圆的纵向磨削法相同，砂轮的高速回转做主运动，工件以与砂轮回转方向相反的低速回转完成圆周进给运动，工作台沿被加工孔的轴线方向做往复移动完成工件的纵向进给运动，在每一次往复行程终了时，砂轮沿工件径向周期横向进给
横向磨削法		磨削时，工件只做圆周进给运动，砂轮的高速回转为主运动，同时以很慢的速度连续或断续地向工件做横向进给运动，直至孔径磨到规定尺寸

2. 内圆磨削特点

与外圆磨削相比，内圆磨削有如下特点：

（1）砂轮与砂轮接长轴的直径都受到工件孔径的限制，因此，一方面磨削速度难以提高，另一方面磨具刚度较差，容易振动，使加工质量和生产效率受到影响。

（2）砂轮容易堵塞、磨钝，磨削时不易观察，冷却条件差。

（3）在外圆磨床上用内圆磨头磨削内圆主要用于单件、小批量生产，在大批量生产中则宜使用内圆磨床磨削。

三、在外圆磨床上磨外圆锥

在外圆磨床上磨外圆锥的方法见表 8–12。

表 8–12　　在外圆磨床上磨外圆锥的方法

方法	图示	磨削过程	适用
转动工作台法		将工件装夹在两顶尖间，圆锥大端在前顶尖侧，小端在后顶尖侧，将磨床的上工作台相对下工作台逆时针偏转一个圆锥半角 $\alpha/2$ 的角度 磨削时，用纵向磨削法或综合磨削法，从圆锥小端开始试磨	锥度不大的长圆锥工件
转动头架法		将工件装夹在头架的卡盘中，头架逆时针转动 $\alpha/2$ 角度，磨削方法与转动工作台法相同	锥度较大而长度较短的工件
转动砂轮架法		将砂轮架偏转 $\alpha/2$ 角度，用砂轮的横向进给进行圆锥磨削，磨削中工作台不允许纵向进给，如果锥面的素线长度大于砂轮厚度，则需要用分段接刀的方法进行磨削	锥度较大且长度较长的工件，须用两顶尖装夹

四、在平面磨床上磨平面

1. 工件的装夹

（1）平面磨削时工件的装夹

平面磨削时一般采用电磁吸盘紧固工件。电磁吸盘是根据电磁原理制成的，它有矩形和圆形两种，如图 8–15 所示。使用电磁吸盘装夹工件有以下特点：

1）工件装夹方便、迅速。

2）工件装夹稳固牢靠。

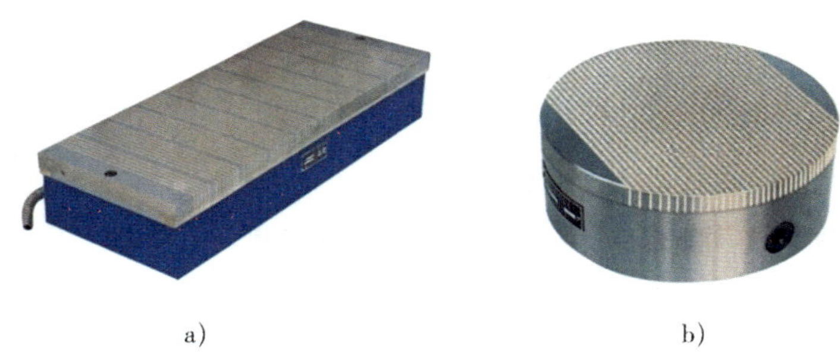

a)　　b)

图 8–15　电磁吸盘

a）矩形电磁吸盘　b）圆形电磁吸盘

3）能同时装夹多个工件。

4）工件的定位基准面被均匀地吸紧在台面上，减小了工件的平行度误差。

（2）垂直面磨削时工件的装夹

垂直面是指夹角成 90° 的相邻两平面。装夹工件时要保证两平面的垂直度要求。

1）用导磁直角铁装夹。当电磁吸盘通电后，工件的侧面就被吸在导磁直角铁的侧面上，如图 8–16 所示。这种方法适用于装夹比较狭长的工件。

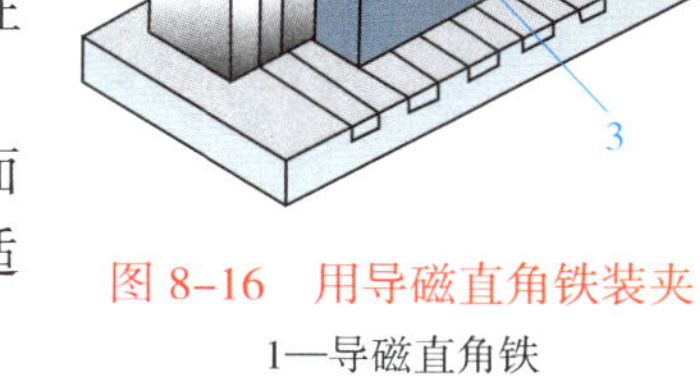

图 8–16 用导磁直角铁装夹

1—导磁直角铁

2—工件 3—平行垫铁

2）用精密平口钳装夹。把平口钳放在电磁吸盘台面上，校正平口钳及装夹工件后进行磨削，如图 8–17 所示。

3）用精密角铁装夹。把精密角铁放在电磁吸盘上，并使角铁垂直平面与工作台运动方向平行；把工件的已加工表面紧贴在角铁的垂直面上，用压板、螺钉和螺母稍微压紧，待校正后再紧固工件，如图 8–18 所示。

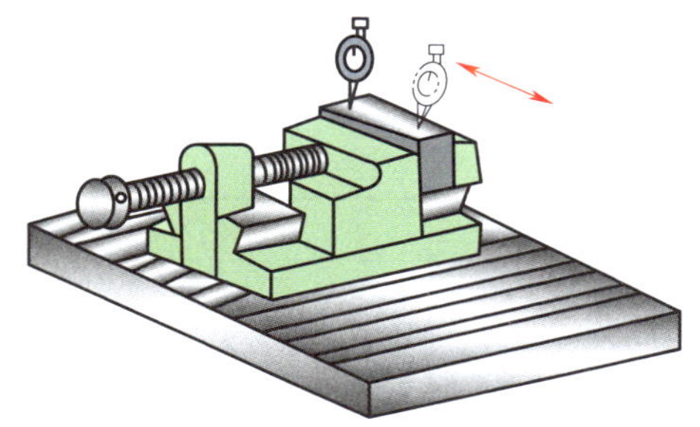

图 8–17 用精密平口钳装夹

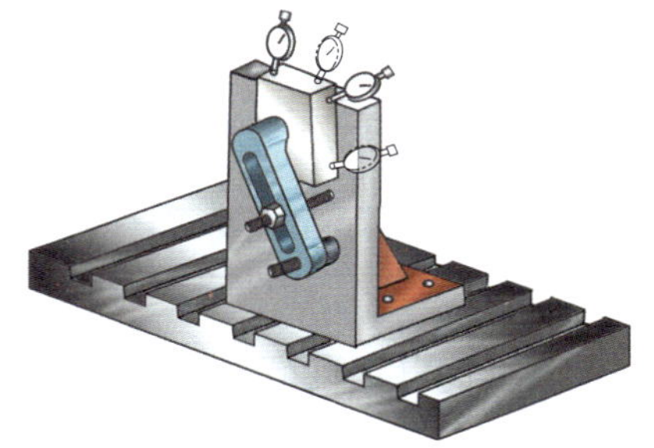

图 8–18 用精密角铁装夹

（3）注意事项

1）工件装夹完成后，应用手拉动，以检查工件是否牢固。

2）应保持电磁吸盘台面的平整光洁。

3）磨削结束后，应先将开关转至退磁位置，去掉工件和电磁吸盘剩磁，以便取下工件。

4）磨削结束后应将电磁吸盘台面擦净，并用盖板遮盖。

2. 平面磨削方式与应用特点（表 8–13）

表 8–13 平面磨削方式与应用特点

磨削方式	图示	说明	应用特点
周边磨削		又称圆周磨削，用砂轮圆周面进行磨削	（1）冷却和排屑较好 （2）砂轮与工件接触面积小，磨削力和磨削热小 （3）适用于精磨各种工件的平面 （4）磨削时是间断进给运动，生产效率低

续表

磨削方式	图示	说明	应用特点
端面磨削	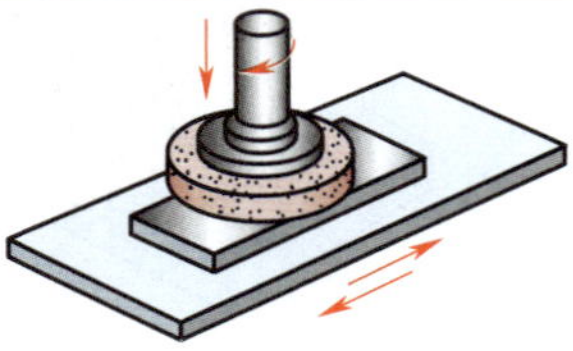	用砂轮的端面进行磨削	（1）砂轮主要承受轴心力，变形较小 （2）砂轮与工件接触面积大，生产效率高，但切削热较大 （3）冷却和排屑不方便 （4）适用于磨削精度要求不高且形状简单的工件
周边＋端面磨削	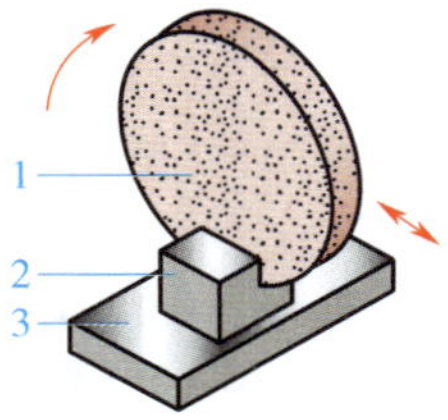 1—砂轮 2—工件 3—电磁吸盘	同时用砂轮的圆周和端面对工件进行磨削	（1）砂轮圆周与端面同时与工件表面接触，磨削条件差，磨削热较大 （2）砂轮磨削进给量不宜过大，生产效率不高 （3）适用于磨削台阶深度不大的工件

3. 平面磨削方法

平面磨削方法主要有横向磨削法、深度磨削法、台阶磨削法三种，见表 8–14。

表 8–14　平面磨削方法

分类	图示	磨削过程	特点及应用
横向磨削法	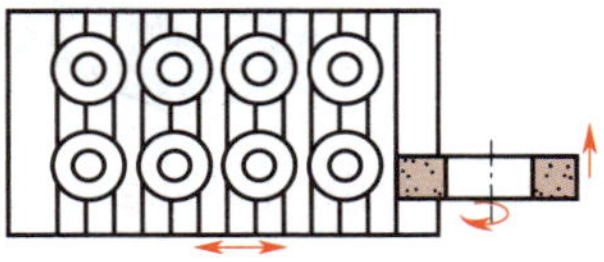	每当工作台纵向行程终了时，砂轮主轴做一次横向进给，待工件表面上第一层金属被磨去后，砂轮再按预选的背吃刀量做一次垂直进给，以后按上述过程逐层磨削，直至切除全部磨削余量	适用于磨削长而宽的平面，也适用于相同小件按序排列、集合磨削
深度磨削法	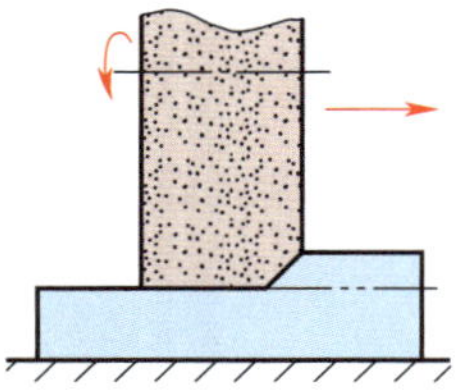	先粗磨（将余量一次磨去，留精磨余量），粗磨时的纵向移动速度很慢，而横向进给量很大，为（3/4～4/5）T（T为砂轮厚度），然后再用横向磨削法精磨	垂直进给次数少，生产效率高，但磨削抗力大，仅适用在刚度好、动力大的磨床上磨削平面尺寸较大的工件
台阶磨削法	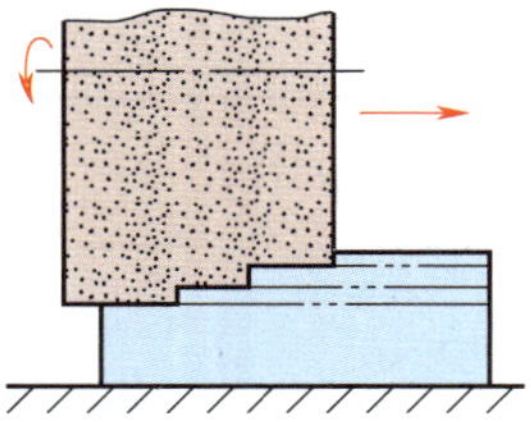	将砂轮厚度的前一半修成几个台阶，粗磨余量由这些台阶分别磨除，砂轮厚度的后一半用于精磨	适用于磨削位置精度要求高的平面，生产效率高，但磨削时横向进给量不能过大，砂轮修整较麻烦，其应用受到一定限制

第九章 刨削、插削和拉削

§9-1 刨　削

用刨刀对工件做水平相对直线往复运动的切削加工方法称为刨削。刨削时，刨刀（或工件）的直线往复运动是主运动，工件（或刨刀）在垂直于主运动方向的间歇移动是进给运动。

一、刨床

刨床分为牛头刨床、龙门刨床（包括悬臂刨床）两大类。

1. 牛头刨床

牛头刨床主要由底座、横梁、床身、滑枕、刀架、工作台等主要部件组成，如图 9-1 所示。

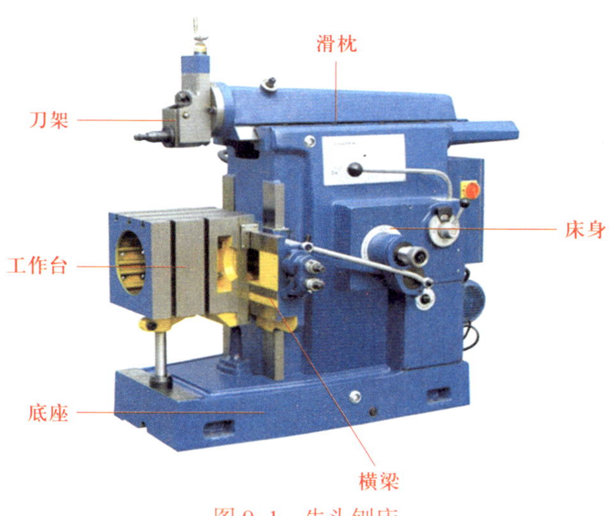

图 9-1　牛头刨床

（1）牛头刨床的主要部件及其功用

1）床身。用以支承刨床的各个部件。床身的顶部和前侧面分别有水平导轨和垂直导轨。滑枕连同刀架可沿水平导轨做直线往复运动（主运动），横梁连同工作台可沿垂直导轨实现升降。床身内部有变速机构和驱动滑枕的摆动导杆机构。

2）滑枕。前端装有刀架，用来带动刨刀做直线往复运动，实现刨削。

3）刀架。用来装夹刨刀和实现刨刀沿所需方向的移动。刀架与滑枕连接部位有转盘，可使刨刀按需要偏转一定角度。转盘上有导轨，摇动刀架手柄，滑板连同刀座沿导轨移动，可实现刨刀的间歇进给（手动），或调整背吃刀量。刀架上的抬刀板在刨刀回程时抬起，以防止擦伤工件和减少刀具的磨损。刀架的结构如图 9–2 所示。

4）工作台。用来安装工件，可沿横梁横向移动和随横梁一起沿床身垂直导轨升降，以便调整工件的位置。在横向进给机构驱动下，工作台可实现横向进给运动。

（2）牛头刨床的运动

牛头刨床的运动示意图如图 9–3 所示。

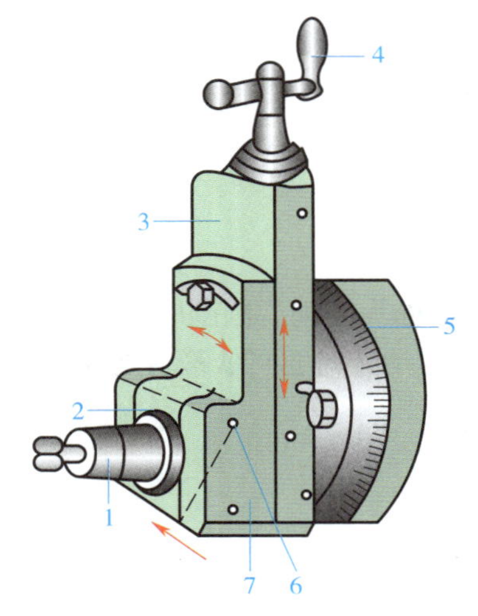

图 9–2　刀架的结构

1—刀夹　2—抬刀板　3—滑板　4—刀架手柄
5—转盘　6—转销　7—刀座

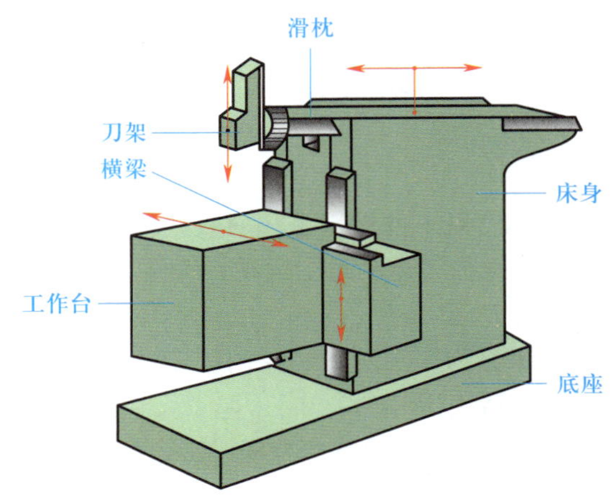

图 9–3　牛头刨床的运动示意图

1）主运动。主运动为刀架（或滑枕）的直线往复运动。电动机的回转运动经带传动机构传递到床身内的变速机构，然后由摆动导杆机构将回转运动转换成滑枕的直线往复运动。

2）进给运动。进给运动包括工作台的横向移动和刨刀的垂直或斜向移动。工作台的横向进给由曲柄摇杆机构带动横向运动丝杠间歇转动实现，在滑枕每一次直线往复运动结束后到下一次工作行程开始前的间歇中完成。刨刀的垂直或斜向进给则通过手动转动刀架手柄使其做间歇移动完成。

2. 龙门刨床

龙门刨床主要由床身、工作台、立柱、垂直刀架、侧刀架、横梁、顶梁等组成，如图 9–4 所示。

在龙门刨床刨削时，主运动是工作台带动工件的直线往复运动，而进给运动是刨刀的横向或垂直间歇移动，这与牛头刨床的运动相反。图 9–5 所示为在牛头刨床和龙门刨床上刨削平面时的切削运动示意图。

二、刨削加工

1. 刨削的加工范围

刨削是平面加工的主要方法之一。在刨床上可以刨平面（水平面、垂直面和斜面）、沟槽（直槽、V 形槽、T 形槽和燕尾槽）和曲面等，如图 9–6 所示。

垂直刀架
横梁
工作台
顶梁
立柱
侧刀架
床身

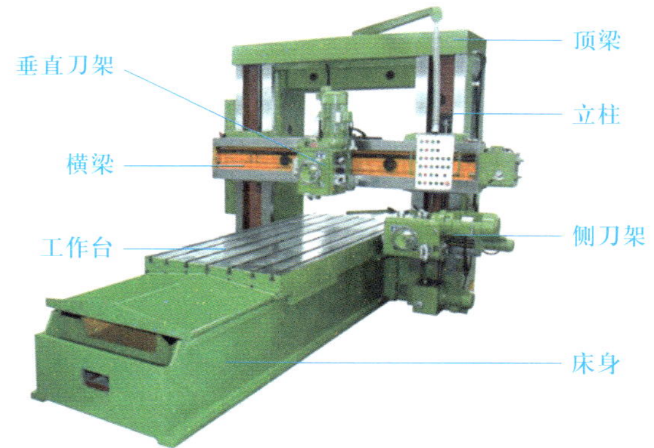

图 9-4　龙门刨床

刀具的往复直线运动为主运动
工件的间歇运动为进给运动
a)
刀具的间歇运动为进给运动
工件的往复运动为主运动
b)

图 9-5　刨削平面时的切削运动示意图

a）在牛头刨床上刨削平面　b）在龙门刨床上刨削平面

a)
b)
c)
d)
e)
f)

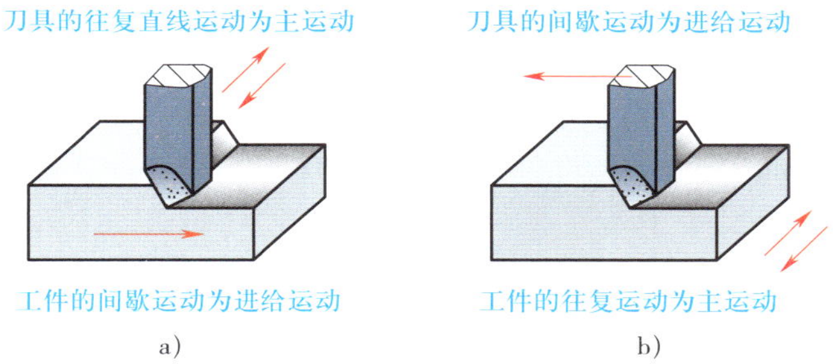

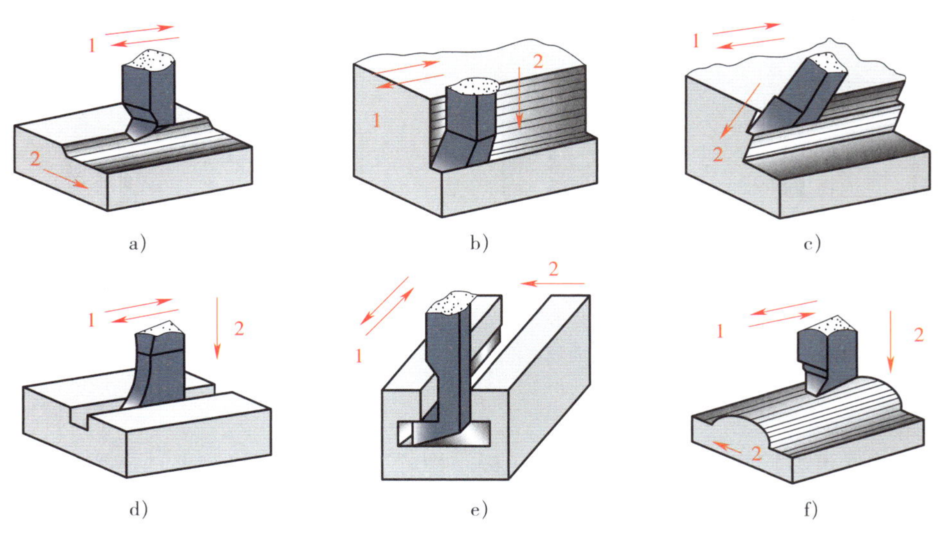

图 9-6　刨削的加工范围

a）刨水平面　b）刨垂直面　c）刨斜面　d）刨直槽　e）刨 T 形槽　f）刨曲面

1—主运动　2—进给运动

2. 刨刀及其装夹

刨刀属单刃刀具，其几何形状与车刀大致相同。由于刨削为断续切削，在每次切入工件时，刨刀受较大的冲击力，所以刨刀的截面积一般比较大。为避免刨削时因扎刀而造成工件报废，刨刀常制成弯颈形式（图 9–7a）。而直杆刨刀（图 9–7b）一般用于粗加工。刨刀装夹时位置要正，刀头伸出长度应尽可能短，夹紧必须牢固。

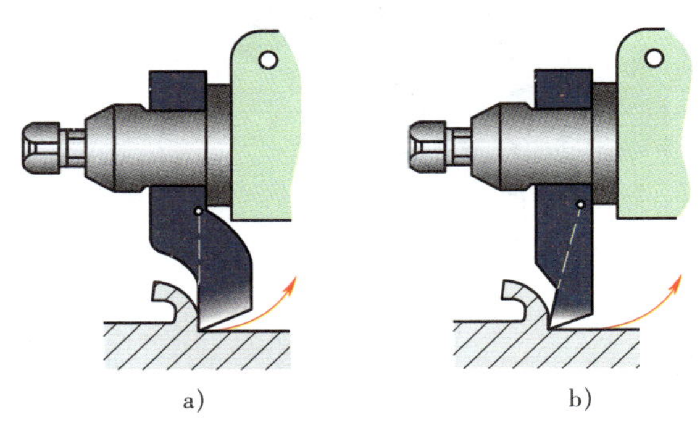

图 9–7　两种刨刀的刨削情况

a）弯颈刨刀不易扎刀（用于精加工）　b）直杆刨刀容易扎刀（用于粗加工）

3. 工件的装夹

（1）平口钳装夹

较小的工件可用固定在工作台上的平口钳装夹，如图 9–8 所示。平口钳在工作台上的位置应正确，必要时应用百分表校正。装夹工件时应注意工件高出钳口或伸出钳口两端不宜过多，以保证夹紧可靠。

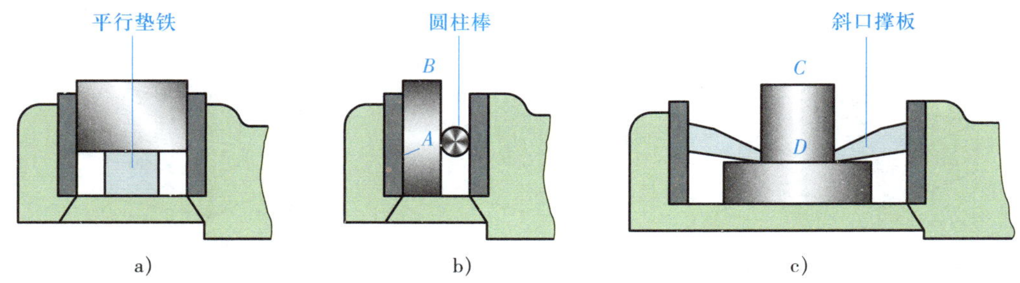

图 9–8　工件用平口钳装夹

a）刨削一般平面　b）工件 *A*、*B* 面间有垂直度要求时　c）工件 *C*、*D* 面间有平行度要求时

（2）压板装夹

较大的工件可直接置于工作台上，用压板、螺栓、挡块等直接装夹，如图 9–9 所示。

4. 刨削方法

（1）刨平面

1）刨水平面。刨水平面（图 9–10）时，进给运动由工作台（工件）横向移动完成，背吃刀量由刀架控制。

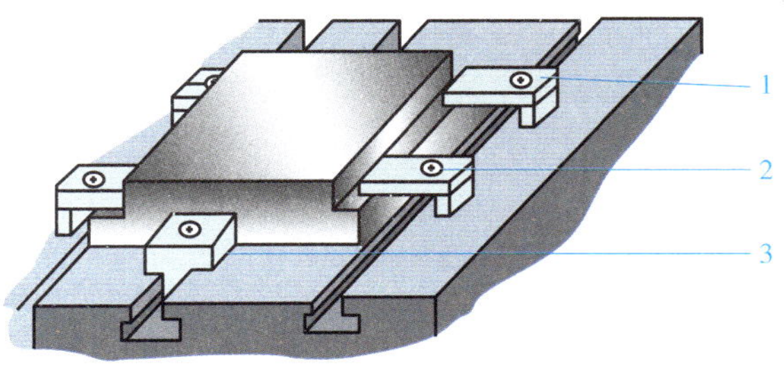

图 9-9　工件用压板装夹

1—压板　2—螺栓　3—挡块

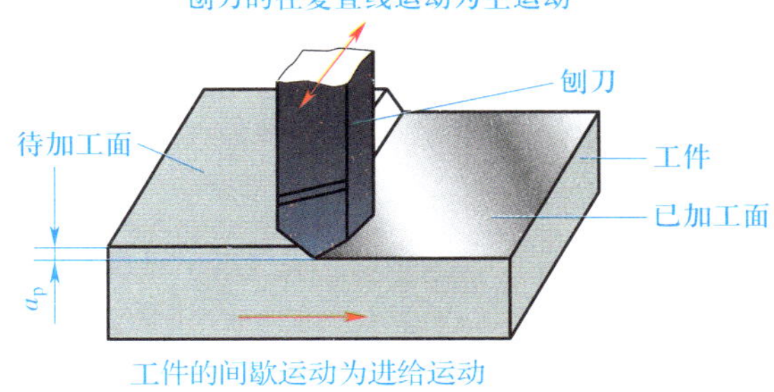

图 9-10　刨水平面

刨刀一般采用两侧切削刃对称的尖头刀，以便于双向进给，减少刀具的磨损和节省辅助时间。

2）刨垂直面。刨削垂直面时，刨刀采用偏刀，其几何形状如图 9-11 所示。摇动刀架手柄使刀架滑板（刀具）做手动垂直进给，背吃刀量通过工作台的横向移动控制。

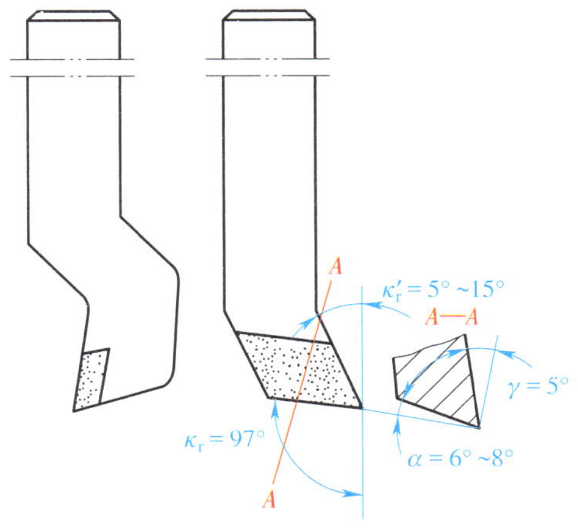

图 9-11　偏刀的几何形状

为保证加工平面的垂直度，加工前应将刀架转盘刻度对准零线，位置精度要求较高时，在刨削时应按需要进行微调纠正偏差。为防止刨削时刀架碰撞工件，应将刀座偏转适当的角度（图 9-12）。

3）刨斜面。刨斜面有两种方法：一是倾斜装夹工件，使工件被加工斜面处于水平位置，用刨水平面的方法加工；二是将刀架转盘旋转所需角度，摇动刀架手柄使刀架滑板（刀具）做手动倾斜进给，如图 9–13 所示。

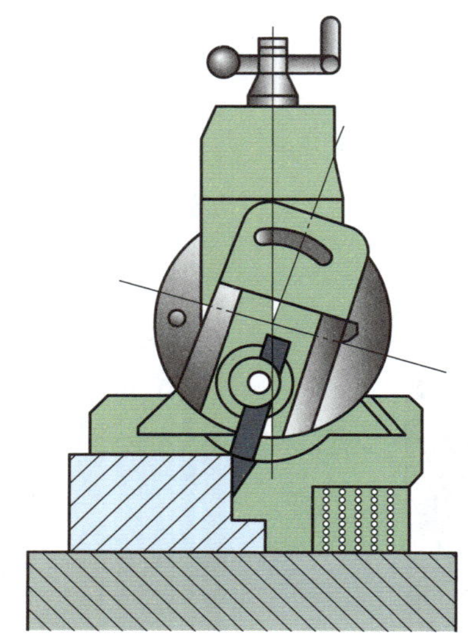

图 9–12　刨垂直平面时偏转刀座

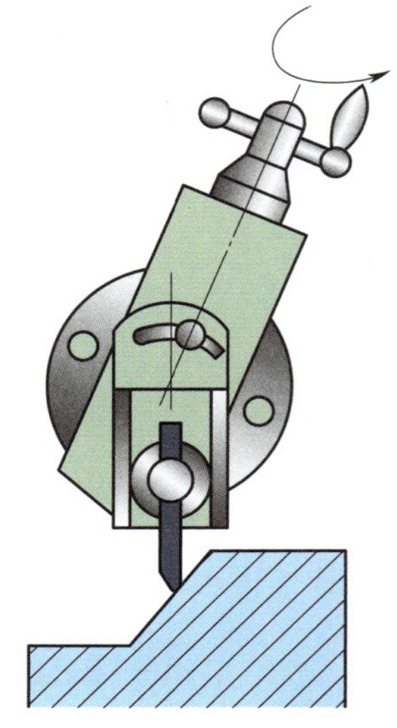

图 9–13　旋转刀架转盘刨斜面

（2）刨沟槽

1）刨直槽。刨直槽时，如果沟槽宽度不大，可用宽度与槽宽相当的直槽刨刀直接刨到所需宽度，旋转刀架手柄实现垂直进给；如果沟槽宽度较大，则可横向移动工作台，分几次刨削达到所需槽宽。

2）刨 V 形槽。刨 V 形槽时，应根据工件的划线校正，先用直槽刀刨出底部直槽，然后换装偏刀，倾斜刀架和偏转刀座，用刨斜面的方法分别刨出 V 形槽的两侧面（图 9–14）。

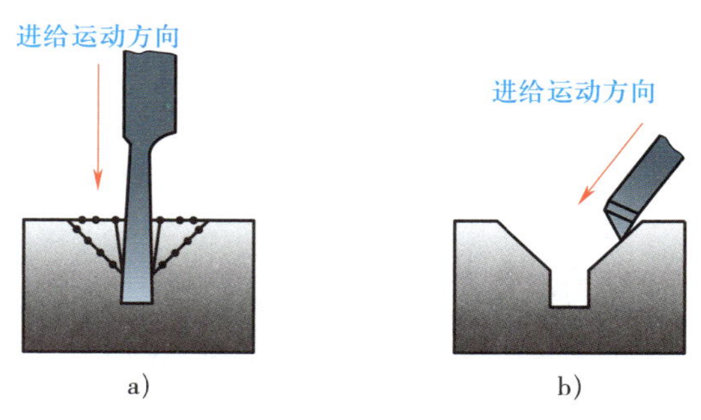

图 9–14　刨 V 形槽

a）刨 V 形槽底部直槽　b）刨 V 形槽两侧面

3）刨燕尾槽。刨燕尾槽的方法与刨 V 形槽相似，采用左、右偏刀按划线分别刨燕尾槽斜面，如图 9–15 所示。

4）刨 T 形槽。刨 T 形槽需用直槽刀、左右弯切刀和倒角刀，按划线依次刨直槽、两侧横槽和倒角，如图 9–16 所示。

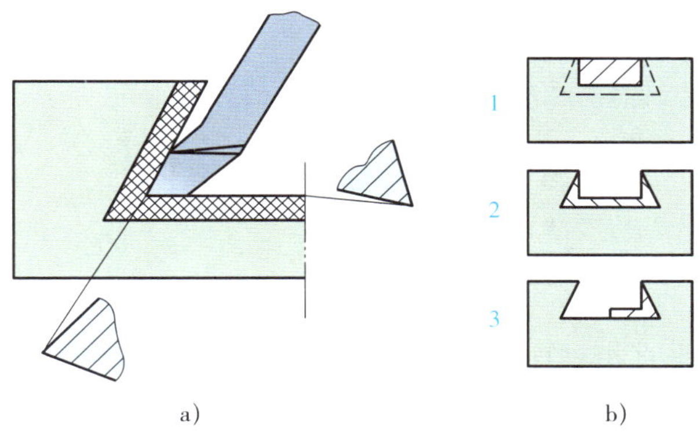

图 9-15 刨燕尾槽

a）用角度偏刀刨燕尾槽 b）加工顺序

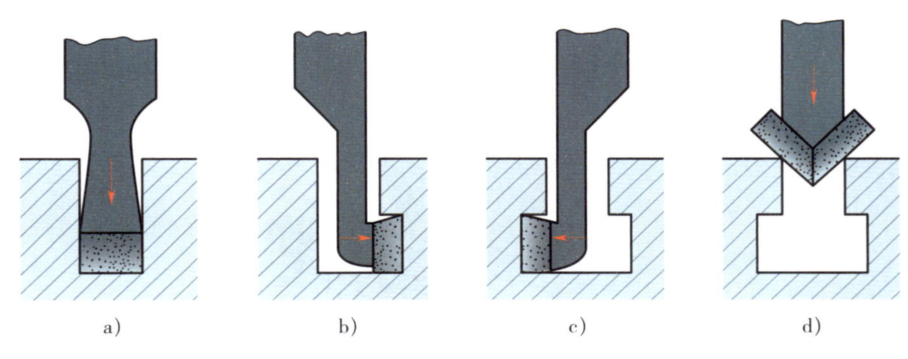

图 9-16 刨 T 形槽

a）刨直槽 b）刨右横槽 c）刨左横槽 d）倒角

（3）刨曲面

刨削曲面有两种方法，一种方法是按划线通过工作台横向进给和刀架手动垂直进给刨出曲面，另一种方法是用成形刨刀刨曲面，如图 9-17 所示。

三、刨削的工艺特点

1. 刨削的主运动是直线往复运动，在空行程时做间歇进给运动。由于刨削过程中无进给运动，因此刀具的切削角不变。

2. 刨床结构简单，调整操作都较方便；刨刀为单刃工具，制造和刃磨较容易，价格低廉。因此，刨削生产成本较低。

3. 由于刨削的主运动是直线往复运动，刀具切入和切离工件时有冲击负载，因而限制了切削速度的提高，此外，还存在空行程损失，故刨削生产效率较低。

4. 刨削的加工精度通常为 IT9 ~ IT7，表面粗糙度值为 Ra12.5 ~ 1.6 μm；采用宽刃刀精刨时，加工精度可达 IT6，表面粗糙度值可达 Ra0.8 ~ 0.2 μm。

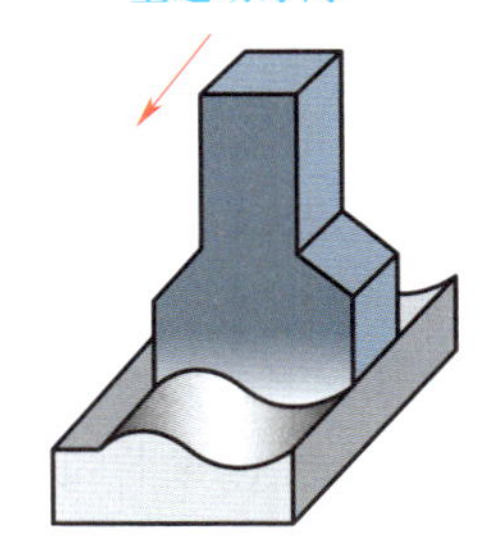

图 9-17 用成形刨刀刨曲面

§9-2 插　削

用插刀对工件做垂直相对直线往复运动的切削加工方法称为插削，插削相当于立式刨削。

一、插床

1. 插床的结构

插床的结构原理与牛头刨床相似，可视为立式刨床。插床主要由床身、分度机构、变速机构、立柱、滑枕、圆工作台、上滑座、下滑座等组成，如图 9–18 所示。

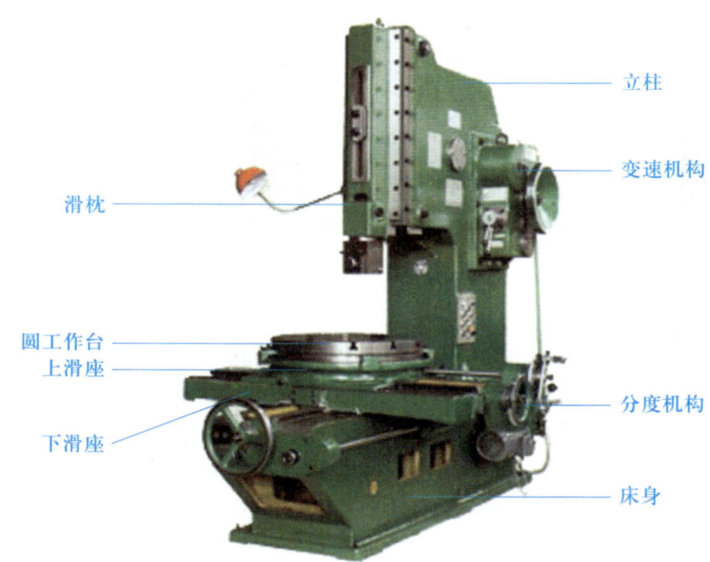

图 9–18　插床

插床运动示意图如图 9–19 所示。插床的主运动是滑枕（插刀）的垂直直线往复运动。进给运动是上滑座和下滑座的水平纵向和横向移动，以及圆工作台的水平回转运动（在运动示意图中未标出）。

2. 插削的主要内容

插削与刨削的切削方式相同，只是插削是在铅垂方向进行切削的。此外，刨削是以加工工件外表面上的平面、沟槽为主；而插削是以加工工件内表面上的平面、沟槽为主。在插床上可以插键槽、方孔、多边形孔和花键孔等，如图 9–20 所示。

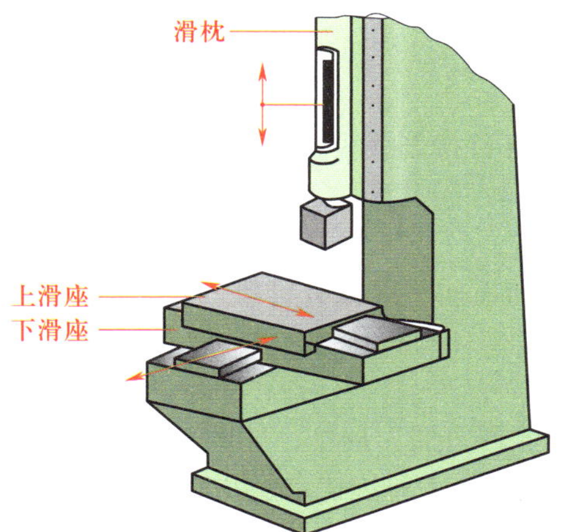

图 9–19　插床运动示意图

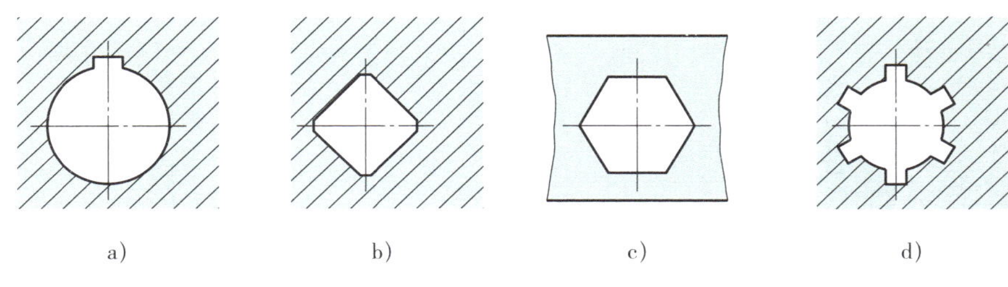

图 9–20　插削的主要内容

a）插键槽　b）插方孔　c）插多边形孔　d）插花键孔

二、插刀

插刀也属单刃刀具，常用的插刀如图 9–21 所示。与刨刀相比，插刀的前面与后面位置对调，为了避免刀杆与工件已加工表面碰撞，其主切削刃偏离刀杆正面。插刀的几何角度一般是：前角 γ_o=0° ~ 12°，后角 α_o=4° ~ 8°。

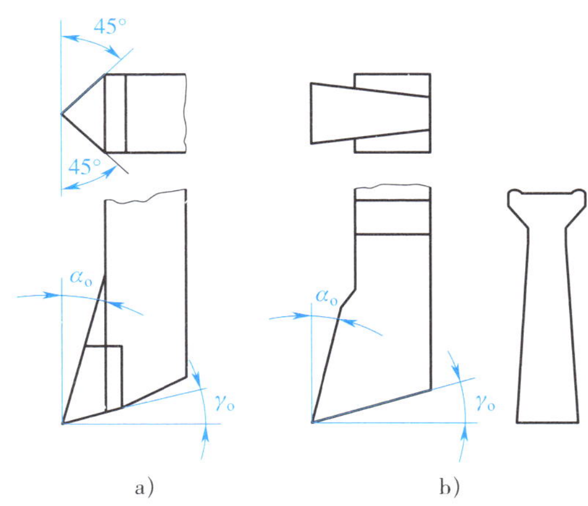

图 9–21　插刀

a）尖刃插刀（尖刀）　b）平刃插刀（切刀）

常用的尖刃插刀主要用于粗插或插削多边形孔，平刃插刀主要用于精插或插削直角沟槽。

三、插削方法

1. 插键槽

如图 9–22 所示，装夹工件并按划线校正工件位置，然后根据工件孔的长度（键槽长度）和孔口位置，手动调整滑枕和插刀的行程长度及起点和终点位置，防止插刀在工作中冲撞工作台而造成事故。

键槽插削一般分为粗插和精插，以保证键槽的尺寸精度和键槽对工件孔轴线的对称度要求。

2. 插方孔

插小方孔时，可采用整体方头插刀插削，如图 9–23 所示。插较大的方孔时，采用单边插削的方法，按划线校正，先粗插（每边留余量 0.2 ~ 0.5 mm），然后用 90° 角刀头插去四个内角处未插去的部分。粗插时应注意测量方孔边至基准的尺寸，以保证尺寸精度和对称度要求。插削按第一边、第三边（对边）、第二边、第四边的顺序进行。

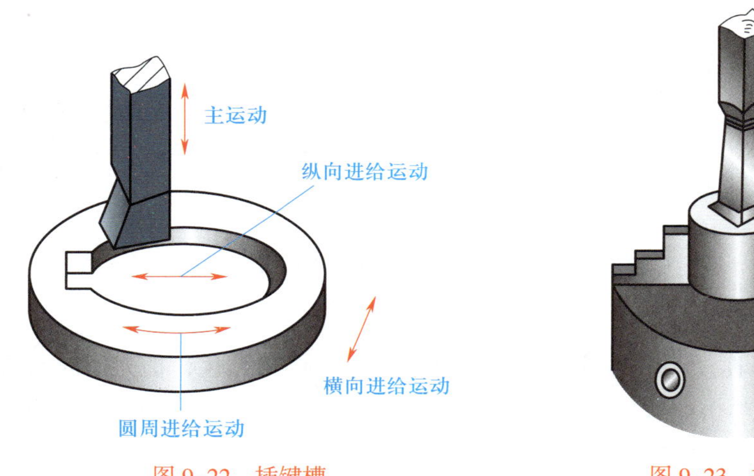

图 9–22　插键槽　　图 9–23　插方孔

3. 插花键孔

插花键孔的方法与插键槽的方法大致相同。不同的是花键各键槽除了应保证两侧面对轴平面的对称度外，还需要保证在孔的圆周上均匀分布，即等分性。因此，插花键孔时常需要用分度盘进行分度。

四、插削的工艺特点

1. 插床与插刀的结构简单，加工前的准备工作和操作也比较方便，但与刨削一样，插削时也存在冲击和空行程损失，因此，插削主要用于单件、小批量生产。

2. 插削的工作行程受刀杆刚度的限制，槽长尺寸不宜过大。

3. 插床的刀架没有抬刀机构，工作台也没有让刀机构，因此，插刀在回程时与工件相摩擦，工作条件较差。

4. 除键槽、型孔以外，插削还可以加工圆柱齿轮和凸轮等。

5. 插削的经济加工精度为 IT9 ~ IT7，表面粗糙度值为 Ra6.3 ~ 1.6 μm。

§9-3 拉　削

用拉刀加工工件内、外表面的方法称为拉削。

一、拉床

1. 拉床的结构

拉床分为卧式拉床和立式拉床两类，如图 9-24 所示。图 9-24c 所示为卧式拉床示意图。拉削时工作拉力较大，所以拉床一般采用液压传动。常用拉床的额定拉力有 100 kN、200 kN、400 kN 等。

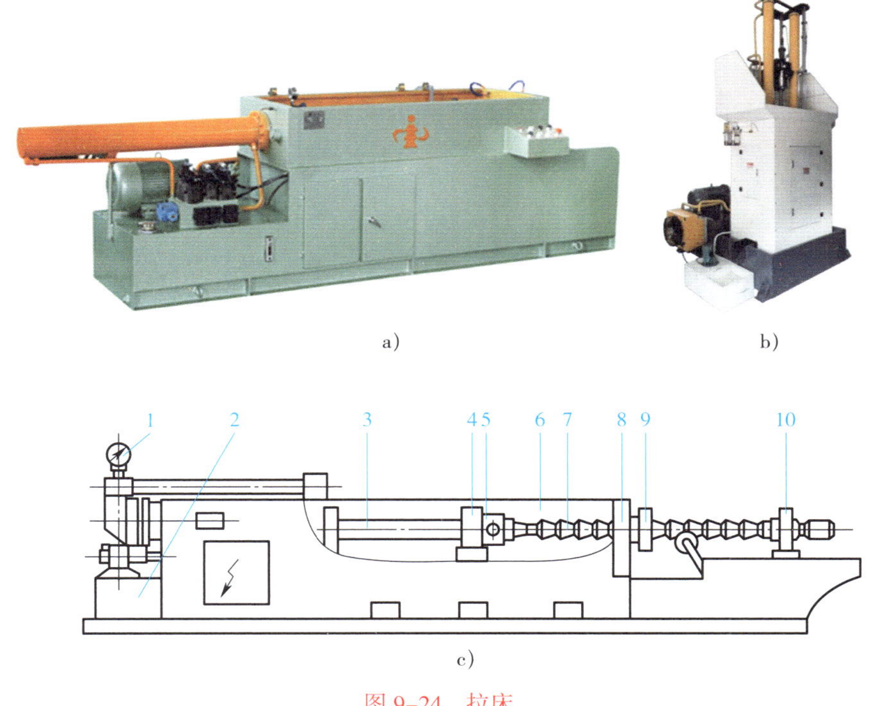

图 9-24　拉床

a）卧式拉床　b）立式拉床　c）卧式拉床示意图

1—压力表　2—液压传动部件　3—活塞拉杆　4—随动支架

5—刀架　6—床身　7—拉刀　8—支承　9—工件　10—随动刀架

2. 拉床的加工范围

拉削分内拉削和外拉削。内拉削可以加工圆孔、方孔、多边形孔、键槽、花键孔、内齿轮等各种型孔（直通孔），如图 9-25 所示。外拉削可以加工平面、成形面、花键轴的齿形、涡轮盘和叶片上的榫槽等。一些用其他加工方法不便加工的内、外表面，有时也可采用拉削加工。

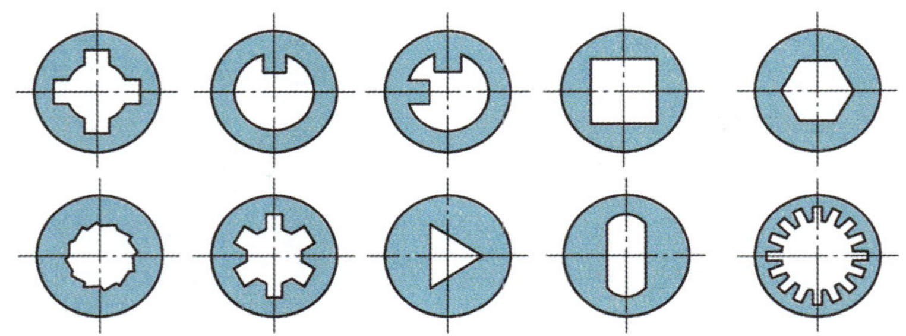

图 9–25　适于拉削的各种型孔

二、拉刀

拉削用的刀具称为拉刀，如图 9–26 所示。

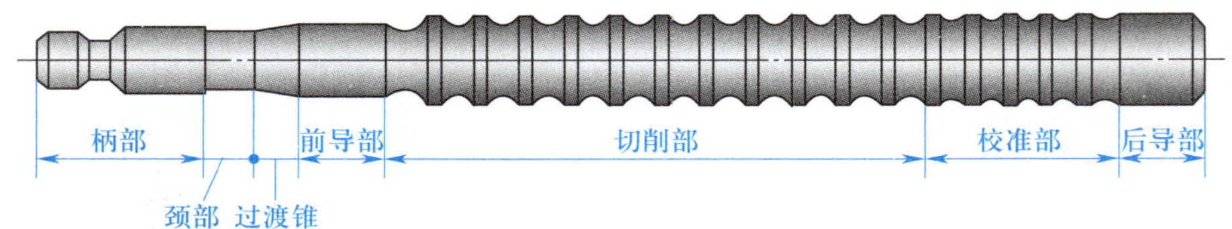

图 9–26　拉刀

拉刀由以下几部分组成：

1. 柄部

柄部为拉刀安装于拉床时被刀架夹持的部分。

2. 前导部

前导部用来引导拉刀切削部分进入工作位置（如工件孔内），防止拉刀歪斜。

3. 切削部

切削部由许多刀齿组成，包括粗切齿和精切齿，后排刀齿比前排刀齿分别高出一个齿升量（每齿升高量），如图 9–27 所示，齿升量一般为 0.02 ~ 0.1 mm。拉削时各排刀齿依次切除一层金属，并在一次行程中切除全部加工余量。

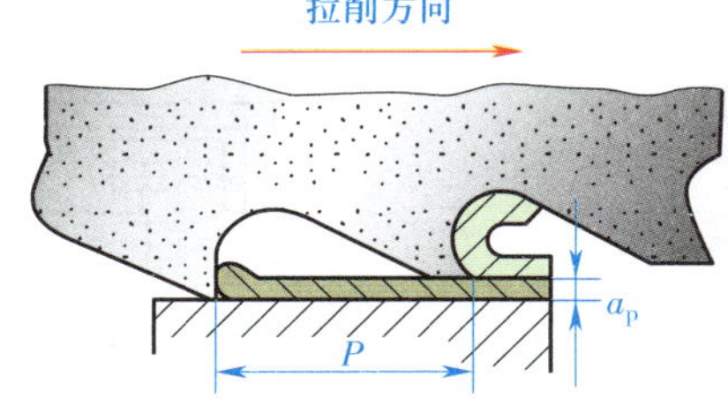

图 9–27　拉刀的每齿升高量

4. 校准部

校准部起校正和修光作用，以提高加工精度和减小表面粗糙度值。

5. 后导部

后导部是保持拉刀在拉削过程中最后的准确位置，防止拉刀在即将离开工件时，因拉刀下垂而损伤已加工表面和拉刀刀齿。

此外，拉刀在柄部和前导部之间还有过渡锥及连接过渡锥与柄部的颈部，对于长而重的拉刀，在后导部后还有带顶尖孔的尾部，可在从拉削开始到行程一半以上时，用顶尖及中心架支承，以减小拉刀的摆尾。

三、拉削方法

拉削各种型孔时，工件一般不需要夹紧，只以工件的端面支承。因此，预加工孔的轴线与端面之间应满足一定的垂直度要求。如果垂直度误差较大，则可将工件端面贴紧在一个球面垫圈上，利用球面自动定位，如图 9–28 所示。

拉削加工的孔径通常为 10 ~ 100 mm，孔的长度与孔径的比值不宜大于 3。

外表面的拉削一般为非对称拉削，拉削力偏离拉力和工件轴线，因此，除对拉力采用导向板等限位措施外，还须将工件夹紧，以免拉削时工件位置发生偏离。图 9–29 所示为拉削 V 形槽时使用导向板和压板的情形。

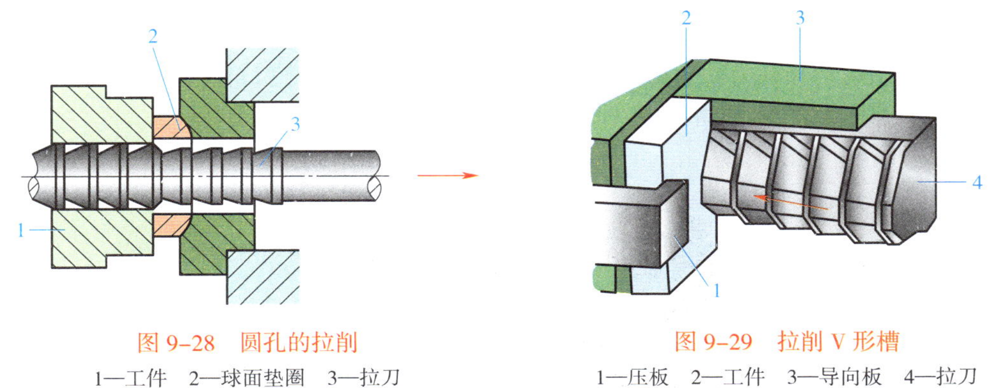

图 9–28 圆孔的拉削

1—工件 2—球面垫圈 3—拉刀

图 9–29 拉削 V 形槽

1—压板 2—工件 3—导向板 4—拉刀

四、拉削的工艺特点

1. 拉刀在一次行程中能切除加工表面的全部余量，所以拉削的生产效率较高。

2. 拉刀制造精度高，切削部分有粗切和精切之分，校准部分又可对加工表面进行找正和修光，所以拉削的加工精度较高，经济精度可达 IT9 ~ IT7，表面粗糙度值为 Ra1.6 ~ 0.4 μm。

3. 拉床采用液压传动，故拉削过程平稳。

4. 拉刀适应性差，一把拉刀只适于加工某一种尺寸和精度等级的一定形状的加工表面，且不能加工台阶孔、盲孔和特大直径的孔。由于拉削力很大，拉削薄壁孔时容易变形，所以薄壁件也不宜采用拉削。

5. 拉刀结构复杂，制造费用高，因此只有在大批量生产中才能显示其经济、高效的特点。

6. 拉削前的预加工孔不需要经过精确加工，钻削或粗镗后即可进行拉削。

第十章 齿轮加工

齿轮是传递运动和动力的重要零件。常见的齿轮有直齿圆柱齿轮、斜齿圆柱齿轮、直齿锥齿轮、人字圆柱齿轮等，如图 10–1 所示。

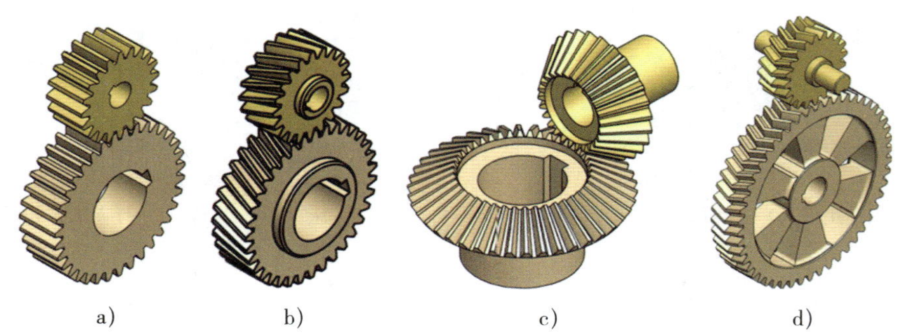

a)　b)　c)　d)

图 10–1　常见的齿轮

a）直齿圆柱齿轮　b）斜齿圆柱齿轮　c）直齿锥齿轮　d）人字圆柱齿轮

齿轮的加工可分为齿坯加工和齿形加工两个阶段。齿坯大多属于盘类工件，通常经车削（齿轮精度较高时须经磨削）完成。齿形加工分为成形法和展成法两类。成形法有齿轮铣刀铣齿、样板刨刀刨齿、成形砂轮磨齿、齿轮拉刀拉齿等方法；展成法有滚齿、插齿、剃齿、珩齿、磨齿等方法，其中，剃齿、珩齿、磨齿是齿轮的精加工方法。本章主要介绍齿形的加工设备和加工方法。

§10–1　齿轮加工设备

一、齿轮加工机床

齿轮加工机床的类型很多，按照被加工齿轮种类的不同分为圆柱齿轮加工机床和锥齿轮加工机床两大类。圆柱齿轮加工机床有滚齿机、插齿机、剃齿机、珩齿机、磨齿机等，其中滚齿机和插齿机应用最广；锥齿轮加工机床有直齿锥齿轮铣齿机、直齿锥齿轮刨齿机、直齿锥齿轮磨齿机、直齿锥齿轮拉齿机、弧齿锥齿轮铣齿机、弧齿锥齿轮拉齿机等。

1. 滚齿机

（1）滚齿机的应用及其主要部件

滚齿机主要用于加工直齿和斜齿圆柱齿轮，也可以滚切花键轴或用手动径向进给法滚切蜗轮。图 10–2 所示为滚齿机外形图，立柱固定在床身上，刀架溜板可沿立柱导轨上下移动。刀架体安装在刀架溜板上，可绕自身的水平轴线转位。滚刀安装在刀杆上，做旋转运动。工件安装在工作台的心轴上，随工作台一起转动。后立柱和工作台安装在床鞍上，可沿机床水平导轨移动，用于调整工件的径向位置或做径向进给运动。

图 10–2　滚齿机

1—床身　2—立柱　3—刀架溜板　4—刀架体　5—支架　6—后立柱　7—心轴　8—工作台　9—床鞍

（2）滚齿机的运动

在滚齿机上加工齿轮时需要以下几种运动：

1）主运动。滚刀的旋转运动 $n_{刀}$ 为主运动，如图 10–3 所示。

2）展成运动。滚刀和工件的啮合运动为展成运动。为了得到所需的齿廓和齿轮齿数，二者需按严格的传动比关系进行啮合。即刀具每转一转时，工件相应地转过 k/z 转，k 为滚刀的头数，z 为工件的齿数。

3）垂直进给运动。为了切出工件整个齿宽上的齿形，滚刀沿工件的轴线方向做进给运动，垂直进给量为 f_a（mm/r），即工件每转一转，滚刀沿工件轴向方向的进给量，如图 10–3 所示。

4）附加运动。在加工斜齿圆柱齿轮时，为了形成螺旋线齿槽，当滚刀垂直进给时，工件应做附加的回转运动，简称附加运动。

2. 插齿机

（1）插齿机的应用

插齿机分立式和卧式两种，前者使用最普遍。立式插齿机（图 10–4）又有刀具让刀和工件让刀两种形式，高速和大型插齿机采用刀具让刀，中小型插

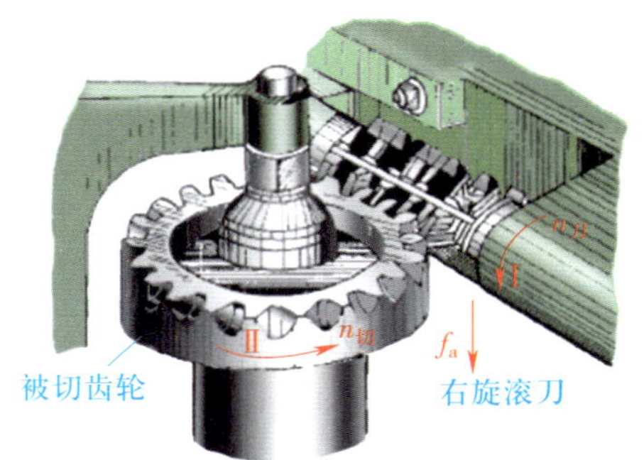

图 10–3　滚齿机的运动

齿机一般采用工件让刀。在立式插齿机上，插齿刀装在刀具主轴上，同时做旋转运动和上下往复插削运动；工件装在工作台上，做旋转运动，工作台（或刀架）可横向移动实现径向切入运动。刀具回程时，刀架向后稍做摆动实现让刀运动或工作台做让刀运动。加工斜齿轮时，通过装在主轴上的附件（螺旋导轨）使插齿刀随上下运动而做相应的附加转动。

图 10–4　立式插齿机

插齿机主要用于加工多联齿轮和内齿轮，加附件后还可加工齿条。在插齿机上使用专门刀具还能加工非圆齿轮、不完全齿轮和内外成形面，如方孔、六角孔、带键轴（键与轴连成一体）等。

（2）插齿机的运动

插齿加工时，机床必须具备以下运动：

1）主运动。插齿刀做上下往复运动，向下为切削运动，向上返回为退刀运动。切削速度的单位为 m/min。当切削速度和往复运动的行程长度 L 确定后，可用公式 $n_0=1\,000v_c/(2L)$ 算出插齿刀每分钟的往复行程数 n_0。

2）展成运动。在加工过程中，要求插齿刀和工件保持一对齿轮的啮合关系，即刀齿转过一个齿，工件应准确地转过一个齿，即 $n_w/n_0=z_0/z_w$（z_0、z_w 分别为刀具和工件的齿数）。刀具和工件的运动组成复合运动——展成运动。

3）径向进给运动。为使插齿刀逐渐切至工件齿全深，插齿刀在圆周进给的同时，必须做径向进给。径向进给量是插齿刀每往复一次径向移动的距离。

4）圆周进给运动。圆周进给运动是插齿刀的回转运动。插齿刀每往复行程一次，同时回转一个角度，其转动的快慢直接影响插齿刀的切削用量和齿形参与包络的数量。

5）让刀运动。为了避免插齿刀在回程时擦伤已加工表面和减少刀具的磨损，刀具和工件之间让开一段距离，而在插齿刀重新向下一工作行程时，应立即恢复到原位，这种让刀和恢复的动作称为让刀运动。一般新型号的插齿机是通过刀具主轴座的摆动来实现的，这样可以减少让刀产生的振动。

二、齿轮加工刀具

1. 齿轮加工刀具种类

因为齿轮的加工要求各不相同，所以齿轮加工的刀具种类很多，如图 10–5 所示。

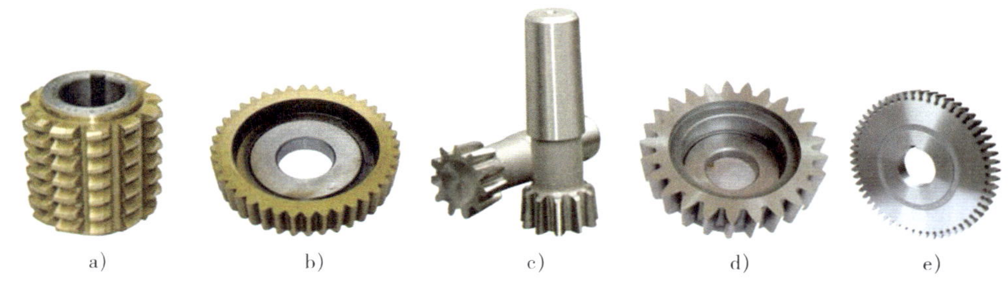

a)　　b)　　c)　　d)　　e)

图 10–5　常见齿轮加工刀具

a）齿轮滚刀　b）盘形直齿插齿刀　c）锥柄直齿插齿刀　d）渐开线内花键插齿刀　e）盘形剃齿刀

（1）按齿形加工原理分类

按齿形加工原理，齿轮加工刀具可分为成形齿轮刀具和展成齿轮刀具两大类。成形齿轮刀具的切削刃廓形与被切齿轮齿槽的形状完全相同，可直接切出齿轮齿槽的形状，如盘形模数齿轮铣刀和指形模数齿轮铣刀等。展成齿轮刀具齿形和工件齿形不同，切齿时刀具和工件按准确的传动比做啮合运动（展成运动），工件齿形是刀具齿形运动轨迹包络而成的，这类刀具有齿轮滚刀、花键滚刀、插齿刀和剃齿刀等。

（2）按被加工齿轮的类型分类

按被加工齿轮的类型可分为以下几种。

1）加工渐开线圆柱齿轮的刀具：齿轮滚刀、插齿刀、剃齿刀、齿轮拉刀、齿条刀等。

2）加工锥齿轮的刀具：加工直齿锥齿轮的铣刀、刨刀、双铣刀盘，加工弧齿和摆线齿锥齿轮的铣刀盘等。

3）加工蜗轮的刀具：蜗轮滚刀、飞刀和蜗轮剃齿刀等。

4）加工非渐开线齿轮的刀具：花键滚刀、花键插齿刀、棘轮滚刀、圆弧齿轮滚刀、链轮滚刀和摆线齿轮滚刀等。

2. 常见齿轮加工刀具

（1）齿轮滚刀

齿轮滚刀是按螺旋齿轮啮合原理，用展成法加工齿轮的刀具。齿轮滚刀相当于一个齿数很少（1 ~ 3 个齿）、螺旋角很大（近似于 90°）、螺旋升角很小、齿形能绕滚刀分度圆柱许多圈的螺旋齿轮（蜗杆）。齿轮滚刀的齿数相当于蜗杆的头数，其外形如图 10–6 所示。因此，齿轮滚刀本质上是一个圆柱斜齿轮。

为了形成切削刃，在滚刀上沿轴线开出容屑槽，形成前面和前角，经铲齿铲磨，形成后面和后角，其结构如图 10–7 所示。

1）滚刀的结构和基本尺寸。滚刀的结构分为整体式、镶片式和可转位式等类型。目前中、小模数滚刀都做成整体式结构；模数较大的滚刀，为节省材料和便于热处理，一般都做成镶片式和可转位式。常用的滚刀材料为高速钢和硬质合金。

滚刀的基本尺寸参数有外圆直径 d、内圆直径 D、长度 L 及容屑槽数。滚刀的精度等级有 4A、3A、2A、A、B、C、D 级。表 10–1 列出了滚刀精度等级与被加工齿轮精度等级的关系。

图 10–6 齿轮滚刀

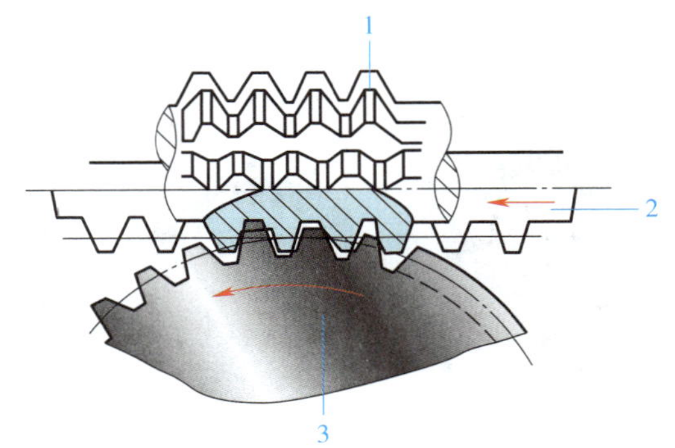

图 10–7 滚刀的结构

1—齿轮滚刀 2—假想与工件啮合的蜗杆 3—工件

表 10–1 滚刀精度等级与被加工齿轮精度等级的关系

滚刀精度等级	4A	3A	2A	A	B	C	D
可加工齿轮精度等级	5 ~ 6	6	7 ~ 8	8 ~ 9	9	10	10 ~ 11

2）齿轮滚刀的选择。齿轮滚刀的选择与被加工齿轮的齿数无关，只要求刀具的法向模数和法向压力角与被加工齿轮的相应参数相同即可。标准齿轮滚刀的基本尺寸可查相关手册，滚刀的头数可做如下选择：精加工时选用单头滚刀，以保证加工质量；粗加工时选用多头滚刀，以提高生产效率。但加工精度较低时，滚刀头数应与被加工齿轮的齿数互为质数，以免产生大小齿。

（2）插齿刀

1）插齿刀的主要类型及应用

①盘形插齿刀。如图 10–8a 所示，这种形式的插齿刀以内孔和支承端面定位，用螺母紧固在机床主轴上，主要用于加工直齿及大直径的内、外啮合的齿轮。

②碗形插齿刀。如图 10–8b 所示，它以内孔定位，夹紧螺母可容纳在刀体内，主要用于加工多联齿轮和带有凸肩的齿轮。

③锥柄插齿刀。如图 10–8c 所示，这种插齿刀为带锥柄（莫氏短锥柄）的整体结构，用带有内锥孔的机床主轴连接，主要用于加工内齿轮。

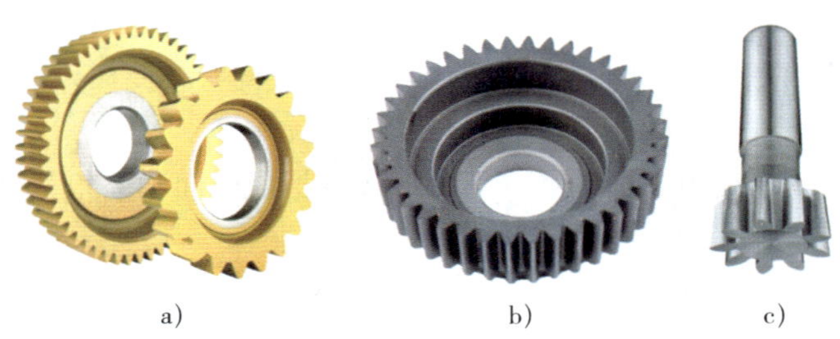

图 10–8 插齿刀

a）盘形插齿刀 b）碗形插齿刀 c）锥柄插齿刀

2）插齿刀的精度及其结构。插齿刀的精度等级有三种，即 AA、A、B 级，在正常的工艺条件下，分别用于 6、7、8 级精度齿轮的加工。

无论何种类型和精度等级的插齿刀，其几何表面和切削参数的形成都是相同的。图 10–9 所示为直齿插齿刀的一个刀齿。每个刀齿上有一条呈圆弧形的顶切削刃，两条呈渐开线（前角为 0° 时）或近似于渐开线（前角不等于 0° 时）的侧切削刃，一个呈平面（前角为 0° 时）或呈圆锥面（前角不等于 0° 时）的前面，以及两个呈左右渐开螺旋面的侧后面。

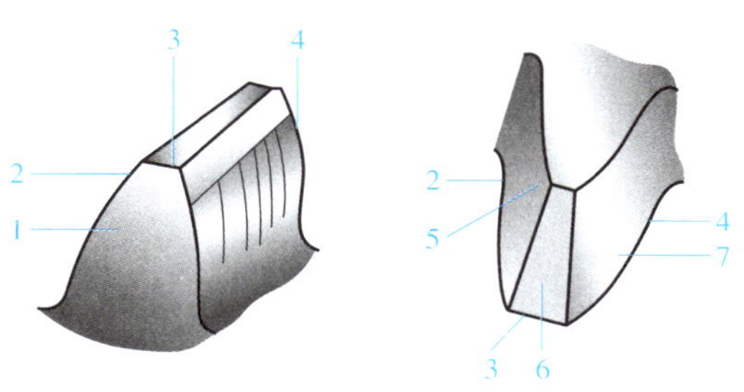

图 10–9　直齿插齿刀的刀齿

1—前面　2、4—侧切削刃　3—顶切削刃　5、7—侧后面　6—顶后面

3）插齿刀的选择。插齿刀可用于加工直齿、斜齿、人字齿等圆柱齿轮，主要用于内齿轮、齿条、多联齿轮和无空刀槽的人字齿轮的加工。插齿刀的选用较复杂，下面仅介绍直齿外插齿刀加工齿轮时的选用方法。

①选用已有的或标准的插齿刀，要求插齿刀的模数 m、压力角 α 和齿高系数 h 应和被加工齿轮的相应参数相同。

②测出插齿刀前端面的公法线长度，再计算求出插齿刀的变位系数，以满足被加工齿轮的要求（关于计算公式可查有关手册或教材）。

另外，插齿刀选定后还需进行插齿啮合检验，最终确定所选的插齿刀是否适用于加工齿轮的要求，检验内容和有关方法可查有关资料。

三、滚刀的安装

为了加工出正确的齿形，滚齿时滚刀的轴线必须相对于工件的端面倾斜一定的角度，即滚刀的安装角 δ，它是滚刀轴线与被加工工件端面的夹角。加工直齿圆柱齿轮时，滚刀的安装角方向和工件的旋转方向如图 10–10 所示。当用右旋滚刀加工齿轮时，滚刀顺时针旋转

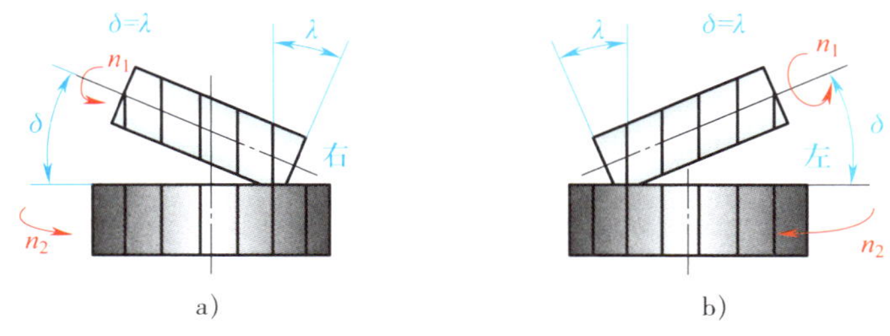

图 10–10　加工直齿圆柱齿轮时滚刀的安装角

a）用右旋滚刀加工齿轮　b）用左旋滚刀加工齿轮

到安装角 $\delta=\lambda$（λ 为滚刀的螺旋升角），工件逆时针旋转，如图 10-10a 所示的 n_1 方向；当用左旋滚刀加工齿轮时，滚刀逆时针旋转到安装角 $\delta=\lambda$，工件顺时针旋转，如图 10-10b 所示的 n_2 方向。加工斜齿圆柱齿轮时，滚刀的安装角 $\delta=\beta\pm\lambda$，其中 β 为螺旋角，如图 10-11 所示。

1. 当刀具与工件的旋向一致时，$\delta=\beta-\lambda$，如图 10-11a、图 10-11c 所示；而当旋向相反时，$\delta=\beta+\lambda$，如图 10-11b、图 10-11d 所示。因此，应尽量选用与工件同样旋向的滚刀，这样可以使安装角小一些，从而减小刀架拨动角度，提高加工质量。

2. 刀具的安装方向取决于工件的螺旋线方向，工件为右旋时，滚刀逆时针方向旋转；工件为左旋时，滚刀顺时针方向旋转。

3. 工件的展成运动旋转方向取决于滚刀的旋向。当滚刀为右旋时，工件逆时针旋转；当滚刀为左旋时，工件顺时针旋转。如图 10-11 中的 n_2 为附加运动旋转方向，取决于工件的螺旋线方向。

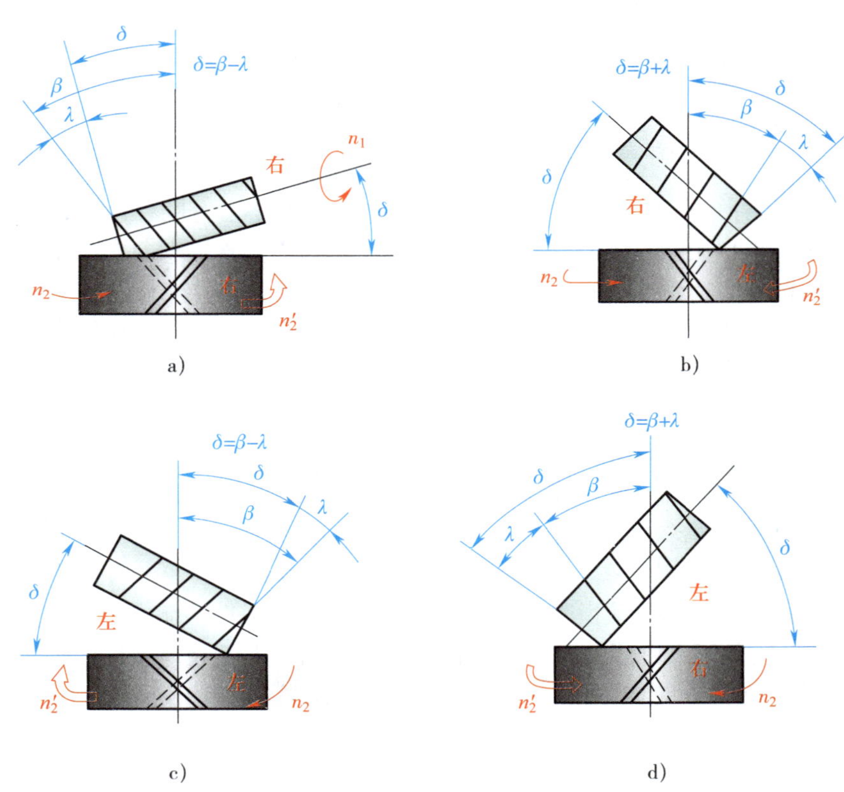

图 10-11　加工斜齿圆柱齿轮时滚刀的安装角

a）、c）刀具与工件的旋向一致　b）、d）刀具与工件的旋向相反

§ 10-2 齿形加工方法

齿形加工是齿轮加工的关键。齿轮的切削加工是目前应用最广的齿形加工方法。表 10-2 为常见齿形加工方法及其应用。

表 10-2　　常见齿形加工方法及其应用

齿形加工方法		刀具	机床	加工精度及应用
成形法	成形铣齿	齿轮铣刀	铣床	生产效率和加工精度较低，一般为 9 级以下精度
	拉齿	齿轮拉刀	拉床	生产效率和精度均较高，但拉刀制造困难，价格高，故只有在大批量生产时使用，适宜加工内齿轮
展成法	滚齿	滚刀	滚齿机	生产效率高，通用性大，能加工 6 ~ 10 级精度的齿轮，最高可达 4 级，常用于直齿、斜齿的外啮合圆柱齿轮和蜗轮加工
	插齿	插齿刀	插齿机	生产效率高，通用性大，能加工 6 ~ 10 级精度的齿轮，最高可达 6 级，适用于加工内外啮合齿轮（包括阶梯齿轮）、扇形齿轮、齿条等
	剃齿	剃齿刀	剃齿机	生产效率高，能加工 5 ~ 7 级精度的齿轮，主要用于齿轮滚、插预加工后、淬火前的精加工
	珩齿	珩磨轮	珩齿机或剃齿机	能加工 6 ~ 7 级精度的齿轮，主要用于经过剃齿后高频淬火的齿形精加工
	磨齿	砂轮	磨齿机	生产效率较低，加工成本高，多用于齿形淬硬后的精密加工
	冷挤齿轮	挤轮	挤齿机	生产效率比剃齿高，成本低，能加工 6 ~ 8 级精度的齿轮，多用于齿形淬硬后的精密加工

一、成形法铣齿

1. 铣齿的工作原理

在普通或万能铣床上利用成形铣刀和分度头，在齿坯上加工出齿面的方法称为铣齿，如图 10-12 所示。铣削直齿圆柱齿轮时，工件安装在分度头上，铣刀旋转对工件进行切削加工，工作台做直线进给运动，加工完一个齿槽，由分度头将工件转过一个齿，再加工另一个齿槽，依次加工出所有的齿槽。铣削斜齿圆柱齿轮时必须在万能铣床上进行，铣削时工作台偏转一个角度 β，使其等于齿轮的螺旋角，工件随工作台进给的同时，由分度头带动做附加转动形成螺旋运动。

2. 齿轮铣刀的选择

常用的成形铣刀有盘形齿轮铣刀和指形齿轮铣刀，后者适用于加工大模数（m=8 ~ 40 mm）的直齿、斜齿齿轮，特别是人字齿齿轮。采用成形法加工齿轮时，轮齿分布是否均匀取决于分度装置，齿形是否精确取决于刀具形状。齿轮齿廓的形状取决于齿轮的齿数，齿数

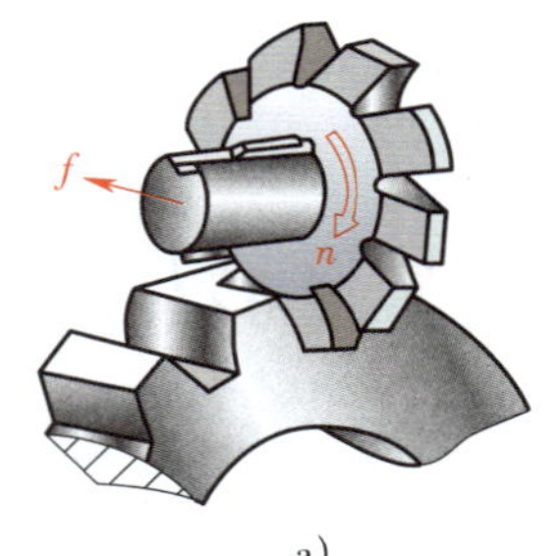

a)

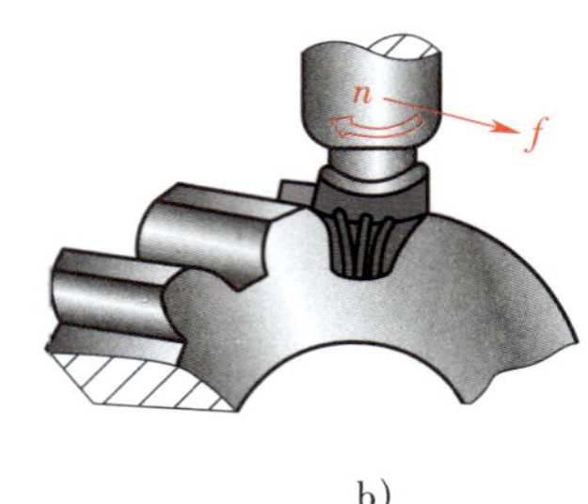

b)

图 10–12　成形法铣齿原理

a）盘形齿轮铣刀铣齿　b）指形齿轮铣刀铣齿

不同，齿廓的形状也不同，采用的成形齿轮刀具也不同。选择齿轮刀具时应根据被加工齿轮的齿数选择。在实际生产中是将同一模数齿轮齿数分成 8 组或 15 组，每一组内不同齿数的齿轮都用同一把铣刀加工。模数铣刀和径节铣刀的刀号及加工齿数范围见表 10–3。

表 10–3　模数铣刀和径节铣刀的刀号及加工齿数范围

铣刀刀号	模数铣刀	1	2	3	4	5	6	7	8
	径节铣刀	8	7	6	5	4	3	2	1
加工齿数范围		12 ~ 13	14 ~ 16	17 ~ 20	21 ~ 25	26 ~ 34	35 ~ 54	55 ~ 134	135 ~ 齿条

3. 铣齿加工的特点

（1）铣齿的加工精度低。由于齿轮铣刀存在原理性齿形误差和工件、刀具的安装及分齿误差，铣齿的精度较低。

（2）铣齿的生产效率低，因为铣齿的切削过程是间断性进行的。

（3）铣齿加工不会出现根切现象，所以适用于加工齿数少于 14 的齿轮。

（4）设备费用低，在普通铣床上即可完成，并能加工齿条。

（5）适用于单件、小批量生产和修配加工精度不高的齿轮。

二、展成法滚齿

1. 滚齿的工作原理

滚齿是利用一对轴线互相交叉的螺旋圆柱齿轮相啮合的原理进行加工的。图 10–13 所示为滚齿工作原理。它基于螺旋齿轮啮合原理，如图 10–13a 所示，将其中一个看成滚刀。它的特点是螺旋角很大，齿数 z 很小，类似于蜗杆，如图 10–13b 所示，开槽和铲削齿背后就形成滚刀，如图 10–13c 所示。所以滚齿的实质相当于蜗杆蜗轮的啮合过程，当滚刀以一定的切削速度做回转运动时，相当于一排刀齿由上而下进行切削。同时，要求工件根据齿数的要求按一定的传动比关系（$I_{刀坯}=n_{刀}/n_{坯}=z_{坯}/z_{刀}$）做相应的啮合回转运动（展成运动），随着这种复合运动的进行，滚刀依次对工件切削出数条刀痕的包络线，形成工件的齿形，如图 10–14 所示。另外，刀具沿齿宽方向轴向进给，就能在齿坯上依次切削出齿槽。

2. 滚齿加工的特点

（1）由于滚齿采用展成法加工，因此一把滚刀可以加工与其模数、压力角相同的不同齿数的齿轮，适应性好，大大扩大了齿轮的加工范围。

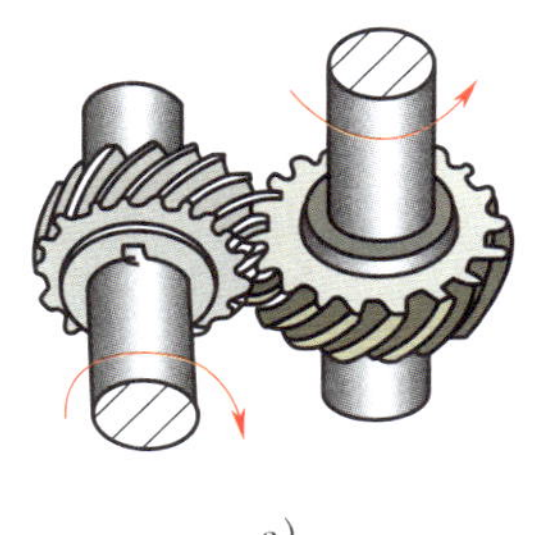

a)

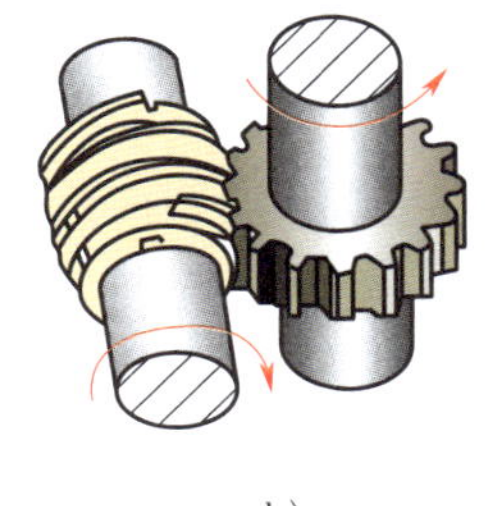

b)

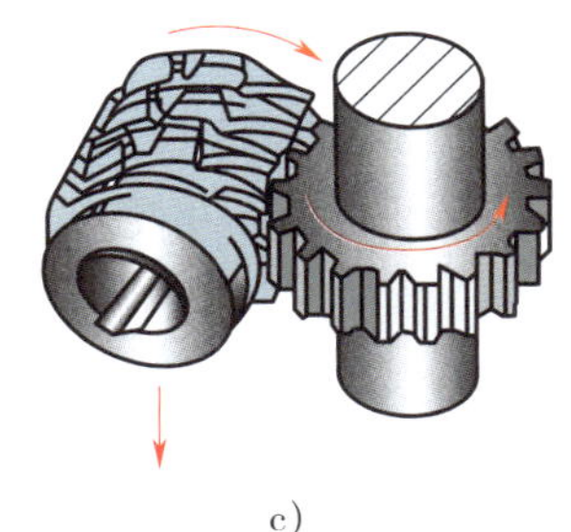

c)

图 10–13　滚齿工作原理

a）螺旋齿轮啮合　b）蜗杆蜗轮啮合　c）滚刀滚齿

（2）由于滚齿是连续切削，无空行程损失，并可采用多线滚刀提高粗滚齿的效率，使生产效率得到提高。

（3）滚齿时，一般都使用滚刀一周多点的刀齿参与切削，工件上所有的齿槽都是由这些刀齿切出来的，因而被切齿轮的齿距偏差小。

（4）滚齿加工出来的齿廓表面质量比插齿加工差一些。

（5）滚齿加工主要用于直齿、斜齿圆柱齿轮或蜗轮的加工，不能加工内齿轮和多联齿轮。

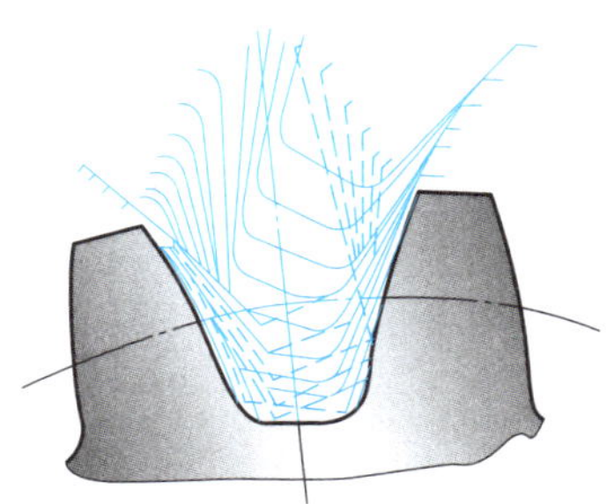

图 10–14　齿廓的展成过程

三、展成法插齿

1. 插齿的工作原理

插齿是利用一对圆柱齿轮的啮合关系原理进行加工的。如图 10–15a 所示，其中一个为插齿刀，它具有切削刃和切削时所必需的前角和后角。插齿时，插齿刀以其内孔和锥柄紧固在插齿机的主轴上，并做上下往复的切削运动，同时使插齿刀和齿轮坯之间按一对圆柱齿轮的啮合关系运动，插齿刀在每往复行程中切去一定的金属，并在与工件做强制的无间隙啮合运动（展成运动）过程中形成工件的齿形，这个齿形就是插齿刀的齿廓相对于工件运动轨迹的包络线，如图 10–15b 所示。切削内齿轮时其原理也是如此，只是刀具与工件的转向不同。

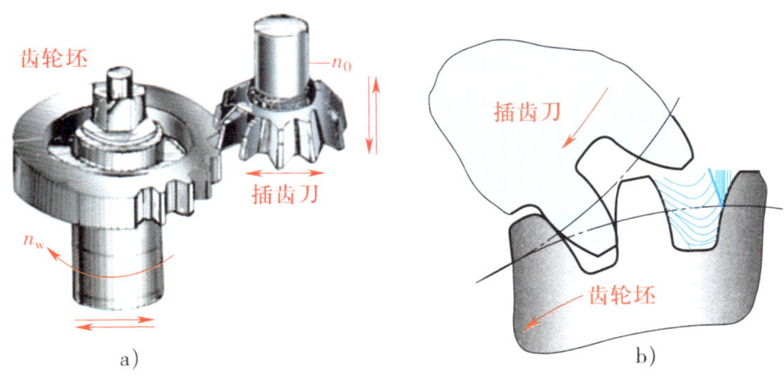

图 10–15　插齿的工作原理

a）插齿加工示意图　b）齿形的形成

2. 插齿加工的特点

（1）齿形精度比滚齿高。这是由于插齿刀在设计时没有滚刀那种近似齿形误差，同时在制造时可通过高精度磨齿机获得精确的渐开线齿形。插削齿轮时，齿面精度主要取决于圆周进给量的大小。

（2）齿面的表面粗糙度值小。这主要是由于插齿过程中参与包络的切削刃数量比滚齿时多。

（3）运动精度低于滚齿。由于插齿时插齿刀上各刀齿顺次切削工件的各齿槽，因此刀具的齿距累积误差将直接传递给被加工齿轮，从而影响被切齿轮的运动精度。

（4）齿向偏差比滚齿大。插齿的齿向偏差取决于插齿机主轴回转轴线与工作台回转轴线的平行度误差，由于插齿刀往复运动频繁，主轴与套筒容易磨损，因此齿向偏差常比滚齿加工时大。

（5）插齿的生产效率比滚齿低。由于插齿刀的切削速度受往复运动的惯性限制而难以提高，目前插齿刀每分钟往复行程次数一般只有几百次。此外，插齿有空行程损失。

（6）插齿适用于加工滚齿不能加工的内齿轮、双联或多联齿轮、齿条、扇形齿轮。

四、齿面精加工

对于 IT6 级以上的齿轮或者淬火后的硬齿面加工，通常要在滚齿或插齿后再进行齿面的精加工。常用的齿面精加工方法有剃齿、珩齿、磨齿等。

1. 剃齿

（1）剃齿的工作原理

剃齿是未淬火圆柱齿轮的精加工方法。其加工过程是由剃齿刀带动工件自由转动并模拟一对螺旋齿轮做双面间隙啮合运动。剃齿刀是一个高精度的斜齿轮，并在齿面上沿渐开线齿向上开了很多槽，形成切削力，如图 10–16 所示。

剃齿时，经过预加工的工件装在心轴上，心轴可以自由转动。剃齿刀安装在机床主轴上，与工件轴线相交成一定的轴交角 Σ，如图 10–16c 所示。机床主轴带动剃齿刀旋转，剃齿刀带动工件旋转，剃齿刀的齿面在工件齿面上进行挤压和滑移，刀齿上的切削刃从工件齿面上剃下细微的金属。剃齿加工属于自由啮合的展成运动，而滚齿和插齿的刀具与工件均由机床驱动，属于强制啮合的展成运动。

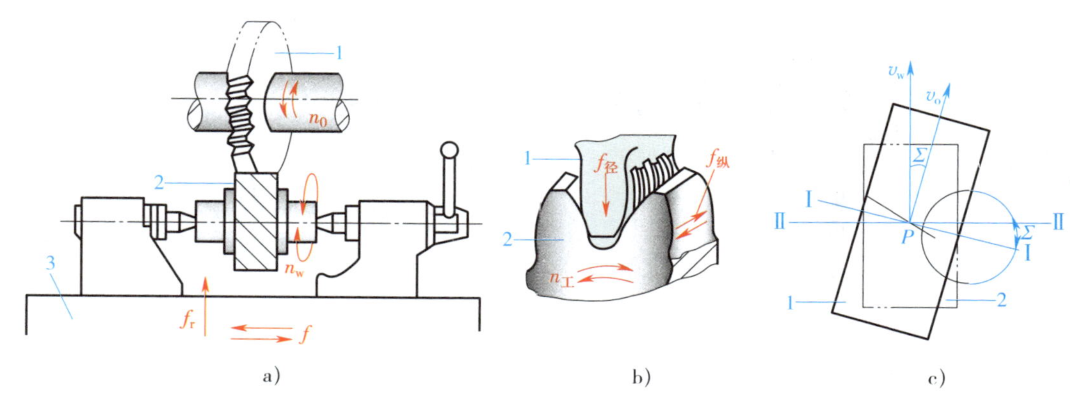

图 10–16 剃齿的工作原理

a）剃齿加工示意图 b）工作台进给运动 c）剃齿刀的安装

1—剃齿刀 2—工件 3—工作台

（2）剃齿的运动

剃齿时，必须具备以下运动：

1）主运动 n_0。剃齿刀的正反旋转运动为主运动，如图 10–16a 所示。为了保证顺利切削，刀具时而正转，时而反转。

2）工件的转动 n_w。工件安装在心轴上，它与剃齿刀啮合，由剃齿刀带动旋转，如图 10–16a 所示。

3）纵向进给运动 $f_{纵}$。为了能切出整个齿面，工作台必须做纵向进给运动，如图 10–16b 所示。当工件加工完整个齿宽后，工作台反向移动，剃齿刀也反向啮合，使齿的两侧同样受到切削。

4）径向进给运动 $f_{径}$。为了保持剃齿刀和工件间有一定的压力，工作台每双行程后，剃齿刀对工件做径向进给，如图 10–16b 所示。

（3）剃齿的工艺特点

1）剃齿加工生产效率高，一般只需 2 ~ 4 min 便可完成一个齿轮的加工。剃齿加工的成本也很低，平均比磨齿低 90%。

2）剃齿加工对齿轮切向误差的修正能力差。因此，应安排滚齿作为剃齿的前道工序，虽然滚齿后的齿形误差比插齿大，但滚齿的运动精度比插齿高。

3）剃齿加工能有效修正齿轮的齿形误差和基节误差，因而有利于提高齿轮的齿形精度，适于加工 6 ~ 7 级精度的齿轮。

4）剃齿刀价格昂贵。

2. 珩齿

（1）珩齿的工作原理

珩齿是用于加工淬硬齿面的精加工方法。其运动关系与剃齿相同，所不同的是所用的刀具不是金属的剃齿刀，而是用金刚砂磨料加环氧树脂等材料作结合剂浇注或热压而成的塑料齿轮——珩磨轮。在珩磨轮与工件“自由啮合”的过程中，珩磨轮以齿面密布的磨粒在一定的压力和相对滑移速度下进行切削，如图 10–17 所示。

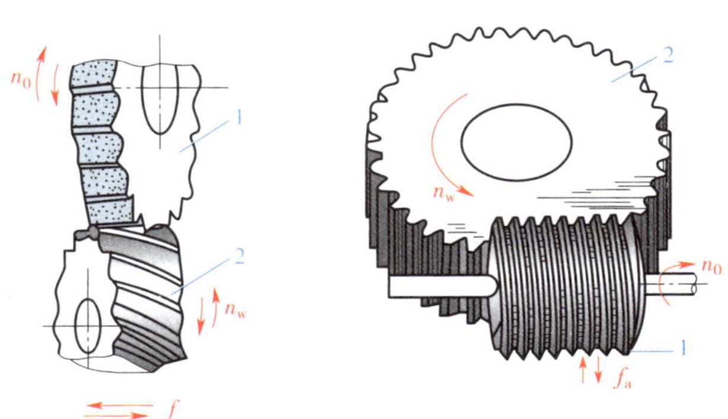

图 10–17　珩磨轮与珩磨原理

1—珩磨轮　2—工件

珩磨余量一般不超过 0.025 mm，切削速度为 1.5 m/s 左右，工件的纵向进给量为 0.3 mm/r 左右。

（2）珩齿的特点

1）珩齿由于切削速度低，其加工过程为低速磨削、研磨和抛光的综合过程，故工件被加工齿面不会烧伤和有裂纹，表面质量较高。

2）一方面，由于珩磨轮弹性大，加工余量小，磨料粒度号大，因此珩齿修正误差的能力较差；另一方面，珩磨轮自身的误差对加工精度的影响也较小。珩齿前齿槽的预加工应尽可能采用滚齿，因其运动精度高于插齿。

3）与剃齿相比，珩磨轮的齿形简单，容易获得高精度的齿形。

4）生产效率高。珩齿生产效率一般为磨齿和研齿的 10 ~ 20 倍。刀具寿命较长，珩磨轮每修整一次，可加工 60 ~ 80 件齿轮。

（3）珩齿的应用

由于珩齿修正误差的能力不强，一般主要用于减小齿轮热处理后的表面粗糙度值，可加工 Ra1.6 ~ 0.4 μm 的 7 级精度的淬火齿轮，常采用滚齿→剃齿→齿部淬火→修整基准→珩齿的齿廓加工路线。

3. 磨齿

磨齿是在磨齿机上使用砂轮对已淬硬齿轮齿面进行精加工的方法，按其加工原理可分为成形法磨齿和展成法磨齿两种。目前生产中应用较多的是展成法磨齿。

常见的磨齿机有大平面砂轮磨齿机、锥面砂轮磨齿机、碟形砂轮磨齿机和蜗杆砂轮磨齿机。其中，大平面砂轮磨齿机精度最高，为 3 ~ 4 级，但效率较低；蜗杆砂轮磨齿机效率最高，加工精度可达 6 级。

（1）成形法磨齿

成形法磨齿与成形法铣齿相同，只是将砂轮修整成与齿轮齿间相吻合的形状，然后对齿轮的齿间进行磨削。砂轮的截面形状如图 10–18 所示，其中图 10–18a 为磨内齿轮砂轮截面，图 10–18b 为磨外齿轮砂轮截面。

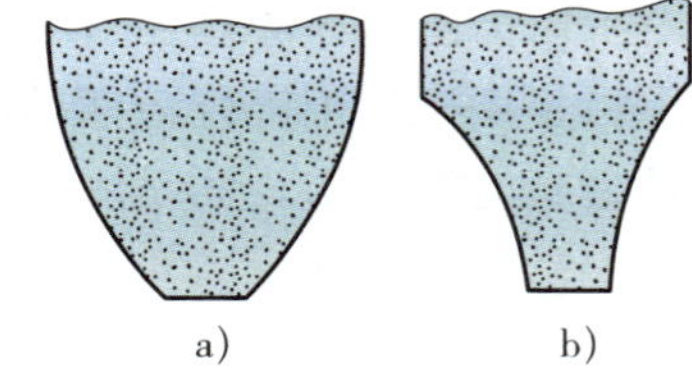

图 10–18　砂轮的截面形状

a）磨内齿轮砂轮截面　b）磨外齿轮砂轮截面

成形法磨齿的工艺特点如下：

1）不需要展成运动，由于机床动作少，结构简单，磨齿精度较稳定。

2）磨齿时砂轮与工件同时接触的面积大，因而生产效率高。

3）成形法磨齿的通用性强，是磨削内齿轮的唯一方法。

4）修整砂轮较复杂，且砂轮和工件的接触面积大，易烧伤工件，导致其使用受到限制。

5）由于磨齿时砂轮磨损不均匀和机床分度精度的影响，会降低齿轮的齿形精度和加工精度，故成形法磨齿应用较少。

（2）展成法磨齿

展成法磨齿的实质是根据齿条与齿轮啮合的原理，将砂轮的工作面修成假想齿条的一个侧面或一个齿，按齿条的节线和齿轮的节圆做纯滚动的关系进行磨齿。

根据砂轮的形式，磨齿可分为锥面砂轮磨齿法、双碟形砂轮磨齿法和蜗杆砂轮磨齿法。

1）锥面砂轮磨齿法。磨齿时，砂轮高速旋转 n_0 以形成切削运动；同时砂轮沿工件齿向做前后快速往复运动 f_a，以形成假想齿条的全齿面。工件放在与此假想齿条相啮合的位置。工作时，假想齿条不动，机床的传动链保证使工件逆时针旋转 n_w，工件中心同时向右移 v_w，如图 10–19a 所示，就像工件的节圆与砂轮所形成的假想齿条的节线做无滑动的纯滚动。这样，砂轮的右锥面就对工件齿槽 1 的右侧面（即齿的左侧面）做展成运动，从根部磨至顶部，如图 10–19a 所示。磨完后，工件改为顺时针旋转 n_w，工件中心同时向左移 v_w，用砂轮左锥面对工件齿槽 1 的左侧面（即齿的右侧面）做展成运动磨削，从根部磨至顶部，如图 10–19b 所示。直至齿槽 1 完全滚离砂轮时，工件做一次分度运动 n'_w，然后进行下一次循环，磨下一个齿槽 2，如图 10–19c 所示。

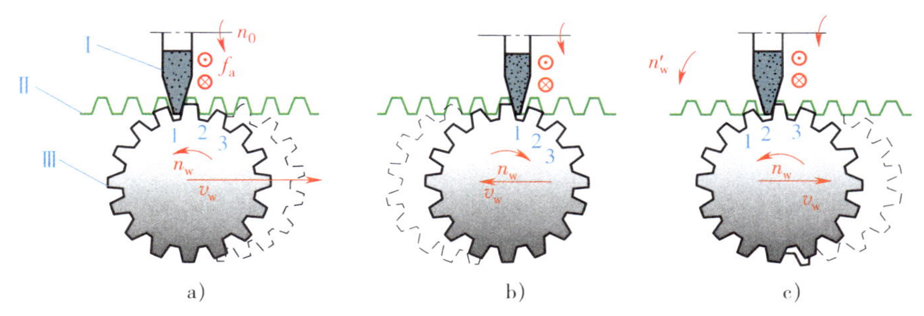

图 10–19　锥面砂轮磨齿工作原理

a）磨齿槽 1 右侧面　b）磨齿槽 1 左侧面　c）磨齿槽 2 右侧面

Ⅰ—锥面砂轮　Ⅱ—假想齿条　Ⅲ—工件

这种磨齿方法的优点：通用性好，调整时间短，磨削不同规格的齿轮时不需要制作专门附件，适用于中、小批量的齿轮加工。缺点是机床传动链长，结构复杂，加工精度低，生产效率也较低。

2）双碟形砂轮磨齿法。这种方法是根据齿轮齿条啮合原理，利用两片大直径碟形砂轮端平面上的环形窄边构成假想齿条的两个齿面进行磨齿的。

工作时，两片碟形砂轮做高速旋转运动 n_0，即切削运动。被切齿轮通过滚圆盘与钢带机构实现展成运动，如图 10–20 所示。在工作台 1 上固定安装支架 3，滑座 2 可沿导轨 4 在工作台 1 上左右移动。滑座 2 上装有工件主轴 9，主轴 9 的尾端装有滚圆盘 5，两条钢带 6 的一端都固定在滚圆盘上，另一端固定在支架 3 上，两条钢带在水平方向拉紧。当滑座 2 由偏心机构或液压传动做左右摆动时，工件主轴也随之做水平方向移动 v_w。由于固定在支架 3 上的两条钢带紧拉着滚圆盘，因而在工件主轴平移的同时，主轴也转过 n_w。这样，主轴上的工件 7 便沿假想齿条（由砂轮 8 形成）实现展成运动。

为了磨出全齿宽，工作台还带动工件做往复的轴向进给运动 f_a。磨完两个齿面后，工件进行分度，再磨另外两个齿面。

这种磨齿方法是现有磨齿方法中精度最高的一种，但由于碟形砂轮刚度差，背吃刀量小，所以是现有磨齿方法中生产效率最低的一种。

3）蜗杆砂轮磨齿法。这种方法的原理与滚齿相同，蜗杆砂轮相当于滚刀。加工时，砂轮与工件相对倾斜一定的角度 β，两者保持严格的啮合传动关系，如图 10–21 所示。为了磨出整个齿宽，砂轮还需沿工件轴向进给。

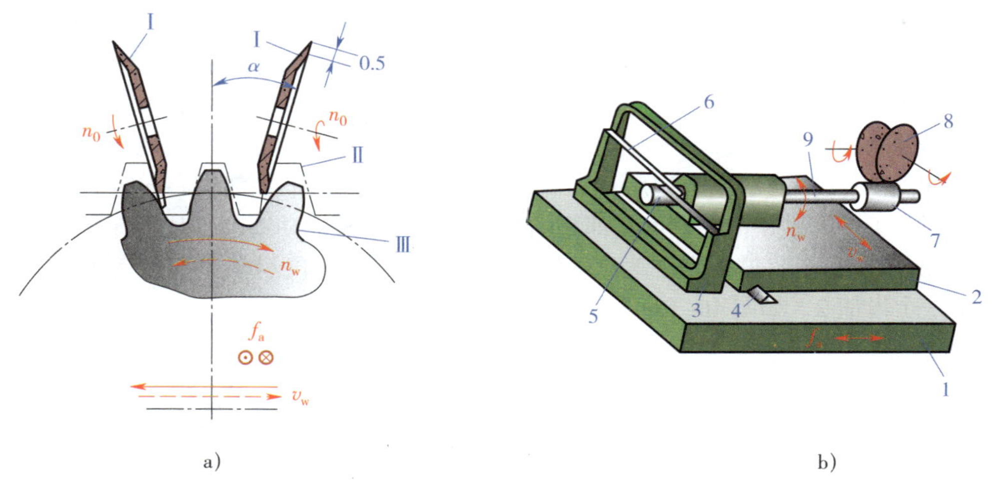

图 10–20　双碟形砂轮磨齿工作原理

a）碟形砂轮磨齿的工作运动　b）滚圆盘与钢带机构示意图

Ⅰ—砂轮　Ⅱ—假想齿轮　Ⅲ—工件

1—工作台　2—滑座　3—支架　4—导轨　5—滚圆盘　6—钢带　7—工件　8—砂轮　9—主轴

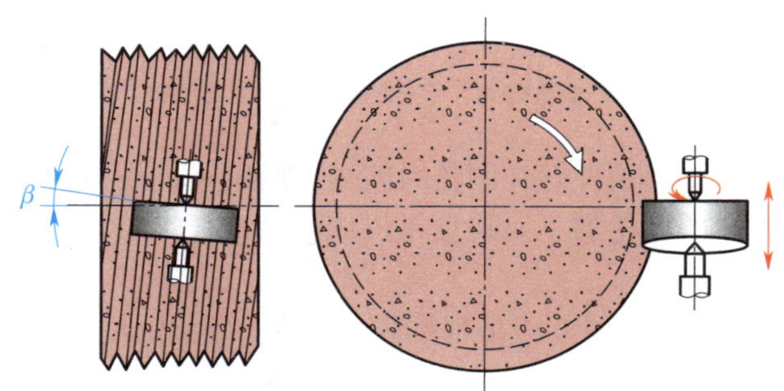

图 10–21　蜗杆砂轮磨齿工作原理

由于蜗杆砂轮的转速很高（2 000 r/min），故工件的转速也很高，且被磨齿轮能自动连续分度，因此其生产效率和加工精度都比其他磨齿法要高。但是采用这种方法修整砂轮较困难，磨削不同模数的工件时要更换砂轮，适宜成批或大批量生产中磨削直齿、斜齿圆柱齿轮及插齿刀等。

第十一章

数控加工与特种加工

§11-1 数控机床

随着社会生产和科学技术的快速发展，机械制造技术发生了巨大的变化，对机械产品制造精度、复杂程度以及更新速度的要求越来越高，传统的生产方式和加工技术已很难适应现代制造业的需求。数控技术和数控机床应运而生，为高精度、高效率完成产品生产，特别是复杂型面零件的生产提供了自动加工手段。

一、数控机床的概念

数控技术是指用数字量及字符发出指令并实现自动控制的技术，它已经成为制造业实现自动化、柔性化、集成化生产的基础技术。

按加工要求预先编制的程序，由控制系统发出数字信息指令对工件进行加工的机床，称为数控机床。具有数控特性的各类机床均可称为相应的数控机床，如数控车床、数控铣床等。图 11-1 所示为数控车床外形图。

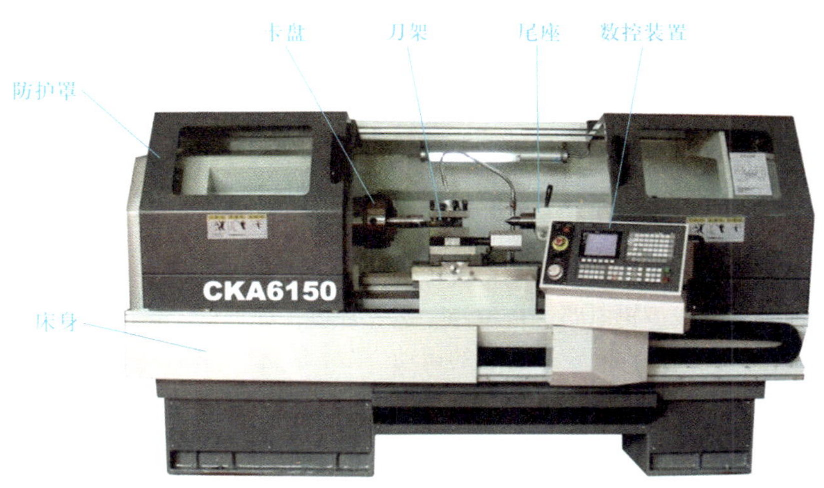

图 11-1　数控车床外形图

二、数控机床的组成

数控机床的种类较多，组成各不相同，总体上讲，数控机床主要由控制介质、数控装置、伺服系统、测量反馈装置和机床主体等部分组成，如图 11–2 所示。

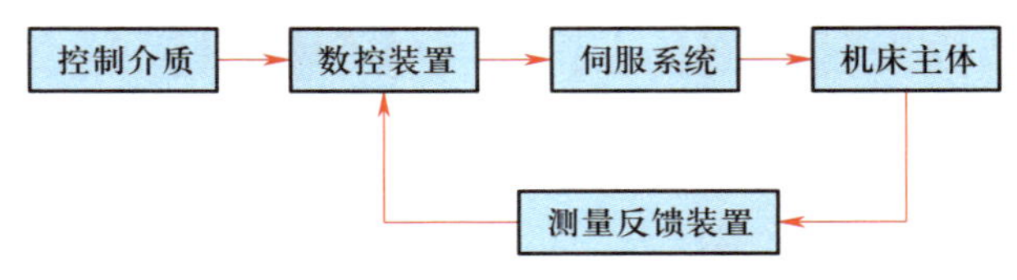

图 11–2 数控机床的组成

1. 控制介质

控制介质是指将零件加工信息传送到数控装置的程序载体。控制介质有多种形式，随数控装置类型的不同而不同，常用的有闪存卡、移动硬盘、U 盘等（图 11–3）。随着计算机辅助设计 / 计算机辅助制造（CAD/CAM）技术的发展，在某些 CNC 设备上，可利用 CAD/CAM 软件先在计算机上编程，然后通过计算机与数控系统通信，将程序和数据直接传送给数控装置。

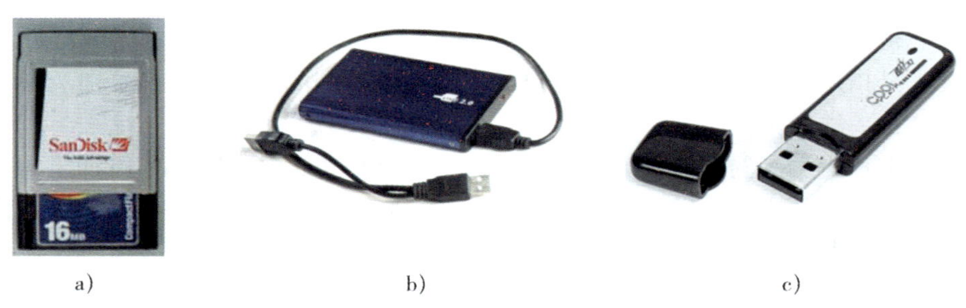

a) b) c)

图 11–3 控制介质

a）闪存卡 b）移动硬盘 c）U 盘

2. 数控装置

数控装置是数控机床的核心。现代数控装置通常是一台带有专门系统软件的专用计算机，如图 11–4 所示为某数控车床的数控装置。数控装置由输入装置（如键盘）、控制运算器和输出装置（如显示器）等构成。它接收控制介质中的数字化信息或输入装置输入的数字化信息，经过控制软件或逻辑电路进行编译、运算和逻辑处理后，输出各种信号和指令，控制机床的移动部件，使其进行规定、有序的运动。

3. 伺服系统

伺服系统由驱动装置和执行部件（如伺服电动机）组成，它是数控系统的执行机构，如图 11–5 所示。伺服系统分为主轴伺服系统和进给伺服系统。伺服系统的作用是把来自数控装置的指令信号转换为机床移动部件的运动，使工作台（或溜板）精确定位或按规定的轨迹做严格的相对运动，最后加工出符合图样要求的零件。伺服系统作为数控机床的重要组成部分，其本身的性能直接影响整个数控机床的精度和速度。

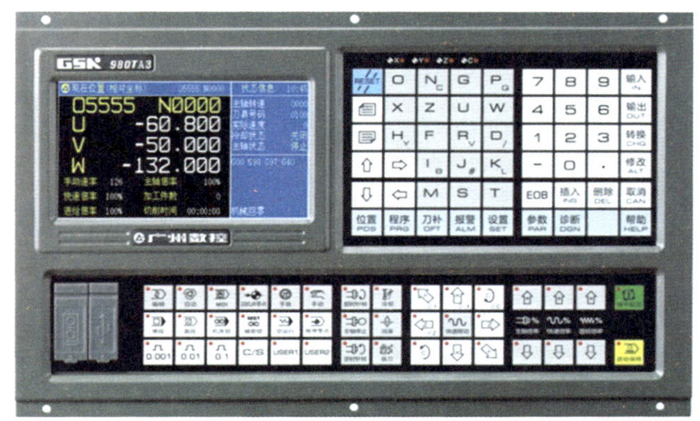

图 11-4　数控装置

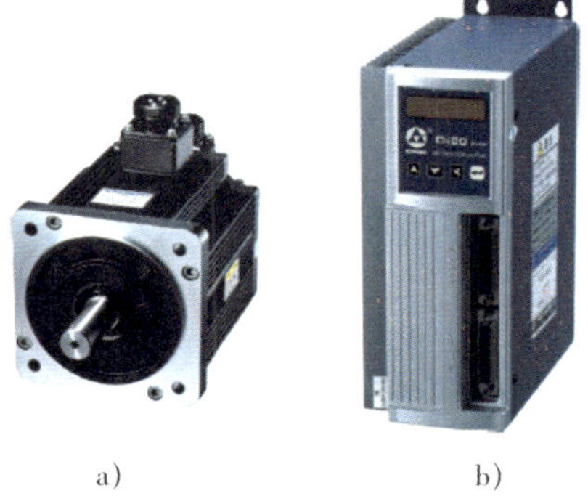

a)　　　　b)

图 11-5　伺服系统

a）伺服电动机　b）驱动装置

4. 测量反馈装置

测量反馈装置的作用是通过测量元件将机床移动的实际位置、速度参数检测出来，转换成电信号，并反馈到数控装置中，使数控装置能随时判断机床的实际位置、速度是否与指令一致，并发出相应指令，纠正所产生的误差。测量反馈装置安装在数控机床的工作台或丝杠上。

5. 机床主体

机床主体是数控机床的本体，主要包括床身、主轴、进给机构等机械部件，还有冷却、润滑、换刀、夹紧等辅助装置。

三、数控机床的工作过程

数控机床加工零件时，根据零件图样要求及加工工艺，将所用刀具、刀具运动轨迹与速度、主轴转速与旋转方向、冷却等辅助操作以及相互间的先后顺序，以规定的数控代码形式编制成程序，并输入到数控装置中，在数控装置内部控制软件的支持下，经过处理、计算后，向机床伺服系统及辅助装置发出指令，驱动机床各运动部件及辅助装置进行有序的动作与操作，实现刀具与工件的相对运动，加工出所要求的零件。图 11-6 所示为数控车床的工作过程示意图。

四、数控机床的特点

现代数控机床具有许多普通机床无法实现的特殊功能，其特点如下：

1. 加工零件适应性强，灵活性好

数控机床是一种高度自动化和高效率的机床，可适应不同品种和不同尺寸规格零件的自动加工，能完成很多普通机床难以胜任或者根本不可能加工出来的复杂型面零件的加工。当加工对象改变时，只要改变数控加工程序，就可改变加工零件的品种，为复杂结构零件的单件、小批量生产以及试制新产品提供了极大的便利。

2. 加工精度高，产品质量稳定

数控机床按照预定的程序自动加工，不受人为因素的影响，加工同批零件尺寸的一致性好，其加工精度由机床来保证，还可利用软件来校正和补偿误差。因此，可以获得比机床本身精度还要高的加工精度及重复精度（中、小型数控机床的定位精度可达 0.005 mm，重复定位精度可 0.002 mm）。

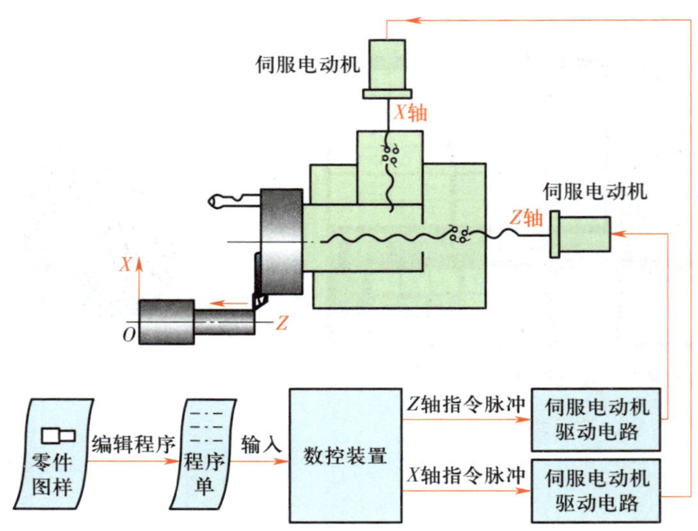

图 11-6　数控车床的工作过程示意图

3. 综合功能强，生产效率高

与普通机床相比，数控机床生产效率高 2～3 倍。尤其是某些复杂零件的加工，生产效率可提高十几倍甚至几十倍。这是因为数控机床具有良好的结构刚度，可进行大切削用量的强力切削，能有效地节省机动时间，还具有自动变速、自动换刀、自动交换工件和其他自动化辅助操作等功能，使辅助时间缩短，而且不需要工序间的检测和测量。对壳体零件采用加工中心进行加工，利用转台自动换位、自动换刀，几乎可以实现在一次装夹的情况下完成零件的全部加工，节约了工序之间的运输、测量、装夹等辅助时间。

4. 自动化程度高，工人劳动强度降低

数控机床主要采用自动加工，能自动换刀、启停切削液、自动变速等，其大部分操作不需人工完成，可大大降低操作者的劳动强度和紧张程度，改善劳动条件。

5. 生产成本降低，经济效益好

数控机床自动化程度高，减少了操作人员的人数，同时加工精度稳定，降低了废品、次品率，使生产成本下降。在单件、小批量生产情况下，使用数控机床加工，可节省划线工时，减少调整、加工和检验时间，节省直接生产费用和工艺装备费用。此外，数控机床可实现一机多用，节省厂房面积和建厂投资。因此，使用数控机床可获得良好的经济效益。

6. 数字化生产，管理水平提高

在数控机床上能准确地计算零件加工时间，加强了零件的计时性，便于实现生产计划调度，简化和减少了检验、工具与夹具准备、半成品调度等管理工作。数控机床具有通信接口，可实现计算机之间的连接，组成工业局部网络（LAN），采用制造自动化协议（MAP）规范，实现生产过程的计算机管理与控制。

五、常用数控机床的类型和特点

数控机床的品种很多，常用数控机床的类型和特点见表 11-1。

表 11-1　常用数控机床的类型和特点

类型	特点	图示
数控车床	数控车床是一种用于完成车削加工的数控机床。其主运动为工件相对刀具的旋转运动，切削能是由工件而不是刀具提供	
车削中心	车削中心是配有动力驱动刀具装置，并使夹持工件的主轴具有围绕其轴线定位能力的数控车床，并配有刀库，能自动换刀，能完成端面和径向的车、铣、钻、镗的加工	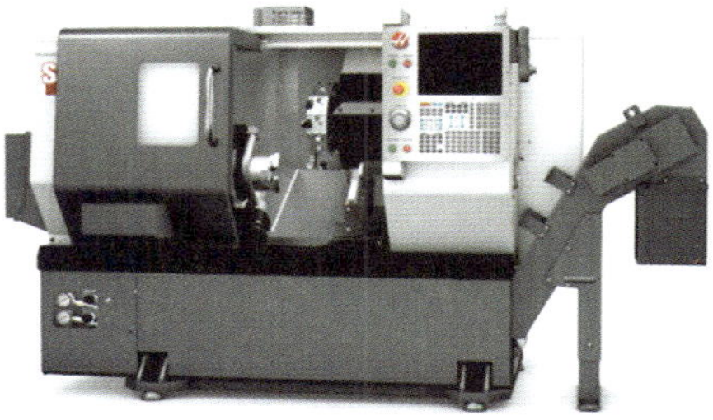
数控铣床	数控铣床是以铣削为加工方式的数控机床，通常铣刀旋转为主运动，工件或（和）铣刀的移动为进给运动	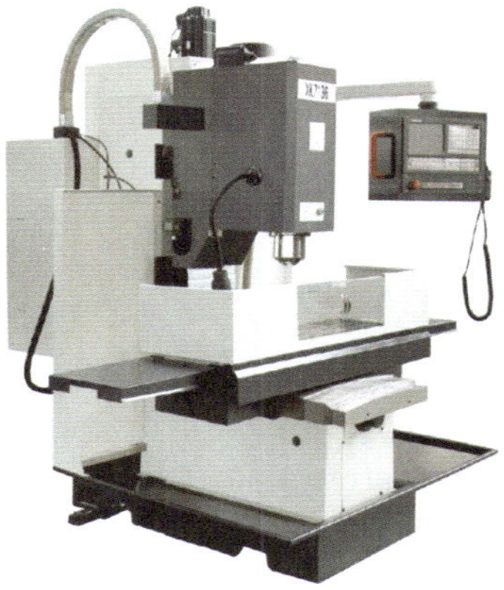
加工中心	加工中心是指带有刀库（带有回转刀架的数控车床除外）和刀具自动交换装置的数控机床。加工中心有两种或两种以上加工方式（如铣削、镗削、钻削）	

续表

类型	特点	图示
数控磨床	数控磨床是利用磨具对工件表面进行磨削加工的机床。数控磨床可分为数控平面磨床、数控无心磨床、数控内外圆磨床、数控立式万能磨床、数控坐标磨床、数控成形磨床等	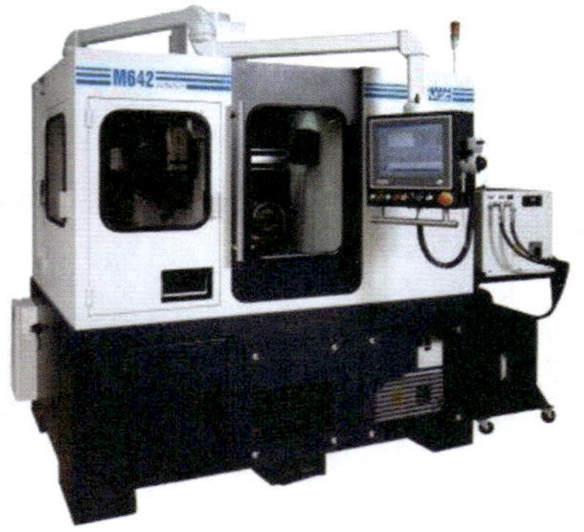
数控钻床	数控钻床是主要用钻头在工件上加工孔的数控机床。钻头旋转为主运动，钻头轴向移动为进给运动	
数控电火花成形机床	数控电火花成形机床是用电火花成形加工方法加工型腔、型体、型孔、型面的电火花加工机床。其工作原理是利用两个不同极性的电极在绝缘液体中产生放电现象，去除材料进而完成加工。它适用于形状复杂的模具及难加工材料的加工	
数控线切割机床	数控线切割机床是以金属丝作工具电极对工件进行切割加工的电火花加工机床。其工作原理与数控电火花成形机床相同	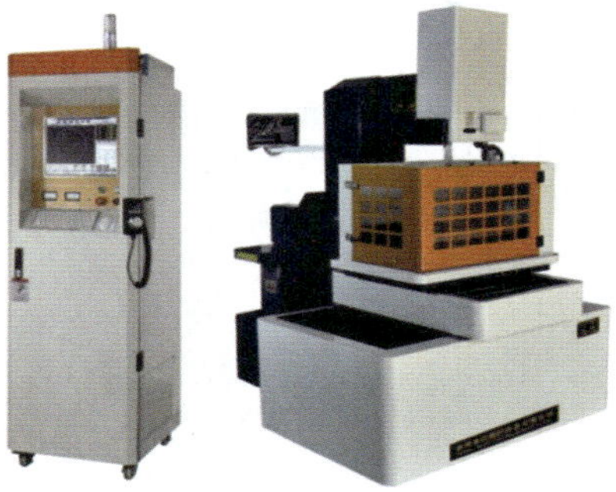

§11-2 数控加工工艺

在数控机床上加工零件与在普通机床上加工零件所涉及的工艺问题大致相同，首先要对被加工零件进行工艺分析和处理，然后根据工艺装备（机床、夹具、刀具等）的特点拟订出合理的工艺方案，最后编制出零件的加工工艺和加工程序。

一、零件的工艺分析

1. 选择并决定进行数控加工的内容

在选择并决定某个零件进行数控加工时，并不是说零件所有的加工内容都采用数控加工，数控加工可能只是零件加工工序中的一部分。因此，有必要对零件图样进行仔细分析，选择那些最适合、最需要进行数控加工的内容和工序。同时，还应结合实际情况，立足于解决工艺难题、提高生产效率和充分发挥数控加工的优势。一般可按下列顺序考虑：

（1）普通机床无法加工的内容应作为优先选择内容。

（2）普通机床难加工、质量也难保证的内容应作为重点选择内容。

（3）普通机床加工效率低、手工操作劳动强度大的内容，可在数控机床尚存富余能力的基础上进行选择。

一般来说，上述这些加工内容采用数控加工后，在产品质量、生产效率与综合经济效益等方面都会得到明显提高。相比之下，下列一些加工内容则不宜选择数控加工：

（1）需要通过较长时间占机调整的加工内容，如工件的粗加工，特别是铸、锻毛坯的基准平面、定位面等部位的加工等。

（2）装夹困难或完全靠找正定位来保证加工精度的工件。

（3）按某些特定的制造依据（如样板、样件、模胎等）加工的型面轮廓。主要原因是获取数据难，易与检验依据发生矛盾，增加编程难度。

（4）不能在一次装夹中加工完成的其他零星部位，采用数控加工很繁杂，效果不明显，可安排用普通机床加工。

此外，在选择和决定数控加工内容时，也要考虑生产批量、生产周期、工序间周转情况等，避免把数控机床当普通机床使用。

2. 数控加工零件工艺性分析

当选择并决定数控加工零件及其加工内容后，应对零件的数控加工工艺性进行全面、认真、仔细的分析。

（1）零件图样分析

分析零件图样是工艺准备中的首要工作，直接影响零件加工程序的编制及加工结果。首先，要熟悉零件在产品中的作用、位置、装配关系和工作条件，明确各项技术要求对零件装配质量和使用性能的影响，找出主要和关键的加工工艺基准。其次，分析及了解零件的外形、结构，零件上需加工的部位及其形状、尺寸精度和表面粗糙度要求；了解各加工部位之间的相对位置和尺寸精度；了解零件材料、毛坯尺寸、相关技术要求及零件的加工数量。最后，分析零件精度与各项技术要求是否齐全、合理；分析工序中的数控加工精度能否达到图样要求；找出零件图中有较高位置精度的表面，决定这些表面能否在一次装夹下完成；对零件表面质量要求较高的表面，确定是否使用恒线速功能进行加工。

（2）零件图形的数学处理和编程尺寸的计算

零件图形数学处理的结果将用于编程，其结果的正确性将直接影响最终的加工结果。应进行以下处理：

1）编程原点的选择。编程原点的选择要尽量满足编程简单、尺寸换算少、引起的加工误差小等条件。一般情况下选择在尺寸基准或定位基准上。

2）编程尺寸的确定。在很多情况下，零件图样上的尺寸基准与编程所需要的尺寸基准不一致，所以应将零件图样上的各尺寸换算为编程坐标系中的尺寸，然后再进行下一步数学处理工作。

上述零件工艺性分析，也是后续合理选择机床、刀具、夹具及确定切削用量的重要依据。在进行图样分析时，若发现问题，应及时与设计人员或有关部门沟通，提出修改意见，以便完善零件的设计工作。

二、选择刀具、夹具

合理选择数控加工用的刀具和夹具，是工艺处理工作中的重要内容。在数控加工中，产品的加工质量和劳动生产率在很大程度上受刀具、夹具的制约。虽然数控加工中所用的大多数刀具、夹具与普通加工中所用的刀具、夹具基本相同，但对一些工艺难度较大或其轮廓、形状等方面较特殊零件的加工，所选用的刀具、夹具必须具有较高要求，或需做进一步的特殊处理，以满足数控加工的需要。

1. 刀具的选择

一般优先选用标准刀具，不用或少用特殊的非标准刀具，必要时也可以采用各种高生产效率的复合刀具及一些专用刀具。此外，应结合实际情况，尽可能选用各种先进刀具，如可转位刀具、陶瓷刀具等。刀具的类型、规格和精度等级应符合加工要求，刀具材料应与工件材料相适应。

2. 夹具的选择

数控加工的特点对夹具提出了两个基本要求：一是保证夹具的坐标方向与机床的坐标方向相对固定；二是要能确定工件与机床坐标系的尺寸。除此之外，重点考虑以下几点：

（1）单件、小批量生产时，应优先使用通用夹具、组合夹具或可调夹具，以节省费用及缩短生产准备时间。

（2）成批生产时，可采用专用夹具，但力求结构简单。

（3）装卸工件要方便、可靠，以缩短辅助时间，有条件且生产批量较大时，可采用液动、电动、气动或多工位夹具，以提高加工效率。

（4）夹具上的各零部件应不妨碍机床对工件各表面的加工，即夹具要敞开，其定位、夹紧机构元件不能影响加工中的进给（如产生碰撞等）。

三、确定加工路线

加工路线是指数控机床在加工过程中刀具刀位点相对于工件的运动轨迹。确定加工路线就是确定刀具刀位点运动的轨迹和方向，也就是程序编制的轨迹和运动方向。因此，在确定加工路线时，最好画一张工序简图，将已经拟定好的加工路线画上去（包括进、退刀路线），这样可为编程带来不少方便。

加工路线的确定与工件的加工精度和表面粗糙度直接相关，在确定加工路线时要考虑以下几点：

1. 对点位加工的数控机床，如钻床、镗床等，要考虑尽可能缩短加工路线，以减少空程时间，提高加工效率。以图 11–7a 所示工件的加工为例，按照一般习惯，都是先加工一圈均布于圆上的 8 个孔，然后再加工另外一圈，如图 11–7b 所示。但对于数控加工来说，这并不是最好的加工路线。若进行必要的尺寸换算，按图 11–7c 所示的路线加工，比常规加工路线要短，并且还可以缩短定位时间。

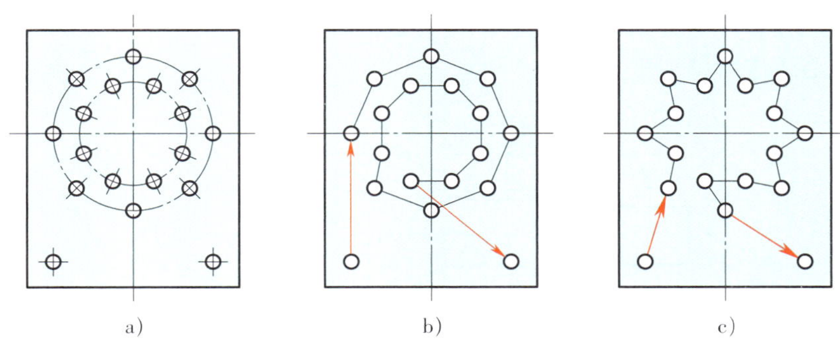

图 11–7　最短加工路线的设计

2. 为保证工件轮廓加工后表面粗糙度的要求，最终完工轮廓应由最后一刀连续加工而成。这时，刀具的进、退刀位置要考虑妥当，尽量不要在连续的轮廓中安排切入和切出或换刀及停顿，以免因切削力突然变化而造成弹性变形，致使光滑连接轮廓上产生表面划伤、形状突变或接刀痕等缺陷。

3. 刀具的进、退刀路线须认真考虑，要尽量避免在轮廓处接刀，对刀具的切入和切出要仔细设计。例如，在铣削平面轮廓零件外形时，一般是利用立铣刀的圆周刃进行切削，这样在加工时，其切入和切出部分应设计外延路线，以保证工件轮廓形状的平滑。如图 11–8 所示的工件加工，应当避免径向切入和切出工件轮廓，而应沿工件轮廓外形的延长线切入和切出，这样可以避免在轮廓切入和切出处留下刀痕。在铣削平面工件时，还要避免在被加工表面范围内的垂直方向下刀或抬刀，因为这样会留下较大的划痕。

4. 铣削轮廓的加工路线要合理选择。图 11–9 是一个铣凹槽的例子，图 11–9a 为 Z 字形双方向进给方式，图 11–9b 为单方向进给方式，图 11–9c 为环形进给方式。为了保证凹槽侧面达到所要求的表面质量，最终轮廓应由最后环切进给连续加工出来最好，所以图 11–9c 的加工路线方案最好。

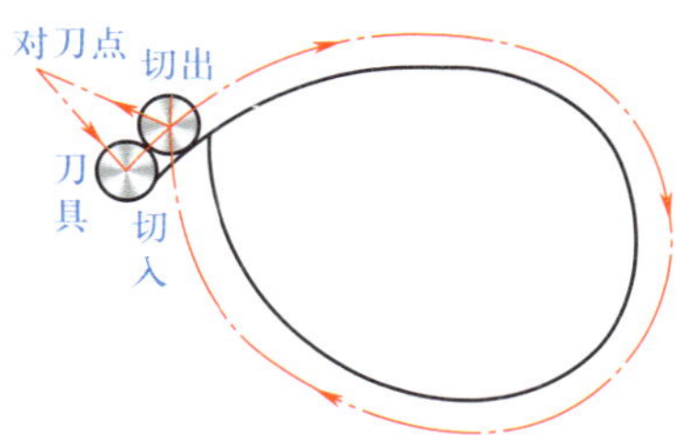

图 11–8　刀具切入和切出方式

5. 旋转体类工件的加工一般采用数控车床或数控磨床加工，由于车削工件的毛坯多为棒料或锻件，加工余量大且不均匀，因此，合理制定粗加工时的加工路线对于编程至关重要。

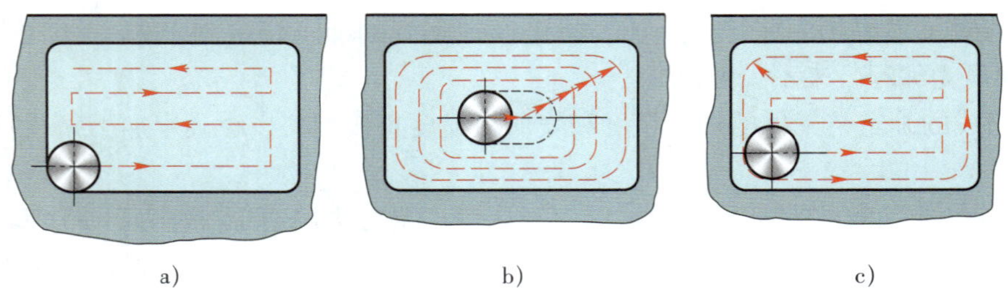

图 11-9 铣凹槽的三种加工方案

图 11-10 所示为手柄加工实例，其曲线轮廓由三段圆弧组成，由于加工余量较大且不均匀，因此，比较合理的方案是先用直线和斜线加工路线车去图中细双点画线所示的加工余量，再用圆弧路线进行精加工。

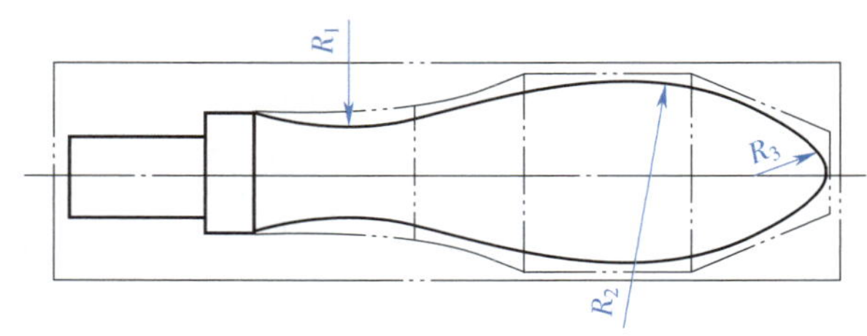

图 11-10 直线、斜线加工路线

四、确定切削用量

1. 影响切削用量的因素

制定加工工艺及编制程序时，切削用量的选择关系到工艺方案的实施和加工效率。制定数控加工工艺时，一般根据工件材料、加工要求、刀具材料及类型、机床刚度、主轴功率等因素来确定切削用量，通常可根据机床的具体情况参考刀具切削手册来确定。影响切削用量的主要因素如下：

（1）工件材料

工件材料硬度高低会影响刀具切削速度，同一刀具加工硬材料时切削速度应降低，而加工较软材料时切削速度可以提高。

（2）刀具材料

刀具材料不同，允许的最高切削速度也不同。高速钢刀具耐高温切削速度不到 50 m/min，碳化物刀具耐高温切削速度可达 100 m/min 以上，陶瓷刀具的耐高温切削速度可高达 1 000 m/min。

（3）刀具几何角度

刀具几何角度合理，就可以减小切削变形和摩擦，降低切削力和切削热，可以提高切削用量。

（4）机床及夹具刚度

机床的刚度直接影响切削用量的选择，高刚度机床可以承担较大的主轴转速、背吃刀量和进给速度，同理，夹具的刚度也会影响切削用量的制定。

2. 切削用量的选择

在加工程序的编制工作中，选择合理的切削用量，使背吃刀量、主轴转速和进给速度三者能相互适应，以形成最佳切削参数，这是工艺处理的重要内容。

（1）背吃刀量的确定

背吃刀量可根据数控机床、工件、刀具系统的刚度来确定。在刚度允许的情况下，尽可能选取较大的背吃刀量，以减少进给次数，提高生产效率。当零件的精度要求较高时，则应考虑适当留出半精加工和精加工余量，所留精加工余量一般比普通加工时留的余量小。车削和镗削加工时，常取精加工余量为 0.1 ~ 0.5 mm；铣削时，则常取为 0.2 ~ 0.8 mm。

（2）主轴转速的确定

确定主轴转速时，根据允许的切削速度计算值，从机床说明书规定的转速值中选定相近的转速值，通常以主轴转速代码填入程序单。根据数控加工的实践经验，允许的切削速度常选用 100 ~ 200 m/min，加工铝镁合金时可再提高一倍。

（3）进给速度的确定

通常根据零件加工精度和表面质量要求选取进给速度。要求较高时，进给速度应选得小些，可在 20 ~ 50 mm/min 范围内选取。最大进给速度受机床特性限制（如拖动系统性能）并与脉冲当量有关。

五、填写数控加工工艺文件

将工艺规程的内容填入一定格式的卡片中，用于生产准备、工艺管理和指导工人操作等的各种技术文件称为工艺文件。它是编制生产计划、组织生产、安排物资供应、指导工人加工操作及技术检验等的重要依据。

1. 数控加工工序卡

数控加工工序卡与普通加工工序卡相似，也表达了加工工序内容，但同时还要反映使用的辅具、刃具及切削参数等，它是操作人员配合数控程序进行数控加工的主要指导性工艺资料。数控加工工序卡应按已确定的工步顺序填写，见表 11–2。

表 11–2　　数控加工工序卡

<table>
<tr><td rowspan="2">（单位名称）</td><td rowspan="2">数控加工工序卡</td><td colspan="3">产品名称或代号</td><td colspan="2">零件名称</td><td colspan="2">零件图号</td></tr>
<tr><td colspan="3"></td><td colspan="2"></td><td colspan="2"></td></tr>
<tr><td>工艺序号</td><td>程序编号</td><td>夹具名称</td><td colspan="2">夹具编号</td><td colspan="2">使用设备</td><td colspan="2">车间</td></tr>
<tr><td></td><td></td><td></td><td colspan="2"></td><td colspan="2"></td><td colspan="2"></td></tr>
<tr><td>工步号</td><td>工步内容</td><td>加工部位</td><td>刀具号</td><td>刀具规格</td><td>主轴转速 /（r/min）</td><td>进给量 /（mm/r）</td><td>背吃刀量 /mm</td><td>备注</td></tr>
<tr><td>1</td><td></td><td></td><td></td><td></td><td></td><td></td><td></td><td></td></tr>
<tr><td>2</td><td></td><td></td><td></td><td></td><td></td><td></td><td></td><td></td></tr>
<tr><td>3</td><td></td><td></td><td></td><td></td><td></td><td></td><td></td><td></td></tr>
<tr><td>4</td><td></td><td></td><td></td><td></td><td></td><td></td><td></td><td></td></tr>
<tr><td>5</td><td></td><td></td><td></td><td></td><td></td><td></td><td></td><td></td></tr>
<tr><td>6</td><td></td><td></td><td></td><td></td><td></td><td></td><td></td><td></td></tr>
<tr><td>编制</td><td></td><td>审核</td><td></td><td>批准</td><td colspan="2"></td><td>共　页</td><td>第　页</td></tr>
</table>

2. 数控加工刀具明细表

数控加工对刀具要求十分严格，加工前必须预先调整好刀具的直径和长度。数控加工刀具明细表是调刀人员调整刀具、操作人员进行刀具数据输入的主要依据，其格式见表 11–3。

表 11–3　　数控加工刀具明细表

<table>
<tr><td colspan="2">零件图号</td><td colspan="2">零件名称</td><td colspan="2">材料</td><td colspan="3" rowspan="2">数控加工刀具明细表</td><td colspan="3">程序编号</td><td>车间</td><td>使用设备</td></tr>
<tr><td colspan="2"></td><td colspan="2"></td><td colspan="2"></td><td colspan="3"></td><td></td><td></td></tr>
<tr><td rowspan="2">刀号</td><td colspan="2" rowspan="2">刀位号</td><td colspan="3" rowspan="2">刀具名称</td><td colspan="2">刀具直径 /mm</td><td>刀具长度 /mm</td><td colspan="2">刀补地址</td><td colspan="2">换刀方式</td><td rowspan="2">加工部位</td></tr>
<tr><td>设定</td><td>补偿</td><td>设定</td><td>直径</td><td>长度</td><td colspan="2">自动 / 手动</td></tr>
<tr><td></td><td colspan="2"></td><td colspan="3"></td><td></td><td></td><td></td><td></td><td></td><td colspan="2"></td><td></td></tr>
<tr><td></td><td colspan="2"></td><td colspan="3"></td><td></td><td></td><td></td><td></td><td></td><td colspan="2"></td><td></td></tr>
<tr><td>编制</td><td colspan="2"></td><td colspan="2">审核</td><td colspan="2"></td><td>批准</td><td></td><td colspan="2">年　月　日</td><td colspan="2">共　页</td><td>第　页</td></tr>
</table>

§ 11–3　特种加工

特种加工是主要利用电、磁、声、光、热、液、化学等能量单独或复合对材料进行去除、堆积、变形、改性、镀覆等的非传统加工方法。特种加工技术种类繁多，本节仅介绍电火花加工和激光加工。

一、电火花加工

在一定的介质中，通过工件和工具电极间脉冲火花放电，使工件材料熔化、汽化而被去除或在工件表面进行材料沉积的加工方法，称为电火花加工。电火花加工主要有电火花成形加工、电火花线切割加工、电火花展成加工、电火花小孔高速加工等。

1. 电火花成形加工

采用成形工具电极的电火花加工，称为电火花成形加工。用电火花成形加工方法加工型腔、型体、型孔、型面的电火花加工机床，称为电火花成形加工机床。

电火花成形加工机床主要由床身、主轴头、立柱、数控电源柜、工作台及工作液箱等部分组成，如图 11–11 所示。

（1）加工原理

电火花成形加工原理如图 11–12 所示。电火花加工是在液体介质中进行的，机床的自动进给调节装置使工件和工具电极之间保持适当的放电间隙，当工具电极和工件之间施加很强的脉冲电压（达到间隙中介质的击穿电压）时，会击穿介质绝缘强度最低处。由于放电区域

图 11-11　电火花成形加工机床

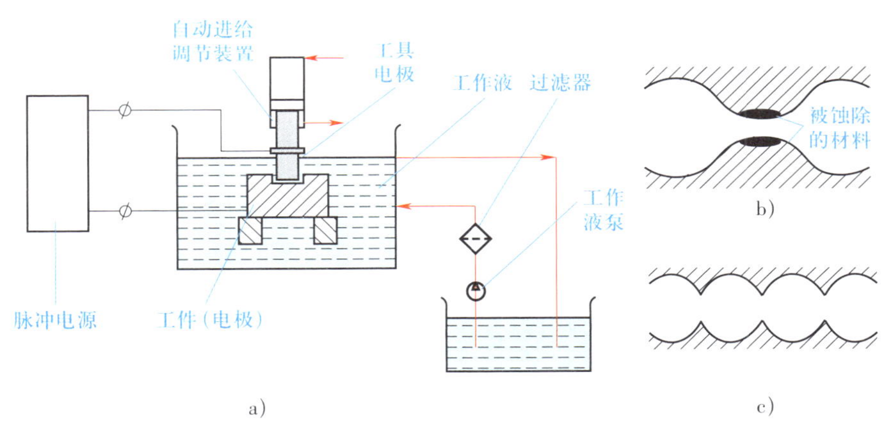

图 11-12　电火花成形加工原理

a）加工原理　b）蚀除材料的过程　c）工件成形

很小，放电时间极短，所以，能量高度集中，使放电区的温度瞬时高达 10 000 ~ 12 000 ℃，工件表面和工具电极表面的金属局部熔化甚至汽化蒸发。局部熔化和汽化的金属在爆炸力的作用下抛入工作液中，并被冷却为金属小颗粒，然后被工作液迅速冲离工作区，从而使工件表面形成一个微小的凹坑。一次放电后，介质的绝缘强度恢复，等待下一次放电。如此反复使工件表面不断被蚀除，并在工件上复制出工具电极的形状，从而达到成形加工的目的。

（2）应用范围

1）适用于难切削材料的成形加工。由于电火花成形加工是靠脉冲放电的电热作用蚀除工件材料的，与工件的力学性能关系不大，因此，对传统切削加工工艺难以加工的超硬材料如人造聚晶金刚石（PCD）及立方氮化硼（CBN）等是极好的补充加工手段。

2）可加工特殊的、形状复杂的零件。由于放电蚀除材料不会产生大的机械切削力，因此对脆性材料如导电陶瓷或薄壁刚度弱的航空航天零件，以及普通切削刀具易发生干涉而难以进行加工的精密微细异形孔、深小孔、狭长缝隙、弯曲轴线的孔、型腔等，均适宜采用电火花成形加工。图 11–13 所示为适宜用电火花成形加工的典型工件示例。

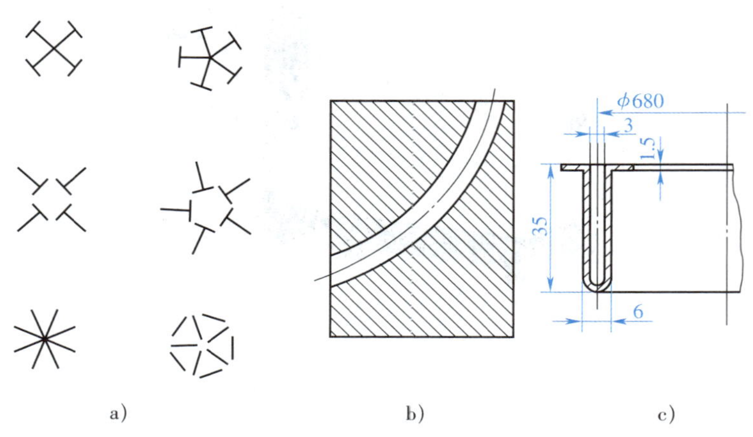

图 11–13　电火花成形加工典型工件示例

a）化纤喷丝板型孔　b）弯曲轴线孔　c）薄壁环结沟

3）当脉冲宽度不大（不大于 8 μs）时，由于单个脉冲能量不大，放电又是浸没在工作液中进行的，因此，对整个工件而言，在加工过程中几乎不受热的影响，有利于加工热敏感材料。采取一定工艺措施后，还可获得镜面加工的效果。

4）电火花加工的放电脉冲参数可以任意调节，在同一台机床上可完成粗、中、精加工过程，且易于实现加工过程的自动化。

5）采用电火花成形加工还有助于改进和简化产品的结构设计与制造工艺，提高其使用性能。例如，航天火箭的燃气涡轮采用常规机械加工工艺时，只能分解加工，然后镶拼、焊接；而利用多轴联动数控电火花成形机床可进行涡轮整体加工，从而大大简化了结构，减小了零件质量，提高了涡轮的性能。

2. 电火花线切割加工

用沿着自身轴线方向运行的电极丝做工具电极，对工件进行切割的电火花加工，称为电火花线切割加工。以金属丝做工具电极对工件进行切割加工的电火花加工机床，称为电火花线切割机床，如图 11–14 所示。

电火花线切割加工利用移动的金属线（钼丝、铜丝或钨钼合金丝）作为负电极，工件作为正电极，并在线电极与工件电极之间通以脉冲电流，同时在两极间浇注矿物油、乳化油等具有一定绝缘性能的工作液，靠脉冲火花的电蚀作用完成工件的尺寸加工。

（1）加工原理

电火花线切割加工原理与电火花成形加工原理相同，只是将工具电极变成金属丝电极。根据电极丝运动的方式不同，电火花线切割机床可分为快速走丝电火花线切割机床和慢速走

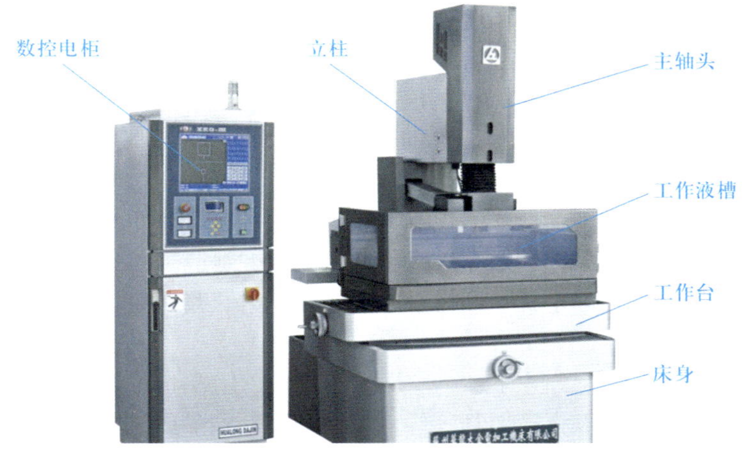

图 11–14　电火花线切割机床

丝电火花线切割机床两大类。快速走丝电火花线切割加工原理如图 11–15 所示，加工时在电极丝和工件上加脉冲电源，使电极丝与工件之间发生脉冲放电，产生高温使金属熔化或汽化，从而得到所需要的工件。

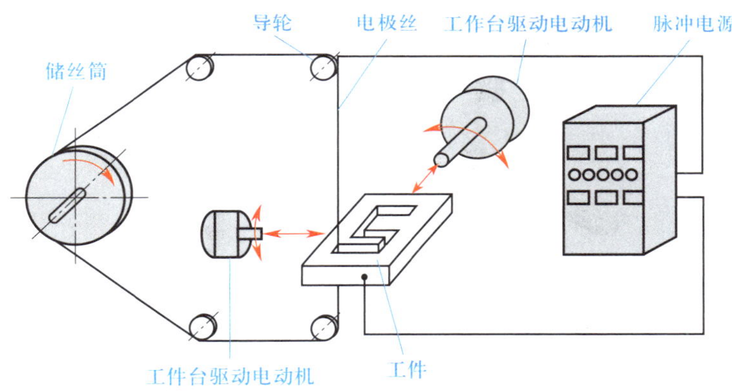

图 11–15　快速走丝电火花线切割加工原理

（2）加工特点

1）可以加工用传统切削加工方法难以加工或无法加工的形状复杂的工件，如图 11–16 所示。对不同形状的工件都很容易实现自动化加工，尤其适合小批量形状复杂工件、单件和试制品的加工，且加工周期短。

2）利用电蚀加工原理，电极丝与工件不直接接触，两者之间的作用力很小，故工件变形小，电极丝、夹具不需要太高的强度。

3）在传统切削加工中，刀具硬度必须比工件大，而电火花线切割的电极丝材料不必比工件材料硬，可加工任何导电的固体材料。

4）直接利用电能进行加工，可以方便地对影响

图 11–16　形状复杂的工件

加工精度的加工参数进行调整，有利于加工精度的提高，便于实现加工过程自动化。

5）电火花线切割不能加工非导电材料。

6）与一般切削加工相比，电火花线切割加工金属去除率低，因此其加工成本高，不适合加工形状简单的大批工件。

（3）应用范围

线切割主要用于模具加工、新产品试制、精密零件加工、贵重金属下料等。

1）模具加工。绝大多数冲裁模具都采用线切割加工制造，因为只需计算一次，编好程序后就可加工出凸模、凸模固定板、凹模及卸料板。此外，还可加工粉末冶金模、压弯模及塑压模等。

2）新产品试制。新产品试制时，一些关键件往往需用模具制造，但加工模具周期长且成本高，采用线切割加工可以直接切制零件，从而缩短新产品的试制周期。

3）精密零件加工。如图 11–17 所示，在精密型孔、样板、精密狭槽等加工中，利用机械切削加工很困难，而采用线切割加工则比较适宜。

图 11–17　线切割加工的零件

4）贵重金属下料。由于线切割加工用的电极丝尺寸远小于切削刀具尺寸（最细的电极丝尺寸可达 0.02 mm），用它切割贵重金属，可减少很多切口消耗。

二、激光加工

激光是一种能量高度集中、亮度高、方向性好、单色性好的相干光。激光加工是利用密度极高的激光束照射工件被加工部位，使材料瞬间熔化或蒸发，并在冲击波作用下将熔融物质喷射出去，从而实现对工件进行穿孔、蚀刻和切割，或采用较小的能量密度，使加工区域材料熔融黏合的方法。

1. 激光加工的基本原理

激光加工设备由电源、激光发生器、光学系统和机械系统等组成，其结构原理如图 11–18 所示，激光发生器将电能转化为光能，产生激光束，经光学系统聚焦后照射在工件表面上进行加工；工件固定在可移动的工作台上，工作台由数控系统控制和驱动。

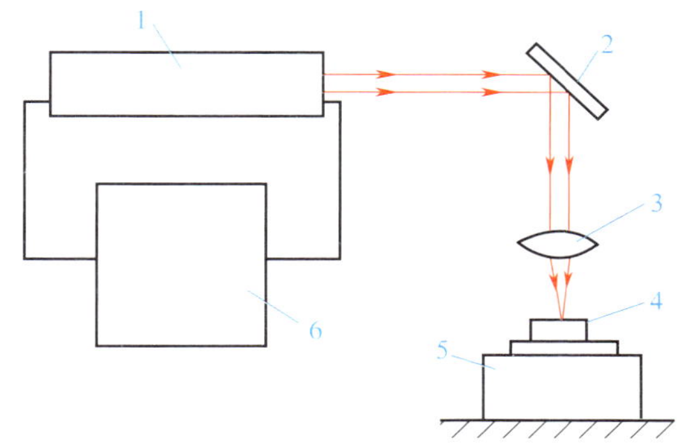

图 11-18 激光加工设备结构原理

1—激光器 2—反射镜 3—聚焦镜 4—工件 5—工作台 6—电源

2. 工艺特点及应用范围

激光加工是利用高能激光束进行加工的，不存在工具磨损的问题，工件也无受力变形。激光束能量密度高，可加工各种金属材料和非金属材料，如硬质合金、陶瓷、石英、金刚石等。激光适于在硬质材料上加工小孔，常用于加工金刚石拉丝模、宝石轴承、发动机喷油嘴、航空发动机叶片上的小孔。此外，激光还广泛用于切割、焊接和热处理。

第十二章 先进制造工艺技术

先进制造工艺技术是现代技术创新与工业进步的典型代表，是衡量制造业水平的关键指标，也是工业赖以生存的保障。世界各国已经深刻意识到先进制造技术在国家发展中的重要地位，并给予了前所未有的高度重视。目前，我国不同的先进制造技术格局已经形成，并在各自领域取得了许多科技成果，如超精密加工技术、高速切削加工技术、增材制造技术等。

§12-1 超精密加工技术

一、概述

1. 超精密加工的内涵

超精密加工是一个十分广泛的领域，它包括所有能使零件的形状、位置和尺寸精度达到微米和亚微米范围的机械加工方法。精密和超精密加工只是一个相对的概念，其界限随时间的推移而不断变化。

在当今技术条件下，普通加工、精密加工、超精密加工所能达到的加工精度见表 12-1。

表 12-1　普通加工、精密加工、超精密加工所能达到的加工精度

名称	加工精度	表面粗糙度值 *Ra*	举例
普通加工	>1 μm	>0.1 μm	一般加工都能达到
精密加工	0.1 ~ 1 μm	0.01 ~ 0.1 μm	如金刚石车、精镗、精磨、研磨、珩磨等加工
超精密加工	<0.1 μm	<0.01 μm	如金刚石刀具超精密切削、超精密磨削、超精密特种加工以及复合加工等

2. 超精密加工所涉及的技术范围

（1）超精密加工机理

超精密加工是从被加工表面去除一层微量的表面层，包括超精密切削、超精密磨削和超精密特种加工等。当然，超精密加工也应服从一般加工方法的普遍规律，但也有不少其自身

的特殊性，如刀具的磨损、积屑瘤生成的规律、磨削机理、加工参数对表面质量的影响等，需要用分子动力学、量子力学、原子物理等理论研究超精密加工的物理现象。

（2）超精密加工刀具、磨具及其制备技术

超精密加工刀具的制备与刃磨、超硬砂轮的修整等是超精密加工的关键技术。

（3）超精密加工机床设备

超精密加工对机床设备有高精度、高刚度、高抗振性、高稳定性和高自动化的要求，且应具有微量进给机构。

（4）精密测量及补偿技术

超精密加工必须有相应级别的测量技术和测量装置，具有在线测量和误差补偿功能。

（5）严格的工作环境

超精密加工必须在超稳定的工作环境下进行，加工环境极微小的变化都有可能影响加工精度。因此，超精密加工必须具备各种物理效应恒定的工作环境，如恒温、净化、防振和隔振等。

二、超精密切削加工

超精密切削加工主要是指采用金刚石刀具对铜、铝等非铁金属及其合金以及光学玻璃、大理石和碳素纤维等非金属材料的精密切削加工。

目前，超精密切削刀具用的金刚石材料为大颗粒（0.5 ~ 1.5 克拉，1 克拉 =200 mg）、无杂质、无缺陷、浅色透明的优质天然单晶金刚石，其性能如下：

1. 具有极高的硬度，硬度达到 6 000 ~ 10 000HV，而 TiC 仅为 3 200HV，WC 为 2 400HV。

2. 能磨出极其锋利的刃口，且切削刃没有缺口、崩刃等现象。普通切削刀具的刃口半径只能磨到 5 ~ 30 μm，而天然单晶金刚石刃口圆弧半径可小到数纳米，没有其他任何材料可以磨到如此锋利的程度。

3. 热化学性能优越、导热性好，与有色金属间的摩擦因数低、亲和力小。

4. 耐磨性好，切削刃强度高，刀具磨损极慢，刀具寿命极高。

因此，天然单晶金刚石虽然价值昂贵，但它是理想的、不能替代的超精密切削刀具材料。

三、超精密磨削加工

超精密磨削加工是加工精度达到或高于 0.1 μm、表面粗糙度值小于 *Ra*0.025 μm 的一种亚微米级的加工方法，并正在向纳米级发展。超精密磨削的关键在于砂轮的选择、砂轮的修整和高精度的磨削机床。

1. 超精密磨削砂轮

在超精密磨削加工中，所使用的砂轮材料多为金刚石和立方氮化硼（CBN）磨料。金刚石砂轮有较强的磨削能力和较高的磨削效率，在磨削硬质合金、非金属硬脆材料、有色金属及其合金等方面有较大的优势。由于金刚石易与铁族元素产生化学反应和亲和作用，故对于硬而韧、高温硬度高、热导率低的钢铁材料，用 CBN 砂轮磨削效果较好。CBN 磨料比金刚石磨料的热稳定性好、化学惰性强，其热稳定性可达 1 250 ~ 1 350 ℃，而金刚石磨料只有 700 ~ 800 ℃。

2. 超精密磨削砂轮的修整

砂轮修整通常包括修形和修锐两个过程。修形是使砂轮达到一定精度要求的几何形状，而修锐是去除磨粒间的结合剂，使磨粒突出结合剂一定的高度，形成足够的切削刃和容屑空间。普通砂轮的修形与修锐一般是同步进行的，而超硬磨料砂轮的修形和修锐一般是分先后两步进行。修形时要求砂轮有精确的几何形状，而修锐时则要求砂轮有好的磨削性能。无论是金刚石砂轮还是 CBN 超硬磨料砂轮，都比较坚硬，很难用其他磨料来磨削以形成新的切削刃。因此，超硬磨料砂轮一般是通过去除磨粒间结合剂的方法使磨粒突出结合剂一定高度，以形成新的磨粒。

3. 磨削速度和磨削液

金刚石砂轮的磨削速度一般为 12 ~ 30 m/s。磨削速度太低，单颗磨粒的切削厚度过大，不仅使工件表面粗糙度值增加，也使金刚石砂轮磨损加剧；磨削速度提高，可使工件表面粗糙度值降低，但磨削温度将随之上升，导致金刚石砂轮的磨损逐渐加大，因金刚石砂轮的热稳定性仅为 700 ~ 800 ℃。

CBN 砂轮的磨削速度可比金刚石砂轮高得多，达 80 ~ 100 m/s，这主要是因为 CBN 磨料的热稳定性好。

超硬磨料砂轮磨削时，磨削液的使用与否对砂轮的寿命影响很大。例如，树脂结合剂超硬磨料砂轮，湿磨比干磨可提高砂轮寿命 40% 左右。磨削液除了具有润滑、冷却、清洗功能之外，还具有渗透性、防锈、提高切削加工性能等功能。

磨削液的使用应视具体情况合理选择。金刚石砂轮磨削硬质合金时，普遍采用煤油，而不宜采用乳化液；树脂结合剂砂轮不宜使用苏打水。CBN 砂轮磨削时宜采用油性磨削液，一般不用水溶性磨削液，因为在高温状态下，CBN 砂轮与水发生水解作用，会加剧砂轮磨损。若不得不使用水溶性磨削液时，可加入极压添加剂以减弱水解作用。

四、超精密加工机床与设备

超精密加工机床是实现超精密加工的首要基础条件。超精密加工机床的精度质量主要取决于机床的主轴部件、床身导轨以及驱动部件等关键部件。

1. 精密主轴部件

精密主轴部件是超精密加工机床的圆度基准，也是保证机床加工精度的核心。主轴要求达到极高的回转精度，其关键在于所用的精密轴承。目前，超精密机床主轴广泛采用的是液体静压轴承和空气静压轴承。

2. 床身和精密导轨

目前，超精密加工机床床身多采用人造花岗岩材料。人造花岗岩是由花岗岩碎粒与树脂黏结而成，可铸造成型，它不仅具有花岗岩材料热膨胀系数低、硬度高、耐磨且不生锈的特点，还克服了天然花岗岩材料尺寸稳定性不足的缺点，并强化了床身抗振、衰减能力。

超精密加工机床的导轨部件要求有极高的直线运动精度，不能有爬行，导轨耦合面不能有磨损。液体静压导轨、气浮导轨和空气静压导轨均具有运动平稳、无爬行、摩擦因数接近于零的特点，在超精密加工机床中得到广泛的使用。

图 12–1 所示为某超精密加工机床所采用的空气静压导轨，整个导轨在上下、左右静压空气的约束下悬浮起来，基本没有摩擦力，具有较好的刚度和运动精度。

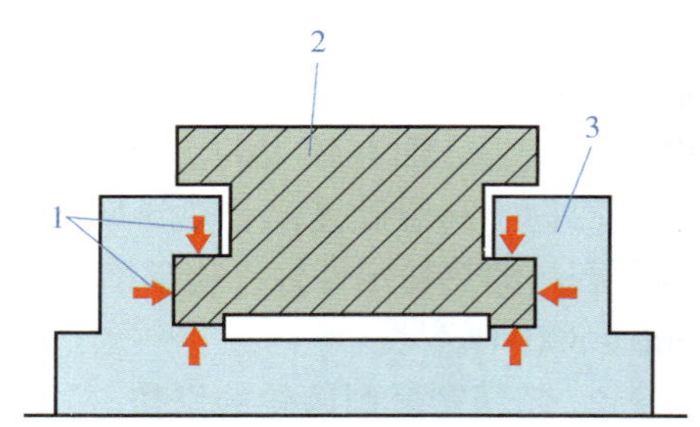

图 12–1　空气静压导轨

1—静压空气　2—移动工作台　3—底座

3. 微量进给装置

高精度微量进给装置是超精密加工机床的一个关键部件，它对实现超薄切削、高精度尺寸加工和实现在线误差补偿有着十分重要的作用。目前，高精度微量进给装置的分辨率已达到 0.001 ~ 0.01 μm。微量进给装置有机械式、液压传动式、弹性变形式、压电陶瓷等多种结构形式。图 12–2 所示为一种压电陶瓷微量进给装置。压电陶瓷器件 3 在预压应力状态下与弹性载体刀夹 1 和后垫块 4 黏结安装，在压电作用下陶瓷伸长，实现刀夹微量进给。

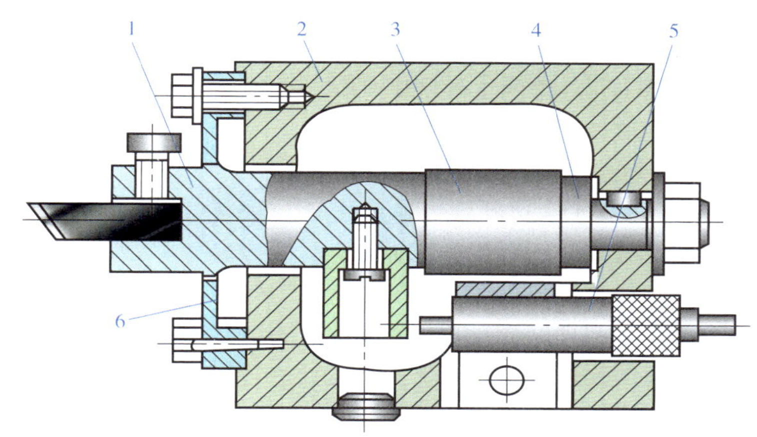

图 12–2　压电陶瓷微量进给装置

1—弹性载体刀夹　2—机座　3—压电陶瓷器件　4—后垫块　5—电感测头　6—弹性支承

五、超精密加工支持环境

为适应精密和超精密加工要求，达到微米甚至纳米级的加工精度，必须对支持环境加以严格控制，包括空气环境、温度环境、振动环境等。

1. 净化的空气环境

空气中的尘埃和微粒对普通精度的加工不会有什么不良影响，但对精密和超精密加工将会引起加工精度的下降，因为空气中尘埃和微粒的尺寸大小与加工精度要求相比，已经成为不可忽视的数值了。例如，精密加工计算机硬磁盘表面时，1 μm 直径的尘埃将会拉伤加工表面而不能正确记录信息。

为保证精密和超精密加工产品的质量，必须对周围空气环境进行净化处理，减少空气中的尘埃含量，提高空气的洁净度。

2. 恒定的温度环境

精密加工和超精密加工所处的温度环境与加工精度有着密切关系，当环境温度发生变化时会影响机床的几何精度和工件的加工精度。因此，严格控制的恒温环境是精密和超精密加工的重要条件之一。加工精度要求越高，对温度波动范围的要求越严格。

3. 较好的抗振动干扰环境

超精密加工对振动环境的要求很高，这是因为工艺系统内部和外部的振动干扰会使加工和被加工物体之间产生多余的相对运动而无法达到需要的加工精度和表面质量。例如，在精密磨削时，只有将磨削振幅控制在 1 ~ 2 μm，才能获得 Ra0.01 μm 以下的表面粗糙度值。

§ 12-2 高速切削加工技术

一、高速切削加工的概念

1931 年，德国萨洛蒙（Salomon）博士提出的著名高速切削加工理论认为：一定的工件材料对应有一个临界切削速度，在该切削速度下其切削温度最高。如图 12-3 所示，随着切削速度的增加，切削温度也不断升高，当切削速度达到临界速度之后，切削温度将不再继续升高，反而随着切削速度的增加而下降。常规切削通常是按 *A* 区内的各种速度进行切削加工。萨洛蒙切削理论给人们一个重要的启示，如果切削加工速度超越切削“死谷”*B* 区，即在 *C* 区范围内，则可用现有的刀具进行高速切削加工，从而可大大提高切削效率，缩短切削工时。

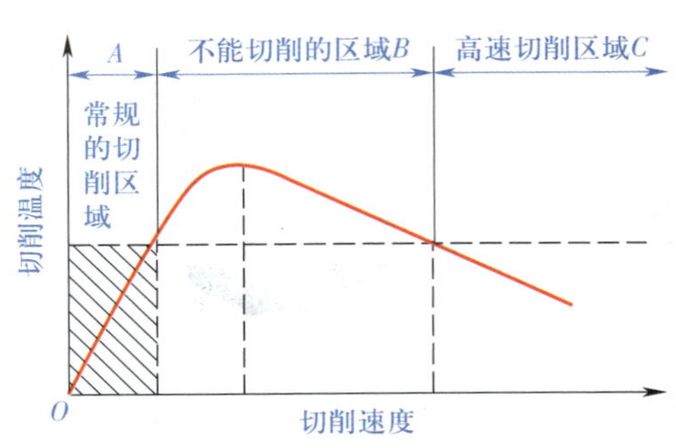

图 12-3　高速切削加工概念示意图

不同的材料，其高速切削加工的速度区域是不相同的。图 12-4 所示为常见材料的高速切削加工速度区域，铝合金为 1 000 ~ 7 000 m/min，铜合金为 900 ~ 5 000 m/min，钢为 500 ~ 2 000 m/min，铸铁为 800 ~ 3 000 m/min，钛合金为 200 ~ 1 000 m/min。

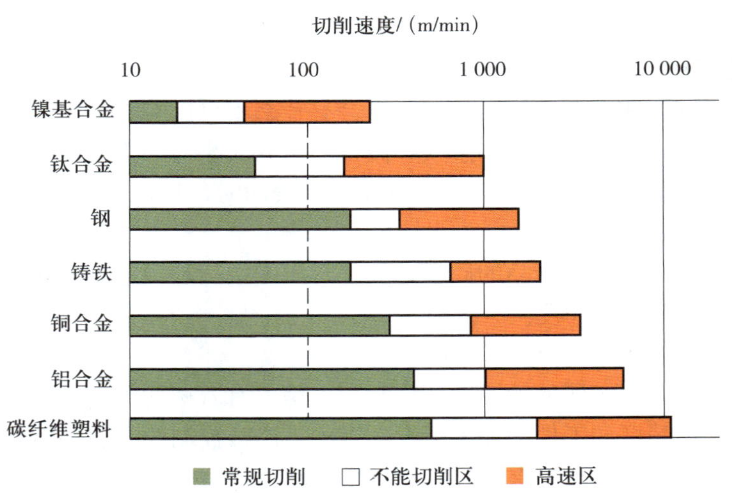

图 12-4　常见材料的高速切削加工速度区域

与常规切削加工相比较，高速切削加工的切削速度几乎高出一个数量级，其切削机理也有所改变，切削特征如下：

1. 切削力低

由于高速切削加工速度高，材料切削变形区内的剪切角增大，切屑流出速度加快，致使切削变形减小，其切削力比常规切削降低 30%～90%，特别适合于薄壁类刚度较差工件的加工。

2. 热变形小

切削时 90% 以上的切削热来不及传给工件就被高速流出的切屑带走，工件温度上升一般不超过 3 ℃，特别适于细长易热变形工件及薄壁工件的加工。

3. 材料切除率高

高速切削加工单位时间内的材料切除率可提高 3～5 倍，特别适用于材料切除率要求较大的场合，如汽车、模具和航空航天等制造领域。

4. 提高加工质量

由于机床、工件、刀具组成的工艺系统在高转速和高进给率条件下工件加工激振频率远高于工艺系统的固有频率，使加工过程平稳，切削振动小，可实现高精度、低表面粗糙度值的高质量加工。

5. 简化工艺流程

高速切削加工可直接加工淬硬材料，在很多情况下可完全省去电火花加工和人工打磨等耗时的光整加工工序，简化了工艺流程。

二、高速切削加工的关键技术

高速切削加工所涉及的技术内容较多，这里仅简要介绍高速主轴单元、快速进给系统、先进的机床结构、高速切削加工刀具以及高性能 CNC 控制系统等高速切削的关键技术。

1. 高速主轴单元

高速切削加工机床主轴通常是在高于 10 000 r/min 的条件下高速运转，为此要求机床主轴具有先进的主轴结构，低摩擦、长寿命主轴轴承，良好的润滑和散热条件。高速切削加工机床主轴的理想结构是采用“电主轴”单元结构，它具有质量小、振动小、噪声低、结构紧凑等特点。

2. 快速进给系统

实现高速切削加工不仅要求有很高的主轴转速和功率，同时要求机床工作台有高的进给速度和运动速度。目前，直线电动机（图 12–5）直接驱动进给系统已得到普遍应用。直线电动机直接驱动进给系统没有机械传动环节，没有机械刚性摩擦，提供了更高的进给速度和更好的加减速特性，其进给速度可达到 160 m/min，定位精度达到 0.05～0.5 μm。

3. 先进的机床结构

高速切削加工机床的基础结构件必须具有足够的刚度和强度，以及高的阻尼特性和热稳定性。目前，高速切削加工机床多采用龙门式立柱型对称结构及箱中箱结构，这种结构可提高机床的刚度和承载能力，增强机床的抗冲击性，具有自动热变形补偿能力。

此外，不少高速切削加工机床床身采用聚合物混凝土等高阻尼特性材料。有些高速切削

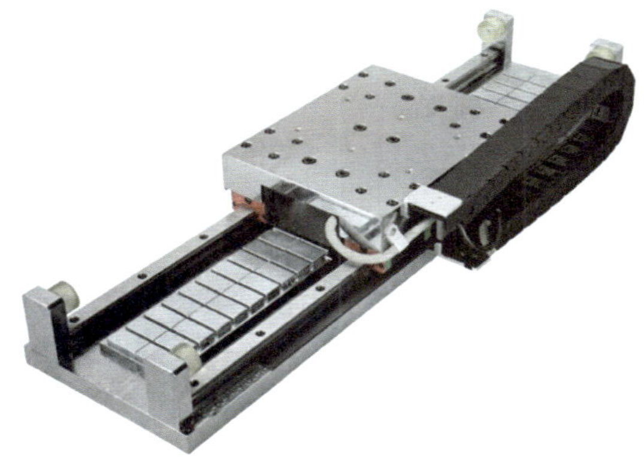

图 12–5　直线电动机

加工机床通过传感控制使主轴油温与机床床身的温度保持一致，以协调主轴与床身的热变形。在高速切削加工机床安全性方面，其观察窗一般用防弹玻璃制成，采用自动在线监控系统对刀具和主轴的运转状况进行在线识别与控制，以确保人身与设备的安全。

4. 高速切削加工刀具

高速切削加工通常采用的刀具有硬质合金涂层刀具、陶瓷刀具、聚晶金刚石刀具、立方氮化硼刀具。

在高速切削加工条件下，由于受离心力的作用将使主轴锥孔扩张，导致刀柄与主轴的连接刚度明显降低，径向跳动精度会急剧下降，甚至出现震颤。为了保证高速旋转刀柄的接触刚度，一种新型双定位刀柄已在高速切削加工机床上得到应用。这种刀柄的锥部和端面同时与主轴保持面接触，在整个高转速范围内，能够保持较高的静态和动态刚度，定位精度显著提高。

5. 高性能 CNC 控制系统

用于高速切削加工的 CNC 控制系统必须具有高的运算速度和控制精度，以满足复杂曲面型面的高速切削加工要求。目前，高速切削加工机床的 CNC 控制系统多采用 64 位 CPU 系统，配置功能强大的计算处理软件，具有加速预插补、前馈控制、精确适量补偿和最佳拐角减速控制等功能，有极高的运动轨迹控制精度，以及优异的动力学特征，保证了高速、高进给速度的切削加工要求。

§ 12-3 增材制造技术

一、增材制造技术的基本原理

相对于传统材料去除成形（切削加工）工艺而言，增材制造（Additive Manufacturing，AM）技术是一种基于“分层制造、逐层叠加”的离散分层制造原理发展而来的先进制造技术，通常也被称为“3D 打印”。

增材制造是一种直接从三维 CAD 数字化模型制造出产品实体的技术，减少或省略了毛坯准备、零件加工和装配等中间工序。它不需要昂贵的刀具、夹具和模具等辅助工具，利用三维设计数据在一台设备上即可快速而精确地制造出任意复杂形状的零件，解决了许多传统制造工艺难以实现的复杂结构零件成形问题，大大减少了加工工序，缩短了加工周期。增材制造的基本工艺过程如图 12–6 所示。

1. 建立三维实体模型

设计人员可以应用各种三维 CAD 软件（如 SolidWorks、UG NX、Creo、3Dmax 等），将设计对象构建成三维实体数据模型；或通过三坐标测量机、激光扫描仪、三维实体影像等手段对三维实体进行反求，获取实体的三维数据，以此建立实体的 CAD 模型。

2. 生成数据转换文件

将所建立的 CAD 三维实体数据模型转换为能够被增材制造系统所接受的数据格式文件，

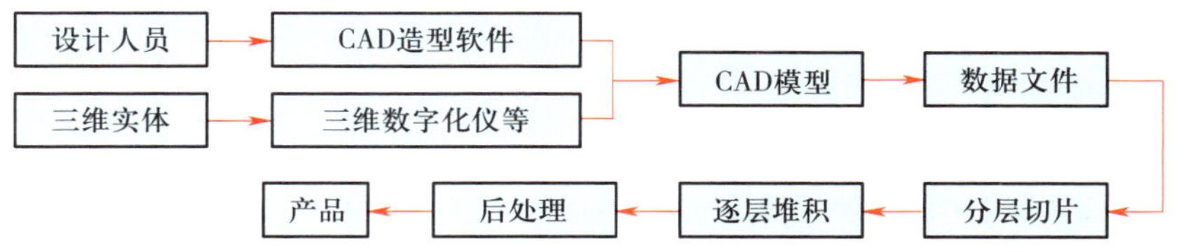

图 12-6　增材制造的基本工艺过程

如 STL、IGES 等。由于 STL 文件易于进行分层切片处理，目前几乎所有增材制造系统均采用 STL 文件格式。

3. 分层切片

分层切片处理是将 CAD 三维实体模型沿给定的方向切成一层层二维薄片，薄片厚度可根据增材制造系统的制造精度在 0.01 ~ 0.5 mm 进行选取，薄片厚度越小，精度越高。分层切片过程也是增材制造由三维实体向二维薄片的离散化过程。

4. 逐层堆积成形

增材制造系统根据切片的轮廓和厚度要求，用粉材、丝材、片材等完成每一切片成形，通过一片片堆积，最终完成三维实体的成形制造。

5. 成形实体的后处理

实体成形后，需去除一些不必要的支撑结构或粉末材料，再根据要求进行固化、修补、打磨、表面强化以及涂覆等后处理工序。

二、增材制造方法

常见的增材制造方法有如下几种：

1. 光固化（SLA）成形

采用紫外线逐层扫描液态光敏聚合物（如丙烯酸树脂、环氧树脂等），使液态材料固化并逐渐堆积成形。该方法可成形出结构复杂的零件，零件精度高，材料利用率高，但成形材料种类少，工艺成本高。

2. 分层实体（LOM）成形

在薄片材料（如纸、金属箔、塑料薄膜等）表面涂覆热溶胶，根据每层截面形状进行切割粘贴，实现零件的立体成形。该方法成形速度较快，可以成形大尺寸零件，但材料浪费大，表面质量差。

3. 选区激光烧结（SLS）成形

根据零件模型分层截面信息，采用激光器在计算机控制下对预热的粉末进行有选择的烧结，将全部分层逐层烧结完后，去掉多余的粉末，即获得成形的零件。SLS 的突出优点是可成形材料的种类多，包括聚合物、金属、砂和陶瓷、复合材料等。

4. 熔融沉积（FDM）成形

将材料加热到熔融状态后，从细小的喷嘴中挤出并沉积在平面上实现成形。该方法不需要使用激光和电子束，材料以丝材直接使用，工艺装备简单，成本低，是当前设备和材料成本最低的增材制造方法。

5. 金属零件激光熔融沉积（LDMD）成形

以激光束为热源，通过自动送粉装置将金属粉末同步、精确地送入激光在成形表面上所形成的熔池中。随着激光斑点的移动，粉末不断地送入熔池中熔化然后凝固，最终得到所需要的形状。这种成形工艺可以成形大尺寸的金属零件，但是无法成形结构非常复杂的零件。

6. 激光选区熔化（SLM）成形

SLM 是一种基于粉末床的铺粉成形技术，它是以金属粉末为成形材料，在真空环境下以激光为热源，将零件 CAD 模型分层进行切片，由计算机控制扫描振镜带动激光束沿分层切片的图形轨迹运动，扫描选定区域内预铺好的金属粉末层，使其熔化并沉积出与切片厚度一致、形状为零件所在分层横截面的金属薄层，逐层进行该过程直到零件全部成形。该方法可成形高质量复杂结构金属零件，但成形零件的尺寸受粉末床和真空室的限制。

7. 电子束选区熔化（EBM）成形

EBM 与 SLM 工艺成形原理基本相似，主要差别在于热源不同，前者为电子束，后者为激光束。EBM 技术的成形室必须为高真空，才能保证设备正常工作。EBM 是以电子束为热源，金属材料对其几乎没有反射，能量吸收率大幅度提高。在真空环境下，熔化后材料的润湿性大大增强，增加了熔池之间、层与层之间的冶金结合强度。但是，EBM 技术存在需要预热问题，影响成形效率。

8. 电子束熔丝沉积（EBF）成形

在真空环境中，以电子束为热源，以金属丝材为成形材料，通过送丝装置将金属丝送入熔池并按设定轨迹运动，直到成形出目标零件或毛坯。该方法效率高，零件成形内部质量好，但成形精度及表面质量差。

三、增材制造技术的应用

增材制造技术已被应用于多个行业领域，并且发挥着越来越重要的作用。

1. 在航空航天领域的应用

目前，增材制造（3D 打印）技术已成为提高航天器设计和制造能力的一项关键技术，其在航空航天领域的应用范围不断扩展。利用 3D 打印不仅打印出了飞机、导弹、卫星、载人飞船的零部件，还打印出了发动机、无人机、微卫星整机。图 12–7 所示为 3D 打印的以液态甲烷为燃料的火箭发动机涡轮泵。

2. 在汽车零件制造领域的应用

汽车零件具有形状复杂、加工制造难度大的特点，3D 打印技术同样也能应用于其中。图 12–8 所示为 3D 打印的汽车。

3. 在生物医学领域的应用

目前，3D 打印技术已经在牙齿矫正、脚踝矫正、医学模型快速制造、组织器官替代、脸部修饰和美容等方面得到应用与发展，图 12–9 所示为 3D 打印的牙齿。

4. 在建筑领域的应用

建筑设计师受传统建造技术的束缚无法将具有创意性和更具艺术效果的作品变为现实，而 3D 打印技术能让建筑设计师的创意得以实现。图 12–10 所示为 3D 打印的房子。

图 12–7　3D 打印的火箭发动机涡轮泵

图 12-8　3D 打印的汽车

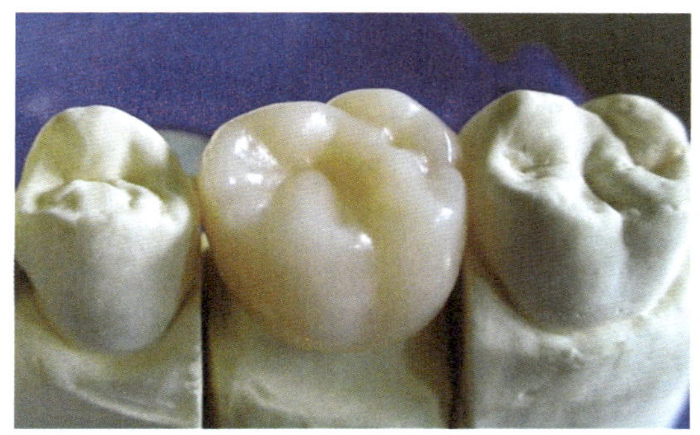

图 12-9　3D 打印的牙齿

图 12-10　3D 打印的房子

5. 在军事领域里的应用

现代化军事的特点不仅仅是机械化、信息化，还要有快速的机械装备修复能力，如战场机械装备的修复以及辅助工具的帮助，而这些零件和工具在机动性强、变化迅速的战场会变成负担，并且损坏零件的不确定性和辅助工具的不通用性，都会制约战场的作战效率。3D 打印技术可以有效地解决这些问题，只要有零件的模型数字数据加上合适的材料，就能“打印”出所需要的零件和工具，完成机器的修复。

第十三章 机械加工工艺规程

机械加工工艺规程是规定产品或零部件制造工艺过程和操作方法等的工艺文件。机械加工是指利用机械力对各种工件进行加工的方法，其目的是将毛坯加工成符合产品要求的零件。通常，毛坯需要经过若干道工序才能转化为符合产品要求的零件。一组相同结构、相同要求的机器零件，可以采用几种不同的工艺过程完成，但其中总有一种工艺过程在某一特定条件下是最经济、最合理的。设计者只有具备丰富的生产实践经验和扎实的机械制造工艺基础理论知识，才能制定出较合理的工艺过程。

§13-1 基本概念

一、生产过程和工艺过程

1. 生产过程

生产过程是指将原材料转变为成品的全过程。对机械制造而言，生产过程一般包括以下内容：

（1）原材料、半成品和成品的运输和保存。

（2）生产和技术准备工作，如产品的开发和设计、工艺及工艺装备的设计与制造等。

（3）毛坯制造和处理，零件的机械加工，热处理及其他表面处理。

（4）部件或产品的装配、检测、调试、包装等。

2. 工艺过程

在生产过程中，凡是改变生产对象的形状、尺寸、相对位置或性质等，使其成为成品或半成品的过程称为工艺过程。工艺过程是生产过程中的主要部分。机械加工车间中采用机械加工的方法，直接改变毛坯的形状、尺寸和表面质量等，使其成为零件的过程称为机械加工工艺过程。

在机械加工工艺过程中，根据被加工零件的结构特点和技术要求，在不同的生产条件下，需要采用不同的加工方法和装备，按照一定的顺序依次进行才能完成由毛坯到零件的转变过程。因此，机械加工工艺过程是由一个或若干个顺序排列的工序组成的，而工序又由安装、工位、工步和进给组成。

（1）工序

一个或一组工人，在一个工作地对一个或同时对几个工件所连续完成的那一部分工艺过程称为工序。划分工序的依据是工作地是否发生变化和工作是否连续。如图 13–1 所示的台阶轴，当加工数量不同时，其工艺过程的工序划分也不同，见表 13–1。

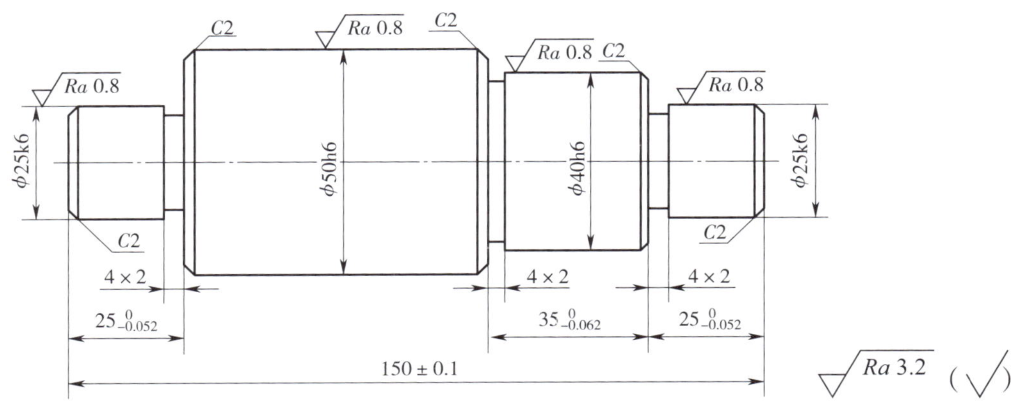

图 13–1　台阶轴

表 13–1　**台阶轴工序划分**

批量	工序	工序内容	设备
单件、小批量生产	1	车两端面、钻两端中心孔	车床
	2	车外圆、车槽和倒角	车床
	3	去毛刺	钳工台
	4	磨外圆	磨床
大批量生产	1	两端同时铣端面、钻中心孔	专用机床
	2	车一端外圆、槽和倒角	车床
	3	车另一端外圆、槽和倒角	车床
	4	去毛刺	钳工台或专门去毛刺机
	5	磨外圆	磨床

（2）安装

工件在加工前，确定工件在机床上或夹具中占有正确位置的过程称为定位。工件定位后将其固定，使其在加工过程中保持定位位置不变的操作称为夹紧。将工件在机床上或夹具中定位、夹紧的过程称为装夹。

工件（或装配单元）经一次装夹后所完成的那一部分工序称为安装。在一道工序中，工件可能安装一次或多次才能完成加工，例如，表 13–1 中单件、小批量生产工艺过程中的工序 1 需要两次安装。工件在加工过程中，应尽量减少安装次数，因为多一次安装就会增加安装时间，还会增大装夹误差。

（3）工位

为了完成一定的工序部分，一次装夹工件后，工件（或装配单元）与夹具或设备的可动部分一起相对刀具或设备的固定部分所占据的每一个位置，称为工位。如图 13–2 所示，在普通立式钻床上钻法兰盘的四个等分轴向孔，当钻完一个孔后，工件 1 连同夹具回转部分 2 一起分别转过 90°，然后钻另一个孔。该工序包括一次安装、四个工位。采用多工位加工方法可以减少工件的装夹次数，提高加工精度和生产效率。

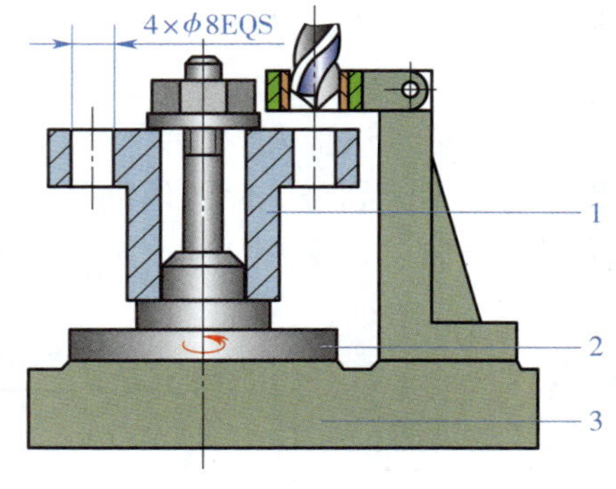

图 13–2　多工位加工示例

1—工件　2—回转部分　3—夹具体

（4）工步

在加工表面（或装配时的连接表面）和加工（或装配）工具不变的情况下，所连续完成的那一部分工序称为工步。划分工步的依据是加工表面和加工工具是否变化。例如，车削图 13–3 所示的支承轴，包括九个工步：车端面 *A*、车 ϕ30 mm 外圆、车 ϕ14h7 外圆、车端面 *B*、车槽 ϕ13 mm×1 mm、倒角 *C*1 mm、切断、车端面 *C*、倒角 *C*1.5 mm。

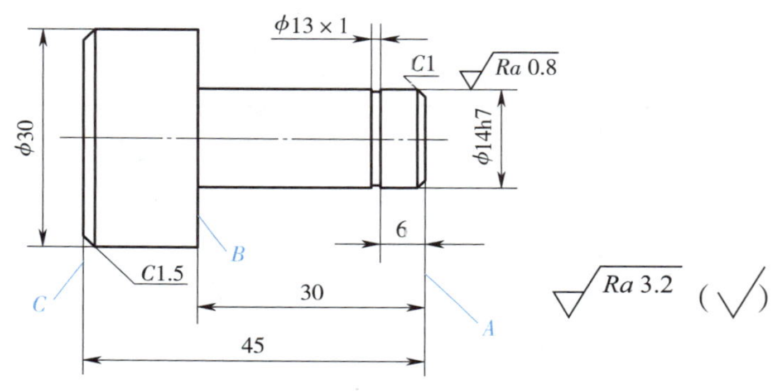

图 13–3　支承轴

为简化工艺文件，对在一次安装中连续进行的若干个相同的工步，通常看作一个工步。如图 13–4 所示，钻削零件上六个 ϕ20 mm 孔，可写成一个工步“钻 6×ϕ20 mm 孔”。按照工步的定义，带回转刀架的机床（如转塔车床、加工中心等），其回转刀架的一次转位所完成的工位内容应属于一个工步。此时若有几把刀具同时参与切削，该工步称为复合工步。如图 13–5 所示为立轴转塔车床回转刀架，图 13–6 所示为利用该刀架加工齿轮内孔及外圆的一个复合工步。在数控加工中，通常将一次安装下用一把刀具连续切削工件上的多个表面划分为一个工步。

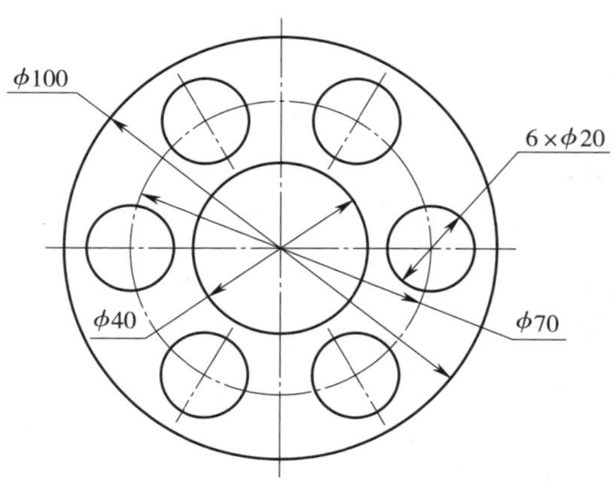

图 13–4　加工六个相同表面的工步

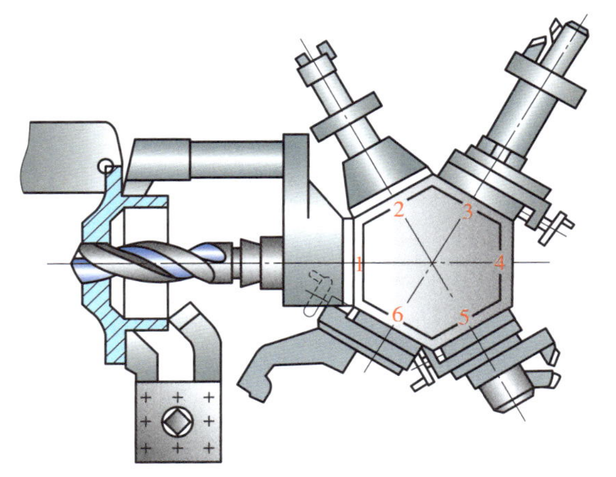

图 13-5　立轴转塔车床回转刀架

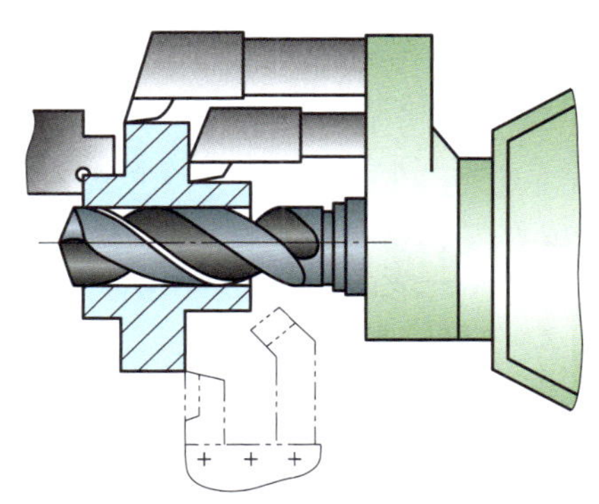

图 13-6　立轴转塔车床上的一个复合工步

（5）进给

在一个工步内，若被加工表面需切除的余量较大，可分几次切削，每次切削称为一次进给。车削图 13-7 所示的台阶轴，第一工步（车削 ϕ80 mm 外圆）为一次进给，第二工步（车削 ϕ60 mm 外圆）为二次进给。

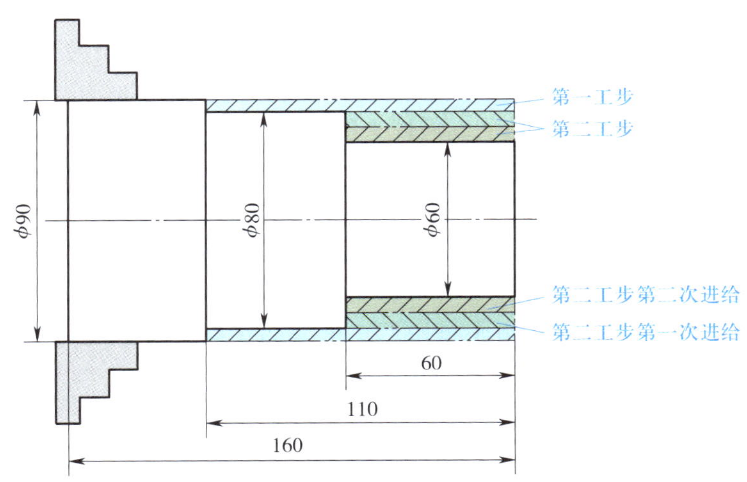

图 13-7　台阶轴的车削进给

二、生产纲领和生产类型

各种机械产品的结构、技术要求等差异很大，但它们的制造工艺存在着很多共同的特征。这些共同的特征取决于企业的生产类型，而企业的生产类型又由企业的生产纲领决定。

1. 生产纲领

企业在计划期内应当生产的产品产量和进度计划称为生产纲领。计划期通常为一年，所以生产纲领又称年产量。零件的生产纲领还包括一定的备品和废品的数量，可按下式计算：

$$N=Qn(1+\alpha)(1+\beta)$$

式中 N——零件的年产量，件 / 年；

Q——产品的年产量，台 / 年；

n——每台产品中该零件的数量，件 / 台；

α——备品的百分率，%；

β——废品的百分率，%。

2. 生产类型

生产类型是指企业（或车间、工段、班组、工作地）生产专业化程度，一般分为单件生产、大量生产和成批生产三种类型。

（1）单件生产

单件生产是指产品品种多，而每一种产品的结构、尺寸不同，且产量很少，各个工作地点的加工对象经常改变，且很少重复的生产类型。如新产品试制、重型机械和专用设备的制造等均属于单件生产。

（2）大量生产

大量生产是指产品数量大，大多数工作地点长期按一定节拍进行某一个零件的某一道工序的加工。如汽车、摩托车、柴油机等的生产均属于大量生产。

（3）成批生产

成批生产是指一年中分批轮流地制造几种不同的产品，每种产品均有一定的数量，工作地点的加工对象周期性地重复。如机床、电动机等均属于成批生产。

每一次投入或产出的同一产品（或零件）的数量称为生产批量，简称批量。批量可根据零件的年产量及一年中的生产批数计算确定。一年的生产批数根据用户的需要、零件的特征、流动资金的周转、仓库容量等具体情况确定。

按批量的多少，成批生产又可分为小批、中批和大批生产三种。在工艺中，小批生产和单件生产相似，常合称为单件、小批量生产；大批生产和大量生产相似，常合称为大批大量生产；成批生产通常仅指中批生产。产品的不同生产类型和生产纲领的关系见表 13–2。

表 13–2　生产类型和生产纲领的关系

生产类型		生产纲领（台 / 年或件 / 年）		
		轻型零件（4 kg 以下）	中型零件（4 ~ 30 kg）	重型零件（30 kg 以上）
单件生产		≤100	≤10	≤5
成批生产	小批生产	100 ~ 500	10 ~ 150	5 ~ 100
	中批生产	500 ~ 5 000	150 ~ 500	100 ~ 300
	大批生产	5 000 ~ 50 000	500 ~ 5 000	300 ~ 1 000
大量生产		>50 000	>5 000	>1 000

生产类型不同，产品和零件的制造工艺、工艺装备、设备、技术措施、经济效果等也不相同。大批大量生产采用高效率的工艺装备及专用机床，加工成本低，经济效益高。单件、小批量生产通常采用通用设备及工艺装备，生产效率低，加工成本高。数控加工主要用于单件、小批量生产和成批生产。各种生产类型的工艺特征见表 13–3。

表 13–3　各种生产类型的工艺特征

工艺特征	单件、小批量生产	成批生产	大批、大量生产
毛坯的制造方法及加工余量	铸件用木模手工造型，锻件用自由锻。毛坯精度低，加工余量大	部分铸件用金属模造型，部分锻件用模锻。毛坯精度及加工余量中等	铸件广泛采用金属模造型，锻件广泛采用模锻以及其他高效方法，毛坯精度高，加工余量小
机床设备及其布置	通用机床、数控机床。按机床类别采用机群式布置	部分通用机床、数控机床及高效机床。按工件类别分工段排列	广泛采用高效专用机床及自动机床。按流水线和自动线排列
工艺装备	多采用通用夹具、刀具和量具。靠划线和试切法达到精度要求	广泛采用夹具，部分靠找正装夹达到精度要求，较多采用专用刀具和量具	广泛采用高效率的夹具、刀具和量具，用调整法达到精度要求
工人技术水平	需技术熟练工人	需技术比较熟练的工人	对操作工人的技术要求较低，对调整工人的技术要求较高
工艺文件	有工艺过程卡，关键工序要工序卡。数控加工工序要详细工序卡和程序单等文件	有工序过程卡，关键零件要工序卡，数控加工工序要详细的工序卡和程序单等文件	有工艺过程卡和工序卡，关键工序要调整卡和检验卡
生产效率	低	中	高
成本	高	中	低

三、机械加工工艺文件

将工艺规程的内容填入一定格式的卡片，即形成工艺文件。工艺文件是指导工人操作和用于生产、工艺管理的技术文件，常用的机械加工工艺文件有以下三种。

1. 机械加工工艺过程卡

机械加工工艺过程卡简称过程卡或路线卡，见表 13–4。它是以工序为单位说明一个工件全部加工过程的工艺卡。机械加工工艺过程卡包括工件各工序的名称、工序内容、经过的车间和工段、所用的设备、工艺装备、工时定额等，主要用于单件、小批量生产的生产管理。

2. 机械加工工艺卡

机械加工工艺卡以工序为单元，详细说明产品（或零部件）在某一工艺阶段中的工序号、工序名称、工序内容、工艺参数、操作要求以及采用的设备和工艺装备等。机械加工工艺卡的格式见表 13–5，它是工艺准备、生产管理和指导操作的一种主要技术文件，广泛用于批量生产的零件和小批量生产的重要零件。

表 13-4　　机械加工工艺过程卡

<table>
<tr><td rowspan="2">机械加工工艺过程卡</td><td>产品型号</td><td></td><td>零（部）件图号</td><td colspan="3"></td></tr>
<tr><td>产品名称</td><td></td><td>零（部）件名称</td><td></td><td>共　页</td><td>第　页</td></tr>
</table>

<table>
<tr><td>材料牌号</td><td></td><td>毛坯种类</td><td></td><td>毛坯外形尺寸</td><td></td><td>每毛坯可制件数</td><td></td><td>每台件数</td><td></td><td>备注</td><td></td></tr>
</table>

<table>
<tr><th rowspan="2">工序号</th><th rowspan="2">工序名称</th><th rowspan="2">工序内容</th><th rowspan="2">车间</th><th rowspan="2">工段</th><th rowspan="2">设备</th><th rowspan="2">工艺装备</th><th colspan="2">工时</th></tr>
<tr><th>单件</th><th>最终</th></tr>
<tr><td>1</td><td></td><td></td><td></td><td></td><td></td><td></td><td colspan="2"></td></tr>
<tr><td>2</td><td></td><td></td><td></td><td></td><td></td><td></td><td colspan="2"></td></tr>
<tr><td>3</td><td></td><td></td><td></td><td></td><td></td><td></td><td colspan="2"></td></tr>
<tr><td>4</td><td></td><td></td><td></td><td></td><td></td><td></td><td colspan="2"></td></tr>
</table>

<table>
<tr><td></td><td></td><td></td><td></td><td></td><td></td><td></td><td></td><td></td><td></td><td rowspan="2">设计（日期）</td><td rowspan="2">审核（日期）</td><td rowspan="2">标准化（日期）</td><td rowspan="2">会签（日期）</td></tr>
<tr><td></td><td></td><td></td><td></td><td></td><td></td><td></td><td></td><td></td><td></td></tr>
<tr><td>标记</td><td>处数</td><td>更改文件号</td><td>签字</td><td>日期</td><td>标记</td><td>处数</td><td>更改文件号</td><td>签字</td><td>日期</td><td></td><td></td><td></td><td></td></tr>
</table>

表 13-5　　机械加工工艺卡

<table>
<tr><td rowspan="2">（工厂）</td><td rowspan="2">机械加工工艺卡</td><td>产品型号</td><td></td><td>零（部）件图号</td><td></td><td>共　页</td></tr>
<tr><td>产品名称</td><td></td><td>零（部）件名称</td><td></td><td>第　页</td></tr>
</table>

<table>
<tr><td>材料牌号</td><td></td><td>毛坯种类</td><td></td><td>毛坯外形尺寸</td><td></td><td>每毛坯可制件数</td><td></td><td>每台件数</td><td></td><td>备注</td><td></td></tr>
</table>

<table>
<tr><th rowspan="2">工序</th><th rowspan="2">装夹</th><th rowspan="2">工步</th><th rowspan="2">工序内容</th><th rowspan="2">同时加工零件数</th><th colspan="4">切削用量</th><th rowspan="2">设备名称及编号</th><th colspan="3">工艺装备名称及编号</th><th rowspan="2">技术等级</th><th colspan="2">工时</th></tr>
<tr><th>背吃刀量 /mm</th><th>切削速度 /（m/min）</th><th>主轴转速 /（r/min）</th><th>进给量 /（mm/r）</th><th>夹具</th><th>刀具</th><th>量具</th><th>单件</th><th>最终</th></tr>
<tr><td></td><td></td><td></td><td></td><td></td><td></td><td></td><td></td><td></td><td></td><td></td><td></td><td></td><td></td><td></td><td></td></tr>
</table>

<table>
<tr><td></td><td></td><td></td><td></td><td></td><td></td><td></td><td></td><td></td><td></td><td rowspan="2">编制（日期）</td><td rowspan="2">审核（日期）</td><td rowspan="2">会签（日期）</td></tr>
<tr><td></td><td></td><td></td><td></td><td></td><td></td><td></td><td></td><td></td><td></td></tr>
<tr><td>标记</td><td>处数</td><td>更改文件号</td><td>签字</td><td>日期</td><td>标记</td><td>处数</td><td>更改文件号</td><td>签字</td><td>日期</td><td></td><td></td><td></td></tr>
</table>

3. 机械加工工序卡

机械加工工序卡是在机械加工工艺过程卡或机械加工工艺卡的基础上，对每道工序所编制的一种工艺文件，一般具有工序简图，并详细说明该工序每个工步的加工（或装配）内容、工艺参数、操作要求以及所用设备和工艺装备等，用以具体指导工人进行操作，其内容比机械加工工艺卡更详细，常用于大批大量生产中。机械加工工序卡的格式见表 13-6。

表 13-6　机械加工工序卡

××××	机械加工工序卡	产品型号		零（部）件图号		共　页
		产品名称		零（部）件名称		第　页

（工序简图）	车间	工序号	工序名称	材料牌号
	毛坯种类	毛坯外形尺寸	每毛坯可制件数	每台件数
	设备名称	设备型号	设备编号	同时加工件数

夹具名称	夹具编号	切削液	
工位器具名称	工位器具编号	工序工时	
		最终	单件

工步号	工步内容	工艺装备	主轴转速 /（r/min）	切削速度 /（m/min）	进给量 /（mm/r）	背吃刀量 /mm	进给次数	工步工时	
								机动	辅助

										设计（日期）	审核（日期）	标准化（日期）	会签（日期）
标记	处数	更改文件号	签字	日期	标记	处数	更改文件号	签字	日期				

§13-2　基准的选择

一、基准的概念及分类

1. 基准的概念

零件是由若干表面组成的，它们之间有一定的相互位置和距离尺寸的要求。在加工过程中，也必须相应地以某个或某几个表面为依据来加工有关表面，以保证零件图上所规定的要求。零件表面间的各种相互依赖关系就引出了基准的概念。

所谓基准，就是用来确定生产对象上几何要素的几何关系所依据的那些点、线、面。

2. 基准的分类

根据功用的不同，基准可分为设计基准和工艺基准两大类。

（1）设计基准

设计基准是指零件设计图样上用来确定其他点、线、面的位置基准。如图 13–8a 所示零件，对尺寸 30 mm 而言，*B* 面是 *A* 面的设计基准，或者 *A* 面是 *B* 面的设计基准，它们是互为设计基准。图 13–8b 所示零件，对于径向圆跳动而言，ϕ40h6 圆柱面的轴线是 ϕ30h6 外圆的设计基准，而 ϕ40h6 圆柱面的设计基准是它本身的轴线。图 13–8c 所示零件，对尺寸 44.5 mm 而言，键槽底面的设计基准是圆柱面的下素线 *D*。图 13–8d 所示零件，对尺寸 $S\phi$50 mm 来说，球面的设计基准是球心。

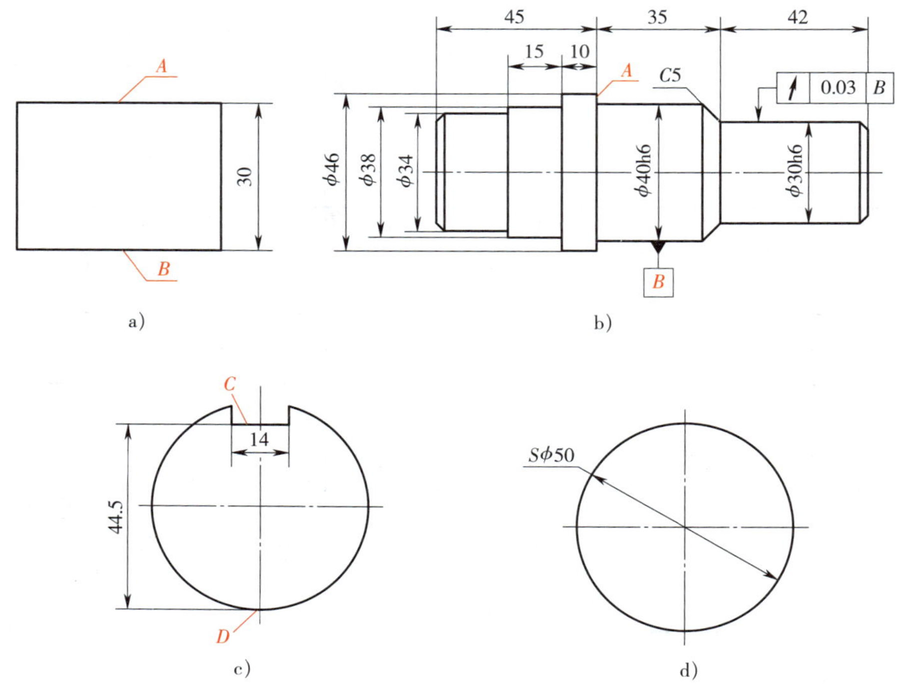

图 13–8　设计基准

a）平面类零件　b）轴类零件　c）键槽类零件　d）球类零件

对于整个零件而言，往往有很多位置尺寸和位置精度要求，但在各个方向上通常有一个主设计基准。主设计基准常与装配基准重合。如图 13–8b 所示零件，轴向的主设计基准是 *A* 面，径向的主设计基准是 ϕ40h6 外圆柱面的轴线。

（2）工艺基准

工艺基准是指工艺过程中所采用的基准。按其作用不同，工艺基准可分为工序基准、定位基准、测量基准和装配基准。

1）工序基准。工序基准是指工序图上用来确定本工序所加工表面加工后的尺寸、形状和位置的基准。如图 13–9 所示某钻孔工序的工序图，工序基准为 *A* 面。某工序加工应达到的尺寸称为工序尺寸，如图 13–9 所示尺寸（20 ± 0.1）mm 和 $\phi5^{+0.12}_{0}$mm。

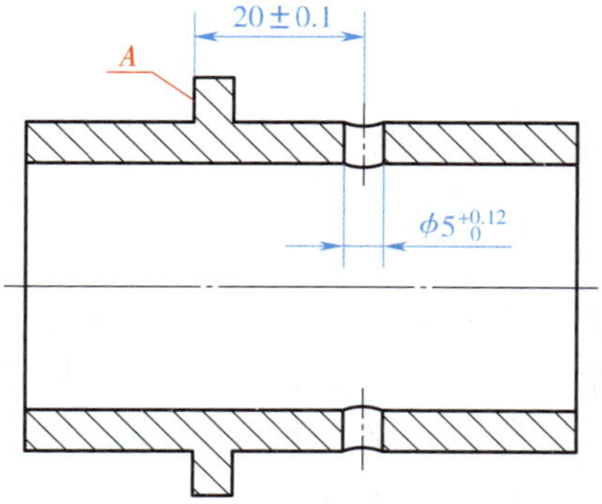

图 13–9　某钻孔工序图

2）定位基准。在加工中用作定位的基准称为定位基准。定位基准用来确定工件在机床上或夹具中的正确位置。在使用夹具时，其定位基准就是工件与夹具定位组件相接触的点、线、面。图 13–10 所示为铣削套筒键槽时的两种定位情形：以平面定位（图 13–10b）时，工件的下素线是定位基准；以心轴定位（图 13–10c）时，工件以孔轴线作为定位基准。

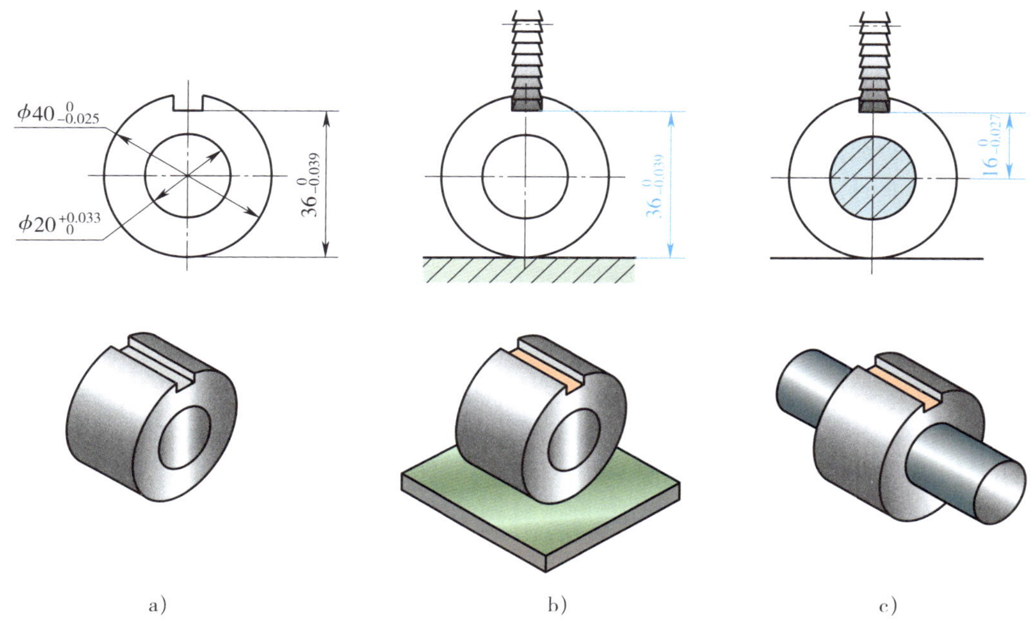

图 13–10　铣削套筒键槽时的定位基准

a）套筒工序图　b）以平面定位铣削套筒键槽　c）以心轴定位铣削套筒键槽

3）测量基准。测量时所采用的基准称为测量基准。如图 13–11 所示，测量 7 mm 尺寸时，以小圆柱面上素线 *A* 为测量基准；测量 50 mm 尺寸时，以大圆柱面的下素线 *B* 为测量基准。测量基准可以是点、线、面。

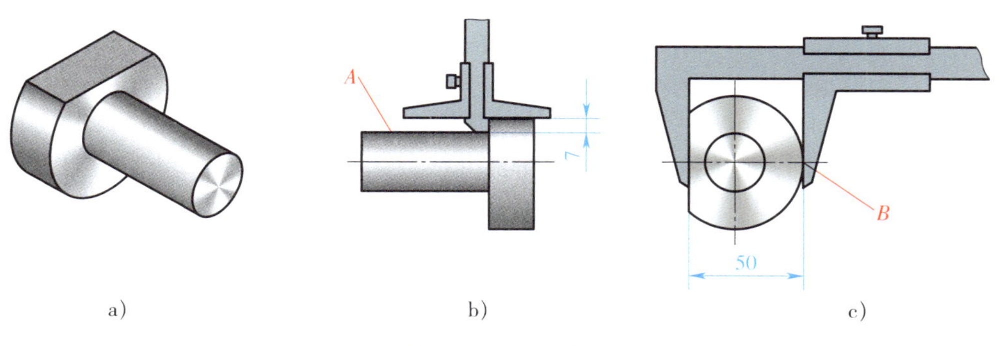

图 13–11　测量基准

a）零件　b）*A* 为基准　c）*B* 为基准

4）装配基准。装配时用来确定零件或部件在产品中的相对位置所采用的基准称为装配基准。如图 13–12 所示的齿轮装配在轴上，则齿轮的孔 *A* 及端面 *B* 为装配基准。

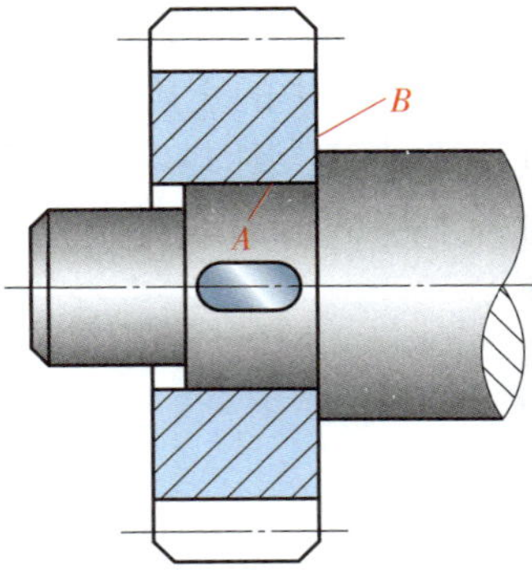

图 13–12　装配基准

二、定位基准的选择

合理地选择定位基准对保证加工精度和确定加工顺序都有决定性影响。定位基准分为粗基准和精基准。在机械加工的第一道工序中，只能使用毛坯上未加工的表面作为定位基准，这种基准称为粗基准。在以后的工序中，可以采用已加工过的表面作为定位基准，这种基准称为精基准。

1. 粗基准的选择原则

选择粗基准时，必须达到以下两个基本要求：其一，要保证所有加工表面都有足够的加工余量；其二，应保证工件加工表面和不加工表面之间有一定的位置精度。具体可按下列原则选择：

（1）相互位置要求原则

选取与加工表面相互位置精度要求较高的不加工表面作为粗基准，以保证不加工表面与加工表面的位置要求。如果零件上有多个不加工表面，则应以其中与加工表面相互位置精度要求高的不加工表面为粗基准。如图 13–13a 所示的零件，为了保证壁厚均匀，应选择不加工的孔及内表面为粗基准。又如图 13–13b 所示的零件，径向有三个不加工表面，若外圆表面 ϕA 与孔 $\phi 50^{+0.1}_{0}$mm 之间的壁厚均匀度要求较高，则应选择外圆 ϕA 为径向粗基准。

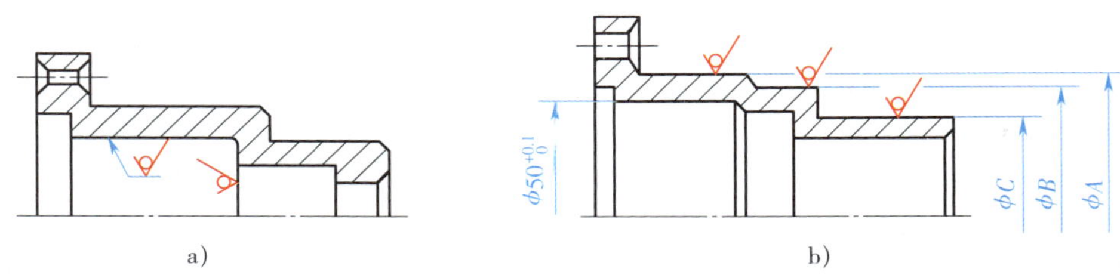

图 13–13　选择不加工的表面为粗基准

a）以不加工内孔为粗基准　b）以不加工外圆为粗基准

（2）加工余量合理分配原则

对于全部表面都需要加工的零件，应该选择加工余量最小的表面作为粗基准，这样不会因为位置偏移而造成余量太小的部位加工不出来。如图 13–14 所示台阶轴，毛坯大、小端外圆有 5 mm 的偏心，应以余量较小的 ϕ58 mm 外圆表面作粗基准。如果选 ϕ114 mm 外圆作粗基准加工 ϕ58 mm 外圆，则无法加工出 ϕ50 mm 外圆。

（3）重要表面原则

为保证重要表面的加工余量均匀，应选择重要加工面为粗基准。如图 13–15 所示床身导轨的加工，为了保证导轨面的金相组织均匀一致并且有较高的耐磨性，应使其加工余量小而均匀。因此，应先选择导轨面为粗基准，加工与床腿的连接面，如图 13–15a 所示，然后再以连接面为精基准，加工导轨面，如图 13–15b 所示，这样才能保证加工导轨面时被切去的金属层尽可能薄而且均匀。

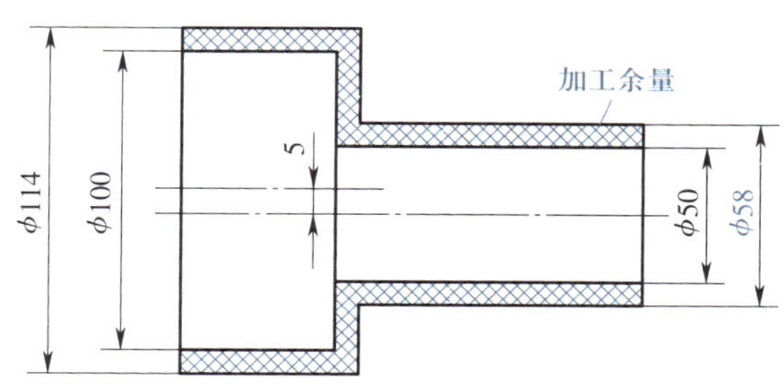

图 13-14　台阶轴的粗基准选择

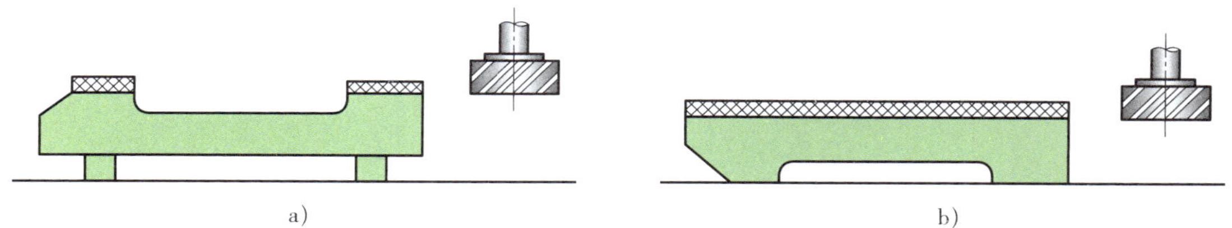

图 13-15　床身导轨加工粗基准的选择

a）加工与床腿的连接面时以导轨面为粗基准　b）加工导轨面时以连接面为精基准

（4）不重复使用原则

粗基准未经加工，表面比较粗糙且精度低，二次安装时，其在机床上（或夹具中）的实际位置可能与第一次安装时不一样，从而产生定位误差，导致相应加工表面出现较大的位置误差。因此，粗基准一般不应重复使用。如图 13-16 所示的零件，若在加工端面 A 和内孔 C、钻孔 D 时，均使用未经加工的 B 表面定位，则钻孔的位置精度就会相对于内孔和端面产生偏差。当然，若毛坯制造精度较高，而工件加工精度要求不高，则粗基准也可重复使用。

（5）便于工件装夹原则

作为粗基准的表面，应尽量平整、光滑，没有飞边、冒口、浇口或其他缺陷，以便使工件定位准确、夹紧可靠。

2. 精基准的选择原则

精基准选择考虑的重点是如何保证工件的加工精度，并使工件装夹准确、可靠、方便，以及夹具结构简单。选择精基准一般应遵循下列原则：

（1）基准重合原则

直接选择加工表面的设计基准为定位基准，称为基准重合原则。采用基准重合原则可以避免由定位基准与设计基准不重合而引起的定位误差（基准不重合误差）。如图 13-17a 所示的零件，欲加工孔 3，其设计基准是面 2，要求保证尺寸 A。在用调整法加工时，若以面 1 为定位基准，如图 13-17b 所示，则直接保证的尺寸是 C，尺寸 A 是通过控制尺寸 B 和 C 间接保证的。因此，尺寸 A 的公差为：

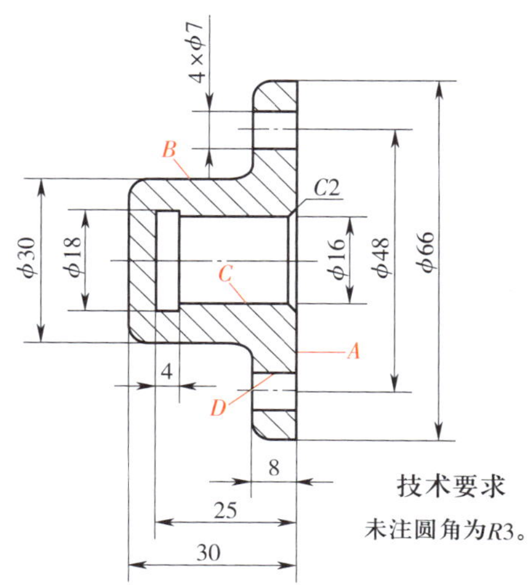

图 13-16　粗基准重复使用的误差

$$T_A=A_{max}-A_{min}=C_{max}-B_{min}-(C_{min}-B_{max})=T_B+T_C$$

由此可以看出，尺寸 A 的加工误差中增加了一个从定位基准（面 1）到设计基准（面 2）之间尺寸 B 的误差，这个误差就是基准不重合误差。由于基准不重合误差的存在，只有提高本道工序尺寸 C 的加工精度，才能保证尺寸 A 的精度；当本道工序 C 的加工精度不能满足要求时，还需提高前道工序尺寸 B 的加工精度，增加了加工的难度。若按图 13–17c 所示用面 2 定位，则符合基准重合原则，可以直接保证尺寸 A 的精度。

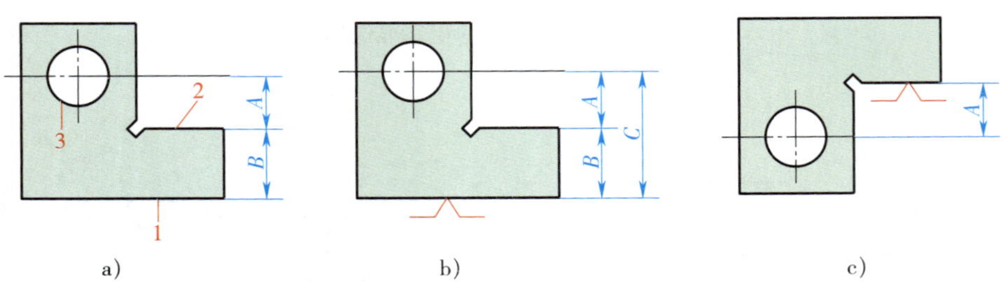

图 13–17　设计基准与定位基准的关系

a）工件　b）设计基准与定位基准不重合　c）设计基准与定位基准重合

应用基准重合原则时，要具体情况具体分析。定位过程中产生的基准不重合误差是在用夹具装夹时，采用调整法加工一批工件时产生的。若用试切法加工，设计要求的尺寸一般可直接测量，不存在基准不重合误差问题。在带有自动测量功能的数控机床上加工时，可在工艺中安排坐标系检测工步，即每个工件加工前由 CNC 系统自动控制测量头检测设计基准并自动计算、修正坐标值，消除基准不重合误差。在这种情况下，可不必遵循基准重合原则。

（2）基准统一原则

同一工件的多道工序尽可能选择同一个定位基准，称为基准统一原则。这样既可保证各加工表面间的相互位置精度，避免或减少因基准转换而引起的误差，又简化了夹具的设计与制造工作，降低了成本，缩短了生产准备周期。例如，轴类工件以两中心孔定位加工各台阶外圆表面，可保证各台阶外圆表面的同轴度精度。

基准重合和基准统一原则是选择精基准的两个重要原则，但实际生产中有时会遇到两者相互矛盾的情况。此时，若采用统一定位基准能够保证加工表面的尺寸精度，则应遵循基准统一原则；若不能保证尺寸精度，则应遵循基准重合原则，以免使工序尺寸的实际公差值减小，增大加工难度。

（3）自为基准原则

对于研磨、铰孔等精加工或光整加工工序，要求余量小而均匀，选择加工表面本身作为定位基准，称为自为基准原则。例如，图 13–18 所示为在磨削机床床身导轨面时，在磨头上装百分表找正导轨面本身以保证加工余量均匀，从而满足对导轨面的质量要求。另外，采用浮动铰刀铰孔、用拉刀拉孔、在无心磨床上磨削外圆以及珩孔等都是以加工表面本身为定位基准的。

采用自为基准原则时，只能提高加工表面本身的尺寸精度、形状精度，而不能提高加工表面的位置精度，加工表面的位置精度应由前道工序保证。

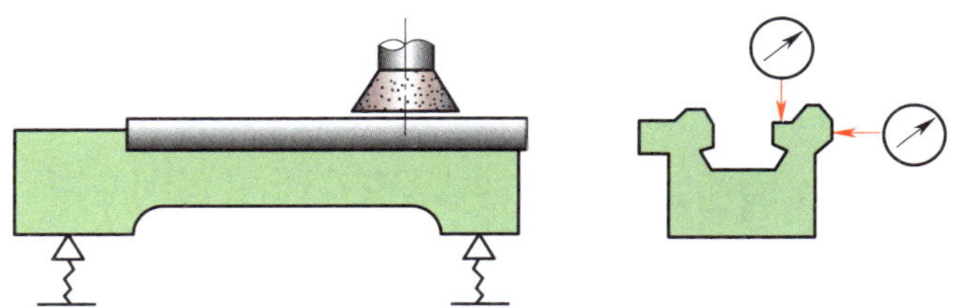

图 13-18　机床导轨面自为基准加工

（4）互为基准原则

为使各加工表面之间具有较高的位置精度，或为使加工表面具有均匀的加工余量，可采取两个加工表面互为基准反复加工的方法，称为互为基准原则。例如，图 13-19 所示的轴承座，外圆 ϕC 的轴线对孔 ϕD 轴线同轴度公差为 $\phi0.02$ mm。在精加工时，首先以外圆定位磨削孔，然后再以孔定位磨削外圆，以达到同轴度要求。

（5）便于装夹原则

所选精基准应能保证工件定位准确、稳定，装夹方便、可靠，夹具结构简单、适用，操作方便、灵活。同时，定位基准应有足够大的接触面积，以承受较大的切削力。

3. 辅助基准的选择

在切削加工过程中，有时找不到合适的表面作为定位基准，为了方便装夹和易于获得所需要的加工精度，可在工件上特意加工出供定位用的表面。这种为了满足工艺需要，在工件上专门设计的定位面称为辅助基准。

辅助基准在切削加工中应用比较广泛，如轴类工件加工所用的两个中心孔，它不是工件的工作表面，只是出于工艺上的需要才加工的。又如图 13-20 所示的工件，为安装方便，毛坯上专门铸出工艺搭子，也是典型的辅助基准，加工完毕应将其从工件上切除。

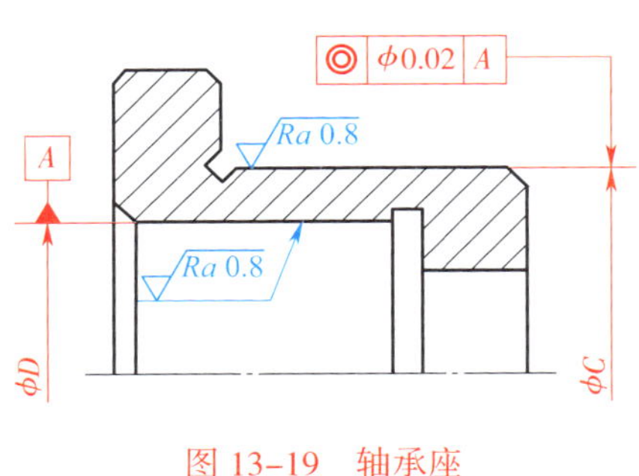

图 13-19　轴承座

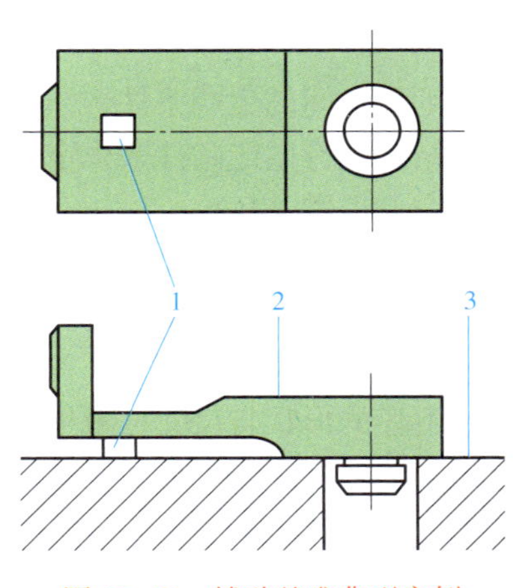

图 13-20　辅助基准典型实例

1—工艺搭子　2—加工表面　3—定位面

§13-3 工艺路线的拟定

一、毛坯的选择

毛坯的选择是否合适，对零件的质量、材料消耗及加工工时都有很大的影响。显然，毛坯的尺寸和形状越接近成品零件，机械加工的工作量就越少，但是毛坯的制造成本就越高。所以应根据生产纲领，综合考虑毛坯制造和机械加工的费用来选择毛坯，以取得最好的经济效益。

1. 毛坯种类的选择

机械加工常用的毛坯有铸件、锻件和型材等，选用时应考虑以下因素：

（1）零件的材料及其力学性能

零件的材料大致确定了毛坯的种类。例如，铸铁和青铜零件使用铸造毛坯；当钢质零件的形状不复杂而力学性能要求不高时常用棒料，力学性能要求高时宜用锻件。

（2）零件的结构、形状和外形尺寸

如台阶轴零件，各台阶直径相差不大时可用棒料，相差较大时宜用锻件。外形尺寸大的零件一般用自由锻件或砂型铸造毛坯，中、小型零件可用模锻或特种铸造毛坯。

（3）生产类型

大批大量生产应采用精度和生产效率都比较高的毛坯制造方法，如铸件应采用金属模机械造型，锻件应采用模锻或精密锻；单件、小批量生产则应采用木模手工造型铸件或自由锻锻件。

（4）毛坯车间的生产条件

必须结合现有生产条件来确定毛坯，也应考虑毛坯车间的近期发展情况，以及是否可以由专业化企业提供毛坯。

（5）利用新工艺、新技术、新材料的可能性

如采用精密铸造、精密锻造、冷轧、冷挤压、粉末冶金、异型钢材及工程材料等。

2. 毛坯的形状与尺寸

应使毛坯的形状与尺寸尽量接近零件，从而实现少屑或无屑加工。但由于现有毛坯制造技术及成本的限制，以及机电产品性能对零件加工精度和表面质量的要求越来越高，故毛坯的某些表面需留有一定的加工余量，以便通过机械加工达到零件的技术要求。毛坯制造尺寸与零件图样尺寸的差值称为毛坯加工余量，毛坯制造尺寸的公差称为毛坯公差，两者都与毛坯的制造方法有关，其值可参阅有关工艺手册。

二、加工方法的选择

机械零件的结构和形状是多种多样的，但它们都由平面、外圆柱面、内孔表面或曲面、成形面等基本表面所组成。每一种表面都有多种加工方法，具体选择时应根据零件的加工精度、表面粗糙度、材料、结构、形状、尺寸及生产类型等因素，选用相应的加工方法和加工

方案。

1. 外圆表面加工方法的选择

外圆表面的主要加工方法是车削和磨削。当表面粗糙度值要求较小时，还要经光整加工。表 13–7 所列为常用的外圆表面加工方案。可根据加工表面所要求的精度和表面粗糙度、毛坯种类和材料性质、零件的结构特点以及生产类型，并结合现场的设备等条件予以选用。

表 13–7　常用的外圆表面加工方案

加工方案	经济精度等级	表面粗糙度值 *Ra*/μm	适用范围
粗车	IT13 ~ IT11	50 ~ 12.5	适用于淬火钢以外的各种金属
粗车→半精车	IT10 ~ IT8	6.3 ~ 3.2	
粗车→半精车→精车	IT8 ~ IT6	1.6 ~ 0.8	
粗车→半精车→精车→滚压（或抛光）	IT7 ~ IT6	0.2 ~ 0.025	
粗车→半精车→磨削	IT7 ~ IT6	0.8 ~ 0.4	主要用于淬火钢，也可用于未淬火钢，但不宜加工有色金属
粗车→半精车→粗磨→精磨	IT6 ~ IT5	0.4 ~ 0.1	
粗车→半精车→粗磨→精磨→超精加工（或轮式超精磨）	IT6 ~ IT5	0.1 ~ 0.012	
粗车→半精车→粗磨→金刚石车	IT6 ~ IT5	0.4 ~ 0.025	主要用于要求较高的有色金属的加工
粗车→半精车→粗磨→精磨→超精磨或镜面磨	IT5 以上	0.025 ~ 0.012	用于极高精度的外圆加工
粗车→半精车→粗磨→精磨→研磨	IT5 以上	0.1 ~ 0.012	

2. 内孔表面加工方法的选择

内孔表面加工方法有钻孔、扩孔、铰孔、镗孔、拉孔、磨孔和光整加工。表 13–8 所列为常用的孔加工方案，应根据被加工孔的加工要求、尺寸、具体生产条件、批量的大小及毛坯上有无预制孔等情况合理选用。

表 13–8　常用的孔加工方案

加工方案	经济精度等级	表面粗糙度值 *Ra*/μm	适用范围
钻	IT13 ~ IT11	50 ~ 12.5	加工未淬火钢及铸铁的实心毛坯，也可用于加工有色金属，孔径小于 20 mm
钻→铰	IT9 ~ IT8	3.2 ~ 1.6	
钻→铰→精铰	IT8 ~ IT7	1.6 ~ 0.8	
钻→扩	IT11 ~ IT10	12.5 ~ 6.3	加工未淬火钢及铸铁的实心毛坯，也可用于加工有色金属，但是孔径大于 20 mm
钻→扩→铰	IT9 ~ IT8	3.2 ~ 1.6	
钻→扩→粗铰→精铰	IT8 ~ IT7	1.6 ~ 0.8	
钻→扩→机铰→手铰	IT7 ~ IT6	0.4 ~ 0.1	
钻→扩→拉	IT9 ~ IT7	1.6 ~ 0.1	大批大量生产（精度由拉刀的精度而定）

续表

加工方案	经济精度等级	表面粗糙度值 Ra/μm	适用范围
粗镗（或扩孔）	IT12 ~ IT11	12.5 ~ 6.3	除淬火钢外各种材料，毛坯有铸出孔或锻出孔
粗镗（或粗扩）→半精镗（或精扩）	IT9 ~ IT8	3.2 ~ 1.6	
粗镗（或扩）→半精镗（或精扩）→精镗（或铰）	IT8 ~ IT7	1.6 ~ 0.8	
粗镗（或扩）→半精镗（或精扩）→精镗（或铰）→浮动镗刀精镗	IT7 ~ IT6	0.8 ~ 0.4	
粗镗（或扩）→半精镗→磨孔	IT8 ~ IT7	0.8 ~ 0.2	主要用于淬火钢，也可用于未淬火钢，但不宜用于有色金属
粗镗（或扩）→半精镗→粗磨→精磨	IT7 ~ IT6	0.2 ~ 0.1	
粗镗→半精镗→精镗磨→金刚镗	IT7 ~ IT6	0.2 ~ 0.05	主要用于精度要求高的有色金属加工
钻→（扩）→粗铰→精铰→珩磨 钻→（扩）→拉→珩磨 粗镗→半精镗→精镗磨→珩磨	IT7 ~ IT6	0.2 ~ 0.025	用于精度要求很高的孔
以研磨代替上述方案中的珩磨	IT6 以上	0.1 ~ 0.025	

3. 平面加工方法的选择

平面的主要加工方法有铣削、刨削、车削、磨削和拉削等，精度要求高的平面还需要经研磨或刮削加工。常用的平面加工方案见表 13–9，其中尺寸公差等级是指平行平面之间距离尺寸的公差等级。

表 13–9　　常用的平面加工方案

加工方案	经济精度等级	表面粗糙度值 Ra/μm	适用范围
粗车→半精车	IT11 ~ IT8	6.3 ~ 3.2	工件的端面加工
粗车→半精车→精车	IT8 ~ IT7	1.6 ~ 0.8	
粗车→半精车→磨削	IT7 ~ IT6	0.8 ~ 0.4	
粗刨（或粗铣）→精刨（或精铣）	IT10 ~ IT8	6.3 ~ 1.6	不淬硬平面（端铣的表面粗糙度可较小）
粗刨（或粗铣）→精刨（或精铣）→刮研	IT8 ~ IT7	0.8 ~ 0.2	精度要求较高的不淬硬平面，批量较大时宜采用宽刃精刨方案
粗刨（或粗铣）→精刨（或精铣）→宽刃精刨	IT8 ~ IT7	0.8 ~ 0.2	
粗刨（或粗铣）→精刨（或精铣）→磨削	IT8 ~ IT7	0.8 ~ 0.2	精度要求较高的淬硬平面或不淬硬平面
粗刨（或粗铣）→精刨（或精铣）→粗磨→精磨	IT7 ~ IT6	0.4 ~ 0.025	
粗刨→拉	IT9 ~ IT7	0.8 ~ 0.2	用于大量生产中加工较小的不淬硬平面
粗铣→精铣→磨削→研磨	IT5 以上	0.1 ~ 0.006	用于高精度平面的加工

4. 平面轮廓和曲面轮廓加工方法的选择

（1）平面轮廓常用的加工方法有数控铣、线切割及磨削等。对图 13–21a 所示的内平面轮廓，当曲率半径较小时，可采用数控线切割方法加工。若选择铣削的方法，因铣刀直径受最小曲率半径的限制，直径太小，刚度不足，会产生较大的加工误差。对图 13–21b 所示的外平面轮廓，可采用数控铣削方法加工，常用粗铣→精铣方案，也可采用数控线切割方法加工。对精度及表面质量要求高的轮廓表面，在数控铣削加工后，再进行数控磨削加工。数控铣削加工适用于除淬火钢以外的各种金属，数控线切割加工适用于各种金属，数控磨削加工适用于除有色金属以外的各种金属。

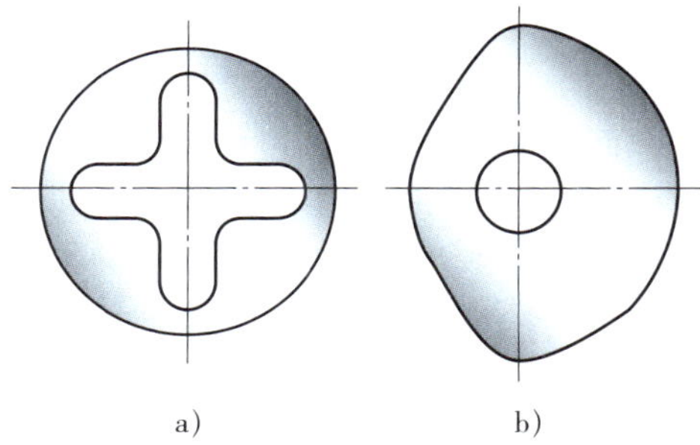

图 13–21　平面轮廓类零件

a）内平面轮廓　b）外平面轮廓

（2）立体曲面加工方法主要是数控铣削，多用球头铣刀，以“行切法”加工，如图 13–22 所示。根据曲面形状、刀具形状以及精度要求等通常采用两轴半联动或三轴联动。对精度和表面质量要求高的曲面，当用三轴联动的“行切法”加工不能满足要求时，可用模具铣刀，选择四坐标或五坐标联动加工。

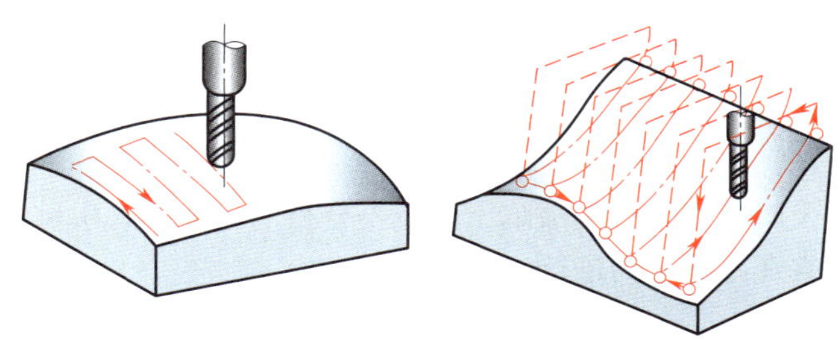
图 13–22　立体曲面的“行切法”加工示意

5. 影响表面加工方法的因素

所选择表面加工方法应能满足零件的质量、良好的加工经济性和高的生产效率要求。为此还应考虑下列各因素：

（1）要考虑经济加工精度和加工成本要求。任何一种加工方法获得的加工精度和表面粗糙度都有一个相当大的范围，但只有在某一个较窄的范围内才是经济的，这一定范围内的加工精度即为该加工方法的经济加工精度。它是指在正常加工条件下（采用符合质量标准的设备、工艺装备和标准等级的工人，不延长加工时间）所能达到的加工精度，相应的表面粗糙度称为经济粗糙度。在选择加工方法时，应根据工件的精度要求选择与经济加工精度相适应的加工方法。例如，尺寸精度为 IT7 级、表面粗糙度值为 $Ra0.4$ μm 的外圆表面，采用精车可以达到精度要求，但不如采用磨削经济。

当精度达到一定程度后，要继续提高精度，成本会急剧上升。例如，外圆车削时，将精度从 IT7 级提高到 IT6 级，此时需要价格较高的金刚石车刀，很小的背吃刀量和进给量，增加了刀具费用，延长了加工时间，大大地增加了加工成本。对于同一表面加工，采用的加工方法不同，加工成本也不一样。常用加工方法的经济精度及表面粗糙度可查阅有关工艺手册。

（2）要考虑工件的结构和尺寸大小。例如，回转工件可以采用车削或磨削等方法加工孔，而箱体上 IT7 级精度的孔一般不宜采用车削或磨削，而通常采用镗削或铰削加工。孔径小的孔宜采用铰孔，孔径大的或长度较短的孔则宜用镗孔。

（3）要考虑生产效率和经济性要求。大批大量生产时，应采用高效率的先进工艺，如平面和孔的加工采用拉削代替普通的铣削、刨削和镗削等加工方法，甚至可以从根本上改变毛坯的制造方法，如用粉末冶金来制造油泵齿轮，用蜡模铸造柴油机上的小零件等，均可以大大减少机械加工的劳动量。

（4）要考虑企业或车间的现有设备情况和技术条件。选择加工方法时应充分利用现有设备，挖掘企业潜力，发挥工人的积极性和创造性。但也应考虑不断改进现有的加工方法和设备，采用新技术和提高工艺水平，此外还应考虑设备负荷的平衡。

三、加工阶段的划分

当零件的加工质量要求较高时，往往不可能用一道工序来满足其要求，而要用几道工序逐步达到所要求的加工质量。为保证加工质量和合理地使用设备、人力，零件的加工过程通常按工序性质不同，可分为粗加工、半精加工和精加工三个阶段。有时在精加工之后还有专门的光整加工阶段。当毛坯余量特别大、表面非常粗糙时，在粗加工之前还要安排荒加工。

1. 加工阶段的任务

各个加工阶段可归纳为以下几个方面的任务：

（1）荒加工

荒加工的任务是及时发现毛坯的缺陷，避免不合格的毛坯进入机械加工车间。为了减少运输量，荒加工阶段常在毛坯车间进行。

（2）粗加工

粗加工的任务是切除毛坯上大部分多余的金属，使毛坯在形状和尺寸上接近零件成品。因此，这个阶段的主要问题是如何获得高的生产效率。

（3）半精加工

半精加工的任务是使主要表面达到一定的加工精度，保证一定的精加工余量，为主要表面的精加工（如精车、精磨等）做好准备。同时完成一些次要表面的加工，如扩孔、攻螺纹、铣键槽等。半精加工阶段一般安排在热处理之前进行。

（4）精加工

精加工的任务是保证主要加工表面达到图样规定的尺寸精度和表面质量要求。在这个阶段中，各表面的加工余量都较小，主要考虑的问题是获得较高的加工精度和表面质量。

（5）光整加工

当零件加工精度（尺寸精度在 IT6 级以上）和表面质量（表面粗糙度值 $Ra \leqslant 0.2\ \mu m$）要求很高时，在精加工阶段之后还要进行光整加工。其主要目的是提高尺寸精度，减小表面粗糙度值，但一般不用来提高位置精度。

2. 划分加工阶段的目的

（1）有利于保证产品的质量。工件按阶段依次加工，有利于消除或减少变形对加工精度的影响。在粗加工阶段，切除的金属层较厚，产生的切削力和切削温度都较高，所需的夹紧力也较大，因而工件会产生较大的弹性变形和热变形。此外，从加工表面切除一层金属后，残余在工件中的内应力会重新分布，也会使工件产生变形。加工过程划分阶段后，粗加工工序的加工误差可以通过半精加工和精加工予以修正，使加工质量得到保证。

（2）有利于合理使用设备。粗加工余量大，切削用量大，要求采用功率大、刚度高、效率高、精度要求不高的设备。精加工切削力小，对机床破坏小，采用精度高的设备。这样充分发挥了设备各自的特点，既能提高生产效率，又能延长精密设备的使用寿命。

（3）便于及时发现毛坯的缺陷。在粗加工或荒加工后即可发现毛坯的各种缺陷（如气孔、砂眼和加工余量不足等），便于及时修补或决定报废，以免继续加工造成浪费。

（4）便于热处理工序的安排。为了在机械加工工序中插入必要的热处理工序，同时使热处理发挥充分的效果，这就自然而然地把机械加工工艺过程划分为几个阶段，并且每个阶段各有其特点及应该达到的目的。如加工精密主轴时，在粗加工后一般要安排去应力处理，半精加工后进行淬火，在精加工后进行冷处理及低温回火，最后再进行光整加工。

（5）精加工、光整加工安排在后，可保护精加工和光整加工过的表面少受损伤或不受损伤。

加工阶段的划分也不应绝对化，应根据零件的质量要求、结构特点和生产纲领灵活掌握。当加工质量要求不高、刚度高的零件时，可以不划分或少划分加工阶段；对于毛坯精度高、加工余量小的零件，也可以不划分加工阶段；单件生产也通常不划分加工阶段；有些刚度高的重型零件，由于搬运及装夹困难，常在一次装夹下完成全部粗、精加工。对于不划分加工阶段的工件，为了减小粗加工中产生的各种变形对加工质量的影响，在粗加工后，松开夹紧装置，停留一段时间，消除夹紧变形及热变形，然后再用较小的夹紧力重新夹紧工件，进行精加工。但是，对于精度要求高的重型零件，仍要划分加工阶段，并插入内应力处理工序。

应当指出，工艺过程划分加工阶段是指整个工艺过程而言的，不能以某一工序的性质和某一表面的加工来判断。例如，有些定位基准面，在半精加工甚至在粗加工阶段就需加工得很准确。有时为了避免尺寸链换算，在精加工阶段，也可安排某些次要表面（如小孔、小槽等）的半精加工。

四、工序的划分

1. 工序划分的原则

在制定工艺路线时，当选定了各表面的加工方法及划分加工阶段后，就可将同一加工阶段中各表面的加工组合成若干个工序。组合时可采用工序集中或工序分散的原则。

（1）工序集中原则

工序集中是指将工件的加工集中在少数几道工序内完成，而每一道工序的加工内容较多。采用工序集中原则的优点如下：有利于采用高效的专用设备和数控机床，提高生产效率；减少工序数目，缩短工艺路线，简化生产计划和生产组织工作；减少机床数量、操作工人数和占地面积；减少工件装夹次数，不仅保证了各加工表面间的相互位置精度，而且减少了夹具数量和装夹工件的辅助时间。缺点是专用设备和工艺装备投资大，调整及维修比较麻烦，生产准备周期较长，不利于转产。

（2）工序分散原则

工序分散是指将工件的加工分散在较多的工序内完成，每道工序的加工内容很少。采用工序分散原则的优点如下：加工设备和工艺装备结构简单，调整和维修方便，操作简单，转产容易；有利于选择合理的切削用量，减少机动时间。缺点是工序数目多，工艺路线较长，所需设备及工人人数多，占地面积大，生产组织工作复杂，且工件装夹次数多，生产辅助时间长，工件的多次装夹会降低各表面的相互位置精度。

2. 工序划分方法

工序划分主要考虑生产纲领、现场生产条件及零件本身的结构和技术要求等。大批量生产时，若使用多刀、多轴等高效机床，可按工序集中原则划分；若在组合机床组成的自动线上加工，工序可按分散原则划分。单件、小批量生产时，工序划分通常采用集中原则。成批生产时，工序可按集中原则划分，也可按分散原则划分，应根据具体情况确定。对于尺寸大的重型零件，由于装卸和搬运困难，一般采用工序集中的原则；对于结构简单、尺寸小的零件，可以采用工序分散的原则。若零件的尺寸精度和形状精度要求较高，则采用工序分散原则，可以采用高精度的机床保证加工要求。若零件的位置精度要求较高，则采用工序集中的原则，可以在一次装夹中加工，保证较高的位置精度。随着现代数控技术的发展，特别是加工中心的应用，工艺路线的安排更多地趋向于工序集中。

五、加工顺序的安排

在选定加工方法、划分工序后，工艺路线拟定的主要内容就是合理安排这些加工方法和加工工序的顺序。零件的加工工序通常包括切削加工、热处理和辅助工序等，这些工序的顺序直接影响到零件的加工质量、生产效率和加工成本。因此，在设计工艺路线时，应合理安排好切削加工工序、热处理工序和辅助工序的顺序，并解决好工序间的衔接问题。

1. 切削加工工序的安排

一个零件往往有多个表面需要加工，这些表面不仅本身有一定的精度要求，而且各表面间还有一定的位置精度要求。为了达到这些要求，各表面的加工顺序不能随意安排，一般应遵循以下原则：

（1）基面先行原则

加工一开始，总是把作为精基准的表面加工出来。因为定位基准的表面越精确，装夹误差就越小，所以任何零件的加工过程总是先对定位基准面进行粗加工和半精加工，必要时还要进行精加工。例如，轴类零件总是先加工中心孔，再以中心孔为精基准加工外圆表面和端面；箱体类零件总是先加工定位用的平面和两个定位孔，再以平面和定位孔为精基准加工孔系和其他平面。如果精基准面不止一个，则应按照基面转换的顺序和逐步提高加工精度的原则来安排基准面的加工。

（2）先粗后精原则

先粗后精原则是指各表面的加工顺序按照粗加工→半精加工→精加工→光整加工的顺序依次进行，这样才能逐步提高零件加工表面的精度和减小表面粗糙度值。

（3）先主后次原则

先安排主要表面的加工，后安排次要表面的加工。这里所谓的主要表面，是指装配基面、工作面等，次要表面是指非工作表面（如自由表面、键槽、紧固用的光孔和螺孔及精度要求低的表面等）。由于次要表面的加工工作量比较小，而且它们又往往与主要表面有位置要求，因此，次要表面的加工一般放在主要表面达到一定的精度后，且在最后精加工或光整加工之前进行。

（4）先面后孔原则

对箱体类、支架类、机体类等零件，平面轮廓尺寸较大，用平面定位比较稳定可靠，故一般先加工平面，再加工孔和其他尺寸。这样安排加工顺序，一方面用加工过的平面定位，稳定可靠；另一方面在加工过的平面上加工孔，比较容易，并能提高孔的加工精度，特别是钻孔，孔的轴线不易偏斜。

（5）先内后外原则

对既有内表面又有外表面的零件，在制定其加工方案时，通常应安排先加工内形和内腔，后加工外形表面。即先以外表面定位加工内表面，再以精度高的内表面定位加工外表面，这样可以保证高的同轴度精度，并且使所用的夹具简单。同时，也是因为控制内表面的尺寸和形状比较困难，刀具刚度相应较低，刀尖（刃）的使用寿命易受切削热影响而缩短，以及在加工中清除切屑比较困难等。

2. 热处理工序的安排

为提高零件材料的力学性能，改善材料的切削加工性能，消除残余内应力，在工艺过程中要适当安排一些热处理工序。热处理工序在工艺路线中的安排主要取决于零件的材料和热处理的目的。一般可分为以下三种：

（1）预备热处理

预备热处理安排在机械加工之前，其目的是改善材料的切削加工性能，消除毛坯内应力，细化晶粒，均匀组织。例如，对于含碳量（质量分数）超过 0.5% 的非合金钢，一般采用退火，以降低硬度；对于含碳量低于 0.5% 的非合金钢，一般采用正火，以提高材料的硬度，使切削时切屑不粘刀，表面光滑。由于调质处理（淬火后再进行 500 ~ 650 ℃的高温回火）能得到组织细密、均匀的回火索氏体，因此，有时也用作预备热处理。

（2）消除残余内应力热处理

由于毛坯在制造和机械加工过程中产生的内应力会引起工件变形和开裂，为稳定尺寸，保证产品质量，因此要安排消除残余内应力热处理。常用的处理方法有时效处理（分人工时效处理和自然时效处理）和深冷处理。

消除残余内应力热处理最好安排在粗加工之后、精加工之前，对于精度要求不太高的零件，一般把去除残余内应力的人工时效和退火安排在毛坯进入机加工车间之前进行。对精度要求高的复杂零件，在机加工过程中通常安排两次时效处理：铸造→粗加工→时效处理→半精加工→时效处理→精加工。对高精度零件，如精密丝杠、精密主轴等，应安排多次消除残余内应力热处理，甚至采用深冷处理以稳定尺寸。

深冷处理一般安排在淬火后进行，然后回火。但是为了防止内应力过大产生裂纹，在淬火之后先回火，然后进行深冷处理，继之以稍低的温度进行第二次回火。

（3）最终热处理

最终热处理的目的是提高零件的强度、表面硬度和耐磨性等，一般安排在精加工之前进行，以便通过精加工纠正热处理引起的变形。常用的方法有淬火、表面淬火、渗碳、渗氮和碳氮共渗等。由于淬火后材料的塑性和韧性很差，有很大的内应力，易于开裂，组织不稳定，材料的性能和尺寸要发生变化等原因，因此淬火后必须进行回火。

3. 辅助工序的安排

辅助工序主要包括检验、清洗、去毛刺、去磁、倒钝锐边、涂防锈油和平衡等。

检验工序是主要的辅助工序，除了在每道工序中需要进行检验外，为了保证产品质量，必要时还应安排专门的检验工序，即中间检验和成品检验。中间检验通常安排在粗加工全部结束后、精加工之前，或重要工序前后，或工件从一个车间转向另一个车间前后。成品检验安排在工件全部加工结束后，应按零件图的全部要求进行检验。

钳工去毛刺工序一般安排在检验工序之前，或易于产生毛刺的工序（如铣削、钻削、拉削等）之后，或下道工序作为定位基准的表面加工之后。对于形状复杂的工件，为了减少热处理变形，防止由于内应力集中而产生裂纹，应在热处理工序之前安排钳工去毛刺工序。为了保证表面处理质量，在表面处理之前也应安排钳工去毛刺工序。

特种检验的种类较多，有无损检验、气密性试验、平衡性试验等。其中常见的是无损检验，如射线探伤（安排在机械加工工序之前进行）、超声探伤（安排在粗加工阶段进行）、磁粉探伤（安排在精加工阶段进行）、渗碳探伤（安排在工艺过程的最后阶段进行）等。

为了提高零件的耐腐蚀性、耐磨性、疲劳强度及外观的美观性等，还常采用表面处理的方法。表面处理工序一般安排在工艺过程的最后阶段进行。表面处理后，工件的尺寸和表面粗糙度变化一般均不大。但当零件的精度要求较高时，应进行工艺尺寸链的计算。

六、机床和工艺装备的选择

拟定了零件的加工工艺路线后，便明确了各工序的任务，然后就可以确定各工序所使用的机床和工艺装备。

1. 机床的选择

选择机床其实就是选择机床的类型、规格和精度。

（1）机床的类型

常用机床有车床、铣床、刨床、镗床、插床、磨床、滚齿机、磨齿机、钻床及各类数控机床等。

（2）机床的规格

机床的规格应与所加工零件的外轮廓尺寸相适应，加工小零件选小型机床，加工大零件选大型机床，确保设备合理使用。

（3）机床精度

机床精度应与工序要求的加工精度相适应。

2. 工艺装备的选择

（1）夹具的选择

单件、小批量生产应尽量选用通用夹具，如各种卡盘、机用平口钳、分度头等。为提高生产效率，应积极推广使用组合夹具或拼装夹具。大批量生产应采用高生产效率的气动、液压传动的专用夹具。夹具的精度应与加工精度相适应。

（2）刀具的选择

一般采用标准刀具，必要时也可采用高生产效率的复合刀具及专用刀具。刀具的类型、规格及精度应符合加工要求。

（3）量具的选择

单件、小批量生产采用通用量具，如游标卡尺、千分尺等。大批量生产应采用各种量规和一些高效的专用检具。量具的精度必须与加工精度相适应。

七、时间定额的确定

时间定额是指在一定生产条件下，规定生产一件产品或完成一道工序所需消耗的时间。它是安排生产计划、计算生产成本的重要依据，还是新建或扩建企业（或车间）时计算设备和工人数量的依据。它一般通过对实际操作时间的测定与分析计算相结合的方法确定。使用中，时间定额还应定期修订，以保持其与先进制造技术水平一致。

完成一个零件的一道工序的时间定额称为单件时间定额。包括下列几部分：

1. 基本时间 T_j

基本时间是指直接用于改变生产对象的尺寸、形状、相互位置、表面状态或材料性质等的工艺过程所消耗的时间。对于切削加工而言，基本时间是指切除材料所消耗的机动时间，包括真正用于切削加工的时间以及切入与切出时间。

2. 辅助时间 T_f

辅助时间是指为实现工艺过程所必须进行的各种辅助动作所消耗的时间。辅助动作包括装卸工件、开停机床、改变切削用量、测量工件、引进和退出刀具等。确定辅助时间的方法主要有以下几种：

（1）在大批量生产中，将各辅助动作分解，然后采用实测的方法确定各分解动作所需消耗的时间，最后予以综合。

（2）在中批量生产中，可根据以往统计资料来确定。

（3）在小批量生产中，按基本时间的一定百分比进行估算，并在实际生产中进行修改，使之趋于合理。

基本时间和辅助时间的总和称为作业时间，它是直接用于制造产品或零部件所消耗的时间。

3. 布置工作场地时间 T_b

布置工作场地时间是指为使加工正常进行，工人照管工作场地（如更换刀具、润滑机床、清理切屑、收拾工具等）所消耗的时间。它不是直接消耗在每个零件上的时间，而是消耗在一个工作班内的时间，再折算到每个工件上。一般按作业时间的 2% ~ 7% 估算。

4. 休息和生理需要时间 T_x

休息和生理需要时间是指工人在工作班内恢复体力和满足生理上需要所消耗的时间。T_x 按一个工作班为计算单位，再折算到每个工件上。对普通机床操作工人，一般按作业时间的 2% 估算。

5. 准备和终结时间 T_e

准备和终结时间是指工人为了生产一批产品或零部件，进行准备和结束工作所消耗的时间。包括：加工一批工件前熟悉工艺文件、准备毛坯和工艺装备、安装刀具和夹具、调整机床等准备工作，加工一批工件后拆下和归还工艺装备、发送成品等结束工作。T_e 是消耗在一批工件上的时间，因而，分解到每一个工件的时间为 T_e/n。其中 n 为批量。

综上所述，单个工件的工时定额 T_c 计算方法：

$$T_c=T_j+T_f+T_b+T_x+T_e/n$$

§13-4 加工余量的确定

一、加工总余量和工序余量

确定工序尺寸时，首先要确定加工余量。所谓加工余量，是指使加工表面达到所需的精度和表面质量而应切除的金属层厚度。加工余量有工序余量和加工总余量之分。工序余量是指相邻两工序的工序尺寸之差；加工总余量是指毛坯尺寸与零件图的设计尺寸之差，它等于各工序余量之和。即

$$Z_{\Sigma}=\sum_{i=1}^{n} Z_i$$

式中 Z_{Σ}——加工总余量，mm；

Z_i——工序余量，mm；

n——工序数量。

由于工序尺寸有公差，实际切除的余量是一个变量，因此，工序余量分为基本余量（又称公称余量）、最大工序余量和最小工序余量。

为了便于加工，工序尺寸的公差一般按入体原则标注，即被包容面的工序尺寸取上极限偏差为零，包容面的工序尺寸取下极限偏差为零，毛坯尺寸的公差一般采取双向对称分布。

工序余量与工序尺寸及其公差的关系如图 13-23 所示。

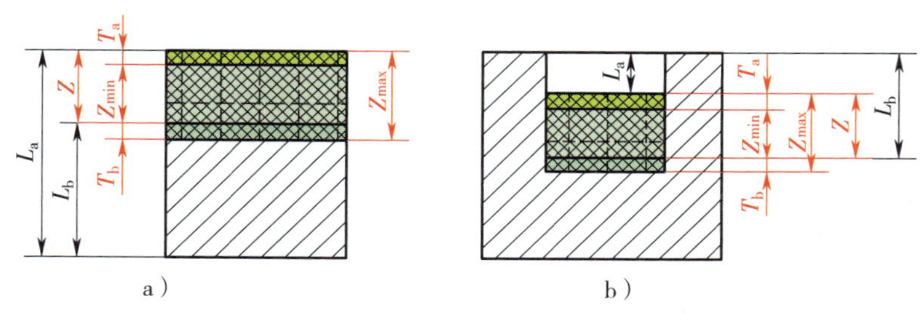

图 13-23 工序余量与工序尺寸及其公差的关系

a）被包容面 b）包容面

工序的基本余量、最大工序余量和最小工序余量可按下式计算：

对于被包容面

$$Z=L_a-L_b$$

$$Z_{max}=L_{amax}-L_{bmin}=Z+T_b$$

$$Z_{min}=L_{amin}-L_{bmax}=Z-T_a$$

对于包容面

$$Z=L_b-L_a$$

$$Z_{max}=L_{bmax}-L_{amin}=Z+T_b$$

$$Z_{min}=L_{bmin}-L_{amax}=Z-T_a$$

式中　Z——工序余量的公称尺寸，mm；

Z_{max}——最大工序余量，mm；

Z_{min}——最小工序余量，mm；

L_a——上工序的公称尺寸，mm；

L_b——本工序的公称尺寸，mm；

T_a——上工序的尺寸公差，mm；

T_b——本工序的尺寸公差，mm。

加工余量有单边余量和双边余量之分。平面的加工余量指单边余量，它等于实际切削的金属层厚度。图 13-23a 所示表面的加工余量为非对称的单边加工余量。对于外圆和内孔等回转体表面，在机械加工过程中，加工余量有时指双边余量，即以直径方向计算，实际切削的金属层厚度为加工余量的一半，如图 13-24 所示。

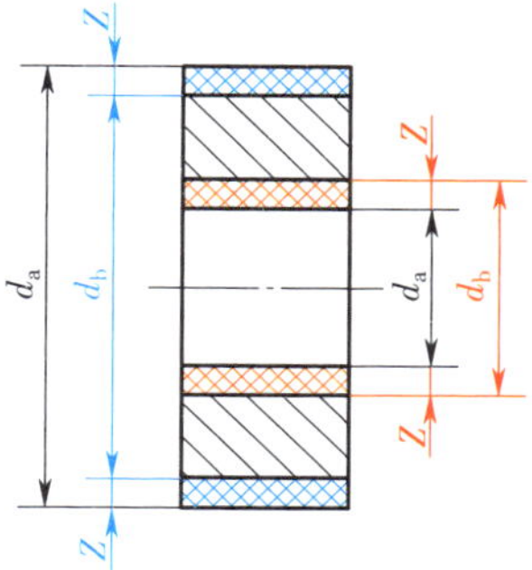

图 13-24　双边余量

对于外圆表面

$$2Z=d_a-d_b$$

对于内孔表面

$$2Z=d_b-d_a$$

式中　$2Z$——直径上的加工余量，mm；

d_a——上工序的公称尺寸，mm；

d_b——本工序的公称尺寸，mm。

二、影响加工余量的因素

加工余量的大小对零件的加工质量和制造的经济性有较大的影响。加工余量过大，会浪费原材料及机械加工的工时，增加机床、刀具及能源等的消耗；加工余量过小，则不能消除上工序留下的各种误差、表面缺陷和本工序的装夹误差，容易造成废品。因此，应根据影响加工余量大小的因素合理地确定加工余量。影响加工余量大小的因素有下列几种：

1. 上工序的各种表面缺陷和误差

（1）上工序表面粗糙度值 Ra

由于尺寸测量是在表面粗糙度的高度上进行的，任何后续工序都应减小表面粗糙度值，因此，在加工中首先要把上工序所形成的表面粗糙度切去，如图 13-25 所示。

（2）上工序的表面缺陷层 D_a

由于切削加工都在工件表面留下一层塑性变形层，这一层金属的组织已遭破坏，必须在本工序中将缺陷层 D_a 全部切去，如图 13-25 所示。

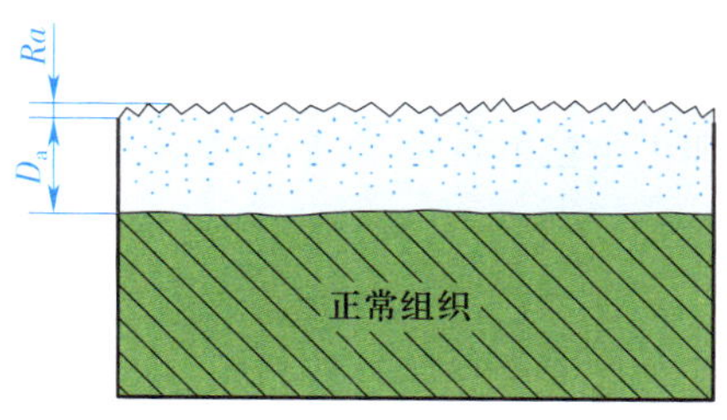

图 13-25　表面粗糙度及缺陷层

（3）上工序的尺寸公差 T_a

从图 13–23 可知，上工序的尺寸公差 T_a 直接影响本工序的基本余量，因此，本工序的余量应包含上工序的尺寸公差 T_a。

（4）上工序的几何误差（也称空间误差）ρ_a

当几何公差与尺寸公差之间的关系是包容原则时，尺寸公差控制几何误差，可不计 ρ_a 值。但当几何公差与尺寸公差之间是独立原则或最大实体原则时，尺寸公差不控制几何误差，此时加工余量中要包括上工序的几何误差 ρ_a。如图 13–26 所示的小轴，其轴线有直线度误差 ω，须在本工序中纠正，因而直径方向的加工余量应增加 2ω。

2. 本工序的装夹误差 ε_b

装夹误差包括定位误差、夹紧变形引起的装夹误差及夹具本身的误差。受装夹误差的影响，工件待加工表面偏离了正确位置，因此确定加工余量时还应考虑装夹误差的影响。如图 13–27 所示，用三爪自定心卡盘夹持工件外圆磨削内孔时，由于三爪自定心卡盘定心不准，使工件轴线偏离主轴回转轴线 e 值，导致内孔磨削余量不均匀，甚至造成局部表面无加工余量的情况。为保证全部待加工表面有足够的加工余量，孔的直径余量应增加 $2e$。

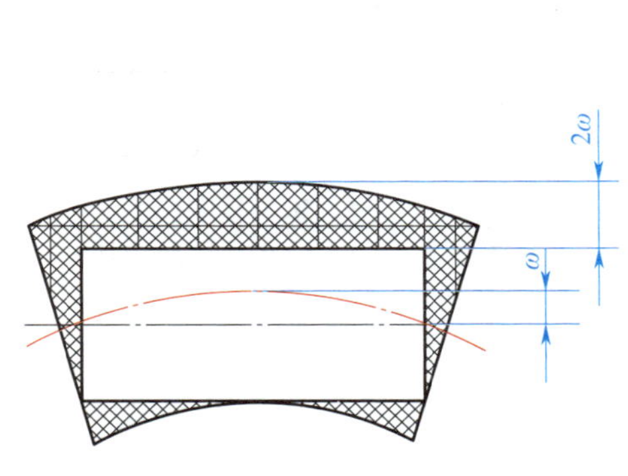

图 13–26　轴线弯曲对加工余量的影响

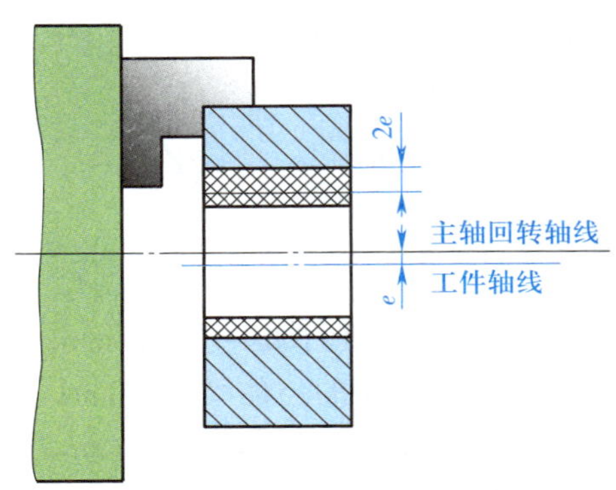

图 13–27　装夹误差对加工余量的影响

几何误差 ρ_a 和装夹误差 ε_b 都具有方向性，它们的合成应为向量和。综上所述，工序余量的组成可用下式来表示：

对单边余量

$$Z_b=T_a+Ra+D_a+|\rho_a+\varepsilon_b|$$

对双边余量

$$2Z_b=T_a+2(Ra+D_a)+2|\rho_a+\varepsilon_b|$$

应用上述公式时，可视具体情况做适当修正。例如，用拉刀、浮动铰刀、浮动镗刀加工孔时，都是自为基准，加工余量不受装夹误差 ε_b 和几何误差 ρ_a 中的位置误差的影响。此时加工余量的计算公式可修正为

$$2Z_b=T_a+2(Ra+D_a)$$

在无心磨床上磨削外圆或用两顶尖装夹工件车削外圆时，装夹误差 ε_b 可以忽略不计，此时加工余量的计算公式可修正为

$$2Z_b=T_a+2(Ra+D_a)+2\rho_a$$

又如，外圆表面的光整加工，若以减小表面粗糙度为主要目的，如研磨、超精加工等，则加工余量的计算公式为

$$2Z_b=2Ra$$

若还需进一步提高尺寸精度和几何精度时，则加工余量的计算公式为

$$2Z_b=T_a+2Ra+2\rho_a$$

三、确定加工余量的方法

1. 经验估算法

经验估算法是凭工艺人员的实践经验估计加工余量。为避免因余量不足而产生废品，所估余量一般偏大，仅用于单件、小批量生产。

2. 查表修正法

将企业生产实践和试验研究积累的有关加工余量的资料制成表格，并汇编成手册。确定加工余量时，可先从手册中查得所需数据，然后再结合企业的实际情况进行适当修正。这种方法目前应用最广泛。查表时应注意表中的余量值为基本余量值，对称表面的加工余量是双边余量，非对称表面的余量是单边余量。

3. 分析计算法

分析计算法是根据上述的加工余量计算公式和一定的试验资料，对影响加工余量的各项因素进行综合分析和计算来确定加工余量的一种方法。用这种方法确定的加工余量比较经济合理，但必须有比较全面和可靠的试验资料，目前，这种方法只在材料十分贵重的生产以及军工生产或少数大量生产的企业中采用。

四、确定加工余量的原则

1. 总加工余量（毛坯余量）和工序余量要分别确定。总加工余量的大小与所选择的毛坯制造精度有关。粗加工工序的加工余量不能用查表法确定，而是由总加工余量减去其他各工序余量之和而获得。

2. 大零件取大余量。零件越大，切削力、内应力引起的变形越大。因此，工序加工余量应取大一些，以便通过本工序消除变形量。

3. 余量要充分，防止因余量不足而造成废品。余量中应包含热处理引起的变形。

4. 采用最小加工余量原则。在保证加工精度和加工质量的前提下，余量越小越好，以缩短加工时间，减少材料消耗，降低加工费用。

§13-5 工序尺寸及其公差的确定

零件上的设计尺寸一般要经过几道机械加工工序的加工才能得到，每道工序所应保证的尺寸称为工序尺寸，与其相应的公差即工序尺寸的公差。工序尺寸及其公差的确定不仅取决于设计尺寸、加工余量及各工序所能达到的经济精度，而且还与定位基准、工序基准、测量

基准、编程坐标系原点的确定及基准的转换有关。因此，计算工序尺寸及公差时，应根据不同的情况采用不同的方法。

一、基准重合时工序尺寸及其公差的计算

当工序基准、测量基准、定位基准或编程原点与设计基准重合时，工序尺寸及其公差直接由各工序的加工余量和所能达到的精度确定。其计算方法是由最后一道工序开始向前推算，具体步骤如下：

1. 确定毛坯总余量和工序余量。

2. 确定工序公差。最终工序尺寸公差等于零件图上设计尺寸公差，其余工序尺寸公差按经济精度确定。

3. 计算工序公称尺寸。从零件图上的设计尺寸开始向前推算，直至毛坯尺寸。最终工序公称尺寸等于零件图上的公称尺寸，其余工序公称尺寸等于后道工序公称尺寸加上或减去后道工序余量。

4. 标注工序尺寸公差。最后一道工序的公差按零件图上设计尺寸标注，中间工序尺寸公差按入体原则标注，毛坯尺寸公差按双向标注。

例 1 图 13–28a 所示为某法兰盘零件上的一个孔，孔径为 $60^{+0.03}_{0}$ mm，表面粗糙度值为 $Ra0.8$ μm，毛坯采用铸钢件，需要淬火热处理。试确定其各工序尺寸及公差。

解： $\phi60$ mm 的孔可以直接铸出，零件精度为 IT7 级，工艺路线为粗镗→半精镗→磨孔。从《机械加工工艺手册》查出各工序余量、加工经济精度和表面粗糙度值，填入表 13–10 所列的第二、第四、第六列内；计算各工序公称尺寸，并填入表 13–10 的第三列内；再按入体原则和对称原则确定各工序尺寸的上、下极限偏差，填入表 13–10 的第五列内。标注如图 13–28 所示。

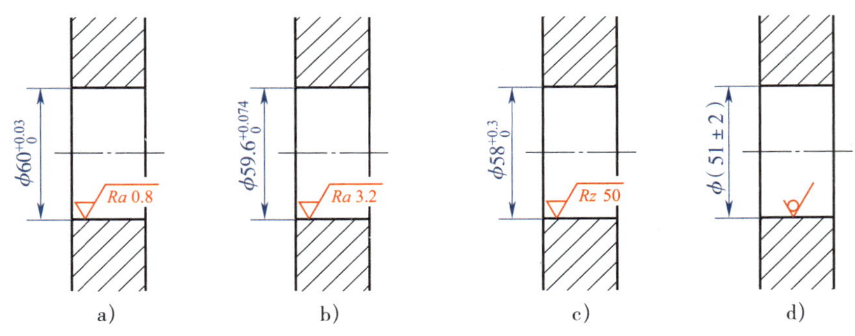

图 13–28　工艺基准与设计基准重合时工序尺寸及公差计算

表 13–10　工序尺寸及其公差的计算

工序名称	工序余量 /mm	工序公称尺寸 /mm	加工经济精度 /mm	工序尺寸标注 /mm	表面粗糙度值 /μm
磨	0.4	60	IT7（$^{+0.03}_{0}$）	$\phi60^{+0.03}_{0}$	$Ra0.8$
半精镗	1.6	60–0.4=59.6	IT9（$^{+0.074}_{0}$）	$\phi59.6^{+0.074}_{0}$	$Ra3.2$
粗镗	7	59.6–1.6=58	IT12（$^{+0.3}_{0}$）	$\phi58^{+0.3}_{0}$	$Rz50$
毛坯	9	58–7=51	±2	ϕ（51±2）	—

例 2 某箱体上孔的设计尺寸为 ϕ（100 ± 0.011）mm（JS6），表面粗糙度值为 Ra0.8 μm，工艺路线为粗镗→半精镗→精镗→浮动镗。试确定其各工序尺寸及其公差。

解： 工序尺寸的计算方法同上例，结果见表 13–11。

表 13–11　　工序尺寸及其公差的计算

工序名称	工序余量 /mm	工序公称尺寸 /mm	加工经济精度 /mm	工序尺寸标注 /mm	表面粗糙度值 /μm
浮动镗	0.1	100	JS6（± 0.011）	ϕ100 ± 0.011	Ra0.8
精镗	0.5	100–0.1=99.9	IT7（$^{+0.035}_{0}$）	$\phi 99.9^{+0.035}_{0}$	Ra1.6
半精镗	2.4	99.9–0.5=99.4	IT10（$^{+0.14}_{0}$）	$\phi 99.4^{+0.14}_{0}$	Ra3.2
粗镗	5	99.4–2.4=97	IT12（$^{+0.44}_{0}$）	$\phi 97^{+0.44}_{0}$	Rz50
毛坯	8	97–5=92	± 1.5	ϕ92 ± 1.5	—

二、基准不重合时工序尺寸及其公差的计算

当工序基准、测量基准、定位基准或编程原点与设计基准不重合时，工序尺寸及其公差的确定需要借助于工艺尺寸链的基本知识和计算方法，通过解工艺尺寸链才能获得。

1. 工艺尺寸链

（1）工艺尺寸链的概念

1）工艺尺寸链的定义。在机器装配或零件加工过程中，互相联系且按一定顺序排列的封闭尺寸组合称为尺寸链。其中，由单个零件在加工过程中的各有关工艺尺寸所组成的尺寸链称为工艺尺寸链。

如图 13–29a 所示，图中尺寸 A_1、A_Σ为设计尺寸，先以底面定位加工上表面，得到尺寸 A_1，当用调整法加工凹槽时，为了使定位稳定可靠并简化夹具，仍然以底面定位，按尺寸 A_2 加工凹槽，于是该零件上在加工时并未直接予以保证的尺寸 A_Σ就随之确定。这样相互联系的尺寸 A_1—A_2—A_Σ，就构成一个如图 13–29b 所示的封闭尺寸组合，即工艺尺寸链。

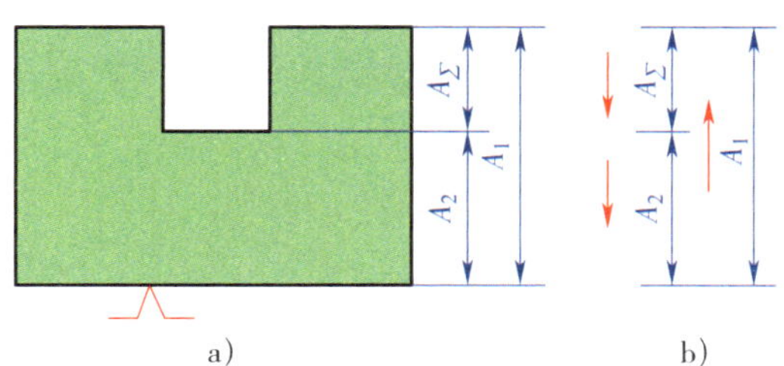

图 13–29　定位基准与设计基准不重合时的工艺尺寸链

a）零件图　b）工艺尺寸链

又如图 13–30a 所示零件，尺寸 A_1 及 A_Σ为设计尺寸。在加工过程中，因尺寸 A_Σ不便直接测量，若以面 1 为测量基准，按容易测量的尺寸 A_2 加工，就能间接保证尺寸 A_Σ。这样相互联系的尺寸 A_1—A_2—A_Σ也同样构成一个工艺尺寸链，如图 13–30b 所示。

2）工艺尺寸链的特征。通过以上分析可知，工艺尺寸链具有以下两个特征：

①关联性。任何一个直接保证的尺寸及其精度的变化必将影响间接保证的尺寸及其精度。如图 13–29 和图 13–30 所示尺寸链中，尺寸 A_1 和 A_2 的变化都将引起尺寸 A_Σ的变化。

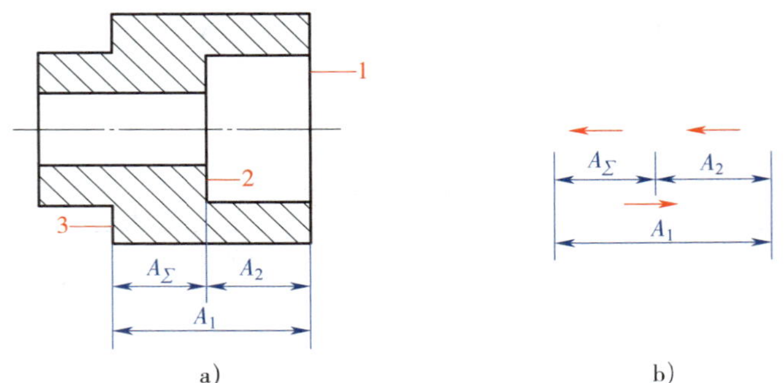

图 13–30　测量基准与设计基准不重合时的工艺尺寸链

a）零件图　b）工艺尺寸链

②封闭性。尺寸链中各个尺寸的排列呈封闭性，如图 13–29 和图 13–30 所示 A_1—A_2—A_Σ，首尾相接组成封闭的尺寸组合。

3）工艺尺寸链的组成。可以把组成工艺尺寸链的各个尺寸称为环。图 13–29 和图 13–30 中的尺寸 A_1、A_2、A_Σ都是工艺尺寸链的环，它们可分为两种：

①封闭环。工艺尺寸链中间接得到的尺寸称为封闭环。它的尺寸随着别的环的变化而变化。图 13–29 和图 13–30 中的尺寸 A_Σ均为封闭环。一个工艺尺寸链中只有一个封闭环。

②组成环。工艺尺寸链中除封闭环以外的其他环称为组成环。根据其对封闭环的影响不同，组成环又可分为增环和减环。

增环是当其他组成环不变，该环增大（或减小），使封闭环随之增大（或减小）的组成环。图 13–29 和图 13–30 中的尺寸 A_1 即为增环。

减环是当其他组成环不变，该环增大（或减小），使封闭环随之减小（或增大）的组成环。图 13–29 和图 13–30 中的尺寸 A_2 即为减环。

为了迅速判别增环和减环，可采用下述方法：在工艺尺寸链图上，先给封闭环任意确定一个方向并画出箭头，然后沿此方向环绕尺寸链回路，依次给每一组成环画出箭头，凡箭头方向与封闭环相反的则为增环，相同的则为减环。

（2）工艺尺寸链计算的基本公式

工艺尺寸链计算的关键是正确地确定封闭环；否则，计算结果是错的。封闭环的确定取决于加工方法和测量方法。

工艺尺寸链的计算方法有极大极小法和概率法两种。生产中一般采用极大极小法，其基本计算公式如下：

1）封闭环的公称尺寸。封闭环的公称尺寸 A_Σ等于所有增环的公称尺寸 A_i 之和减去所有减环的公称尺寸 A_j 之和，即

$$A_\Sigma=\sum_{i=1}^{m}A_i-\sum_{j=1}^{n}A_j$$

式中　m——增环的环数；

n——减环的环数。

2）封闭环的极限尺寸。封闭环的上极限尺寸 $A_{\Sigma\max}$ 等于所有增环的上极限尺寸 $A_{i\max}$ 之和减去所有减环的下极限尺寸 $A_{j\min}$ 之和，即

$$A_{\Sigma\max} = \sum_{i=1}^{m} A_{i\max} - \sum_{j=1}^{n} A_{j\min}$$

封闭环的下极限尺寸 $A_{\Sigma\min}$ 等于所有增环的下极限尺寸 $A_{i\min}$ 之和减去所有减环的上极限尺寸 $A_{j\max}$ 之和，即

$$A_{\Sigma\min} = \sum_{i=1}^{m} A_{i\min} - \sum_{j=1}^{n} A_{j\max}$$

3）封闭环的上、下极限偏差。封闭环的上极限偏差 $ES_{A\Sigma}$ 等于所有增环的上极限偏差 ES_{Ai} 之和减去所有减环的下极限偏差 EI_{Aj} 之和，即

$$ES_{A\Sigma} = \sum_{i=1}^{m} ES_{Ai} - \sum_{j=1}^{n} EI_{Aj}$$

封闭环的下极限偏差 $EI_{A\Sigma}$ 等于所有增环的下极限偏差 EI_{Ai} 之和减去所有减环的上极限偏差 ES_{Aj} 之和，即

$$EI_{A\Sigma} = \sum_{i=1}^{m} EI_{Ai} - \sum_{j=1}^{n} ES_{Aj}$$

4）封闭环的公差。封闭环的公差 $T_{A\Sigma}$ 等于所有组成环的公差 T_{Ai} 之和，即

$$T_{A\Sigma} = \sum_{i=1}^{m+n} T_{Ai}$$

2. 工艺尺寸链封闭环的选择

在零件加工工艺方案确定后，就可以确定其中的一个尺寸作为封闭环。为此，将工艺尺寸链封闭环的选择原则归纳如下：

（1）选择工艺尺寸链的封闭环时，尽量与零件图样上的尺寸封闭环一致，以免产生工序公差的“压缩现象”。

（2）选择工艺尺寸链的封闭环时，尽可能选择公差大的尺寸作为封闭环，以便使组成环分得较大的公差。

（3）选择工艺尺寸链的封闭环时，尽可能选择不容易测量的尺寸作为封闭环。

（4）选择工艺尺寸链的封闭环时，要注意两个或多个尺寸链中的“公共环”，它在某一尺寸链中作了封闭环，则在其他尺寸链中必为组成环，这种情况称为“封闭环的一次性”。

（5）选择工艺尺寸链的封闭环时，要注意所求解的尺寸链的环数最少，从而使组成环能获得较大的公差，这称为“最短尺寸链的原则”。

（6）选择工艺尺寸链的封闭环时，通常选择加工余量作为封闭环。

3. 工序尺寸计算示例

（1）定位基准与设计基准不重合时的工序尺寸计算

采用调整法加工零件时，如果加工表面的定位基准与设计基准不重合，就要进行尺寸换算，并重新标注工序尺寸。

例 3 如图 13-31 所示零件，尺寸 $60_{-0.12}^{0}$ mm 已经加工完成，现以 B 面定位精铣 D 面，试求工序尺寸 A_2。

解： 当以 B 面定位加工 D 面时，将按工序尺寸 A_2 进行加工，设计尺寸 $A_0=25_{0}^{+0.22}$ mm 是本工序间接保证的尺寸，为封闭环。其尺寸链如图 13-31b 所示，尺寸 A_2 的计算如下：

$$25\ \text{mm}=60\ \text{mm}-A_2，即\ A_2=35\ \text{mm}$$

$$0=-0.12\ \text{mm}-ES_{A2}，即\ ES_{A2}=-0.12\ \text{mm}$$

$$+0.22\ \text{mm}=0-EI_{A2}，即\ EI_{A2}=-0.22\ \text{mm}$$

工序尺寸 $A_2=35^{-0.12}_{-0.22}$ mm。

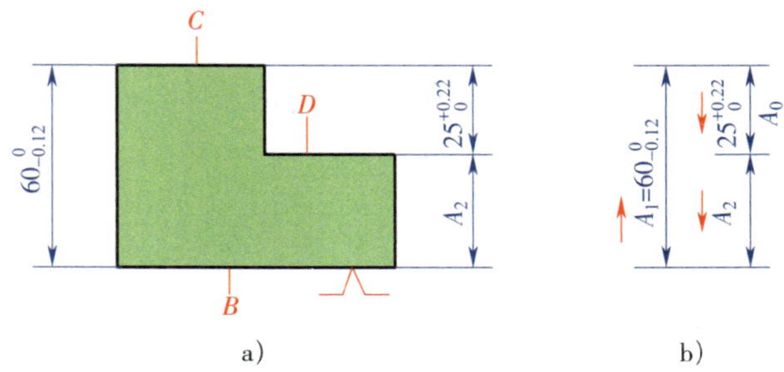

图 13-31　定位基准与设计基准不重合时的工艺尺寸链

a）零件图　b）工艺尺寸链

（2）数控编程原点与设计基准不重合时的工序尺寸计算

零件在设计时，从保证使用性能的角度考虑，尺寸多采用局部分散标注，而在数控编程中，所有点、线、面的尺寸和位置都是以编程原点为基准的。当编程原点与设计基准不重合时，为方便编程，必须将分散标注的设计尺寸换算成以编程原点为基准的工序尺寸。

图 13-32 所示为一台阶轴简图。图上部的轴向尺寸 Z_1、Z_2、…、Z_6 为设计尺寸。编程原点在左端面与轴线的交点上，与尺寸 Z_2、Z_3、Z_4 及 Z_5 的设计基准不重合，编程时须按工序尺寸 Z_1'、Z_2'、…、Z_6' 编程。其中工序尺寸 Z_1' 和 Z_6' 就是设计尺寸 Z_1 和 Z_6，即 $Z_1'=Z_1=20^{\ 0}_{-0.28}$ mm；$Z_6'=Z_6=230^{\ 0}_{-1}$ mm 为直接获得尺寸。其余工序尺寸 Z_2'、Z_3'、Z_4' 和 Z_5' 可分别利用图 13-31b ~ e 所示的工艺尺寸链计算。尺寸链中 Z_2、Z_3、Z_4 和 Z_5 为间接获得尺寸，是封闭环，其余尺寸为组成环。尺寸链的计算过程如下：

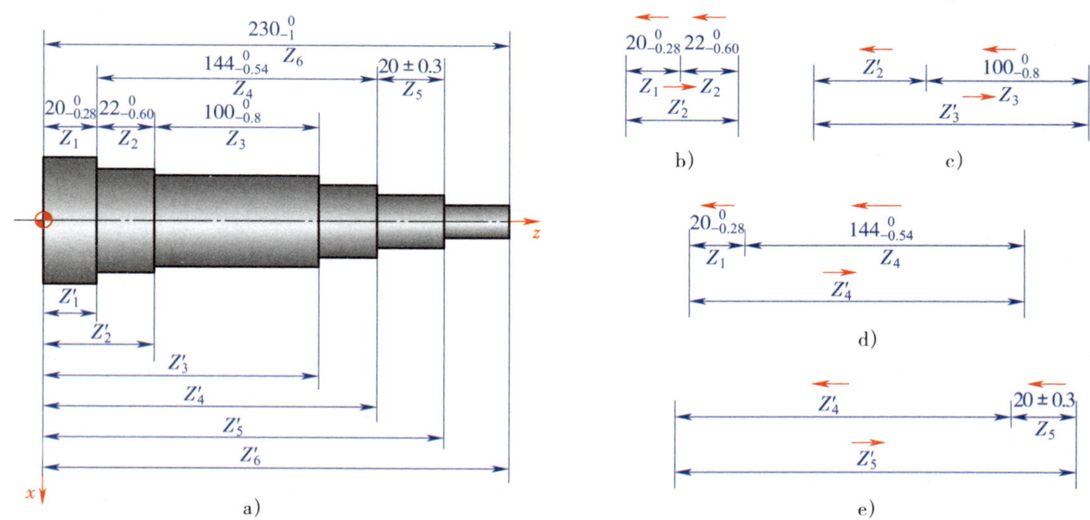

图 13-32　编程原点与设计基准不重合时的工艺尺寸链

1）计算 Z'_2 的工序尺寸及其公差

$$Z_2=Z'_2-20\text{ mm}，即 Z'_2=42\text{ mm}$$

$$0=ES_{Z'2}-（-0.28\text{ mm}），即 ES_{Z'2}=-0.28\text{ mm}$$

$$-0.60\text{ mm}=EI_{Z'2}-0，即 EI_{Z'2}=-0.60\text{ mm}$$

因此，得 Z'_2 的工序尺寸及其公差

$$Z'_2=42_{-0.60}^{-0.28}\text{ mm}$$

2）计算 Z'_3 的工序尺寸及其公差

$$100\text{ mm}=Z'_3-Z'_2=Z'_3-42\text{ mm}，即 Z'_3=142\text{ mm}$$

$$0=ES_{Z'3}-EI_{Z'2}=ES_{Z'3}-（-0.60\text{ mm}），即 ES_{Z'3}=-0.60\text{ mm}$$

$$-0.8\text{ mm}=EI_{Z'3}-ES_{Z'2}=EI_{Z'3}-（-0.28\text{ mm}），即 EI_{Z'3}=-1.08\text{ mm}$$

因此，得 Z'_3 的工序尺寸及其公差

$$Z'_3=142_{-1.08}^{-0.60}\text{ mm}$$

3）计算 Z'_4 的工序尺寸及其公差

$$144\text{ mm}=Z'_4-20\text{ mm}，即 Z'_4=164\text{ mm}$$

$$0=ES_{Z'4}-（-0.28\text{ mm}），即 ES_{Z'4}=-0.28\text{ mm}$$

$$-0.54\text{ mm}=EI_{Z'4}-0，即 EI_{Z'4}=-0.54\text{ mm}$$

因此，得 Z'_4 的工序尺寸及其公差

$$Z'_4=164_{-0.54}^{-0.28}\text{ mm}$$

4）计算 Z'_5 的工序尺寸及其公差

$$20=Z'_5-Z'_4=Z'_5-164，即 Z'_5=184\text{ mm}$$

$$+0.3\text{ mm}=ES_{Z'5}-EI_{Z'4}=ES_{Z'5}-（-0.54\text{ mm}），即 ES_{Z'5}=-0.24\text{ mm}$$

$$-0.3\text{ mm}=EI_{Z'5}-ES_{Z'4}=EI_{Z'5}-（-0.28\text{ mm}），即 EI_{Z'5}=-0.58\text{ mm}$$

因此，得 Z'_5 的工序尺寸及其公差

$$Z'_5=184_{-0.58}^{-0.24}\text{ mm}$$

第十四章 典型零件的加工工艺

§14-1 轴类零件的加工工艺

一、轴类零件的功用、结构及技术要求

1. 功用

轴类零件是机械加工中经常遇到的典型零件之一。在机器中，它主要用于支承传动件和传递转矩，保证安装在轴上的零件的回转精度。

2. 结构

轴类零件是回转体零件，其长度大于直径，主要由内外圆柱面、内外圆锥面、螺纹、花键、键槽、横向孔、沟槽等组成。轴类零件根据其结构形式的不同，可分为光轴、空心轴、半轴、台阶轴、花键轴、十字轴、偏心轴、曲轴、凸轮轴等，如图 14–1 所示。

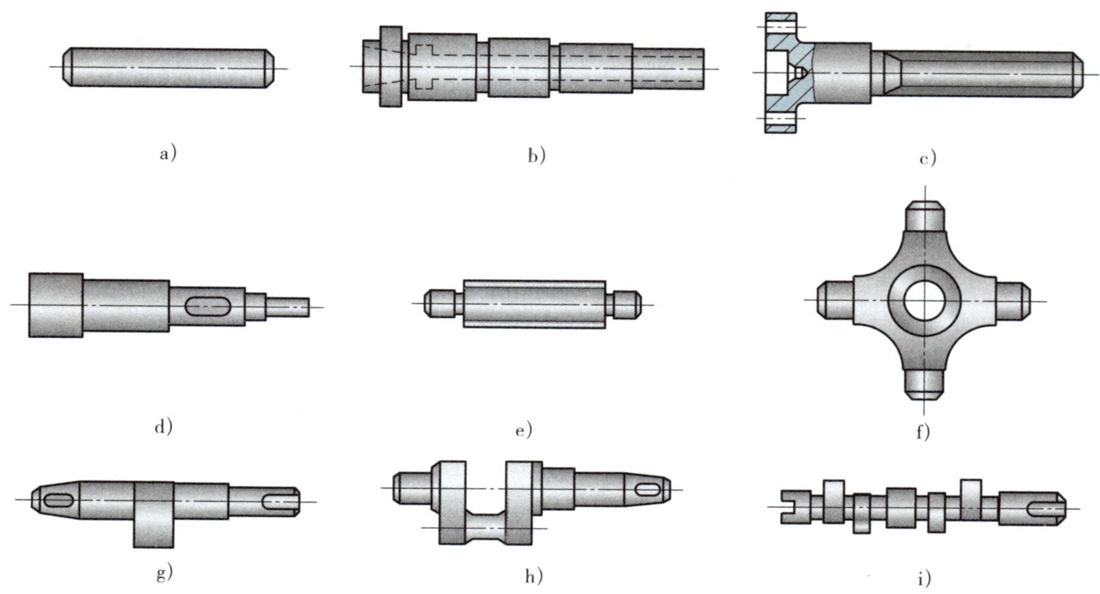

图 14–1 轴的种类

a）光轴 b）空心轴 c）半轴 d）台阶轴 e）花键轴 f）十字轴 g）偏心轴 h）曲轴 i）凸轮轴

3. 技术要求

轴类零件的技术要求是设计者根据轴的主要功用以及使用条件确定的，通常有以下几方面。

（1）加工精度

轴的加工精度主要包括结构要素的尺寸精度、形状精度和位置精度。

1）尺寸精度。尺寸精度主要指结构要素的直径和长度的精度。直径的精度由使用要求和配合性质确定，对于主要起支承作用的轴颈，通常为 IT9 ~ IT6 级，特别重要的轴颈，可为 IT5 级。轴的长度精度要求一般不严格，常按未注公差尺寸加工；要求较高时，其允许公差为 0.05 ~ 0.2 mm。

2）形状精度。形状精度主要指轴颈的圆度、圆柱度等，由于轴的形状误差直接影响与之相配合的零件接触质量和回转精度，因此，一般限制在直径公差范围内；要求较高时，可取直径公差的 1/4 ~ 1/2，或另外规定允许偏差。

3）位置精度。位置精度包括装配传动件的配合轴颈对装配轴承的支承轴颈的同轴度、径向圆跳动及端面对轴线的垂直度等。普通精度的轴，其配合轴颈对支承轴颈的径向圆跳动公差一般为 0.01 ~ 0.03 mm，高精度的轴为 0.005 ~ 0.010 mm。

（2）表面粗糙度

轴类零件主要表面粗糙度值是根据其运转速度和尺寸精度等级决定的。支承轴颈的表面粗糙度值一般为 Ra0.8 ~ 0.2 μm，配合轴颈的表面粗糙度值一般为 Ra3.2 ~ 0.8 μm。

（3）其他要求

为改善轴类零件的切削加工性能或提高综合力学性能，延长其使用寿命，还必须根据轴的材料和使用条件规定相应的热处理要求。常用的热处理工艺有正火、调质处理和表面淬火等。

二、轴类零件的材料及毛坯

1. 材料

对于不重要的轴，可选用普通碳素结构钢，如 Q235A、Q255A 等，不经热处理直接加工使用。一般的轴，可选用优质碳素结构钢，如 35、45、50 钢等。对于中等精度且转速较高的轴，可选用 40Cr 等合金结构钢；精度较高的轴，可选用轴承钢 GCr15 和弹簧钢 65Mn 等，也可选用球墨铸铁；对于高转速、重载荷条件下工作的轴，可选用 20CrMnTi、20Mn2B、20Cr 等低碳合金钢或 38CrMoAl 氮化钢。

2. 毛坯

对于光轴和直径相差不大的台阶轴，一般采用圆棒型材作为毛坯。对于直径相差较大的台阶轴和比较重要的轴，应采用锻件作为毛坯，其中，大批量生产采用模锻，单件、小批量生产采用自由锻。对于结构复杂的轴，可采用球墨铸铁件或锻件作为毛坯。

三、轴类零件的加工工艺分析

1. 划分加工阶段

按照先粗后精的原则，将粗、精加工分开进行。先完成各表面的粗加工，再完成半精加工和精加工，而主要表面的精加工则放在最后进行。轴是回转体，各外圆表面的粗加工、半精加工一般采用车削，精加工采用磨削，有些精密轴类零件的轴颈表面还需要进行光整加工。

粗加工外圆表面时，应先加工大直径外圆，再加工小直径外圆，以免因直径差增大而使小直径处的刚度下降，并成为极易引起弯曲变形和振动的薄弱环节。

轴上的花键、键槽等表面的加工一般都安排在外圆精车之后、磨削之前进行。轴上的螺纹一般有较高的精度要求，通常应安排在半精加工之后、淬火之前进行加工。如安排在淬火之后，则无法进行车削加工。

通过划分加工阶段，有利于保证轴类零件的加工质量。

2. 选择定位基准

在轴类零件的加工过程中，常用两中心孔作为定位基准。因为轴类零件各外圆表面的同轴度及端面对轴线的垂直度是轴类零件相互位置精度的主要项目，而这些表面的设计基准一般都是轴线，因此，采用两中心孔定位符合基准重合原则。由于轴的加工工序较多，每道工序都采用两中心孔为基准，也符合基准统一原则。但在选择时要考虑工件加工的实际情况，粗加工、精加工采用的基准应有所不同。

3. 热处理工序的安排

热处理工序一般可分为预备热处理和最终热处理两大类。

（1）预备热处理

为改善金属组织和切削性能而进行的热处理称为预备热处理，包括正火、退火、调质处理和时效处理。通常，正火、退火安排在毛坯制造之后、粗加工之前，时效处理安排在粗加工、半精加工之间，调质处理可安排在粗加工、精加工之间。

（2）最终热处理

为了提高零件的硬度、强度等力学性能而进行的热处理称为最终热处理，包括淬火、表面淬火、渗碳和渗氮。通常，最终热处理工序安排在工艺路线后段，在表面最终加工之前进行。氮化前应进行调质处理。

四、生产实例分析

传动轴是轴类零件中使用最多、结构最为典型的一种台阶轴，如图 14–2 所示。该轴为小批量生产，材料选择 45 钢，淬火后硬度为 40 ~ 45HRC。试分析其加工工艺过程。

1. 结构分析

如图 14–2 所示传动轴的主要结构要素有圆柱面、螺纹、键槽等，该轴为典型的台阶轴结构，有两个支承轴颈。

2. 技术要求

在如图 14–2 所示的传动轴中，支承轴颈是轴的装配基准，其加工精度和表面质量一般要求较高。两端轴颈的尺寸精度为 IT7 级，表面粗糙度值为 $Ra0.8\ \mu m$；用于安装齿轮的轴颈的尺寸精度为 IT7 级，表面粗糙度值为 $Ra1.6\ \mu m$；右端轴颈的圆度公差为 0.02 mm；左端轴颈的圆度公差为 0.02 mm；轴上各配合面对两端轴颈公共轴线的径向圆跳动公差为 0.02 mm，可保证齿轮平稳传动。

3. 毛坯选用

由于该传动轴为小批量生产，材料为 45 钢，形状简单，精度要求中等，各段轴颈直径尺寸相差较大，故选用锻件毛坯。

4. 加工阶段划分

如图 14–2 所示传动轴在加工时划分为以下三个加工阶段：

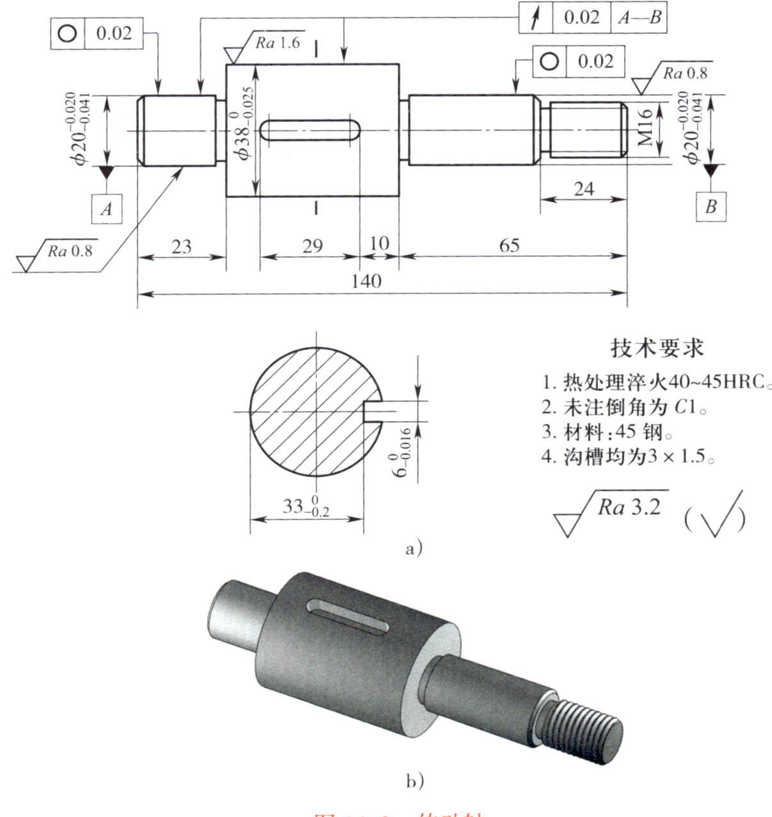

图 14–2 传动轴

a）零件图 b）立体图

（1）粗加工阶段

车端面，钻中心孔，粗车各处外圆。

（2）半精加工阶段

半精车各处外圆，车螺纹，铣键槽等。

（3）精加工阶段

修研中心孔，粗、精磨各处外圆。

5. 定位基准选择

如图 14–2 所示的传动轴粗加工时以外圆表面为定位基准。半精车加工时，采用外圆表面和中心孔作为定位基准（即一夹一顶），如图 14–3 所示。精加工时，采用两中心孔作为定位基准（即两顶尖），如图 14–4 所示。

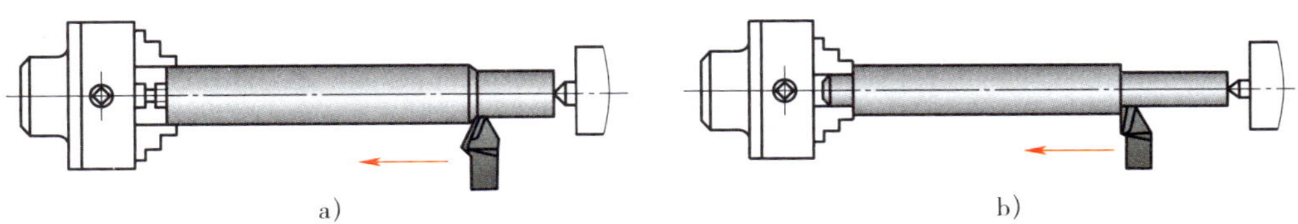

图 14–3 一夹一顶装夹工件

a）采用限位支承 b）利用工件台阶限位

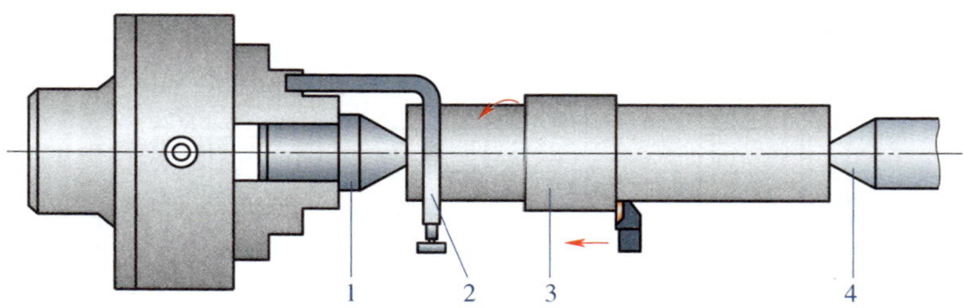

图 14-4　精加工时两顶尖装夹工件

1—前顶尖　2—鸡心夹头　3—工件　4—后顶尖

6. 热处理工序

由于该轴采用的是锻件毛坯，加工前应安排退火，以消除毛坯的内应力和改善材料的切削性能。传动轴最终热处理是淬火，该工序应放在半精加工之后、粗磨和精磨之前进行，即在车削螺纹和铣键槽之后进行。为了保证磨削精度，在淬火之后，应安排修研中心孔工序。

7. 传动轴加工工艺

综合上述分析，传动轴的加工工艺如下：

锻造毛坯→热处理（退火）→粗车→半精车→车螺纹→铣键槽→热处理（淬火）→粗磨→精磨。

8. 传动轴的加工工艺过程

传动轴的加工工艺过程见表 14-1。

表 14-1　　传动轴的加工工艺过程

工序号	工序名称	工序内容	定位基准	加工设备
1	锻	锻造毛坯		空气锤
2	热处理	退火		退火炉
3	粗车	车一端面，钻中心孔；车另一端面并控制总长 140 mm，钻中心孔	外圆	卧式车床
4	粗车	（1）粗车左端外圆至 ϕ40 mm × 77 mm、ϕ22 mm × 22 mm （2）粗车右端外圆至 ϕ22 mm × 64 mm、ϕ18 mm × 23 mm	外圆	卧式车床
5	半精车	（1）车左端倒角 $C1$ mm （2）半精车左端 $\phi20^{-0.020}_{-0.041}$ mm 和 $\phi38^{\ 0}_{-0.025}$ mm 外圆，直径留 0.5 mm 余量，长度至尺寸 （3）车左端 3 mm × 1.5 mm 槽至尺寸	中心孔	数控车床
6	半精车	（1）车右端倒角 $C1$ mm （2）半精车 M16 螺纹大径至 ϕ15.8 mm （3）半精车 $\phi20^{-0.020}_{-0.041}$ mm 外圆，直径留 0.5 mm 余量，长度至尺寸 （4）车右端两处 3 mm × 1.5 mm 槽至尺寸 （5）车 M16 螺纹	中心孔	数控车床
7	铣	粗、精铣键槽至尺寸	中心孔	立式铣床
8	热处理	淬火 40 ~ 45HRC		淬火炉
9	钳	修研中心孔		钻床

续表

工序号	工序名称	工序内容	定位基准	加工设备
10	粗磨	粗磨左端 $\phi20_{-0.041}^{-0.020}$ mm 外圆至 $\phi20.06_{-0.04}^{0}$ mm	中心孔	外圆磨床
11	粗磨	粗磨左端 $\phi38_{-0.025}^{0}$ mm 外圆至 $\phi38.06_{-0.04}^{0}$ mm	中心孔	外圆磨床
12	粗磨	粗磨右端 $\phi20_{-0.041}^{-0.020}$ mm 外圆至 $\phi20.06_{-0.04}^{0}$ mm	中心孔	外圆磨床
13	精磨	精磨左端 $\phi20_{-0.041}^{-0.020}$ mm 外圆至尺寸	中心孔	外圆磨床
14	精磨	精磨左端 $\phi38_{-0.025}^{0}$ mm 外圆至尺寸	中心孔	外圆磨床
15	精磨	精磨右端 $\phi20_{-0.041}^{-0.020}$ mm 外圆至尺寸	中心孔	外圆磨床
16	检验	检验		

§14-2 套类零件的加工工艺

一、套类零件的功用、结构及技术要求

1. 功用

套类零件是机械设备中常见的一种零件，它的应用范围很广泛，如支承旋转轴的轴承、各种形式的轴承套、夹具中引导孔加工刀具的导向套、内燃机上的气缸套、液压系统中的液压缸等，如图 14–5 所示。

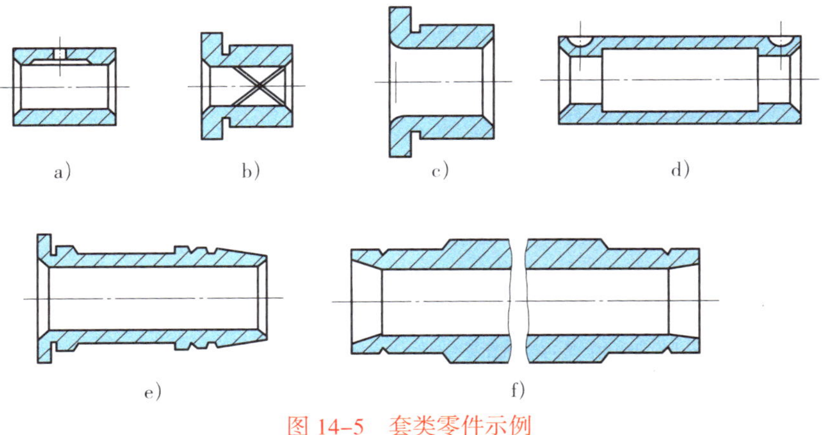

图 14–5 套类零件示例

a）、b）滑动轴承 c）钻套 d）轴承衬套 e）气缸套 f）液压缸

2. 结构

由于功用不同，套类零件的结构和尺寸有着很大的差别，但它们的共同特点是主要工作表面为内孔和外圆表面，形状精度和位置精度要求较高，表面粗糙度值较小，孔壁较薄且易变形，零件的长度一般大于孔的直径。

3. 技术要求

套类零件的技术要求主要是根据其基本功用和使用条件确定的，通常有以下几个方面：

（1）加工精度

加工精度主要包括结构要素的尺寸精度、形状精度和位置精度。

1）尺寸精度。滑动轴承孔和需要与其他零件精确配合孔的尺寸精度要求较高，一般为IT8 ~ IT7 级，精密轴承甚至为 IT6 级。液压系统中滑阀孔的尺寸精度要求为 IT6 级，甚至更高；由于配合的活塞上有密封圈过渡，液压缸孔的尺寸精度要求较低，一般为 IT9 级。套类零件的外圆大都是支承表面，常与箱体或机架上的孔采用过盈配合或过渡配合，其尺寸精度通常为 IT7 ~ IT6 级。

2）形状精度。一般套类零件孔的形状误差要求控制在孔径公差之内，精密轴套则要求控制在孔径公差的 1/3 ~ 1/2；对于长套筒的内孔，除有圆度要求外，还有圆柱度要求。套类零件外圆的形状误差控制在外径公差以内，其端面大都有一定的平面度要求。

3）位置精度。套类零件内孔和外圆的同轴度要求较高，通常取 0.01 ~ 0.05 mm；对于装配到箱体或机架上再加工内孔的套筒零件，内孔和外圆的同轴度要求可大幅降低。工作时承受轴向载荷的套类零件端面大都是加工和装配时的定位基面，故与孔的轴线有较高的垂直度要求，一般为 0.02 ~ 0.05 mm。

（2）表面粗糙度

一般套类零件内孔的表面粗糙度值为 Ra1.6 ~ 0.1 μm。液压缸内孔的表面粗糙度值一般为 Ra0.4 ~ 0.2 μm，外圆的表面粗糙度值通常取 Ra6.3 ~ 0.8 μm。

（3）其他要求

由于工作条件的需要和使用材料的因素，不同套类零件有不同的热处理要求。常用的热处理工艺有退火、表面淬火和渗碳等。

二、套类零件的材料及毛坯

套类零件一般用钢、铸铁、青铜、黄铜等材料制成，材料的选择主要取决于工作条件。套类零件的毛坯类型与所用材料、结构、形状和尺寸大小有关，常采用型材、锻件或铸件。毛坯内孔直径小于 20 mm 时大多选用棒料；孔径较大、长度较长的零件常用无缝钢管或带孔的铸件、锻件。

三、套类零件的加工工艺分析

套类零件的结构特点是壁厚较薄，刚度低，内孔与外圆有较高的相互位置精度要求，所以，加工工艺上要解决如何保证位置精度和防止加工变形的问题。

1. 保证相互位置精度的工艺措施

为保证位置精度要求，加工套类零件时应遵循基准统一原则和互为基准原则，即在一次装夹中完成内孔、外圆及端面的全部加工。由于这种方法工序比较集中，当工件结构尺寸较大时不易实现，故多用于尺寸较小的套类零件加工。

当一次装夹不能同时完成内孔和外圆表面加工时，内孔和外圆的加工采用互为基准、反复加工的原则。

2. 防止套类零件变形的工艺措施

套类零件一般都存在壁较薄、径向刚度较低、容易变形等缺点。在加工过程中，套类零件往往由于受夹紧力、切削力和切削热等诸多因素的影响而引起变形，致使加工精度降低。

因此，在分析套类零件的变形时，可以从导致变形的因素开始分析，针对产生变形的原因采取有效措施。套类零件变形的原因及工艺措施见表 14–2。

表 14–2　　套类零件变形的原因及工艺措施

引起变形的因素			工艺措施
外力	夹紧力		（1）夹紧力均匀分布，如图 14–6 所示 （2）变径向夹紧为轴向夹紧，如图 14–7 所示 （3）增加套类零件毛坯的刚度，如增加辅助凸边，如图 14–8 所示
	切削力		（1）增大刀具的主偏角 （2）内、外表面同时加工，如图 14–8 所示 （3）粗、精加工分开进行
	重力		增加辅助支撑
	离心力		配重
内力	内应力重新分布		（1）退火、时效 （2）划分加工阶段
	热效应	切削热	（1）选择合理的刀具角度和切削用量 （2）浇注充分的切削液 （3）留有充分的冷却时间
		热处理	（1）改变热处理方法 （2）将热处理工序安排在精加工之前

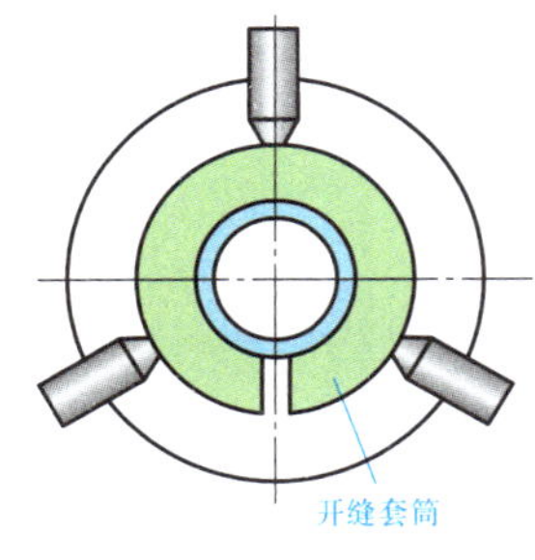

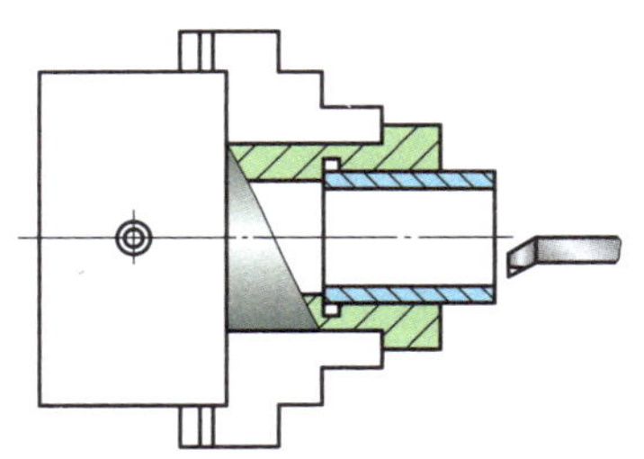

图 14–6　用开缝套筒装夹工件

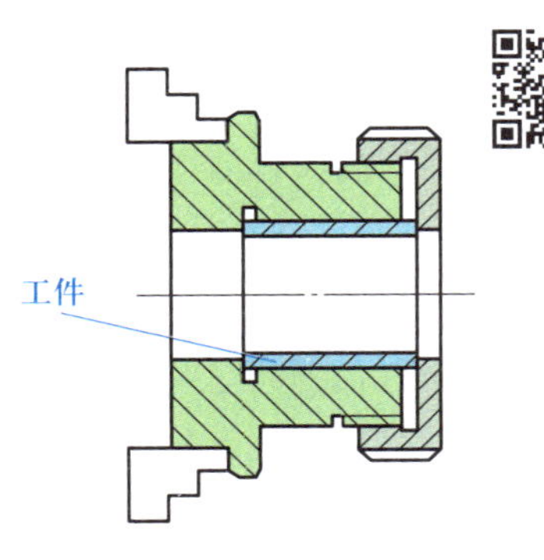

图 14–7　轴向夹紧工件

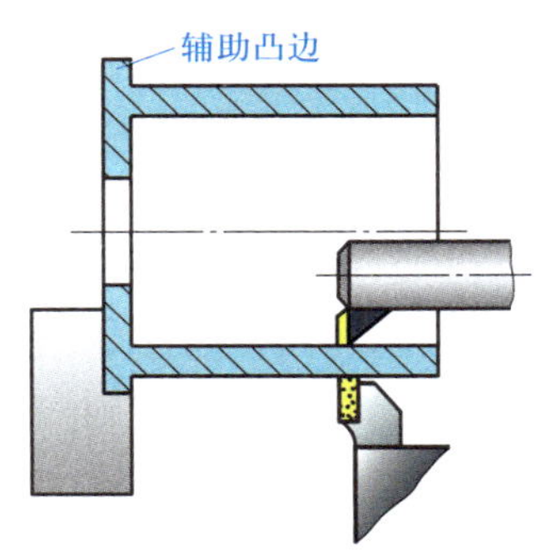

图 14–8　辅助凸边的作用

3. 套类零件在加工时应注意的问题

套类零件的主要加工方法是车削和磨削，加工的表面大多是具有同一回转轴线的内孔、外圆和端面，可在一次装夹中完成加工，较容易保证内外表面的同轴度、端面对轴线的垂直度以及外圆、端面对轴线的跳动要求。对于精度要求较高的套类零件，可在粗车或半精车后以外圆和内孔互为基准反复磨削，满足其同轴度、垂直度和跳动的要求。

四、生产实例分析

图 14–9 所示的轴承套是结构较为典型的一种套类零件，该轴承套材料为 HT200，批量生产。现分析其零件的加工工艺过程。

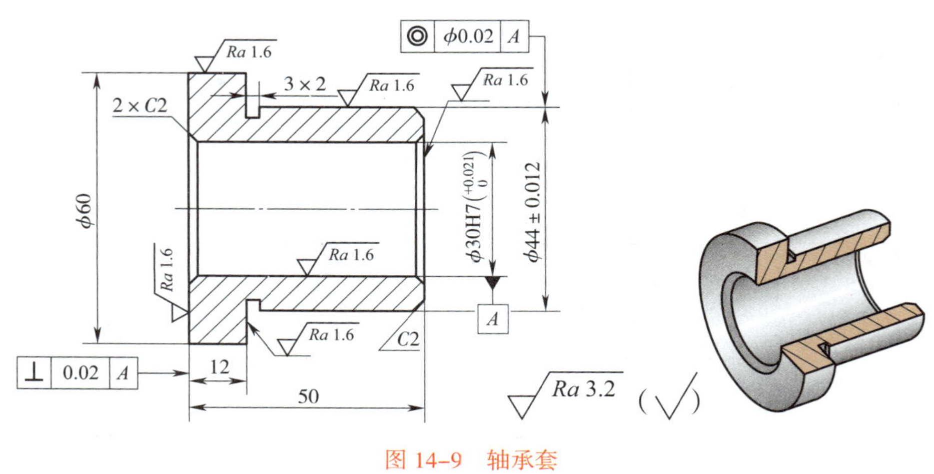

图 14–9　轴承套

1. 功用

图 14–9 所示的轴承套主要起支承或导向作用。

2. 结构

图 14–9 所示的轴承套的主要结构要素有外圆柱面、内孔表面、端面、外沟槽等，该轴承套属短套筒类零件。

3. 技术要求

图 14–9 所示的轴承套中，外圆 ϕ（44 ± 0.012）mm 主要与轴承座内孔相配合，其尺寸精度为 IT7 级，表面粗糙度值为 Ra1.6 μm；内孔 ϕ30H7 主要与传动轴相配合，其尺寸精度为 IT7 级，表面粗糙度值为 Ra1.6 μm；两端面的表面粗糙度值均为 Ra1.6 μm；ϕ（44 ± 0.012）mm 外圆轴线对 ϕ30H7 内孔轴线的同轴度公差为 ϕ0.02 mm，可保证轴承在传动中的平稳性；轴承套的左端面对 ϕ30H7 内孔轴线的垂直度公差为 0.02 mm。

4. 材料及毛坯

此轴承套的材料为铸铁。该套的形状简单，精度要求中等，但内孔尺寸较大，故毛坯选用直径为 65 mm 的铸铁棒料，四件合一。

5. 保证相互位置精度的工艺措施

如何保证位置精度是该零件加工的主要工艺问题之一，可以从定位基准和装夹方法选择等方面采取措施，尽可能在一次安装中完成内孔、外圆及端面的全部加工。当一次安装不能同时完成内孔、外圆表面加工时，内孔、外圆的加工采用互为基准、反复加工的方法进行加工。

6. 加工工艺过程分析

如图 14–9 所示，轴承套外圆的精度为 IT7 级，采用精车可以满足要求。内孔精度为 IT7 级，采用车孔可以满足要求。内孔加工方案为钻孔→粗车→精车。车内孔时应与左端面一同加工，保证端面与内孔轴线的垂直度，然后以内孔为基准，利用小锥度心轴装夹加工外圆和另一端面。

7. 轴承套的加工工艺过程

表 14–3 为轴承套的加工工艺过程。粗车外圆时，可采用四件合一的方法来提高生产效率。

表 14–3　　轴承套的加工工艺过程

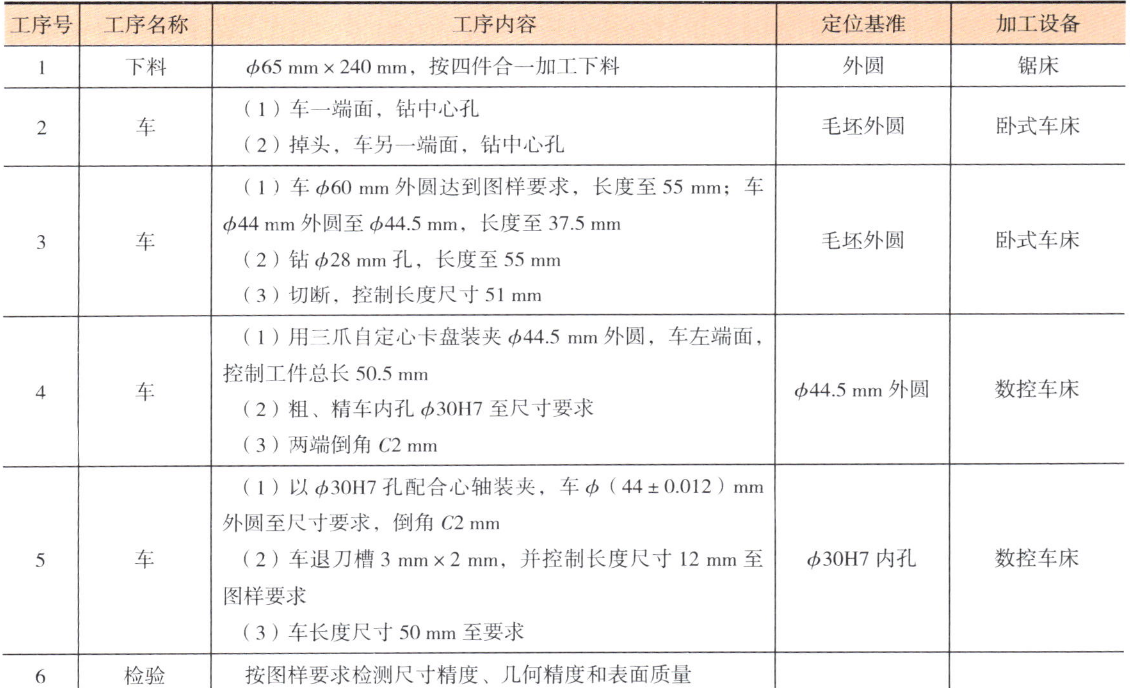

工序号	工序名称	工序内容	定位基准	加工设备
1	下料	ϕ65 mm × 240 mm，按四件合一加工下料	外圆	锯床
2	车	（1）车一端面，钻中心孔 （2）掉头，车另一端面，钻中心孔	毛坯外圆	卧式车床
3	车	（1）车 ϕ60 mm 外圆达到图样要求，长度至 55 mm；车 ϕ44 mm 外圆至 ϕ44.5 mm，长度至 37.5 mm （2）钻 ϕ28 mm 孔，长度至 55 mm （3）切断，控制长度尺寸 51 mm	毛坯外圆	卧式车床
4	车	（1）用三爪自定心卡盘装夹 ϕ44.5 mm 外圆，车左端面，控制工件总长 50.5 mm （2）粗、精车内孔 ϕ30H7 至尺寸要求 （3）两端倒角 C2 mm	ϕ44.5 mm 外圆	数控车床
5	车	（1）以 ϕ30H7 孔配合心轴装夹，车 ϕ（44 ± 0.012）mm 外圆至尺寸要求，倒角 C2 mm （2）车退刀槽 3 mm × 2 mm，并控制长度尺寸 12 mm 至图样要求 （3）车长度尺寸 50 mm 至要求	ϕ30H7 内孔	数控车床
6	检验	按图样要求检测尺寸精度、几何精度和表面质量		

§ 14–3　箱体类零件的加工工艺

一、箱体类零件的功用、结构及技术要求

1. 功用、结构

箱体是各类机器的重要基础件，它将机器中有关部件的轴、套、齿轮等相关零件连接成一个整体，使这些零件保持正确的相对位置，并按一定的传动关系协调地工作。箱体的制造

精度直接影响机器的性能和使用寿命。

由于机器的种类很多，组成部件差别很大，因此箱体的功用和结构各不相同。箱体的结构形式虽然多种多样，但其仍有共同之处：形状复杂，壁薄且不均匀，内部呈腔形，既有精度要求较高的孔系和平面，也有许多精度要求较低的紧固孔。箱体类零件的加工部位较多，加工难度也较大。

2. 技术要求

箱体类零件对毛坯铸造质量要求较严格，不允许有气孔、砂眼、疏松、裂纹等铸造缺陷。为了便于切削加工，多数铸铁箱体需要经过退火以降低表面硬度，消除内应力。对箱体重要加工面的要求主要有以下几个方面：

（1）主要平面的形状精度和表面粗糙度

箱体的主要平面是装配基准，并且往往是加工时的定位基准，所以应有较高的平面度精度和较小的表面粗糙度值，否则，将直接影响箱体加工时的定位精度，以及箱体与机座总装配时的接触刚度和相互位置精度。

一般箱体主要平面的平面度公差为 0.03 ~ 0.1 mm，表面粗糙值为 *Ra*2.5 ~ 0.63 μm，各主要平面对装配基准面的垂直度公差为 0.1 mm/300 mm。

（2）孔的尺寸精度、形状精度和表面粗糙度

箱体上轴承孔本身的尺寸精度、形状精度和表面粗糙度都有较高的要求，否则，将影响轴承与箱体孔的配合精度，使轴的回转精度下降，也易使传动件产生振动和噪声。一般机床主轴箱的主轴支承孔尺寸精度为 IT6 级，圆度、圆柱度公差不超过孔径公差的一半，表面粗糙度值为 *Ra*0.63 ~ 0.32 μm。其余支承孔尺寸精度为 IT7 ~ IT6 级，表面粗糙度值为 *Ra*2.5 ~ 0.63 μm。

（3）主要孔和平面的相互位置精度

同轴线的孔系应有一定的同轴度要求，各支承孔之间也应有一定的孔距尺寸精度及平行度要求，否则，不仅装配有困难，而且会使轴的运转情况恶化，温度升高，轴承磨损加剧，齿轮啮合精度下降，易引起振动和噪声，影响齿轮使用寿命。支承孔之间的孔距公差为 0.05 ~ 0.12 mm，平行度公差应小于孔距公差，一般全长上取 0.04 ~ 0.1 mm。

二、箱体类零件的材料和毛坯

1. 材料

箱体类零件常选用各种牌号的灰铸铁，因为灰铸铁具有较好的耐磨性、铸造性，可加工性好，而且吸振性好，成本低。某些负荷较大的箱体采用铸钢件，也有些箱体为了缩短毛坯制造周期而采用钢板焊接结构。精度要求较高的坐标镗床主轴箱则选用耐磨铸铁，轿车发动机箱体常用铝合金等有色金属制造。

2. 毛坯

箱体的毛坯多采用铸件。单件、小批量生产的铸铁箱体常用木模手工砂型铸造，毛坯精度低，加工余量大；大批量生产中大多用金属模机器造型铸造，毛坯精度高，加工余量小。铸铁箱体毛坯上直径大于 30 mm 的孔大都预先铸出，以减小孔的加工余量。铸造毛坯时，应防止砂眼和气孔的产生。为了减小毛坯制造时产生的残余应力，应尽量使箱体壁厚均匀，并在浇注后安排时效处理或退火工序。

在单件生产时，有时采用焊接件作为箱体毛坯，以缩短生产周期。

三、箱体类零件的加工工艺分析

1. 选择定位基准

箱体类零件定位基准的选择一般分为粗基准的选择和精基准的选择。粗基准是为了保证各加工面和孔的加工余量均匀，而精基准则是为了保证相互位置精度和尺寸精度。因此，应根据箱体类零件的加工工艺特点选择不同的定位基准。

（1）粗基准的选择

大多数箱体上都有一个或一组主要孔，为保证主要孔的加工余量均匀，应该以主要孔作为粗基准。箱体内壁一般都不加工，它和安装在箱体中的齿轮等传动件之间只有不大的间隙。如果加工出的轴承孔与内壁之间的距离误差太大，有可能导致装配齿轮时与箱体内壁相撞。为防止出现这种情况，加工箱体时又应以内壁为粗基准。为此，实际生产中常以箱体上的主要孔为粗基准，限制四个自由度，辅以内壁或其他毛坯孔为辅助基准，以达到完全定位的目的。

根据生产类型不同，箱体零件的粗基准选择与安装方式也不一样。大批量生产时，由于毛坯精度较高，可以直接用箱体上的重要孔在专用夹具上定位，工件安装迅速，生产效率高。在单件、小批量及中批量生产时，一般毛坯精度较低，按上述办法选择粗基准往往会造成箱体外形偏斜，甚至局部加工余量不够，因此，通常采用划线找正的方法进行第一道工序的加工，如加工机床主轴箱时，即以主轴孔为粗基准对毛坯进行划线和检查，对偏斜予以纠正，纠正后可保证孔的余量足够，但不一定均匀。

（2）精基准的选择

为了保证箱体类零件的孔与孔、孔与平面、平面与平面之间距离的尺寸精度和相互位置精度，选择箱体类零件精基准时应遵循基准统一原则和基准重合原则。

1）基准统一原则（一面两孔）。在大多数工序中，箱体利用底面（或顶面）及两孔作为定位基准加工其他平面和孔系，以避免由于基准转换而带来的累积误差。

2）基准重合原则（三面定位）。箱体上的装配基准一般为平面，而它们又往往是箱体上其他要素的设计基准，因此，以这些装配基准平面作为定位基准，避免了基准不重合误差，有利于提高箱体各主要表面的相互位置精度。例如，机床主轴箱小批量生产过程中即采用基准重合原则。

以上两种定位方式各有优缺点，应根据实际生产条件合理确定。在中、小批量生产时，尽可能使定位基准与设计基准重合，以设计基准作为统一的定位基准。而在大批量生产时，优先考虑的是如何稳定加工质量和提高生产效率，由此产生的基准不重合误差则通过工艺措施解决，如提高工件定位精度和夹具精度等。

2. 加工顺序的安排

箱体类零件主要由平面和孔系组成，它的加工要求比较高，需要多次装夹，所以，必须有统一的基准和加工顺序来保证它的精度要求。

箱体类零件的加工顺序安排原则如下：

（1）先面后孔的原则

由于箱体的加工和装配大多以平面为基准，先加工平面不仅为加工精度较高的支承孔提供了稳定、可靠的精基准，而且还符合基准重合原则，有利于提高加工精度。另外，先以孔为粗基准加工平面，再以平面为精基准加工孔，这样可为孔的加工提供稳定、可靠的定位基准，而且加工平面时切去了铸件的硬皮和凹凸不平的粗糙面，有利于后续加工，可减少钻孔时将钻头引偏和刀具崩刃等现象，对刀和调整也比较方便。

（2）先主后次的原则

加工平面或孔系时，应遵循先主后次原则，即先加工主要平面或主要孔。这是因为加工其他平面或孔时，以先加工好的主要平面或主要孔作为精基准，装夹可靠，调整各表面的加工余量比较方便，有利于提高各表面的加工精度。同时，由于主要平面或主要孔精度要求高，加工难度大，先加工时如果出现废品，不至于浪费其他表面的加工工时。

（3）粗、精加工分开的原则

对于刚度低、批量较大、要求精度较高的箱体，一般要粗加工、精加工分开进行，即在主要平面和各支承孔的粗加工之后再进行精加工。这样可以消除由粗加工所造成的内应力、切削力、切削热、夹紧力等对加工精度的影响，并且有利于合理地选用设备。

粗、精加工分开进行，会使机床、夹具的数量及工件安装次数增加，而成本提高，所以，对单件、小批量生产精度要求不高的箱体，常常将粗、精加工合并在一道工序进行，但必须采取相应措施以减小加工过程中的变形。例如，粗加工后松开工件，让工件充分冷却，然后用较小的夹紧力、较小的切削用量，多次进给进行精加工。

3. 热处理工序的安排

箱体类零件结构一般较复杂，壁厚不均匀，铸造残留内应力大。为消除内应力，减少箱体在使用过程中的变形，保持精度稳定，铸造后一般均需进行时效处理。自然时效的效果较好，但生产周期长，目前仅用于精密机床的箱体铸件。对于普通机床和设备的箱体，一般都采用人工时效。箱体经粗加工后，应存放一段时间再进行精加工，以消除粗加工积聚的内应力。对于精密机床的箱体或形状特别复杂的箱体，应在粗加工后再进行一次人工时效，以促进铸造和粗加工造成的内应力的释放。

四、孔系加工

箱体上若干有相互位置精度要求的孔的组合称为孔系。孔系可分为平行孔系、同轴孔系和交叉孔系，如图 14–10 所示。孔系加工是箱体加工的关键，根据箱体加工批量和孔系精度要求的不同，孔系加工所用的方法也不同。

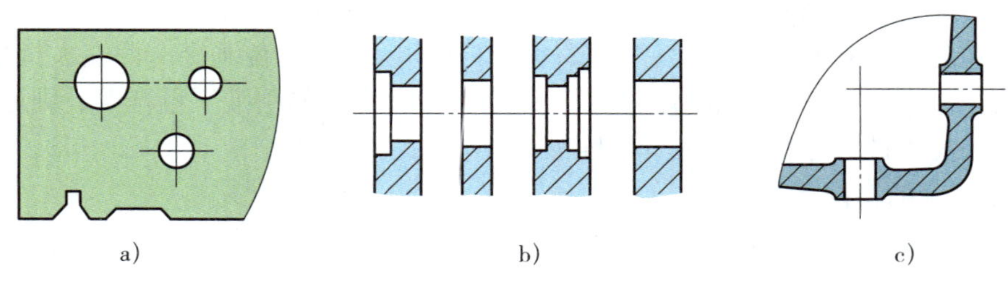

图 14–10　孔系分类

a）平行孔系　b）同轴孔系　c）交叉孔系

1. 平行孔系的加工

（1）找正法

找正法是指在通用机床（如镗床、铣床等）上利用辅助工具找正所要加工孔正确位置的加工方法。这种方法加工效率低，一般只适用于单件、小批量生产。找正时除根据划线用试镗方法外，有时借用心轴、量块或样板找正，以提高找正精度。

如图 14-11 所示为用心轴和量块找正法。镗第一排孔时将心轴插入主轴孔内（或直接利用镗床主轴），然后根据孔和定位基准的距离组合量块来校正主轴位置，校正时利用塞尺测定量块与心轴之间的间隙，以避免量块与心轴直接接触而损伤，如图 14-11a 所示。镗第二排孔时，分别在机床主轴和已加工孔中插入心轴，采用同样的方法来校正主轴轴线的位置，以保证孔心距的精度，如图 14-11b 所示。这种找正法的孔心距精度可达 ±0.03 mm。

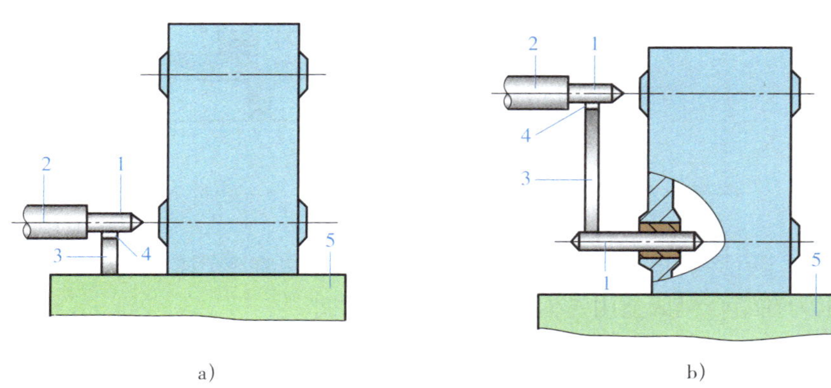

图 14-11　用心轴和量块找正法

1—心轴　2—镗床主轴　3—量块　4—塞尺　5—镗床工作台

图 14-12 所示为样板找正法，用 10～20 mm 厚的钢板制成样板 1，装在垂直于各孔的端面上（或固定于机床工作台上），样板上的孔距精度比箱体孔系的孔距精度高，一般为 ±（0.01～0.03）mm。样板上的孔距比箱体的孔距大，以便于镗杆通过。样板上的孔距要求尺寸精度不高，但要有较高的形状精度和较小的表面粗糙度值，当样板准确地装到工件上后，在机床主轴上装上百分表 2，按样板找正机床主轴，找正后，即换上镗刀进行加工。用此法加工孔系不易出差错，找正方便，孔距精度可达 ±0.05 mm。这种样板的成本低，仅为镗模成本的 1/9～1/7，在单件、小批量生产中、大型箱体时可用此法。

（2）镗模法

在成批生产中广泛采用镗模加工孔系，如图 14-13 所示。工件 5 装夹在镗模上，镗杆 4 支承在镗模的导套 6 里，导套的位置决定了镗杆的位置，装在镗杆上的镗刀 3 将工件上相应的孔加工出来。当用两个或两个以上的镗架支承 1 来引导镗杆时，镗杆与机床主轴 2 必须浮动连接，这样机床精度对孔系加工精度影响很小，因而可以在精度较低的机床上加工出精度较高的孔系。孔距精度主要取决于镗模，一般可达 ±0.05 mm。镗模法能加工精度为 IT7 级的孔，其表面粗糙度值为 $Ra1.6～0.8$ μm。当从一端加工，镗杆两端均有导

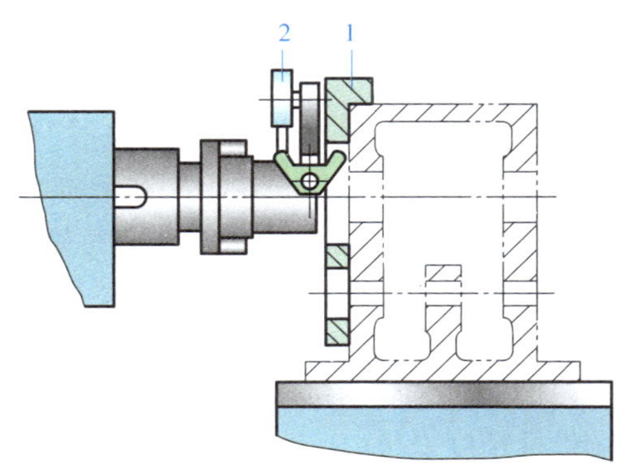

图 14-12　样板找正法

1—样板　2—百分表

向支承时，孔与孔之间的同轴度和平行度公差为 0.02 ~ 0.03 mm；当分别从两端加工时，其公差为 0.04 ~ 0.05 mm。

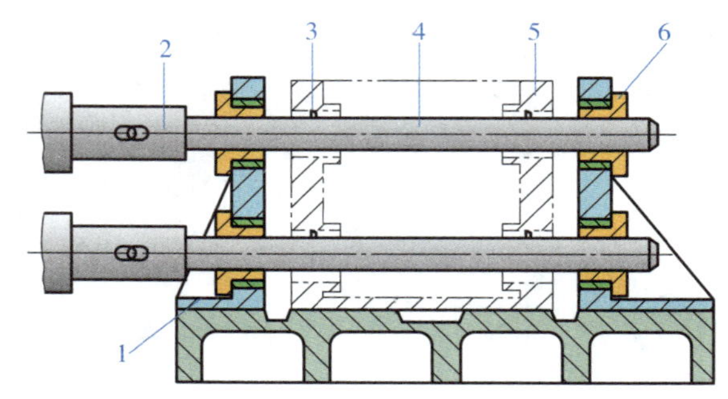

图 14-13　用镗模加工孔系

1—镗架支承　2—机床主轴　3—镗刀　4—镗杆　5—工件　6—导套

用镗模法加工孔系，既可以在通用机床上加工，也可在专用机床上或组合机床上加工，图 14-14 所示为在组合机床上用镗模加工孔系的示意图。

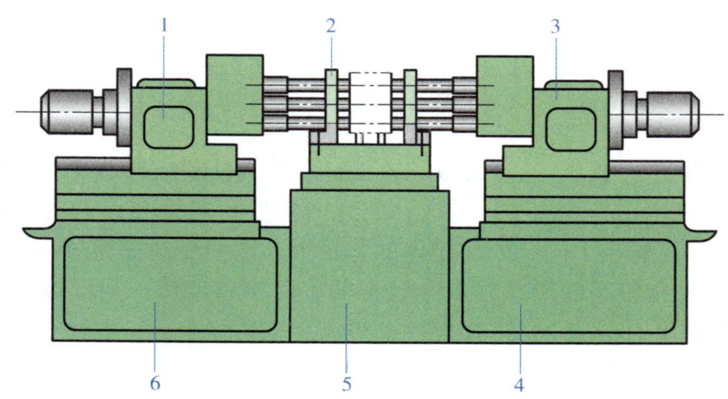

图 14-14　在组合机床上用镗模加工孔系

1—左动力头　2—镗模　3—右动力头　4、6—侧底座　5—中间底座

（3）坐标法

坐标法镗孔是在普通卧式镗床、坐标镗床或数控镗床等设备上，借助于精密测量装置，调整机床主轴与工件间在水平和垂直方向的相对位置，来保证孔心距精度的一种镗孔方法。

采用坐标法加工孔系时，要特别注意选择基准孔和镗孔的顺序，否则，坐标尺寸累积误差会影响孔距精度。基准孔应尽量选择本身尺寸精度高、表面粗糙度值小的孔（一般为主轴孔），这样在加工过程中便于校验其坐标尺寸。孔心距精度要求较高的两孔应连在一起加工，加工时，应尽量使工作台朝同一方向移动，若工作台多次往复，其间隙会产生误差，影响坐标精度。

现在国内许多机床厂已经直接用坐标镗床或加工中心机床来加工一般机床箱体，这样就可以加快生产周期，适应机械行业多品种、小批量生产的需要。

2. 同轴孔系的加工

成批生产中，箱体上同轴孔的同轴度几乎都由镗模来保证。在单件、小批量生产中，同轴度用下面几种方法来保证。

（1）利用已加工孔支承导向

如图 14–15 所示，当箱体前壁上的孔加工好后，在孔内装一导向套，以支承和引导镗杆加工后壁的孔，从而保证两孔的同轴度要求，这种方法只适于加工箱壁较近的孔。

（2）利用镗床后立柱上的导向套支承导向

这种方法镗杆是两端支承，刚度高。但此法调整麻烦，镗杆要长，很笨重，故只适用于单件、小批量生产中大型箱体的加工。

（3）利用掉头镗

当箱体箱壁相距较远时，可采用掉头镗。工件在一次装夹下，镗好一端孔后，将镗床工作台回转 180°，调整工作台位置，使已加工孔与镗床主轴同轴，然后再加工另一端孔。当箱体上有一较长并与所镗孔轴线有平行度要求的平面时，镗孔前应先用装在镗杆上的百分表对此平面进行校正，如图 14–16a 所示，使其与镗杆轴线平行，校正后加工孔 *B*。孔 *B* 加工完后回转工作台，并用镗杆上装的百分表沿此平面重新校正，这样就可保证工作台准确地回转 180°，如图 14–16b 所示，然后再加工孔 *A*，从而保证孔 *A*、*B* 同轴。

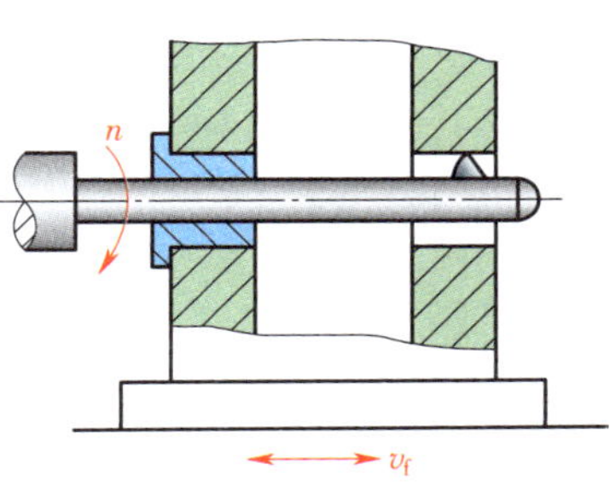

图 14–15　利用已加工孔支承导向

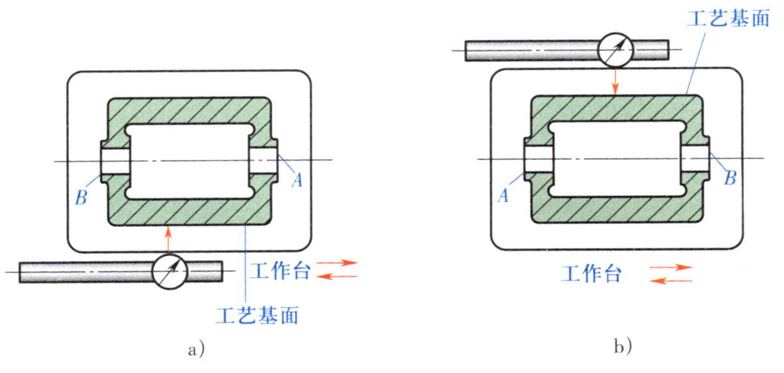

图 14–16　掉头镗孔时工件的校正

a）第一工位　b）第二工位

五、箱体类零件的加工工艺过程

箱体类零件的加工工艺过程一般分为单件、小批量生产和大批量生产两种。

单件、小批量生产时，箱体类零件的基本工艺过程如下：铸造毛坯→时效→划线→粗加工主要平面及其他平面→划线→粗加工支承孔→二次时效→精加工主要平面和其他平面→精加工支承孔→划线→钻各小孔→攻螺纹，去毛刺。

大批量生产时，箱体类零件的基本工艺过程如下：铸造毛坯→时效→加工主要平面和工艺定位孔→二次时效→粗加工各平面上的孔→攻螺纹，去毛刺→精加工各平面上的孔。

六、生产实例分析

分析图 14–17 所示的方箱体组合件的加工工艺。

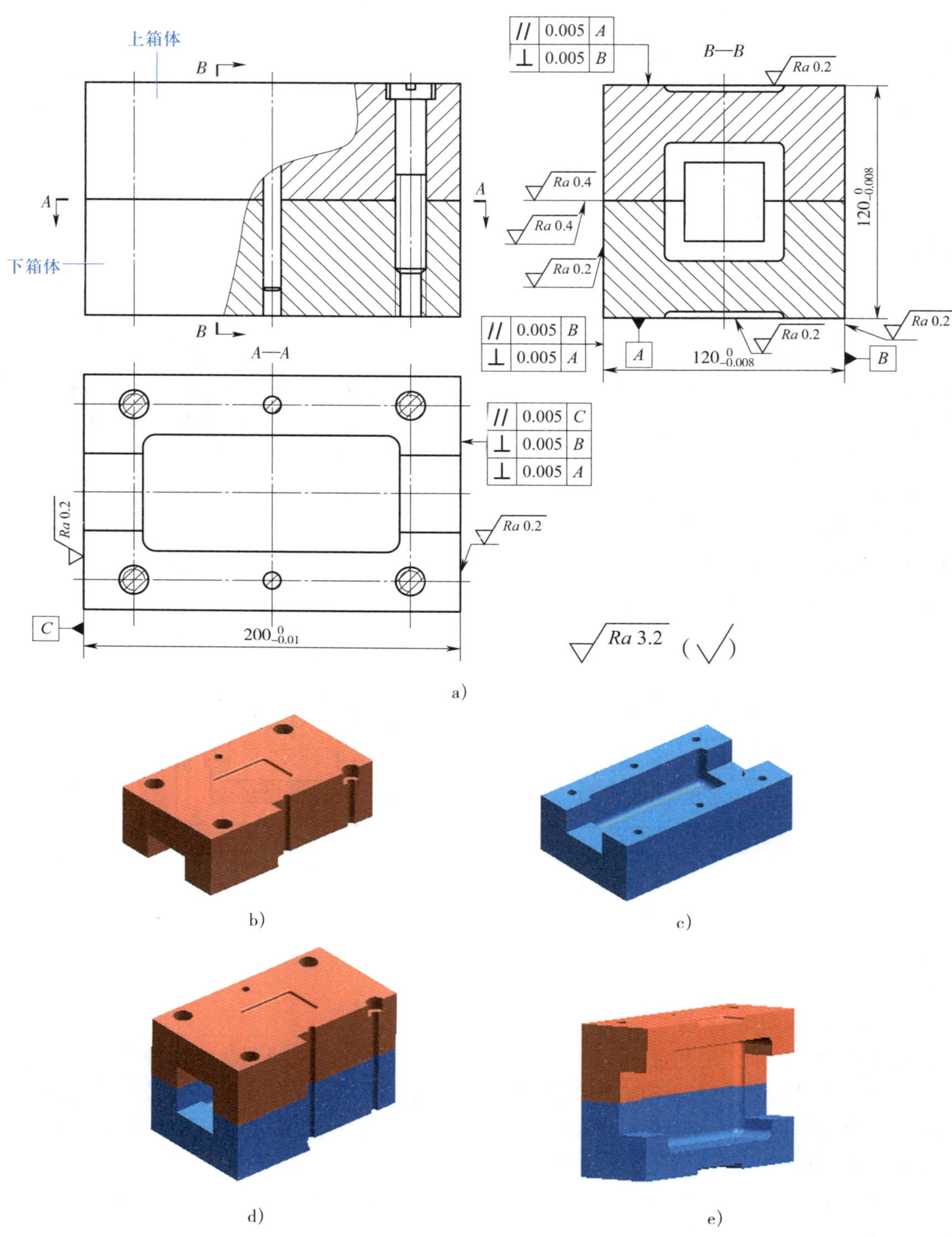

a)
b)
c)
d)
e)

图 14–17 方箱体

a）装配图 b）上箱体 c）下箱体 d）合箱图 e）合箱全剖视图

1. 技术要求

由图 14–17 所示可知，使用时，方箱体上的基准面 *A*、*B*、*C* 作为测量基准和定位基准，其尺寸精度与位置精度要求都比较高，高度与宽度 120 mm 的尺寸公差仅为 0.008 mm，长度 200 mm 的公差为 0.01 mm，相关表面的平行度、垂直度公差均为 0.005 mm，表面粗糙度值为 Ra0.4 ~ 0.2 μm。

2. 功用与结构

图 14–17 所示的方箱体是为了加工燃气机涡轮叶片而设计的一种装夹方箱，结构比较简单，但尺寸精度和位置精度要求较高。该箱体由上、下两部分组合而成，中间的空腔用于放置叶片的叶身，因此，方箱体就成了叶片加工和测量的工艺装备。

3. 定位基准选择

如图 14–17 所示，方箱体的精基准定位是以三面定位来保证技术要求的。在使用时方箱体上的基准面 *A*、*B*、*C* 作为测量基准和定位基准。从技术要求上看，方箱体的四周平面都有平行度或垂直度要求，而对螺纹连接、销孔的要求不高，因此，选择方箱体的各表面作为粗加工、精加工的定位基准。

4. 方箱体的加工顺序

铸造→退火→刨上、下箱体六个面→人工时效→粗磨上、下箱体的上、下平面及中间接合平面→精磨上、下箱体的中间接合平面→划线→钻孔，攻螺纹，配钻、配铰销孔→粗磨宽度和长度方向的四个面→精磨六面。销孔和螺纹是为连接上、下箱体而设计的，加工时上、下箱体要一体配钻和配铰，并在上、下箱体上用同一号码做好标记，装配后按一体加工。

5. 方箱体的加工工艺

图 14–17 所示的方箱体为上、下两件合装而成，方箱体四周为涡轮叶片加工和测量的基准，因此，其尺寸精度、位置精度和表面质量要求都比较高，应选择磨削的方式来保证尺寸精度和表面质量。同时，粗磨时必须保证上、下平面与中间接合平面的平行度和精磨余量。方箱体相关表面的平行度、垂直度公差仅为 0.005 mm，所以，在磨削时应增加半精磨来保证位置精度，精磨时应反复找正，多次测量。

方箱体的热处理选择退火。为了保证加工后精度的稳定性，在粗加工后再安排一次人工时效。

方箱体组合件的加工工艺过程见表 14–4。

表 14–4　方箱体组合件的加工工艺过程

工序号	工序名称	工序内容	定位基准	加工设备
1	铸造	铸造毛坯		
2	热处理	退火		退火炉
3	刨削	（1）粗刨上箱体上、下平面及中间接合平面，每面均留余量 0.5 ~ 1 mm （2）粗刨下箱体上、下平面及中间接合平面，每面均留余量 0.5 ~ 1 mm （3）粗刨其他各面，留余量 0.3 ~ 0.4 mm	平面	牛头刨床

续表

工序号	工序名称	工序内容	定位基准	加工设备
4	热处理	人工时效		
5	粗磨	粗磨上、下箱体上、下平面及中间接合平面，每面留余量 0.2 ~ 0.3 mm	平面	平面磨床
6	精磨	精磨上、下箱体的中间接合平面，保证上、下平面的磨削余量	上、下底平面	平面磨床
7	钳	划孔及螺纹孔线	四周平面	
8	钳	（1）钻孔，攻螺纹，装入螺钉 （2）配钻销孔，装入圆柱销 （3）打标记，合箱	底平面	钻床
9	粗磨	粗磨宽度方向和长度方向的四个面，每面留余量 0.1 ~ 0.15 mm，平行度及对上、下平面的垂直度误差不大于 0.005 mm	四周平面	平面磨床
10	精磨	精磨六面，保证尺寸精度、位置精度与表面粗糙度	四周平面	平面磨床
11	检验	检查		

§14-4 圆柱齿轮的加工工艺

一、圆柱齿轮的精度等级及其选用

为了适应不同齿轮传动精度的要求，国家标准《圆柱齿轮 ISO 齿面公差分级制 第 1 部分：齿面偏差的定义和允许值》（GB/T 10095.1—2022）对圆柱齿轮规定了 11 个精度等级，其中 1 级是最高的精度等级，而 11 级是最低的精度等级。

齿轮精度等级应根据传动的用途、使用条件、传动功率、圆周速度、性能指标或其他技术要求来确定。表 14-5 给出了不同机械传动中齿轮采用的精度等级。

表 14-5　不同机械传动中齿轮采用的精度等级

应用范围	精度等级	应用范围	精度等级
测量齿轮	2 ~ 5	航空发动机	4 ~ 7
透平减速器	3 ~ 6	拖拉机	6 ~ 9
金属切削机床	3 ~ 8	通用减速器	6 ~ 8
内燃机车	6 ~ 7	轧钢机	5 ~ 10

续表

应用范围	精度等级	应用范围	精度等级
电气机车	6 ~ 7	矿用绞车	8 ~ 10
轻型汽车	5 ~ 8	起重机械	6 ~ 10
载重汽车	6 ~ 9	农业机器	8 ~ 10

二、齿坯加工及齿形加工

圆柱齿轮的加工工艺过程根据精度等级、结构、形状、生产批量及具体生产条件，可采取不同的加工方案，通常主要工艺路线如下：毛坯制造→齿坯热处理→齿坯加工→齿形粗加工→精基准修整→齿形精加工→检验。

1. 齿坯加工

齿坯加工是为以后的齿形加工和检验准备基准的，所以对齿轮加工质量有重要的影响。齿坯加工工艺取决于齿轮的轮体结构、生产规模和技术要求等。

（1）中、小批量生产的齿坯的工艺路线：粗加工外圆、端面和孔→精加工孔→用心轴装夹精车各端面和外圆。此工艺路线通常采用通用车床加工。

（2）大批大量生产的齿坯的工艺路线：以毛坯、外圆及端面定位，粗车端面，钻孔、扩孔→以端面支承进行拉孔→以孔定位精车外圆端面、车槽、倒角等。通常采用多刀自动车床加工。

2. 定位基准的选择

为了保证齿轮的加工质量，齿形加工时要满足基准重合原则，使齿轮的装配基准、测量基准和定位基准重合，而且在整个加工过程中尽可能保持基准统一。对于小直径的轴齿轮，通常选用中心孔定位；大直径的轴齿轮用轴颈定位，并以一个较大的端面作支承。

对于带孔的齿轮，一般选择内孔和一端面定位，基准端面相对于内孔端面圆跳动应符合技术要求。这种加工方法需要专用心轴，定位精度高，不需要找正，生产效率高，适用于成批或大批量生产。当批量较小时，可选用外圆和一端面定位，但这种定位方式需用百分表找正外圆，确定中心位置后再夹紧。因此，该方式生产效率低，对齿轮外圆与内孔的同轴度要求高，适用于单件、小批量生产。

3. 齿形加工方法的选择

齿形加工方法主要根据齿轮的精度等级、生产批量、工件结构特点和热处理方式进行选择。常见齿轮的加工工艺路线如下：

（1）对于 8 级精度以下的调质齿轮，用滚齿或插齿能满足要求，对于淬火齿轮可采用滚齿或插齿→热处理（淬火）→修整内孔的加工方案。热处理前齿形加工精度应提高一级。

（2）对于 6 ~ 7 级精度齿轮有以下两种加工方案：

1）滚齿（或插齿）→剃齿→热处理（淬火）→修整基准→珩齿，这种加工方式生产效率高，适用于大批量生产的淬硬齿轮。

2）对于精度为 3 ~ 6 级的淬硬齿轮可采用滚齿（或插齿）→热处理（淬火）→磨齿的加工方案，这种方案适用于较小批量、精度较高的齿轮加工。

三、圆柱齿轮加工工艺分析

1. 成批生产双联齿轮的加工工艺

图 14–18 所示为双联齿轮零件图，其参数见表 14–6，加工工艺过程见表 14–7。

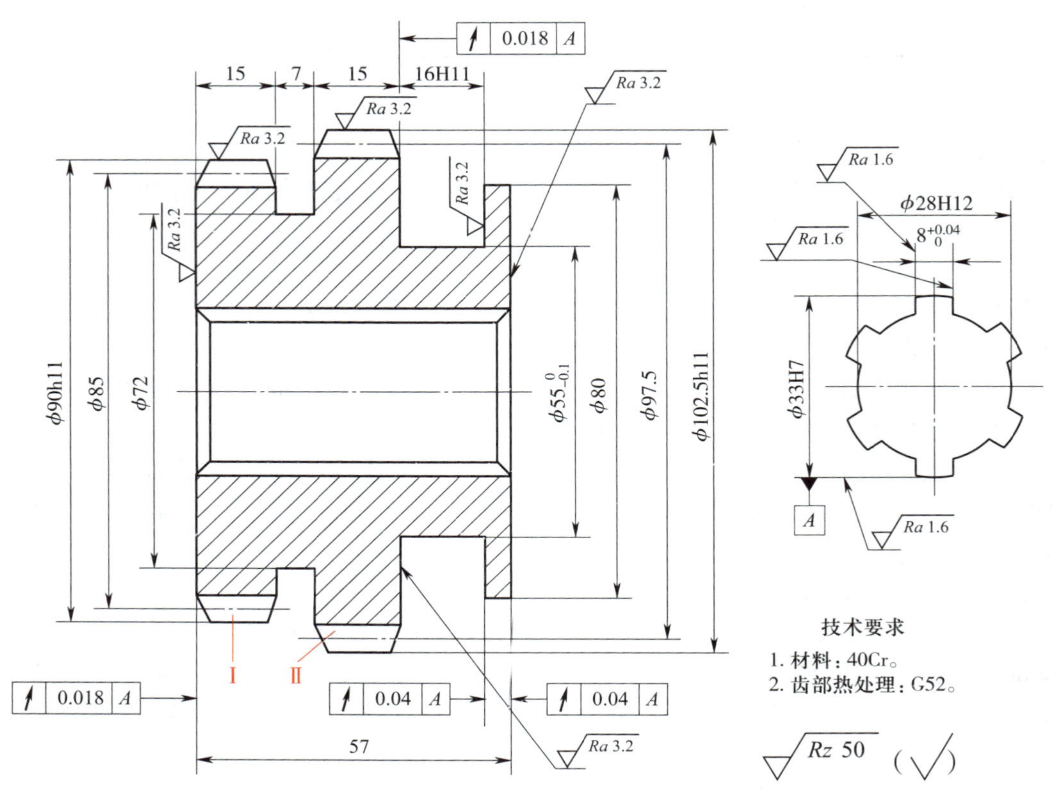

图 14–18　双联齿轮零件图

表 14–6　双联齿轮参数

齿号	Ⅰ	Ⅱ
模数 /mm	2.5	2.5
齿数	34	39
压力角 /（°）	20	20
精度等级	7KJ	7JE
公法线平均长度 /mm	$26.88_{-0.05}^{0}$	$34.46_{-0.06}^{0}$
公法线长度变动量 /mm	0.03	0.03
齿圈径向圆跳动公差 /mm	0.05	0.05
齿向公差 /mm	0.011	0.011

表 14–7　双联齿轮加工工艺过程

工序号	工序名称及内容	定位基准	加工设备
1	锻造		空气锤
2	退火		退火炉
3	粗车小端外圆及端面	毛坯外圆及端面	卧式车床
4	粗车大端外圆、端面及槽	小端外圆与端面	六角转塔车床
5	正火		正火炉
6	拉花键孔	内孔及端面	拉床
7	精车小端外圆及端面	花键孔及端面	多刀半自动车床
8	精车大端外圆、端面及槽	花键孔及端面	多刀半自动车床
9	检验		
10	滚齿（z=39）	花键孔及端面	滚齿机
11	插齿（z=34）	花键孔及端面	插齿机
12	倒角	花键孔及端面	倒角机
13	去毛刺		
14	剃齿（z=39）	花键孔及端面	剃齿机
15	剃齿（z=34）	花键孔及端面	剃齿机
16	齿部高频淬火		淬火机
17	推孔	花键孔及端面	油压机
18	珩齿 Ⅰ	花键孔及端面	珩磨机
19	珩齿 Ⅱ	花键孔及端面	珩磨机
20	按要求检验		

2. 小批量生产圆柱齿轮的加工工艺

图 14–19 所示为高精度齿轮零件图，其加工工艺过程见表 14–8。

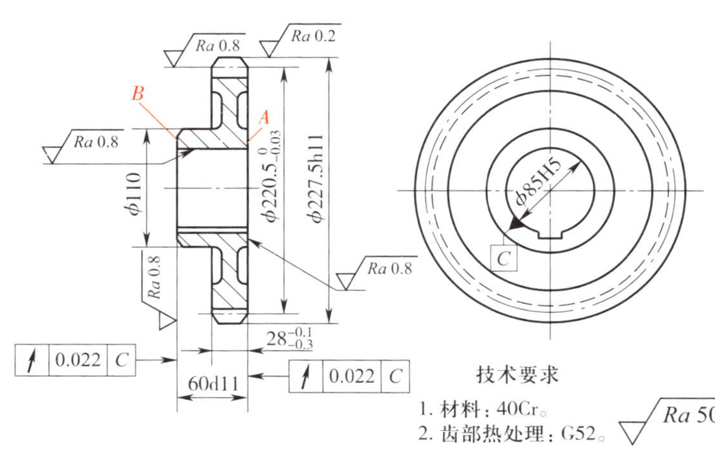

齿数	63
模数/mm	3.5
压力角/(°)	20
精度等级	6–6–5MP
周节累积误差/mm	0.055
基节极限偏差	± 0.007
公法线平均长度/mm	$79.65^{-0.165}_{-0.216}$
跨齿数	8
齿形公差/mm	0.01
齿向公差/mm	0.011

技术要求

1. 材料：40Cr。
2. 齿部热处理：G52。　Ra 50　（√）

图 14–19　高精度齿轮零件图

表 14–8　　高精度齿轮加工工艺过程

工序号	工序名称及内容	定位基准	加工设备
1	锻造		空气锤
2	退火		退火炉
3	粗车外圆、端面和内孔，留余量 2 mm	外圆及端面	普通车床
4	正火		正火炉
5	粗车外圆、端面，总长留加工余量 0.2 mm，其余到尺寸，内孔至 ϕ84.7H7	外圆及端面	普通车床
6	滚齿（留磨齿余量）	内孔及端面 *A*	滚齿机
7	倒角		倒角机
8	去毛刺		
9	齿部高频感应加热淬火（G52）		淬火机
10	插键槽	内孔及端面 *A*	插床
11	平面磨 *A*、*B* 面至尺寸	端面 *A*、*B*	平面磨床
12	磨内孔至尺寸 ϕ85H5	内孔及端面 *A*	内圆磨床
13	磨齿		磨齿机
14	按要求检验		

第十五章 机械装配工艺

§15-1 装配工艺概述

一、装配

机械产品一般由许多零件和部件组成，根据规定的技术要求，将若干零件“拼装”成部件或将若干零件和部件“拼装”成产品的过程，称为装配。前者称为部件装配，简称部装；后者称为总装配，简称总装。

一般情况下，装配单元可分为五级：零件、合件、组件、部件和产品，如图 15–1 所示，由于结构和功能不同，并非所有产品都有所有装配单元。

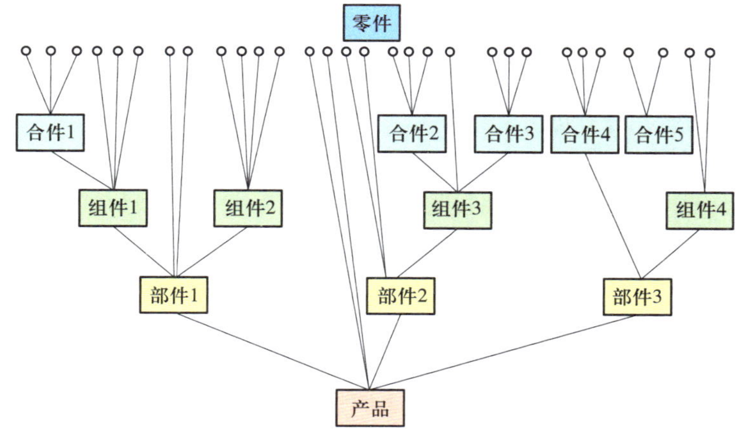

图 15–1　机械产品的装配单元

1. 零件

零件是产品制造的基本单元，也是组成产品的最小单元。

2. 合件

若干零件用不可拆卸连接法（如焊接等）装配在一起形成的单元及利用加工修配法装配在一起的若干零件（如发动机连杆小头和衬套等）称为合件。

3. 组件

由一个或数个合件及零件组合成的相对较独立的组合体称为组件。如车床主轴箱中某一传动轴和轴上零件组合在一起后形成组件。

4. 部件

由若干个零件、合件和组件组合而成，在产品中能完成一定完整功能的独立单元称为部件，如车床的主轴箱、进给箱等。

5. 产品

产品是由上述全部装配单元结合而成的整体。

二、装配工作的内容

机械产品装配是产品制造过程中的最后一个阶段，它包括准备、连接、校正、调整、配作、平衡、验收、试验等一系列工作。装配在产品制造过程中占有非常重要的地位，因为产品的质量最终是由装配来保证的。

零件的质量是产品质量的基础，但装配过程并不是将合格零部件简单地连接起来的过程，而是根据各级部装和总装的技术要求，采取适当的工艺方法来保证产品质量的复杂过程。如果装配工艺水平不高，即使采用高质量的零件，也会装出质量差甚至不合格的产品。因此，必须十分重视产品的装配工作。

装配工作主要包括以下基本内容：

1. 准备

（1）熟悉产品的装配图样，熟悉工艺文件和产品质量验收标准等。分析产品结构，了解零件间的连接关系和装配技术要求。

（2）确定装配的顺序。

（3）确定装配方法，准备所需装配工具。

（4）清洗零件、整形和补充加工。

2. 连接

机械装配中的连接一般有可拆卸连接和不可拆卸连接。

常见的可拆卸连接有螺纹连接、键连接、销连接等。根据被连接零件的不同，螺纹连接有螺栓连接、双头螺柱连接、螺钉连接。键连接主要用于轴与轴上的旋转零件的周向固定，并传递转矩。销连接主要是用作定位，也可用于实现轴与轴上零件之间的轴向和周向固定。销有圆柱销和圆锥销两种，圆柱销用于不常拆卸的场合，圆锥销用于常拆卸的场合。

常见的不可拆卸连接有焊接、铆接、过盈连接等。过盈连接多用于轴、孔的配合，一般机械常采用压入配合法，重要或精密机械常采用热胀或冷缩配合法。

3. 校正、调整与配作

校正是指产品中相关零件间相互位置的找正、找平及相应调整工作。校正在产品总装和大型机械的基体件装配中应用较多。

调整是指相关零部件相互位置的具体调节工作，如调节零部件的位置精度，调节运动副间的间隙，来保证产品中运动零部件的运动精度等。

配作通常指的是配钻、配铰、配刮及配磨等，它们是装配中附加的一些钳工和机械加工工作。配钻和配铰多用于固定连接，是以连接件中一个零件上已有孔为基准，去加工另一零件上相应的孔。配钻多用于螺纹连接，配铰多用于销孔定位，配刮和配磨用于零部件接合表面加工，如运动副配合表面的精加工，使其具有较高的接触精度。

4. 平衡

对于转速较高、运转平稳性要求高的机器，为了防止使用中出现振动，在总装配时，需对有关旋转零部件进行平衡工作。平衡是一个消除不平衡的过程，有静平衡和动平衡两种方法。盘类零件一般采用静平衡法，轴类零件一般采用动平衡法。

5. 验收、试验

机械产品装配完后，应根据有关技术标准和规定，对产品进行较全面的验收和试验工作，合格后方准出厂。例如卧式车床在总装后，需要进行静态检查、空运转试验、负荷试验等。

三、装配精度

1. 装配精度概述

机器或部件装配后的实际几何参数与理想几何参数的符合程度称为装配精度。装配精度一般包括零部件间的距离精度、相互位置精度、相对运动精度、接触精度等。

（1）距离精度

距离精度是指相关零部件间的距离尺寸精度，如车床主轴与尾座轴心线不等高的精度等。距离精度还包括装配中应保证的各种间隙，如轴和轴承的配合间隙，齿轮啮合中非工作齿面间的侧隙及其他一些运动副间的间隙等。

如图 15–2 所示，车床主轴轴线与尾座孔轴线不等高的精度要求在 0 ~ 0.06 mm。

（2）相互位置精度

装配中的相互位置精度包括相关零部件间的平行度、垂直度、倾斜度、同轴度、对称度、位置度及各种跳动等。

如图 15–3 所示，发动机装配的相互位置精度包括缸体中心线与缸体孔中心线的垂直度、活塞外圆中心线与活塞销中心线的垂直度、曲轴的连杆轴颈中心线与连杆小头孔中心线的平行度、曲轴的连杆轴颈中心线与主轴颈中心线的平行度。

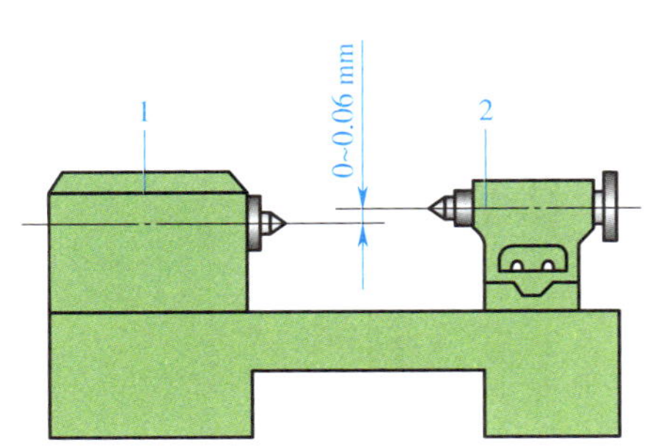

图 15–2　车床主轴轴线与尾座孔轴线不等高的精度

1—主轴箱　2—尾座

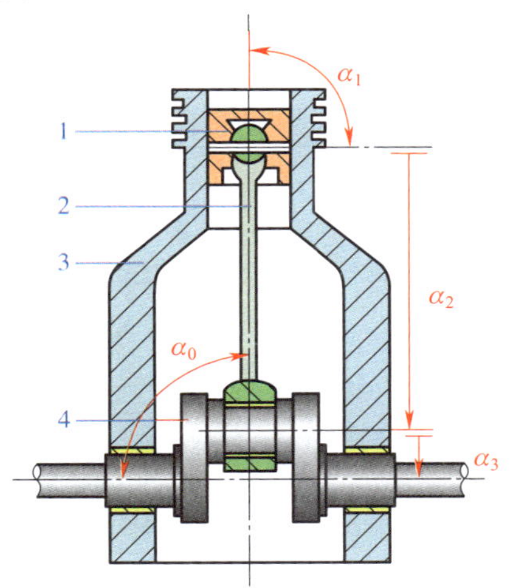

图 15–3　发动机装配的相互位置精度

1—活塞　2—连杆　3—缸体　4—曲轴

α_0—缸体中心线与缸体孔中心线的垂直度

α_1—活塞外圆中心线与活塞销中心线的垂直度

α_2—曲轴的连杆轴颈中心线与连杆小头孔中心线的平行度

α_3—曲轴的连杆轴颈中心线与主轴颈中心线的平行度

（3）相对运动精度

相对运动精度是产品中有相对运动的零部件间在运动方向和相对速度上的精度。运动方向的精度多表现为部件间相对运动的平行度和垂直度，如车床床鞍移动精度及床鞍移动相对主轴轴心线的平行度等。相对速度的精度即传动精度，表现为传动链的两末端执行件之间速度的协调性和均匀性，如滚齿机滚刀主轴与工作台的相对运动、车床车螺纹时主轴与刀架移动的相对运动等，在速度比上均有严格的精度要求。

（4）接触精度

接触精度常以接触面积的大小及接触点的分布来衡量，如齿轮啮合、锥体配合及导轨之间均有接触精度要求。

在齿轮副的装配中，不但对齿面的接触面积有要求，还对其接触点的位置提出了要求。如图 15–4a 所示的接触面积和位置均符合要求；图 15–4b、图 15–4c 虽然面积大小符合要求但位置不符合要求；图 15–4d、图 15–4e 则接触面积的大小和位置均不符合要求。

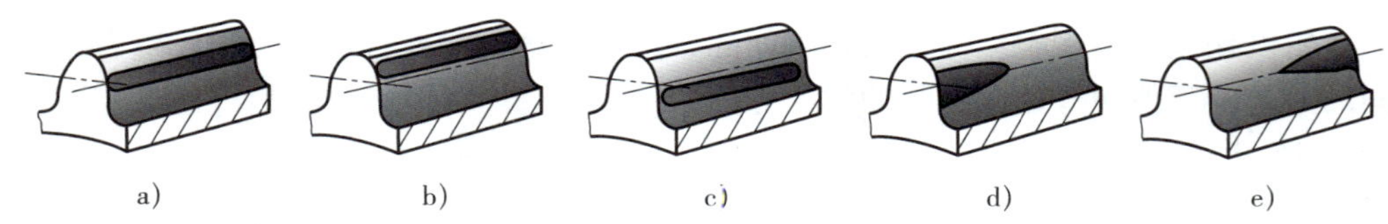

图 15–4　齿轮接触精度

2. 装配精度与零件精度的关系

机器是由零件和部件组成的，故零件的精度特别是关键零件的加工精度对装配精度有很大的影响。如图 15–5 所示，车床主轴轴线与尾座套筒轴线对床鞍移动的等高要求 A_0，取决于主轴箱、底板及尾座的 A_1、A_2 及 A_3 的尺寸精度。车床的等高要求是很高的，如果单靠提高尺寸 A_1、A_2 及 A_3 的尺寸精度来保证是很不经济的，甚至在技术上也是很困难的。

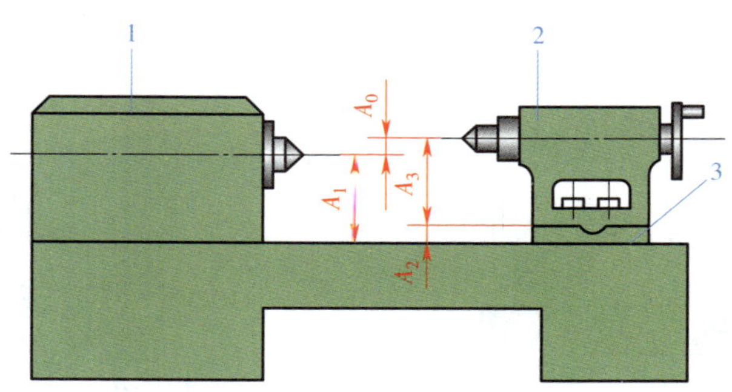

图 15–5　车床主轴轴线与尾座套筒轴线等高示意图

1—主轴箱　2—尾座　3—尾座底板

产品的装配精度和零件的加工精度有很密切的关系，零件精度是保证装配精度的基础，但装配精度不完全取决于零件精度。要合理地获得装配精度，应从产品结构、机械加工和装配等方面进行综合考虑。

四、生产实例分析

如图 15–6 所示为减速器装配图。从图中可以看出，减速器总装的基准件是箱体，整个减速器由三个组件组成，即蜗杆轴组件、蜗轮轴组件和锥齿轮轴 – 轴承套组件。组件间的位置关系是蜗杆轴轴线与蜗轮轴轴线空间垂直交错，蜗轮轴轴线和锥齿轮轴轴线平面垂直交叉。

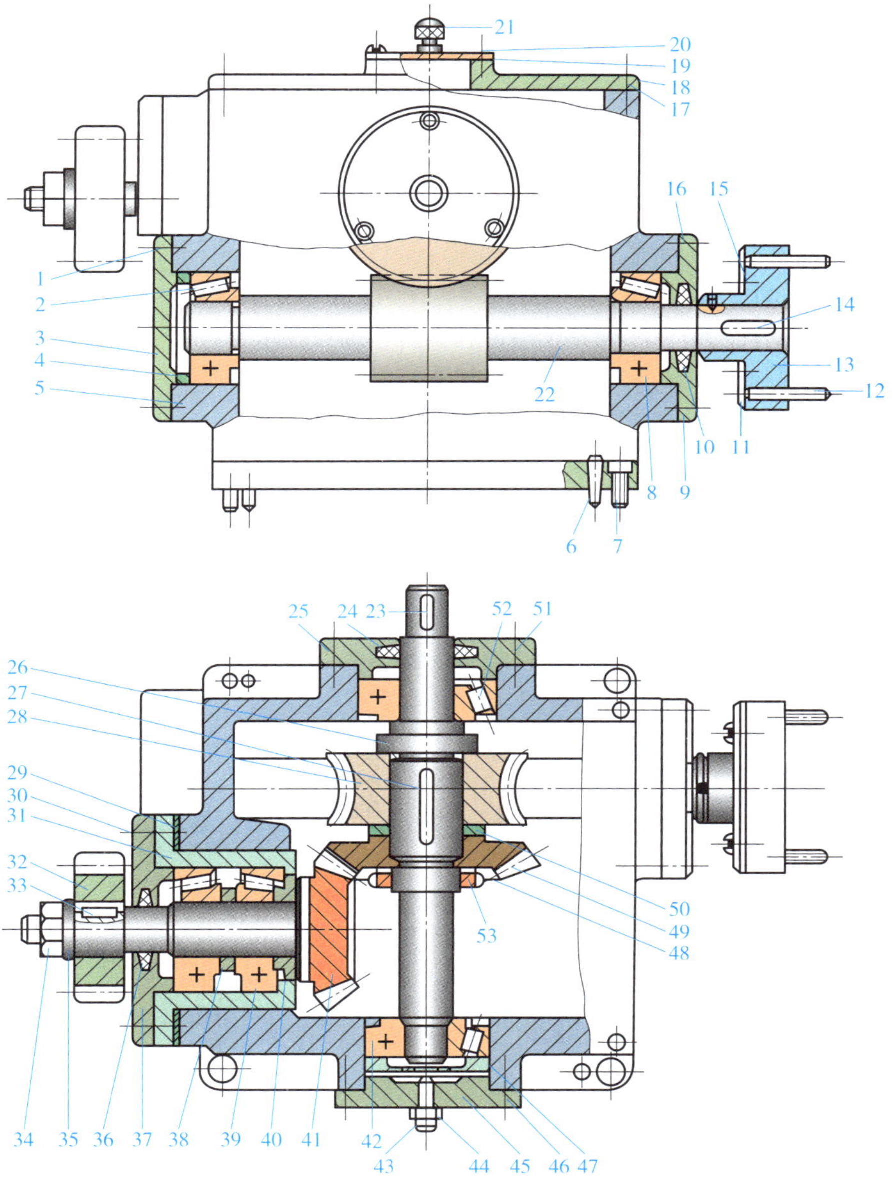

图 15–6　减速器装配图

1、7、15、16、17、20、30、43、46、51—螺栓　2、8、39、42、52—轴承　3、9、25、37、45—轴承盖　4、29、50—调整垫圈　5—箱体　6、12—销　10、24、36—毛毡　11—环　13—联轴器　14、23、27、33—平键　18—箱盖　19—盖板　21—手把　22—蜗杆轴　26—轴　28—蜗轮　31—轴承套　32—圆柱齿轮　34、44、53—螺母　35、48—垫圈　38—隔圈　40—衬垫　41—锥齿轮轴　47—压盖　49—锥齿轮

减速器的装配分为四个阶段，即准备阶段、装配阶段、调整和精度检验阶段以及运转试验阶段。

1. 准备阶段

（1）明确装配技术要求

熟悉减速器的装配图样，熟悉工艺文件和产品质量验收标准等。分析减速器结构，了解零件间的连接关系和装配技术要求。

减速器装配的主要技术要求有：

1）零件和组件必须正确安装在规定位置。

2）必须保证各轴线之间相互位置精度（如平行度、垂直度等）。

3）蜗杆副、锥齿轮副正确啮合，符合相应规定。

4）回转件运转灵活，滚动轴承游隙合适，润滑良好，不漏油。

5）各固定连接牢固、可靠。

（2）确定装配的顺序

1）分别装配蜗杆轴组件、蜗轮轴组件和锥齿轮轴 – 轴承套组件。在安装前要确定组内各零件的装配顺序和位置关系，如图 15–7 所示为锥齿轮轴 – 轴承套组件装配顺序图。

2）三组件安装顺序：蜗杆轴组件→蜗轮轴组件→锥齿轮轴 – 轴承套组件。

3）将其他零件分别装配到规定位置。

（3）准备所需装配工具

准备压力机、套筒、铜棒、锤子等。

（4）清洗零件、整形和补充加工

1）清洗零件。用清洗剂清除零件表面的防锈油、灰尘、切屑等污物，防止装配时划伤、磨损配合表面。

2）整形。锉修箱盖、轴承盖等铸件的不加工表面，使其与箱体结合部位的外形一致，对于零件上未去除干净的毛刺、锐边及运输中因碰撞而产生的印痕也应锉除。

3）补充加工。指零件上某些部位需要在装配时进行的加工，如箱体与箱盖、箱盖与盖板、各轴承盖与箱体的连接孔和螺孔的配钻、攻螺纹等，如图 15–8 所示。

2. 装配阶段

（1）组件装配

1）零件试装。在组件装配前，有时还需要试装。零件的试装又称试配，是为保证产品总装质量而进行的各连接部位的局部试验性装配。

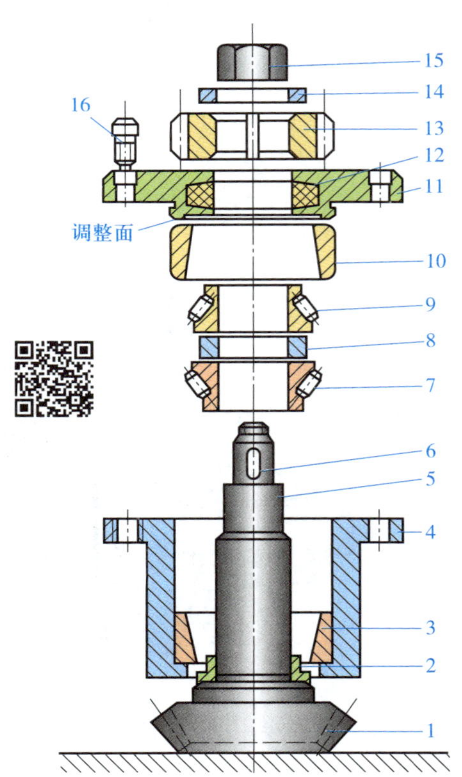

图 15–7　锥齿轮轴 – 轴承套组件装配顺序图

1—锥齿轮轴　2—衬垫　3、10—轴承外圈　4—轴承套　5—锥齿轮轴　6—平键　7、9—轴承内圈　8—隔圈　11—轴承盖　12—毛毡　13—圆柱齿轮　14—垫圈　15—螺母　16—螺栓

减速器中有三处平键连接，蜗杆轴 22 与联轴器 13、轴 26 与蜗轮 28 和锥齿轮 49、锥齿轮轴 41 与圆柱齿轮 32，均须进行平键连接试配，如图 15–9 所示。零件试配合适后，有些影响其他零件装配或总装配的零件需要卸下，应作好配套标记，以便重新安装时方便定位，如图 15–6 中联轴器 13 和圆柱齿轮 32。

2）装配组件。根据装配顺序图分别装配蜗杆轴组件、锥齿轮轴 – 轴承套组件（蜗轮轴不能预先装配）。

①装配蜗杆轴组件。在装配蜗杆轴组件时，以蜗杆轴 22 为基准件，装上两端轴承内圈分组件。

②装配锥齿轮轴 – 轴承套组件。在装配锥齿轮轴 – 轴承套组件时，以锥齿轮轴 41（由轴和锥齿轮组成合件）为基准件。

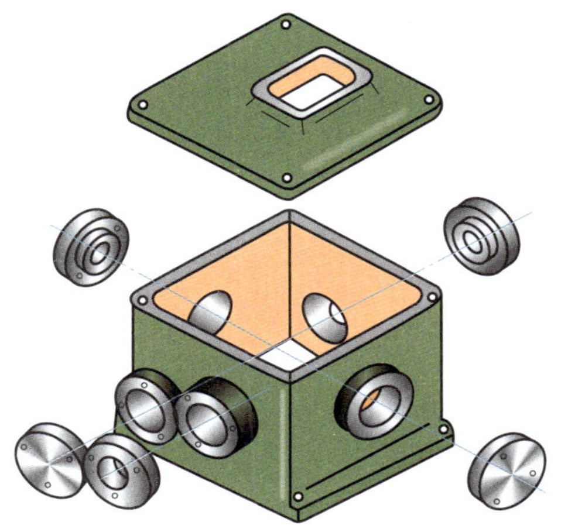

图 15–8　箱体与有关零件配加工

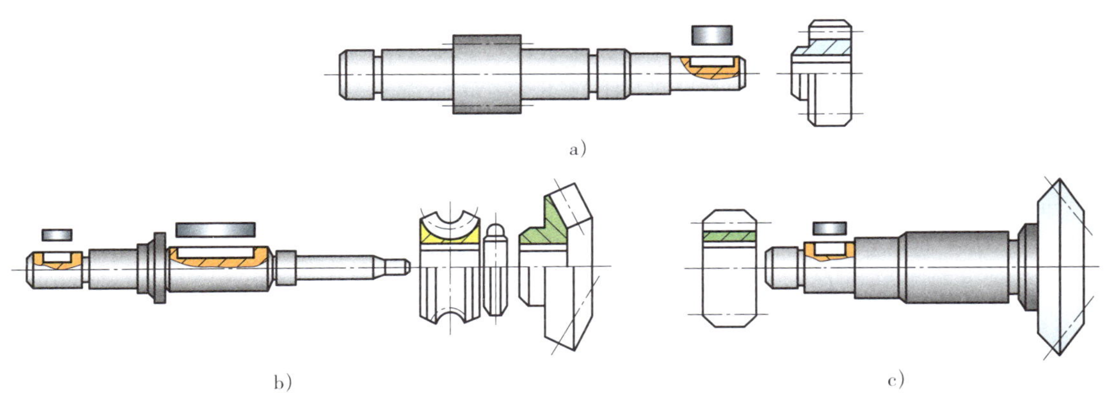

图 15–9　减速器零件配键预装

a）蜗杆轴 22 与联轴器 13 平键连接试配　b）轴 26 与蜗轮 28 和锥齿轮 49 平键连接试配

c）锥齿轮轴 41 与圆柱齿轮 32 平键连接试配

由于图 15–6 中调整垫圈 50 具体尺寸还不能确定，另外由于装配空间的限制，蜗轮轴组件装配只能在总装过程中进行。

当组件装配完成后，对重要技术指标进行检测，如齿轮齿顶圆径向跳动等。

（2）部件装配

若图 15–6 所示减速器是某一机械产品（如卷扬机）的部件，可进行部件装配。若图 15–6 所示减速器是机械产品，则结构并非很复杂，没有部件，由组件和零件组成，可以进入总装配。

（3）总装配

1）装配蜗杆轴组件（图 15–10）

①装配要求。保证蜗杆轴轴向间隙在 0.01 ~ 0.02 mm。

②装配顺序。轴承外圈装入箱体右端→装入蜗杆轴组件→轴承外圈装入箱体左端→装入右端轴承盖 5 并拧紧螺钉→用铜棒轻轻敲击蜗杆轴左端，使右端轴承消除游隙并贴紧右端轴

承盖 5→装入调整垫圈 1 和左端轴承盖 2→测量间隙→确定调整垫圈的厚度→拆下左端轴承盖 2 和调整垫圈 1→重新装入合适的调整垫圈→装上左端轴承盖 2 并用螺钉拧紧。

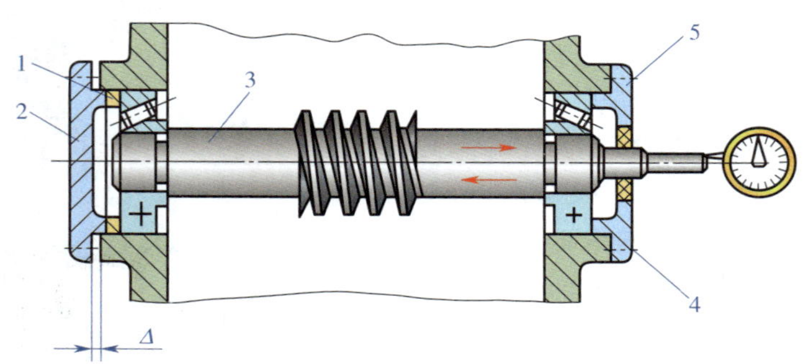

图 15-10　蜗杆轴组件的装配和轴向间隙的调整

1—调整垫圈　2—左端轴承盖　3—蜗杆轴　4—螺钉　5—右端轴承盖

装配后用百分表在蜗杆轴右侧外端检查轴向间隙，保证符合要求。

2）试装蜗轮轴组件和锥齿轮轴－轴承套组件。试装的目的是确定蜗轮轴的位置，使蜗轮的中间平面与蜗杆的轴线重合，保证蜗杆副正确啮合；确定锥齿轮的轴向安装位置，保证锥齿轮副的正确啮合。

①蜗轮轴位置的确定（图 15-11）。确定蜗轮轴位置，即是确定右端轴承盖凸肩尺寸 H。先将圆锥滚子轴承内圈 2 压入轴 6 的大端（左侧），通过箱体孔装上已试配好的蜗轮及轴承外圈 3，轴的小端装上用来替代轴承的轴套 7（便于拆卸）。轴向移动蜗轮轴，调整蜗轮与蜗杆正确啮合的位置并测量尺寸 H，据此确定调整轴承盖分组件 1 的凸肩尺寸（凸肩尺寸为 $H_{-0.02}^{\ 0}$ mm）。

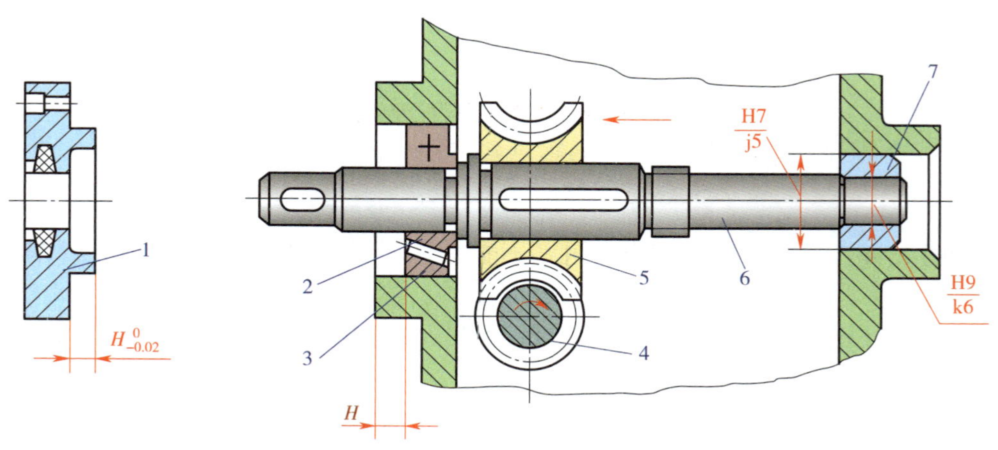

图 15-11　蜗轮轴组件的装配和位置的调整

1—轴承盖分组件　2—轴承内圈　3—轴承外圈　4—蜗杆　5—蜗轮　6—轴　7—轴套

②锥齿轮安装位置的确定（图 15-12）。先在蜗轮轴上安装锥齿轮 4，再将装配好的锥齿轮轴－轴承套组件装入箱体，调整两锥齿轮的轴向位置，使其正确啮合，分别测量尺寸 H_1 和 H_2，据此确定两调整垫圈（图 15-6 中件 29 和件 50）的厚度。

3）装配蜗轮轴组件。将装有轴承内圈和平键的轴放入箱体内，并依次将蜗轮、调整垫圈、锥齿轮、垫圈和螺母装在轴上，然后在箱体大轴承孔处（上端）装入轴承外圈和轴承盖分组件，在箱体小轴承孔处装入轴承、压盖和轴承盖，两端均用螺钉紧固。

4）装入锥齿轮轴－轴承套组件。在蜗轮轴组件安装完毕后将锥齿轮轴－轴承套组件和调整垫圈一起装入箱体，用螺钉紧固。

5）安装其他零件与组件。

3. 调整和精度检验阶段

（1）调整

调整工作贯穿于减速器装配的整个过程，在组件中装配需要调整，在部件中装配需要调整，在总装配中更需要调整。

（2）精度检验

减速器主要检验齿轮副的接触精度、齿侧间隙、相互位置精度和轴承间隙，经检验合格后安装箱盖。

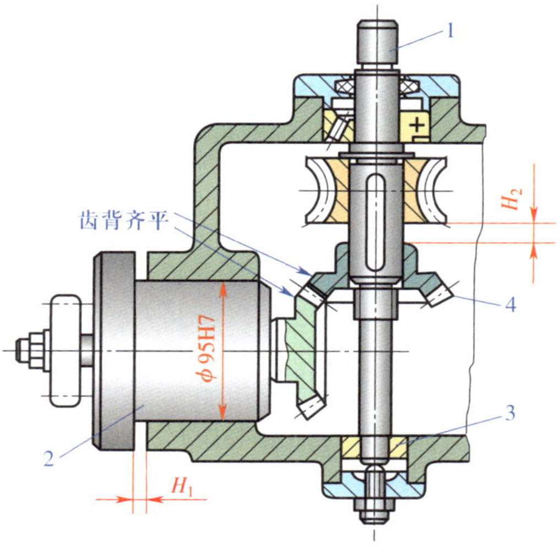

图 15-12　锥齿轮安装位置的确定

1—轴　2—锥齿轮轴－轴承套组件

3—轴套　4—锥齿轮

4. 运转试验阶段

总装完成后，减速器应进行运转试验。试验前必须清理箱体内腔，注入润滑油，用拨动联轴器的方法使润滑油均匀流至各润滑点。然后装上箱盖，连接电动机，并用手拨动联轴器使减速器回转，全部符合要求后，接通电源进行空载试车。运转中齿轮应无明显噪声，传动性能符合要求，运转 30 min 后检查轴承温度应不超过规定要求。

§15-2　装配尺寸链计算

装配尺寸链是产品或部件在装配过程中，由相关零件的有关尺寸（表面或轴线间距离）或相互位置关系（如平行度、垂直度或同轴度等）所组成的尺寸链。

一、装配尺寸链与工艺尺寸链

如图 15-13 所示单键配合中，A_1 的公称尺寸为 20 mm，A_2 的公称尺寸为 20 mm，且 $A_0=0^{+0.20}_{+0.05}$ mm（设计要求）。

比较第十三章中的工艺尺寸链与图 15-13 的装配尺寸链，不难看出两者之间的异同。

1. 相同点

（1）工艺尺寸链和装配尺寸链都是由组成环和封闭环组成的，组成环同样分为增环和减环，其判断方法也相同。

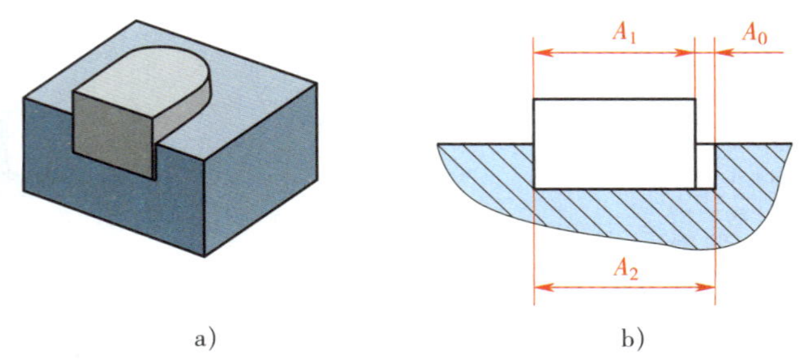

图 15–13　单键配合

a）模型图　b）尺寸链

（2）工艺尺寸链和装配尺寸链同样都具有封闭性和关联性。

2. 不同点

（1）工艺尺寸链的封闭环是由工艺过程的尺寸确定之后间接获得的，而装配尺寸链的封闭环是由具有一定尺寸的零件装配在一起后形成的。装配尺寸链的封闭环就是装配时所要求保证的装配精度，如图 15–13 中的 A_0。

（2）工艺尺寸链中的组成环是由关联的工艺尺寸组成的，而装配尺寸链中的组成环则是由对装配精度有直接影响的相关零件的具体尺寸组成的，一个零件只能有一个尺寸（组成环）列入装配尺寸链。

二、装配尺寸链的分类

按照各环的几何特征和所处的空间位置，装配尺寸链可分为直线尺寸链、角度尺寸链和平面尺寸链，其中最常见的是直线尺寸链和角度尺寸链。

直线尺寸链是由彼此平行的直线尺寸所组成的尺寸链，如图 15–13，它所涉及的都是距离尺寸精度问题。

角度尺寸链是由角度（含平行度与垂直度）尺寸所组成的尺寸链，其组成环的几何特征多为平行度或垂直度，如图 15–14 所示。这种尺寸链的一个重要特点是组成环的公称尺寸都等于零。

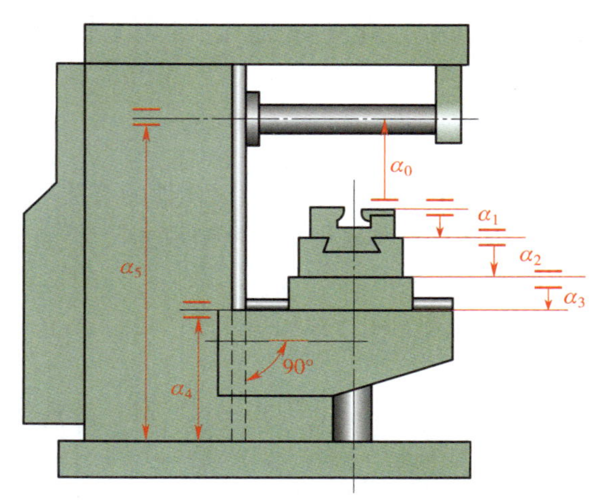

图 15–14　角度尺寸链示例

三、装配尺寸链的建立

当运用装配尺寸链去分析和解决装配精度问题时，首先要正确地建立装配尺寸链，即正确地确定封闭环，并根据封闭环的要求查明各组成环。

1. 装配尺寸链的建立方法和步骤

装配尺寸链的建立是在产品或部件装配图上进行的，建立方法和步骤如下：

（1）确定封闭环

首先要看懂产品或部件的装配图，了解产品或部件的装配精度，一般产品的装配精度指标就是封闭环。如图 15–15 中，为了保证孔与轴装配后能够灵活转动，要求装配后的径向间隙为 0.005 ~ 0.015 mm，此间隙就是封闭环 A_0。

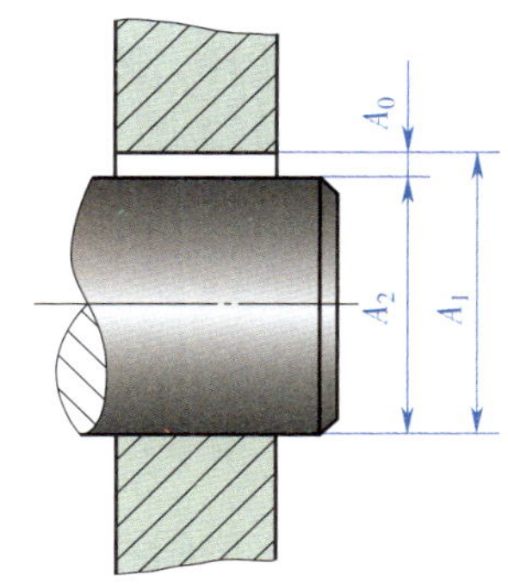

图 15–15　封闭环 A_0 与组成环 A_1、A_2

（2）查找组成环

以封闭环两端的那两个零件为起点，沿着装配精度要求的方向，以相邻零件装配基准之间的联系为线索，分别找出对装配精度有影响的相关零件，直到找到同一个基准面为止。在图 15–15 中 A_0 的下端为轴（A_2），A_0 的上端为孔（A_1），A_1 和 A_2 在同一基准面相接，形成封闭状态，故 A_1 和 A_2 为组成环。

（3）画出尺寸链图，并判断增环、减环。

2. 在建立装配尺寸链时的注意事项

在建立装配尺寸链时，应注意以下几点：

（1）按一定层次分别建立产品与部件的装配尺寸链。

（2）在保证装配精度的前提下，装配尺寸链组成环可适当简化。

（3）装配尺寸链的组成应采用最短路线（环数最少）原则。

（4）当同一装配结构在不同位置方向有装配精度要求时，应按不同方向分别建立装配尺寸链。

四、装配尺寸链的计算与应用

1. 装配尺寸链的计算

装配尺寸链的计算方法有极值法和概率法两种。通常采用极值法，该方法简单可靠，容易掌握，计算公式与工艺尺寸链相同。

2. 装配尺寸链的应用

在产品设计过程中，设计者首先完成总装配图和部件装配图，并提出装配精度要求，然后选择装配方法，确定各零件的公称尺寸及偏差，这时可以通过求解装配尺寸链来确定。

当需要对已设计的图样进行校核验算时，利用与装配精度有关的零件公称尺寸及偏差，通过求解装配尺寸链，验算零件装配后的装配精度是否满足设计要求。

通常把前者称为反算法，后者称为正算法。

五、生产实例分析

图 15–13 所示的单键配合中，采用完全互换装配法，首先按公式计算平均公差：

$$T_{AM}=\frac{T_0}{n-1}=\frac{0.20\ \text{mm}-0.05\ \text{mm}}{3-1}=0.075\ \text{mm}$$

这个数值对 20 mm 的尺寸来讲符合经济精度。

因为尺寸 A_1 为外尺寸，A_2 为内尺寸，前者比后者容易加工，故将公差按生产经验分配，先确定 T_2=0.1 mm，然后计算出 T_{A1}

$$T_{A1}=T_{A0}-T_{A2}=0.15\ \text{mm}-0.1\ \text{mm}=0.05\ \text{mm}$$

因为设计上对 A_2 的公差分布并无规定要求，故可按加工的习惯方法，即内尺寸采用单向正公差，所以 A_2 尺寸及其偏差可预先确定为

$$A_2=20^{+0.10}_{0}\ \text{mm}$$

因为 A_1 是减环，按工艺尺寸链公式可求出

$$ES_{A1}=-EI_{A0}+EI_{A2}$$
$$=-0.05\ \text{mm}+0=-0.05\ \text{mm}$$
$$EI_{A1}=-ES_{A0}+ES_{A2}$$
$$=-0.20\ \text{mm}+0.10\ \text{mm}=-0.10\ \text{mm}$$

于是得到

$$A_1=20^{-0.05}_{-0.10}\ \text{mm}$$

验证计算的正确性，有

$$A_{0\max}=(20+0.10)\ \text{mm}-(20-0.10)\ \text{mm}=0.20\ \text{mm}$$

$$A_{0\min}=20\ \text{mm}-(20-0.05)\ \text{mm}=0.05\ \text{mm}$$

§ 15-3　装配方案及其选择

机械产品的精度要求，最终是靠装配实现的。比较孔和轴不同装配方案的实质是通过对装配尺寸链的求解，比较装配精度和零件的加工精度，从而优选装配方案。

装配生产中保证产品精度的具体方法有许多种，归纳起来可分为完全互换装配法、分组装配法、修配装配法和调整装配法四大类。

一、完全互换装配法

1. 完全互换装配法的概念

完全互换装配法是指在装配过程中参与装配的每一个零件不经任何选择、修理和调整，装上后全都能达到装配精度要求的装配方法。如果产品在使用过程中某一零件磨损或损坏，只要换上一个新的同类零件即可正常使用。这种方法的实质是靠控制零件的加工精度来保证产品的装配精度。

采用完全互换法进行装配，可以使装配过程简单，生产效率高，易于组织流水作业及自动化装配。但当装配精度要求较高，尤其是组成环较多时，零件难以按经济精度制造。因此，这种装配方法多用于较高精度的少环尺寸链或低精度的多环尺寸链中，如汽车、自行车和轴承等。

2. 完全互换装配法的尺寸链计算

完全互换装配法尺寸链的计算方法和步骤：

（1）建立装配尺寸链

判断封闭环、增环和减环。

（2）确定封闭环公称尺寸及偏差

（3）确定协调环

由于一条装配尺寸链中有多个未知数，计算时需要选择一个容易加工的尺寸作为“协调环”。它的极限偏差并非事先定好的，而是经过计算后确定的，以便与其他组成环相协调，最后满足封闭环极限偏差的要求。确定协调环的原则是结构简单，非标准件，不能是几个尺寸链的公共环，方便加工和测量。

（4）确定各组成环公差

1）先确定各组成环的平均公差。

2）确定各组成环公差值。对于结构简单、组成环数很少且公称尺寸相同或相近的装配尺寸链，可以直接选用平均公差值（如轴孔配合副）。

对于结构较复杂、组成环数较多且公称尺寸相差较大的装配尺寸链，根据平均公差值查表，对照标准公差值选定与平均公差值相近的精度等级（建议在国家标准规定的精度等级中选取），一般各组成环按等精度（或相近精度）原则选取，避免出现个别零件精度很低而个别零件精度很高的现象。

各组成环的精度等级确定之后，再反过来确定各组成环的标准公差值。

3）确定组成环（除协调环外）公差带位置。组成环（除协调环外）公差带位置按“入体原则”标注。对于内尺寸（孔），其尺寸偏差按 H 配置；对于外尺寸（轴），其尺寸偏差按 h 配置。

4）确定协调环偏差。采用极值法计算，计算公式与工艺尺寸链计算公式相同。

3. 生产实例分析

如图 15–16 所示为齿轮与轴的装配关系，已知 A_1=30 mm，A_2=5 mm，A_3=43 mm，$A_4=3_{-0.05}^{\ 0}$ mm（标准件），A_5=5 mm，要求装配间隙 A_0=0.10 ~ 0.35 mm，现采用完全互换法装配，试确定各组成环公差和极限偏差。

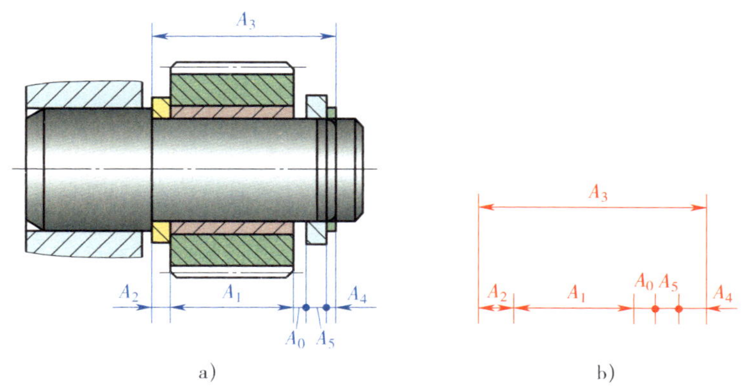

图 15–16　齿轮与轴的装配关系

a）示意图　b）装配尺寸链

解：

（1）如图 15-16 所示，A_3 为增环，A_1、A_2、A_4、A_5 为减环。

（2）计算封闭环的公称尺寸 A_0

封闭环的公称尺寸

$$A_0=A_3-（A_1+A_2+A_4+A_5）=43\text{ mm}-（30+5+3+5）\text{mm}=0\text{ mm}$$

根据题意，封闭环尺寸为

$$A_0=0^{+0.35}_{+0.10}\text{ mm}$$

所以封闭环的公差为

$$T_0=0.35\text{ mm}-0.10\text{ mm}=0.25\text{ mm}$$

（3）确定协调环

本例中 A_5 为一垫圈，易加工和测量，故选作协调环。

（4）确定各组成环公差

1）计算组成环平均公差

$$T_{\text{AM}}=\frac{T_0}{n-1}=\frac{0.25\text{ mm}}{6-1}=0.05\text{ mm}$$

2）确定各组成环公差

A_4 为标准件，$A_4=3^{\ 0}_{-0.05}$ mm，无须调整，故

$$T_4=0.05\text{ mm}$$

由于该尺寸链的组成环较多（5 个），而且各组成的公称尺寸相差甚大，如果直接选用平均值，可能出现个别零件精度很低、个别零件精度很高的现象。因此，必须对组成环公差进行调整。方法：以平均公差为基础，根据等精度（或精度接近）原则调整。

查标准公差值表得知，当组成环公差等级为 IT9 时，标准公差值比较接近平均公差值，故组成环（除标准件和协调环外）的公差等级均取 IT9，查标准公差值表得：$T_1=0.052$ mm，$T_2=0.03$ mm，$T_3=0.062$ mm。

（5）确定组成环公差带位置

A_1、A_2 为外尺寸，按基轴制确定公差带位置，有

$$A_1=30^{\ 0}_{-0.052}\text{ mm}，A_2=5^{\ 0}_{-0.03}\text{ mm}$$

A_3 为内尺寸，按基孔制确定公差带位置，有

$$A_3=43^{+0.062}_{\ 0}\text{ mm}$$

协调环 A_5 公差为

$$T_5=T_0-（T_1+T_2+T_3+T_4）=0.25\text{ mm}-（0.052+0.03+0.062+0.05）\text{mm}=0.056\text{ mm}$$

（6）确定协调环 A_5 极限偏差

1）计算 A_5 的下极限偏差。

因为 $$ES_0=ES_3-（EI_1+EI_2+EI_4+EI_5）$$

则 $$\begin{aligned}EI_5&=ES_3-（EI_1+EI_2+EI_4）-ES_0\\&=0.062\text{ mm}-（-0.052-0.03-0.05）\text{mm}-0.35\text{ mm}\\&=-0.156\text{ mm}\end{aligned}$$

2）计算 A_5 的上极限偏差。

$$ES_5=EI_5+T_5=-0.156\text{ mm}+0.056\text{ mm}=-0.100\text{ mm}$$

所以，协调环 A_5 的尺寸为 $A_5=5_{-0.156}^{-0.100}$ mm（约相当于 IT10，合理）。

二、分组装配法

1. 分组装配法的概念

完全互换装配法有很多优点，但加工精度要求很高，给零件加工带来很大困难。能否放大配合件的公差、降低零件精度后加工，再采用适当的工艺手段进行装配，保证装配精度要求呢？分组装配法就可以解决这一问题。

分组装配法又称分组互换法，顾名思义，零件能在本组内互换。分组装配法是指装配前将互配的零件测量分组，装配时按对应组进行装配达到精度的方法。

采用这种工艺方法装配，虽然零件的公差放大，对零件的加工精度要求不高，但装配后仍然可以获得较高的装配精度，解决了因零件精度过高给加工带来的困难。经过测量分组和分组装配，同一组内的零件仍然可以互换，具有完全互换法装配的优点。分组装配法虽然增加了测量、分组的工作量，但降低了零件的加工精度要求，降低了成本。

分组装配法适用于大批量生产的高精度少环尺寸链，多用于孔轴配合。

2. 采用分组装配法应该注意的问题

（1）配合件的公差必须相等，公差放大的倍数和方向也应相同，且分组数应该等于零件公差放大的倍数。

（2）只能放大尺寸公差，几何公差和表面粗糙度值不能放大。应保持原来的几何公差和表面粗糙度值，以免影响配合性质。

（3）应采取措施，尽量使同组相配件数量相同或相近，避免造成零件积压浪费。

（4）零件的分组数不宜过多，一般以 3 ~ 5 组为宜，分组数过多，会因零件测量分类和存储工作量增大而使生产组织工作变得复杂。

3. 生产实例分析

如图 15–17 所示为活塞与活塞销的连接。根据装配技术要求，活塞销孔与活塞销外径在冷态装配时应有 0.002 5 ~ 0.007 5 mm 的过盈量。与此相应的配合公差按等公差分配时，只有 0.002 5 mm。如果上述配合采用基轴制原则，则活塞销外径尺寸 $d=\phi28_{-0.0025}^{0}$ mm，相应的销孔直径 $D=\phi28_{-0.0075}^{-0.0050}$ mm。显然，制造这样精确的活塞销和销孔是很困难的，也是不经济的。

生产中采用的办法是先将上述公差值都放大 4 倍（$d=\phi28_{-0.010}^{0}$ mm，$D=\phi28_{-0.015}^{-0.005}$ mm），这样即可采用高效率的无心磨和金刚镗去分别加工活塞销外圆和活塞孔，然后用精密测量仪器进行测量，并按尺寸大小分成四组，涂上不同的颜色，以便进行分组装配。具体分组情况见表 15–1。

三、修配装配法

1. 修配装配法的概念

在单件、小批生产中，装配精度要求高而且组成件多时，完全互换法或分组互换法均不能采用，在这些情况下，修配装配法是被广泛采用的方法之一。

修配装配法是指在零件上预留修配量，在装配过程中用手工锉、刮、研等方法修去该零件上多余的材料，使装配精度达到要求。它的优点是能够获得很高的装配精度，而零件的制造精度要求可以放宽，缺点是装配过程中以手工操作为主，劳动量大，工时不易预定，生产效率低，不便于组织流水作业，而且装配质量依赖于工人的技术水平。

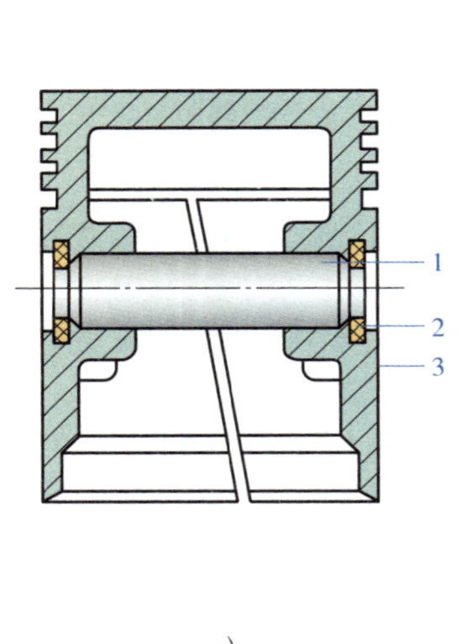

a）

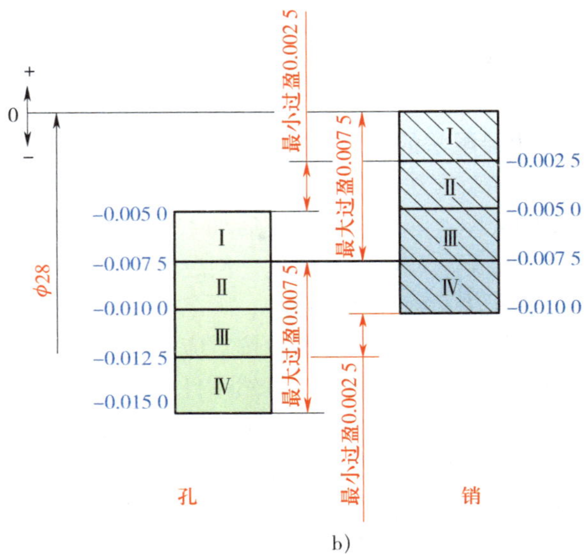

b）

图 15-17　活塞与活塞销的连接

a）模型图　b）装配尺寸分组

1—活塞销　2—挡圈　3—活塞

表 15-1　　活塞销与活塞销孔直径分组尺寸　　mm

组别	标志颜色	活塞销直径 $d=\phi28^{0}_{-0.010}$	活塞销孔直径 $D=\phi28^{-0.005}_{-0.015}$	配合情况	
				最小过盈	最大过盈
Ⅰ	红	$d=\phi28^{0}_{-0.0025}$	$D=\phi28^{-0.0050}_{-0.0075}$	0.002 5	0.007 5
Ⅱ	白	$d=\phi28^{-0.0025}_{-0.0050}$	$D=\phi28^{-0.0075}_{-0.0100}$		
Ⅲ	黄	$d=\phi28^{-0.0050}_{-0.0075}$	$D=\phi28^{-0.0100}_{-0.0125}$		
Ⅳ	绿	$d=\phi28^{-0.0075}_{-0.0100}$	$D=\phi28^{-0.0125}_{-0.0150}$		

修配装配法多用于单件、小批量生产以及装配精度要求高的场合。

2. 修配装配法的尺寸链计算

为确保修配环有修配余量，必须通过计算来确定修配环的尺寸和偏差。其计算方法和步骤如下：

（1）建立装配尺寸链

根据装配精度要求建立尺寸链，判断增环、减环和封闭环。

（2）确定封闭环的尺寸

（3）选择修配环

修配环的选择应满足以下要求：

1）便于拆装、易于修配。一般应选择形状较简单、修配面积较小的零件。

2）尽量不选公共环。公共环是指那些同时参加了两条尺寸链以上的尺寸（零件），它的变化会同时引起几个封闭环的变化，因此尽量不要选它作为修配环。

3）修配时本身的几何精度和表面质量容易达到要求。

（4）确定其他组成环的尺寸和偏差

按照经济精度和入体原则确定除修配环以外的其他组成环的公差和偏差。

（5）计算修配环尺寸和偏差

修配环的公差按照经济精度确定，其偏差则必须通过计算确定。为了计算简便，一般采用极值法的计算公式。由于放大了组成环的公差，因此，不能全部套用上下极限偏差（或最大、最小值）的计算公式，只能选用其中之一，算出一个偏差，然后用加上或减去其公差的办法求出另一偏差。

为保证有余量修配，应根据修配环修配时封闭环尺寸是变大还是变小来选择先计算上极限偏差还是下极限偏差。若修配环越修，封闭环尺寸越小，则应保证修配环尺寸最小时装上后不用修配就合格，所以应先计算下极限偏差。反之，若修配环越修，封闭环尺寸越大，则应保证修配环尺寸最大时，装上后不用修配就合格，所以应先计算上极限偏差。

（6）校核修配环尺寸是否正确

按照算出的修配环尺寸计算实际封闭环的最大尺寸、最小尺寸，校核最小修配余量是否大于或等于零，最大修配余量是否过大。

3. 生产实例分析

如图 15–18 所示为车床主轴锥孔轴心线与尾座套筒锥孔轴心线的等高度尺寸链，根据精度要求，只允许尾座高出主轴 0 ~ 0.06 mm。已知：A_1=202 mm，A_2=46 mm，A_3=156 mm，现采用修配法装配，确定修配环及各环尺寸及偏差。

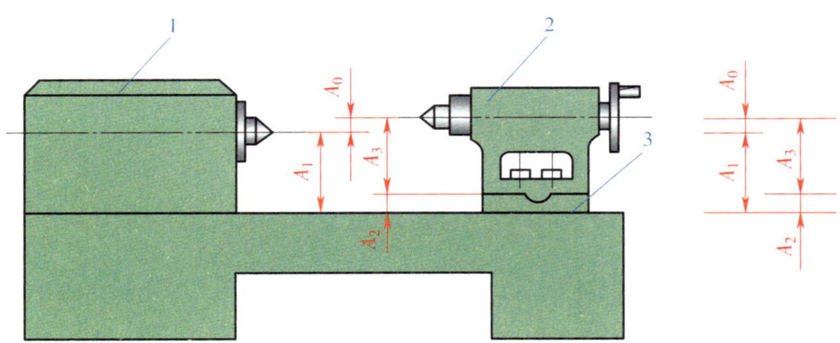

图 15–18　车床主轴与尾座装配尺寸链

1—主轴箱　2—尾座　3—尾座底板

解：（1）建立装配尺寸链

如图 15–18 所示，A_2、A_3 是增环，A_1 是减环。

（2）确定封闭环的尺寸

封闭环公称尺寸为

$$A_0=A_2+A_3-A_1=46\text{ mm}+156\text{ mm}-202\text{ mm}=0$$

封闭环尺寸为

$$A_0=0^{+0.06}_{0}\text{ mm}$$

（3）选择修配环

从图中可看出，尾座底板较小且易拆装，因此选 A_2 为修配环。

（4）确定组成环的尺寸和偏差（除修配环外）

根据经济加工精度取 IT9，则

$$T_1=0.115\ \text{mm},\ T_3=0.1\ \text{mm}$$

因为 A_1、A_3 均为轴线，故公差值应对称标注，有

$$A_1=(202\pm0.057)\ \text{mm}$$

$$A_3=(156\pm0.05)\ \text{mm}$$

（5）计算修配环 A_2 尺寸和偏差

A_2 公差按精刨（或精铣）所能达到的经济精度 IT10 选取，查标准公差值表得

$$T_2=0.1\ \text{mm}$$

在修配底板时，由于尺寸 A_2 越修，封闭环尺寸越小，故应先计算 A_2 下极限偏差。

因为
$$EI_0=EI_2+EI_3-ES_1$$

则
$$EI_2=EI_0+ES_1-EI_3=0+0.057\ \text{mm}-(-0.05\ \text{mm})=0.107\ \text{mm}$$

$$ES_2=EI_2+T_2=0.107\ \text{mm}+0.1\ \text{mm}=0.207\ \text{mm}$$

$$A_2=46^{+0.207}_{+0.107}\ \text{mm}$$

（6）校核修配环

通过以上计算，A_1、A_2、A_3 的尺寸已经确定，如果按照以上尺寸加工并装配，观察封闭环的实际变化

$$A'_{0\max}=A_{2\max}+A_{3\max}-A_{1\min}=46\ \text{mm}+0.207\ \text{mm}+156\ \text{mm}+0.05\ \text{mm}-202\ \text{mm}+0.057\ \text{mm}=0.314\ \text{mm}$$

$$A'_{0\min}=A_{2\min}+A_{3\min}-A_{1\max}=46\ \text{mm}+0.107\ \text{mm}+156\ \text{mm}-0.05\ \text{mm}-202\ \text{mm}-0.057\ \text{mm}=0$$

则
$$A'_0=0^{+0.314}_{0}\ \text{mm}$$

而设计要求 $A_0=0^{+0.06}_{0}$ mm，两者相比，说明按照修配环 $A_2=46^{+0.207}_{+0.107}$ mm 的尺寸加工，装配时修配环有一定的可修量（封闭环的实际尺寸完全包容了设计要求尺寸），可以满足装配时的修配要求。

当 A_2 和 A_3 加工成最小、A_1 加工成最大时，装配后封闭环的实际尺寸 A'_0 为 0（主轴与尾座轴线正好在同一直线上），不用修配就能保证装配间隙的最小要求。

当 A_2 和 A_3 加工成最大、A_1 加工成最小时，装配后封闭环的实际尺寸 A'_0 为 0.314 mm，大于允许尾座高出主轴最大值 0.06 mm 要求，需要修去（0.314–0.06）mm=0.254 mm 就可以达到装配精度要求。

因此，使用修配环 $A_2=46^{+0.207}_{+0.107}$ mm 的尺寸加工，装配时最小修配量是 0，最大修配量是 0.254 mm。

四、调整装配法

1. 调整装配法的概念

在装配时改变产品中可调整零件的相对位置或选用合适的调整件来达到装配精度的方法称为调整装配法。前者为可动调整法，后者为固定调整法。

（1）可动调整法

使调整件移动、回转或移动与回转同时进行，可以改变其位置，而达到装配精度。常用的可动调整件有螺钉、螺母、楔块等。可动调整法在调整过程中不需拆卸零件，故应用较

广。如图 15–19 所示为用螺钉调整轴承轴向间隙。

（2）固定调整法

预先制造各种尺寸的固定调整件（如不同厚度的垫圈、垫片等），装配时根据实际累积误差，选定所需尺寸的调整件装入，以保证装配精度要求。如图 15–20 所示，传动轴组件装入箱体时，使用适当厚度的调整垫圈 D（补偿件）补偿累积误差，保证箱体内侧面与传动轴组件的轴向间隙。

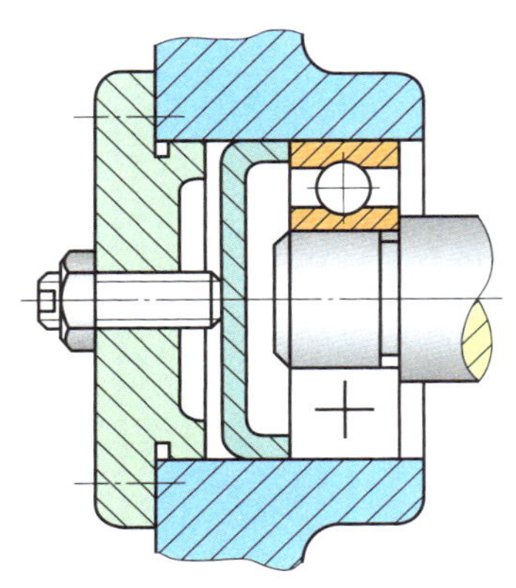

图 15–19　用螺钉调整轴承轴向间隙

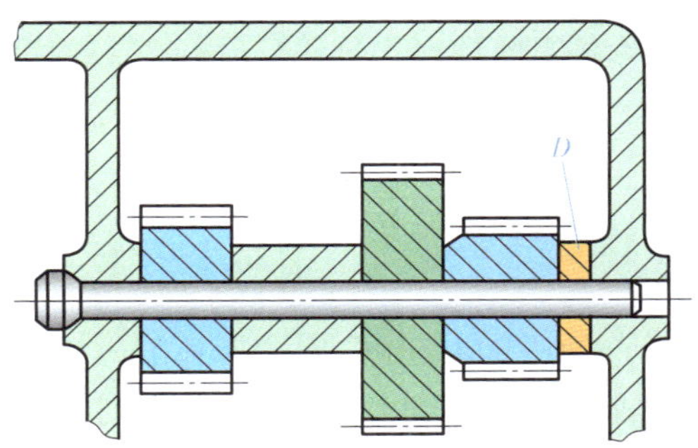

图 15–20　用调整垫圈调整轴向间隙

2. 调整装配法的特点

调整装配法的特点是零件按经济加工精度制造，装配时产生的累积误差用机构设计时预先设定的固定调整件（又称补偿件）或改变可动调整件相对位置来消除，从而获得较高的装配精度，并且可以随时调整因磨损、热变形或弹性及塑性变形等原因所引起的误差。不足之处就是增加了零件数量及较复杂的调整工作量。

3. 调整装配法的适用场合

（1）调整装配法适用于封闭环公差要求较严而组成环又较多的装配尺寸链，在汽车、拖拉机、自行车等产品中应用广泛。

（2）固定调整装配法适用于对刚度要求较高、不需要经常调整间隙的机构，如减速器传动轴轴向间隙调整机构。

（3）可动调整装配法适用于对刚度要求较低、对配合要求较高且需要经常调整间隙的机构，如自行车前后转轴轴向间隙调整机构。

五、生产实例分析

如图 15–21 所示为孔与轴的装配，轴孔配合副的公称尺寸为 $\phi30$ mm，根据产品的性能要求，配合间隙在 0.005 ~ 0.015 mm，比较选择不同的装配方案。

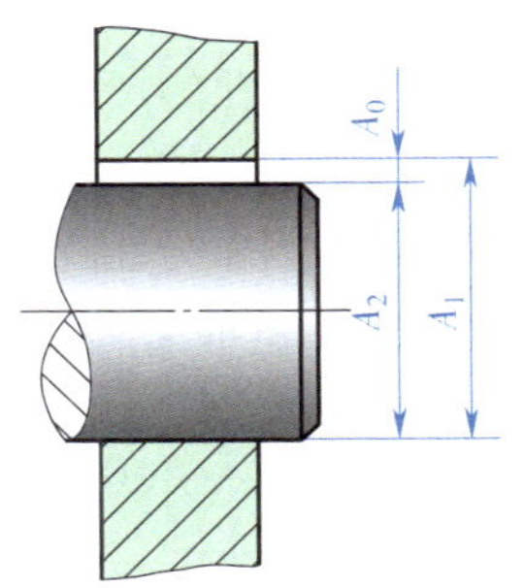

图 15–21　孔与轴的装配

1. 采用完全互换法的装配尺寸链计算

（1）绘制装配尺寸链

如图 15–21 所示，A_0 为封闭环，A_1 为增环，A_2 为减环。

（2）确定封闭环公称尺寸及偏差

计算封闭环的公称尺寸，有

$$A_0=A_1-A_2=0$$

根据题意，封闭环的尺寸为

$$A_0=0_{+0.005}^{+0.015}\text{ mm}$$

封闭环公差

$$T_0=0.015\text{ mm}-0.005\text{ mm}=0.01\text{ mm}$$

（3）确定协调环

由于轴比孔更便于加工和测量，故选轴 A_2 作协调环。

（4）确定各组成环公差

计算各组成环平均公差

$$T_{AM}=\frac{T_0}{n-1}=\frac{0.01}{2}\text{mm}=0.005\text{ mm}$$

确定各组成环公差值，取

$$T_1=T_2=0.005\text{ mm}$$

（5）确定组成环（除协调环外）公差带位置

组成环 A_1 为内尺寸，按基孔制确定公差带位置，有

$$A_1=\phi 30_{0}^{+0.005}\text{ mm}$$

（6）确定协调环 A_2 偏差

$$ES_0=ES_1-EI_2$$

则

$$EI_2=ES_1-ES_0=0.005\text{ mm}-0.015\text{ mm}=-0.01\text{ mm}$$

$$ES_2=EI_2+T_2=-0.01\text{ mm}+0.005\text{ mm}=-0.005\text{ mm}$$

协调环 A_2 尺寸为

$$A_2=\phi 30_{-0.010}^{-0.005}\text{ mm}$$

2. 采用分组装配法的装配尺寸链计算

（1）计算各组成环的公差和偏差值

先按完全互换法解出各组成环的允许公差和偏差值。

（2）放大公差

将孔和轴的公差同时放大若干倍（放大的倍数根据经济加工精度和生产条件确定，现放大四倍），孔和轴的公差放大方向必须相同，如图 15–22 所示。公差放大后孔的尺寸 $D=\phi 30_{0}^{+0.020}$ mm，轴的尺寸 $d=\phi(30\pm0.01)$ mm。

（3）测量分组

将孔和轴公差放大后，再按尺寸要求加工，用精密量具逐一测量其实际尺寸，将孔、轴零件按实际尺寸大小从大到小分成四组（公差放大几倍，分组时相应分成几组），并按组号分别涂上不同颜色的标记，见表 15–2。

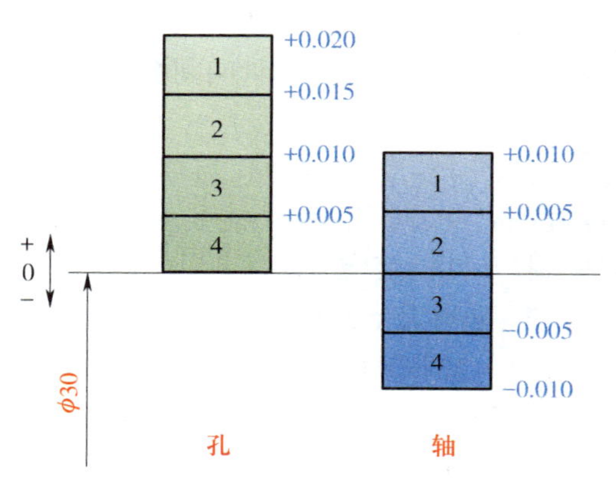

图 15–22　孔与轴的装配关系

表 15-2　孔与轴的分组尺寸　mm

组别	标志颜色	孔直径 $D=\phi30^{+0.020}_{0}$	轴直径 $d=\phi$（30 ± 0.01）	配合情况	
				最小过盈	最大过盈
1	红	$D=\phi30^{+0.020}_{+0.015}$	$d=\phi30^{+0.010}_{+0.005}$	0.005	0.015
2	白	$D=\phi30^{+0.015}_{+0.010}$	$d=\phi30^{+0.005}_{0}$		
3	黄	$D=\phi30^{+0.010}_{+0.005}$	$d=\phi30^{0}_{-0.005}$		
4	绿	$D=\phi30^{+0.005}_{0}$	$d=\phi30^{-0.005}_{-0.010}$		

（4）分组装配

装配时，将同一组内具有相同颜色的轴、孔零件相配，小轴配小孔，大轴配大孔，使之达到设计给定的装配精度要求。

3. 装配方案的分析比较

分析比较采用两种不同方案的孔与轴的装配零件加工精度，如图 15-23 所示。

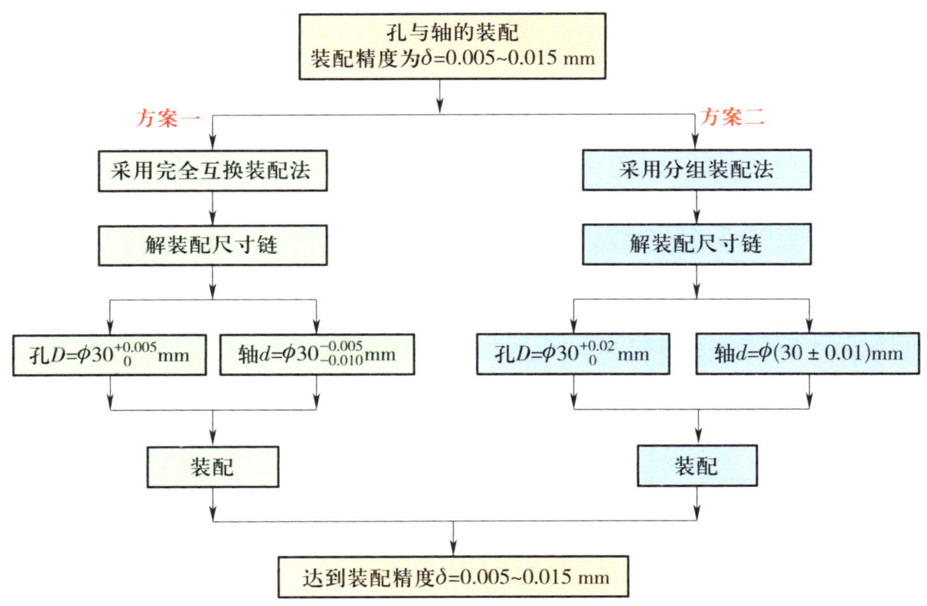

图 15-23　孔与轴的装配方案分析

通过以上的分析可知，采用完全互换装配法装配时，孔和轴的加工精度要求高；采用分组装配法装配时，孔和轴的加工精度要求低，但装配后均可实现相同的装配精度。

§15-4 装配工艺规程的制定

装配工艺规程是用文件形式规定下来的装配工艺过程，它是指导装配工作的技术文件，是制定装配生产计划、进行技术准备的主要依据，也是设计或改建装配车间的基本文件之一。

一、装配的生产类型和组织形式

1. 装配的生产类型及特点

机械装配的生产类型按装配生产批量可分为大批、大量生产，成批生产及单件、小批量生产三种。生产类型支配着装配工作，使其各具特点，例如在组织形式、装配方法、工艺装备等方面都有所不同。为提高装配工艺水平，必须注意各种生产类型的特点、现状及其本质联系。各种生产类型装配工作的特点见表 15-3。

表 15-3　　各种生产类型装配工作的特点

生产类型	大批、大量生产	成批生产	单件、小批量生产
基本特征	产品固定，生产活动长期重复，生产周期一般较短	产品在系列化范围内变动，分批交替投产或多品种同时投产，生产活动在一定时期内重复	产品经常变换，不定期重复，生产周期一般较长
组织形式	多采用流水装配线，有连续移动、间歇移动及可变节奏等移动方式，还可采用自动装配机或自动装配线	笨重、批量不大的产品多采用固定式流水装配，批量较大时采用流水装配，多品种平行投产时多采用可变节奏流水装配	多采用固定式装配或固定式流水装配进行总装，同时对批量较大的部件也可采用流水装配
装配工艺方法	按互换法装配，允许有少量简单的调整；精密偶件成对供应或分组供应装配，无任何修配工作	主要采用互换法装配，但也灵活运用其他保证装配精度的装配工艺方法。如调整法、修配法及合并法，以节约加工费用	以修配法及调整法为主，互换件比例较少
工艺过程	工艺过程划分细致，有详细的工艺规程	工艺过程的划分须适合于批量的大小，有工艺规程	一般不制定详细工艺文件，工序可适当调整，工艺也可灵活掌握
设备及工艺装备	专业化程度高，广泛使用专用高效工艺装备	通用设备较多，使用一定数量的专用工、夹、量具	一般为通用设备及通用工、夹、量具
手工操作要求	手工操作比例小，技术水平要求不高	手工操作比例较大，技术水平要求较高	手工操作比例大，要求工人有较高的技术水平和多方面的工艺知识
应用实例	汽车、拖拉机、内燃机、滚动轴承、电气开关等	机床，机车车辆，中、小型锅炉，矿山采掘机械等	重型机床、重型机器、汽轮机、大型内燃机、大型锅炉及新产品试制等

2. 装配组织形式

装配工作组织的好坏，对装配效率的高低和装配周期的长短均有较大的影响。根据产品结构的特点和批量大小的不同，装配工作应采取不同的组织形式。装配的组织形式一般可分为固定式装配和移动式装配两大类。

（1）固定式装配

固定式装配是将产品或部件的全部装配工作安排在某一固定的工作地点进行装配，装配过程中产品位置不变，装配所需要的零部件都汇集在工作地点附近。当批量很小或单件生产时（如新产品试制），产品的全部装配工作可集中在同一工作地点由同一组工人去完成，这样就需要较大的生产面积和技术水平较高的工人，整个产品的装配周期也比较长。当产品的批量较大时，为提高装配效率，可将产品的装配分成部装和总装，分别由几组工人在不同的工作地点同时进行。

在单件生产和中、小批生产中，特别对那些因质量较大和尺寸较大，装配时不便移动的重型机械，或因机体刚度较差，装配时移动会影响装配精度的产品，都宜于采用固定式装配的组织形式。

（2）移动式装配

移动式装配是将产品或部件置于装配线上，通过连续或间歇的移动使其顺次经过各装配工作地点以完成全部装配工作。采用移动式装配时，装配过程分得较细，每个工作地点重复完成固定的工序，广泛采用专用设备及工具，生产效率很高，多用于大批、大量生产。批量很大的定型产品还可采用自动装配线进行装配。

二、装配工艺规程的制定

1. 制定装配工艺规程应遵循的原则

（1）保证并力求提高产品装配质量，以延长产品的使用寿命。

（2）合理安排装配工序，尽量减少钳工装配的工作量，提高装配效率，以缩短装配周期。

（3）尽可能减少车间的生产面积，以提高单位面积的生产效率。

2. 制定装配工艺规程所需的原始资料

（1）产品的总装配图和部件装配图以及主要零件的工作图

产品的装配图应清楚地表示出所有零件的相互连接情况、重要零部件的联系尺寸、配合零件间的配合性质及精度、装配的技术要求、零部件明细表等。

（2）产品验收的技术条件

产品验收的技术条件是产品总装后验收产品的一种重要技术文件。它主要规定了产品主要技术性能的检验和试验工作的内容及方法，是制定装配工艺规程的主要依据之一。

（3）产品的生产纲领

产品的生产纲领是指产品的生产批量，如单件、中批、大批等。生产纲领决定了产品的生产类型，生产类型不同，装配的组织形式、工艺方法等有很大不同。

大批、大量生产的产品应尽量采用专用的装配设备及工具，如机器人组成的流水自动装配线。单件、小批量和成批生产，多采用固定装配方式。

（4）现有生产条件

现有生产条件包括现有的装配设备及工艺装备、车间面积、工人的技术水平和时间定额标准等。

3. 装配工艺规程的内容

（1）产品及其部件的装配顺序。

（2）装配方法。

（3）装配的技术要求及检验方法。

（4）装配所需的设备和工具。

（5）必需的工人技术等级及装配的时间定额等。

4. 制定装配工艺规程的步骤

（1）研究产品装配图和验收技术条件

制定装配工艺时，首先要仔细地研究产品的装配图及验收技术条件。通过上述技术文件的研究，要深入地了解产品及其各部分的具体结构，产品及各部件的装配技术要求，设计人员所确定的保证产品装配精度的方法，以及产品的试验内容和方法等。研究产品装配图时，如果发现图样在完整性、技术要求和结构工艺性方面有缺点或错误，应及时提出，由设计人员研究后予以修改。

（2）确定装配的组织形式

产品装配工艺方案的制定与装配的组织形式有关。例如，总装、部装的具体划分，装配工序划分时的集中、分散程度，产品装配的运输方式，工作地点的组织等都与组织形式有关。装配的组织形式主要取决于产品结构特点和生产批量。

（3）划分装配单元，确定装配顺序

装配单元包括零件和部件。装配单元的划分，就是从工艺角度出发，将产品分解成独立装配的组件及各级分组件，这是装配工艺制定中极其重要的一项工作。

零件是组成产品的最基本单元。部件是由许多零件组成的产品的一部分，是一个通称，其划分是多层次的。图 15–24 所示为用图解法表示的产品装配单元（即可以单独进行装配的部件）的划分。

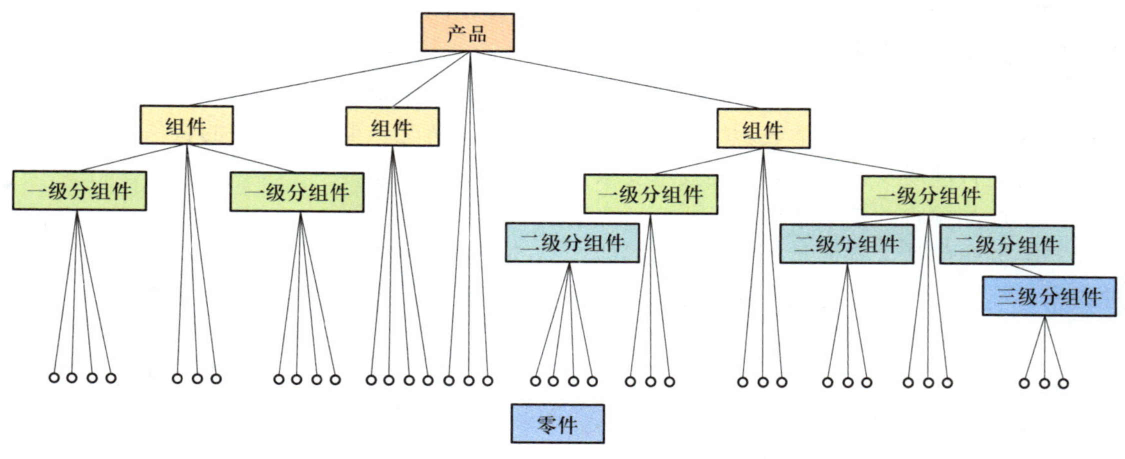

图 15–24　装配单元划分图解

装配单元划分后，可确定各级分组件、组件和产品的装配顺序。在确定产品和各级装配单元的装配顺序时，首先要选择装配基准件，基准件可以选一个零件，也可以选低一级的装配单元，然后根据装配结构的具体情况，按照先下后上、先内后外、先难后易、先精密后一般、先重大后轻小的一般规律去确定其他零件或装配单元的装配顺序。合理的装配顺序是在不断实践中逐步形成的。

如图 15–25 所示，产品装配单元的划分及其装配的顺序通过装配单元系统图直观地表示出来。图中每一零件、分组件或组件都用长方格表示，长方格的上方注明装配单元的名称，左下方填写装配单元的编号，右下方填写装配单元的数量。装配单元的编号必须和装配图及零件明细表中的编号一致。

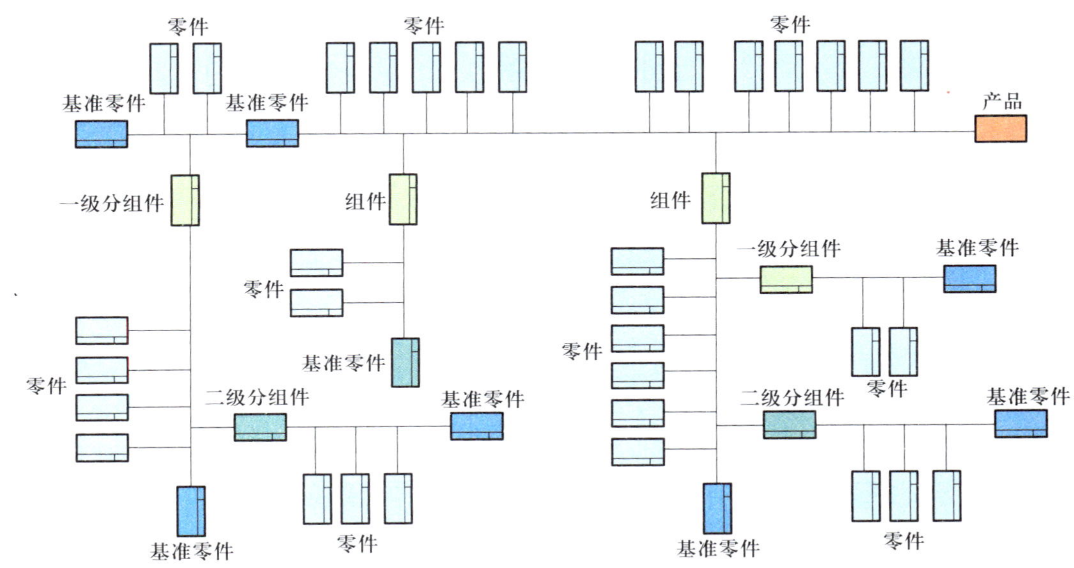

图 15–25　装配单元系统图

绘制装配单元系统图时，先画出一条横线，在横线的左端画出代表基准件的长方格，在横线的右端画出代表产品的长方格。然后按装配顺序从左向右，将代表直接装到产品上的零件或组件的长方格从水平线引出，零件画在横线上面，组件画在横线下面。同样可把每一个组件及分组件的系统图展开，如图 15–26 所示。

当产品构造较复杂时，按上述方法绘制的装配单元系统图将过于复杂，故常分别绘制产品总装及各部装的装配单元系统图，如图 15–26 所示。图 15–26a 为产品总装的系统图，图 15–26b、图 15–26c、图 15–26d 为图 15–25 中基准组件及其各级分组件的装配单元系统图。组件结构不太复杂时，不必逐级绘制分图。

在装配单元系统图上，加注必要的工艺说明（如焊接、配钻、铰孔及检验等），则成为装配工艺系统图，如图 15–27 所示。此图较全面地反映了装配单元的划分、装配的顺序及方法，它是装配工艺规程中的主要文件之一。

（4）划分装配工序

装配顺序确定后，还要将装配工艺过程划分为若干工序，并确定各个工序的工作内容，主要工作如下：

1）确定工序集中与分散的程度。

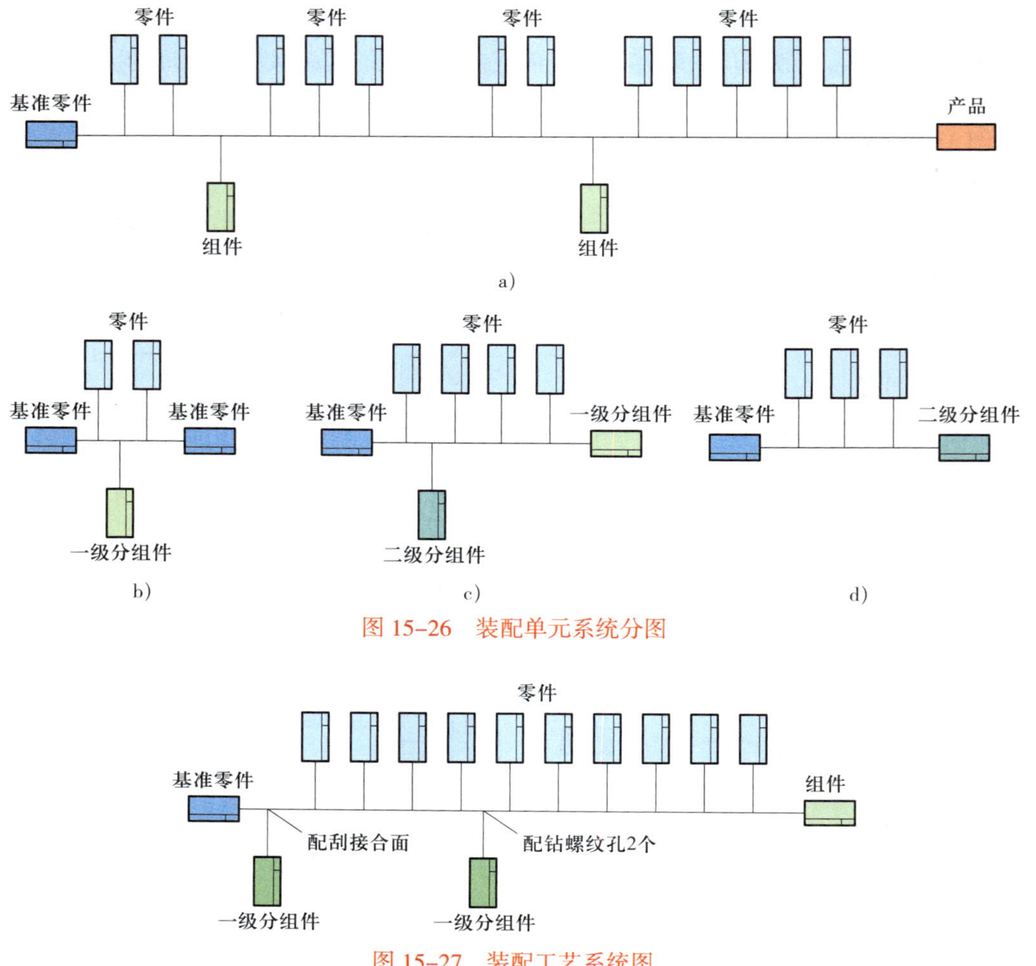

图 15-26　装配单元系统分图

图 15-27　装配工艺系统图

2）划分装配工序，确定工序内容。

3）确定各工序所需的设备和工具。

4）制定各工序装配操作规范要求。

5）制定各工序装配质量标准与检测方法。

6）确定工序时间定额，平衡工序节拍。

（5）制定装配工艺卡

在单件、小批量生产时，通常不制定装配工艺卡，工人按装配图和装配工艺系统图进行装配。成批生产时，应根据装配工艺系统图分别制定总装和部装的装配工艺卡。工艺卡的每一工序内容应简要地说明工序的工作内容，所需设备和工、夹具的名称及编号，工人技术等级和时间定额等。大批、大量生产时，应为每一工序单独制定工序卡，详细说明该工序的工艺内容。

三、生产实例分析

如图 15-28 所示为 CA6140 型车床主轴部件，该主轴装配生产方式为单件、小批量生产。

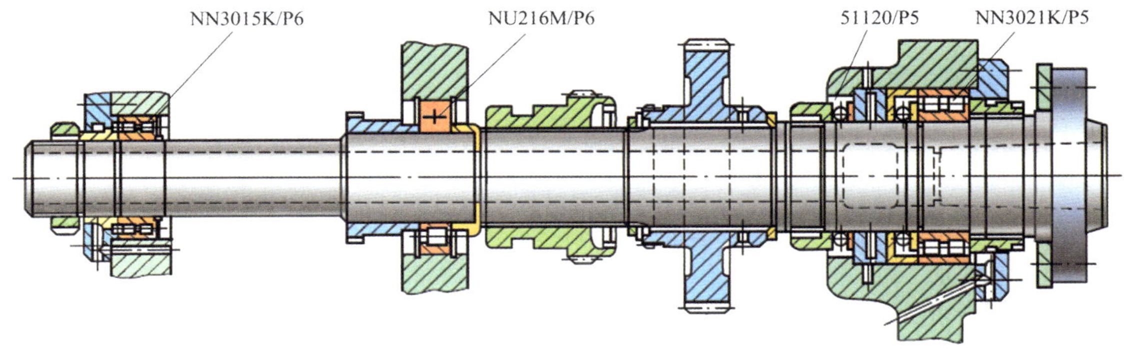

图 15-28　CA6140 型车床主轴部件

主轴及其轴承是主轴箱最重要的部分。主轴的旋转精度、刚度和抗振性等对工件的加工精度和表面粗糙度有直接影响。掌握主轴部件的装配和调整工艺显得相当重要。

1. 主轴部件的结构

主轴是车床的关键部件之一，在工作时承受很大的切削力，故要求具有足够的刚度和较高的精度。主轴是一个空心的台阶轴，前端的锥孔为莫氏 6 号圆锥，用于安装前顶尖和心轴。前端采用短锥法兰式结构，用于安装卡盘或拨盘。

CA6140 型车床主轴有前、中、后三个支承，保证主轴有较高的刚度。前支承由两种滚动轴承组成，NN3021K/P5 型圆锥孔双列圆柱滚子轴承，用于承受径向力，这种轴承具有刚度高、精度高、尺寸小和承载能力大等优点，51120/P5 型推力球轴承用于承受正反两个方向的轴向力。后支承采用一个 NN3015K/P6 型圆锥孔双列圆柱滚子轴承。中间支承是 NU216M/P6 型圆柱滚子轴承。这种结构将推力轴承安装在前支承中，离加工部位距离较近，中、后支承只承受径向力，而在轴向可以游动。当主轴由于长时间运转发热膨胀时，可以允许向后微量伸长，以减小主轴弯曲变形，使主轴在重负荷下有足够的刚度。

2. 主轴部件的装配技术要求

主轴轴承对主轴的旋转精度及刚度影响很大，轴承中的间隙直接影响机床的加工精度，主轴轴承应在无间隙（或少许过盈）的条件下运转，因此，主轴轴承的间隙应定期进行调整。该主轴的精度要求为径向跳动和轴向窜动均不超过 0.01 mm，通常为 1 ~ 3 μm。

3. 主轴部件的装配工艺过程

（1）装配顺序

主轴部件的装配基准件是主轴，主轴上各直径向右成阶梯状，这就决定了装配的顺序应当是：主轴自右向左装入箱体，右边的零件先装到主轴上，左边的零件后装到主轴上。

（2）装配单元系统图

主轴部件的装配可用图 15-29 所示的装配单元系统图来表达。

（3）主轴部件的精度检验

1）主轴径向跳动的检验。如图 15-30 所示，在主轴锥孔中紧密地插入一根圆锥柄检验棒，将百分表固定在机床上，使百分表测头顶在检验棒表面上。旋转主轴，分别在靠近主轴端部 a 处和距 a 点 300 mm 的 b 处检验。a、b 的误差分别计算。主轴每转一转，百分表读数的最大差值就是主轴锥孔中心线的径向跳动误差。

为了避免圆锥柄检验棒配合不良的影响，拔出检验棒，相对主轴旋转 90°。重新插入主轴锥孔中，再重复检验 3 次，4 次测量的平均值为主轴径向跳动误差。

2）主轴轴向窜动的检查。在图 15-31 中，主轴锥孔中紧密地插入一根圆锥柄短检验棒，中心孔中装入钢球（钢球用黄油粘上）。平头百分表固定在床身上，使百分表测头顶在钢球上，旋转主轴检查，百分表读数的最大差值即是主轴轴向窜动误差。

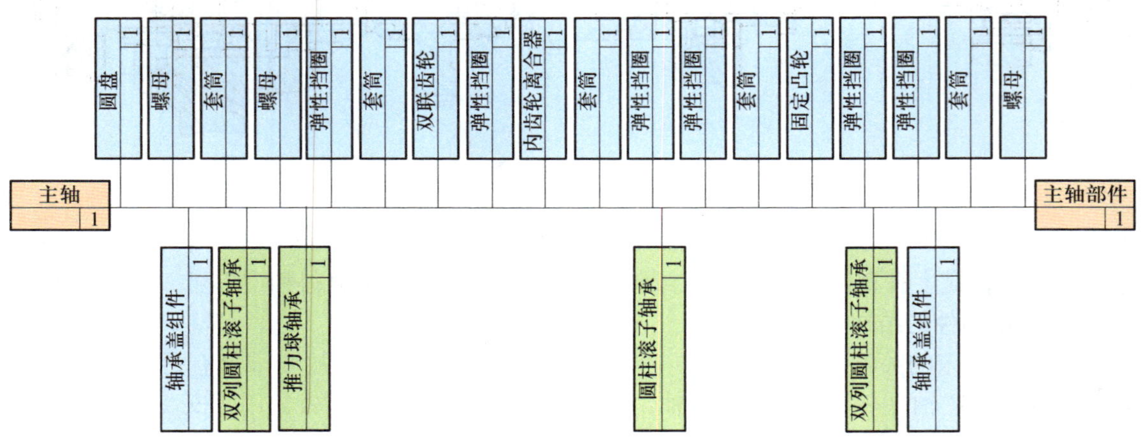

图 15-29　主轴部件装配单元系统图

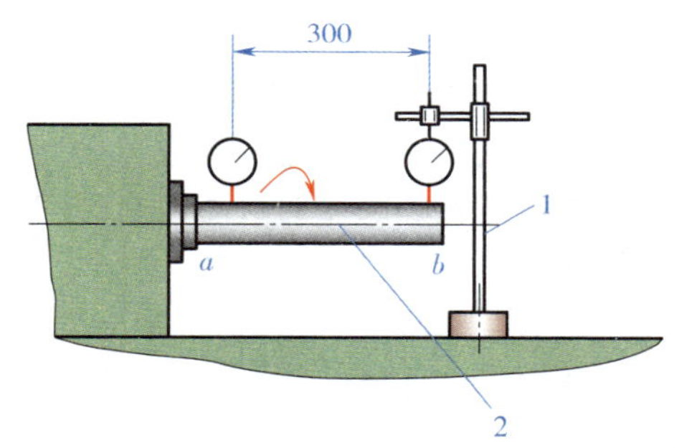

图 15-30　主轴径向跳动的检验

1—百分表　2—检验棒

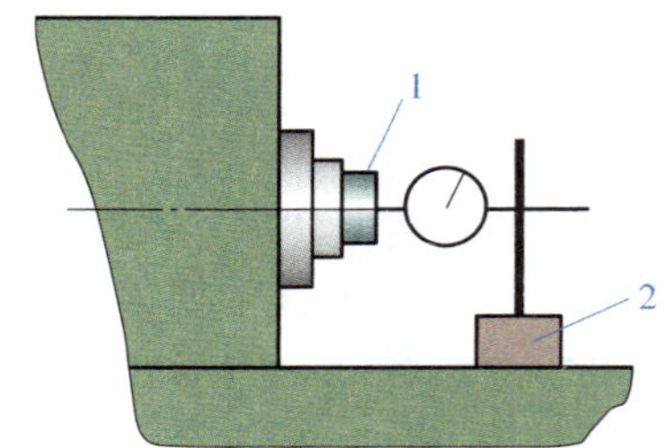

图 15-31　主轴轴向窜动的检查

1—检验棒　2—百分表

（4）主轴部件的调整

主轴轴承的间隙应定期调整，具体办法是松开主轴前端双列圆柱滚子轴承右侧的螺母，拧紧主轴前端推力球轴承左侧的圆螺母。因双列圆柱滚子轴承内圈是锥度为 1∶12 的薄壁锥孔，推力球轴承左侧的圆螺母的推力使双列向心短圆柱滚子轴承内圈右移胀大，减小径向间隙，同时也控制了主轴的轴向窜动。这种结构一般只调整前轴承，当只调整前轴承达不到要求时，可以对后轴承进行同样的调整，中间轴承间隙不调整。